◎ 陈占飞 常勇 任亚梅 刘康懿 主编

陕西马铃薯

U0320852

中国农业科学技术出版社

图书在版编目（CIP）数据

陕西马铃薯／陈占飞等主编 . —北京：中国农业
科学技术出版社，2018.12
ISBN 978-7-5116-3667-6

Ⅰ . ①陕…　Ⅱ . ①陈…　Ⅲ . ①马铃薯-栽培技术
Ⅳ . ①S532

中国版本图书馆 CIP 数据核字（2018）第 264356 号

责任编辑　　于建慧
责任校对　　李向荣

出 版 者　　中国农业科学技术出版社
　　　　　　北京市中关村南大街 12 号　邮编：100081
电　　话　　（010）82109708（编辑室）　　（010）82109702（发行部）
　　　　　　（010）82109709（读者服务部）
传　　真　　（010）82106650
网　　址　　http://www.castp.cn
经 销 者　　各地新华书店
印 刷 者　　北京建宏印刷有限公司
开　　本　　787mm×1 092mm　1/16
印　　张　　19.75
字　　数　　500 千字
版　　次　　2018 年 12 月第 1 版　2018 年 12 月第 1 次印刷
定　　价　　60.00 元

编委会

编委（按汉语拼音排序）：

白银兵（榆林市农业科学研究院）

蔡阳光（安康市农业科学研究所）

陈　乔（汉中市职业技术学院）

陈　宇（延安市农业科学研究所）

陈丽娟（榆林市农业科学研究院）

党菲菲（延安市农业科学研究所）

杜红梅（延安市农业科学研究所）

段龙飞（安康市农业科学研究所）

付伟伟（汉中市农业科学研究所）

高荣嵘（榆林市农业科学研究院）

葛　茜（汉中市农业技术推广中心）

胡晓燕（榆林市农业科学研究院）

霍延梅（延安市农业科学研究所）

敬　樊（商洛市农业科学研究所）

雷　斌（榆林市农业科学研究院）

李存玲（商洛市农业技术推广站）

李拴曹（商洛市农业技术推广站）

李勇刚（商洛市农业科学研究所）

刘小华（延安市宝塔区蔬菜局）

刘小林（榆林市农业科学研究院）

卢　潇（商洛市农业科学研究所）

吕　军（榆林市农业科学研究院）

马　荣（安康市农业科学研究所）

宋　云（延安市农业科学研究所）

王春霞（延安市农业科学研究所）

王小英（榆林市农业科学研究院）

王晓娥（汉中市农业科学研究所）

魏芳勤（汉中市农业科学研究所）

吴玉红（汉中市农业科学研究所）

谢加花（延安市宝塔区蔬菜局）

杨　霞（延安市农业科学研究所）

杨军林（西北农林科技大学）

张艳艳（榆林市农业科学研究院）

张媛媛（榆林市农业科学研究院）

作者分工

前　言

马铃薯是继小麦、水稻、玉米之后的第四大粮食作物，400 年前传入中国，目前已遍布全国各地。据《中国农业年鉴》统计，2016 年全国播种面积达到 8 439.0 万亩*，总产鲜薯 9 739.5 万 t，面积和产量均占世界约 1/4。

国内马铃薯多分布在高海拔高纬度等温热条件较差、土地贫瘠、粮食产量较低的边远贫困地区，在群众生活中，它不仅发挥着粮食的功能，同时也是重要的蔬菜作物和经济作物，面积大，经济份额高，而且不易被替代。陕西省的马铃薯就具有这样的代表性。从分布看，主要种植区域在陕南秦巴山区和陕北黄土高原地区，关中平原仅有零星种植，马铃薯适宜种植区域与省内贫困区域高度吻合。从产业份额看，2016 年全省马铃薯播种面积 443.9 万亩，占陕南陕北农作物总播种面积的 13.82%，粮食作物播种面积的 20.72%，总产鲜薯 373.5 万 t，折粮 74.7 万 t，占陕南陕北两区域粮食总产量的 15.21%。面积和产量分别排在国内各省份的第七位和第九位。

为了加快马铃薯产业的发展，陕西省政府早在 2007 年就出台了《关于加快马铃薯产业发展的意见》（陕农发［2007］51 号），并编制了《陕西省马铃薯产业发展规划》。2008 年，陕西省成立了现代农业产业技术体系，马铃薯成为首批建立技术体系的产业之一。体系集聚了西北农林科技大学和各地市农科院所从事马铃薯的专家、教授，在过去的几年里，团队人员密切关注国内外马铃薯产业发展动态，植根一线，致力于研究集成并示范推广实用新型技术，对促进马铃薯产业发展发挥了积极作用。当前，中国特色社会主义建设进入新时代，脱贫攻坚和乡村振兴是农业农村工作主基调，马铃薯产业是各地扶贫产业和特色主导产业的理想选项，对此，陕西省马铃薯产业技术体系的同仁深感责任重大。同时也认识到，马铃薯产业的发展，不仅需要理论上的深厚积累，更需要强化实用科技的普及和基层生产管理人员的培养，因此，全面展现马铃薯产业研究的理论成果，并结合陕西省马铃薯产业实际，梳理总结关键生产技术，便成为本书编写的题中之义。

全书分八章。其中第一章重点介绍了陕西省马铃薯生产布局和种质资源状况；第二章对马铃薯生长发育规律和特点进行了概述；第三章至第六章分别对陕西省马铃薯脱毒种薯生产和三个不同生态区域的商品薯生产技术进行了梳理总结；第七章论述了马铃薯的环境胁迫及其应对措施；第八章介绍了马铃薯利用与加工技术。编写工作由陕西省马铃薯产业技术体系根据体系人员专业特长分工协作完成，书稿内容力求反映最新理论成果和切合当地实际的技术规程，具有一定的实效性和操作性，可供农业管理部门、马铃

---

    * 注：1 亩≈667m²；15 亩 = 1hm²。全书同

薯教学科研单位和从事马铃薯生产、加工等人员参考。

本书的出版，得到了国家马铃薯产业技术体系（CARS-09）、陕西省马铃薯工程技术研究中心、陕西省科技重点研发计划项目（2017ZDXM-NY-020）、陕西省科技重点产业创新链项目（2018ZDCXL-NY-03-01）、陕西省协同创新与推广联盟示范推广项目（LM201711）、杨凌示范区产学研用协同创新重大项目（2018CXY-17）、榆林市马铃薯团队特派员项目、延安市科技成果转化项目（2016CGZH-03-01）等项目的资助。策划和统稿过程中，得到了中国农业科学院作物科学研究所曹广才先生的悉心指导。

本书的出版还得力于中国农业科学技术出版社的大力配合和支持，在此一并谨致谢忱！

限于作者水平，不当和纰漏之处，敬请同行专家和读者指正。

常 勇

2018 年 8 月

目　　录

第一章　陕西省马铃薯生产布局和种质资源

第一节　陕西省马铃薯生产布局

一、中国马铃薯种植区划概述

马铃薯原产于南美洲安第斯山区。据考证，16世纪中叶，马铃薯由西班牙殖民者从南美洲带到欧洲，大概在明朝中后期由荷兰人传入中国，至今已有400多年的种植历史，种植区域遍布全国各个省（区、市）。在400多年的历史中，马铃薯首先在中国沿海和西南地区种植，直到20世纪30年代形成了沿海城市、西南、西北、华北等比较集中的马铃薯产区。新中国成立后，马铃薯产业持续发展，面积逐渐扩大，1966年，全国马铃薯面积首次突破3 000万亩，1988年突破6 000万亩，2006年突破7 800万亩，2016年突破8 500万亩，为促进粮食增产、农民增收和农业增效作出了重要贡献。

农业部在2014年年底的全国农村工作会议上把"推进马铃薯产业发展和马铃薯主粮化"工作列入重要议程，并于2015年初正式提出"马铃薯主粮化"发展战略。2016年2月23日，农业部发布了《关于推进马铃薯产业开发的指导意见》，提出"将马铃薯作为主粮产品进行产业化开发"，发展马铃薯产业，是农业部为了增加保障国家粮食安全措施、改善消费者膳食结构、优化调整种植业布局而做出的重大部署，是马铃薯由副食消费向主食消费的战略转变。

依据马铃薯适应冷凉气候的特性和其生育期弹性大的特点，先民结合当地农耕技术特点，创造出了丰富多样的马铃薯栽培方法和轮作间套模式。由于中国幅员辽阔，南北差异悬殊，海拔高差大，气候类型多样，适宜马铃薯生长的季节在各地处于一年中的不同月份，因此，从南到北，由东到西，从低海拔到高海拔，一年四季几乎月月都有马铃薯收获。据2017年《中国农业年鉴》统计，2016年，中国马铃薯种植面积8 439.0万亩，鲜薯产量9 739.5万t，平均单产1 154.1kg/亩。马铃薯已成为中国继水稻、小麦、玉米之后的第四大粮食作物。滕宗璠等（1989），李勤志等（2009）等根据地理区位和种植习惯、熟制模式等，把中国马铃薯种植区域总体划分为北方一作区、中原二作区、西南混作区、南方冬作区等四大区域。

（一）北方一作区

包括东北地区的黑龙江、吉林两省和辽宁省除辽东半岛以外的大部分，华北地区的河北省北部、山西省北部、内蒙古自治区（以下简称内蒙古）全部，西北地区的陕西省北部、宁夏回族自治区（以下简称宁夏）、甘肃省、青海省全部和新疆维吾尔自治区

（以下简称新疆）的天山以北地区。本区气象特点是无霜期短，一般在 110~170d，年平均温度在−4~10℃，大于5℃积温在 2 000~3 500℃之间，年降水量 50~1 000mm。本地区气候凉爽，日照充足，昼夜温差大，适于马铃薯生长发育。据陈伊里（2003）调查研究，本区是中国重要的种薯生产基地，也是加工原料薯和鲜食薯生产基地，种植面积排名在前 10 位的省区有甘肃省、内蒙古自治区、陕西省、黑龙江省和河北省等 5 省（区），约占全国马铃薯总播种面积的 49%，种植模式以单茬纯作为主。

（二）中原二作区

中原二作区位于北方一作区南界以南，大巴山、苗岭以东，南岭、武夷山以北各省、市。包括辽宁、河北、山西 3 省南部，湖南、湖北 2 省东部，江西省北部以及河南省、山东省、江苏省、浙江省和安徽省。

本区无霜期较长，在 180~300d，年平均温度 10~18℃，年降水量为 500~1 750mm。本地区因夏季长，温度高，不利于马铃薯生长，为了躲过夏季的高温，故实行春秋两季栽培，春季生产于 2 月下旬至 3 月上旬播种，覆盖地膜或扣棚栽培，播种期可适当提前，5—6 月中上旬收获；秋季生产则于 8 月播种，11 月收获。春季多为商品薯生产，秋季主要是生产种薯。受该区气候条件和栽培制度等影响，马铃薯栽培比较分散，其面积约占全国马铃薯总播种面积的 7%。马铃薯多与棉、粮、菜、果等间作套种，提高了土地和光能利用率，增加了单位面积产量和效益。据庞万福等（2011）调查研究，该区域是中国重要的马铃薯产区之一。近年来，为了提早上市，提高售价，普遍采用地膜覆盖栽培或两膜、三膜甚至四膜覆盖栽培，使得马铃薯上市时间由 6 月初提早到 4—5 月，经济效益也大幅提高，马铃薯亩产值突破万元大关，已成为中原二作区重要的经济作物。

（三）西南混作区

西南混作区包括云南、贵州、四川、重庆、西藏自治区（以下简称西藏）等省（区、市），以及湖南、湖北两省西部和陕西省南部。这些地区以云贵高原为主，湘西、鄂西、陕南为其延伸部分。大部分地区位于 22°30′~34°30′N，98°~171°30′E。地域辽阔，地形复杂，万山重叠，大部分地区侧坡陡峭，但顶部却比较平缓，并有山间平地或平坝地错落其间。全区有高原、盆地、山地、丘陵、平坝等各种地形。在各种地形中以山地为主，占土地总面积的 71.7%；其次为丘陵，占 13.5%；高原占 9.9%；平原面积最小，仅占 4.9%。山地丘陵面积大，形成了本区旱地多、坡地多的耕作特点，土壤多偏酸性。由于该区域地形地貌复杂，海拔高差悬殊，气候类型多样，因此，马铃薯生产在本区有一季作和二季作栽培类型。在高寒山区，气温低、无霜期短、四季分明、夏季凉爽、云雾较多，雨量充沛，多为春种秋收一年一季作栽培；在低山、河谷或盆地，气温高、无霜期长、春早、夏长、冬暖、雨量多、湿度大，多实行二季栽培。据隋启君等（2013）调查研究，该区马铃薯的面积占全国马铃薯总播种面积的 39% 左右，是仅次于北方一作区的中国第二大马铃薯生产区，2016 年全国马铃薯种植面积排名前 10 名的省（区、市）中，西南地区有 5 个（贵州、云南、四川、重庆、湖北），本区域马铃薯间套作模式多样，成熟期延绵较长。

（四）南方冬作区

南方冬作区位于南岭、武夷山以南的各省（区、市），包括江西省南部、湖南、湖北二省南部、广西壮族自治区（以下简称广西）大部、广东省大部、福建省大部、海南省和台湾省。大部分地区位于北回归线附近，即26°N以南。

本区的气候特点是夏长冬暖，属海洋性气候，雨量充沛，年降水量1 000～3 000 mm，年平均气温18～24℃，大于5℃的积温6 500～9 000℃，无霜期300～365d，年辐射能量461～544kJ/m³。冬季平均气温12～16℃，适宜马铃薯生长，虽逢冬旱季，但通过人工灌溉，可显著提高马铃薯产量。本区的粮食生产以水稻栽培为主，主要在水稻收获后，利用冬闲地栽培马铃薯，因其栽培季节多在秋冬或冬春二季，与其他马铃薯生产区比较具有显著特点，马铃薯大多实行秋播或冬播，秋季于10月下旬播种，12月末至1月初收获；冬季于1月中旬播种，4月中上旬收获。

二、陕西省马铃薯生产布局

陕西省是全国马铃薯主要生产省份之一。据陕西省统计局统计数据，2010年，陕西省马铃薯种植面积413.85万亩，总产304.5万t，平均单产736kg/亩；2016年播种面积443.9万亩，居全国第七位，总产鲜薯373.5万t，居全国第九位，平均单产841.5kg/亩，低于全国平均水平。

据陕西省农业厅统计数据，2014年和2015年陕西省马铃薯种植面积分别为548.74万亩和551.53万亩，总产分别为531.25万t和509.02万t（表1-1）。

表1-1　陕西省2014年、2015年马铃薯面积和产量　（方玉川整理，2016）

地区	2014年		2015年	
	面积（亩）	总产（t）	面积（亩）	总产（t）
西安市	54 255	84 675	55 365	86 515
铜川市	16 065	27 970	16 763	30 490
宝鸡市	59 100	61 725	57 035	59 740
咸阳市	30 645	43 290	32 272	47 285
渭南市	20 130	31 660	20 760	32 680
韩城市	1 650	2 975	1 720	3 130
杨凌区	120	245	150	315
关中小计	181 965	252 540	184 065	260 155
汉中市	562 680	544 095	567 685	566 520
安康市	833 670	796 295	837 640	803 275
商洛市	565 320	563 840	580 130	595 120
陕南小计	1 961 670	1 904 230	1 985 455	1 964 915

（续表）

地区	2014 年		2015 年	
	面积（亩）	总产（t）	面积（亩）	总产（t）
延安市	720 420	613 350	709 680	521 530
榆林市	2 623 305	2 542 335	2 636 072	2 343 645
陕北小计	3 343 725	3 155 685	3 345 752	2 865 175
全省合计	5 487 360	5 312 455	5 515 272	5 090 245

注：总产量为鲜薯产量

从表1-1可以看出，陕西省马铃薯种植主要分布在陕北黄土高原的榆林市、延安市和陕南秦巴山区的商洛市、安康市、汉中市以及关中地区的秦岭沿线。马铃薯是陕西省仅次于小麦、玉米的第三大粮食作物，也是主要的蔬菜作物，在陕西省尤其是陕北、陕南地区，马铃薯在当地农业经济发展中具有举足轻重的地位。根据陕西省地理、气候特点、耕作习惯，结合当地马铃薯生产实际，可将陕西省马铃薯生产区域划分为陕北长城沿线风沙区和丘陵沟壑一季单作区、秦岭山脉东段双季间作区、陕南二至多熟过渡区。

（一）陕北一熟区

主要包括陕西省北部榆林和延安两市，是陕西马铃薯的主产区，在全国马铃薯区划中属"北方一作区"，播种面积占全省的60%以上。其中，定边县马铃薯年种植面积达到100万亩以上，为陕西省马铃薯第一种植大县。长城沿线风沙区平均海拔1 000m以上，年平均气温8℃左右，无霜期110～150d，降水量300～400mm，地势平坦，地下水资源较为丰富，适宜发展专用化和规模化马铃薯生产基地，也是陕西省马铃薯脱毒种薯繁育基地。

本区包括榆林市和延安市，马铃薯生产均为一年一熟，一般4月底至5月初播种，9—10月上旬收获，马铃薯生长时间长，淀粉积累多，适宜发展加工型马铃薯生产。栽培方式上，地膜覆盖栽培和露地栽培都有，地膜马铃薯栽培效益较高。

1. 榆林市马铃薯生产

（1）榆林市马铃薯生产概况　榆林市地处毛乌素沙漠南缘，地广人稀，土壤多为沙土，地势平坦，易于机械化耕作，适宜马铃薯规模化种植，影响马铃薯产量的主要限制因素是水分，马铃薯的种植模式较单一，以单垄垄作纯种为主，年际间与玉米、大豆、小杂粮或牧草轮作。2000年以前，因干旱的限制，马铃薯产量年份间高低差异很大，面积徘徊在150万～180万亩，总产100万t左右，单产600kg/亩。2000年后，随着水利灌溉设施和节水灌溉技术的日益成熟，马铃薯规模化、机械化高产高效栽培技术得到推广，公司化基地、规模化农场方兴未艾，是榆林市马铃薯生产的重要模式，也成为陕西省马铃薯现代化栽培的典型代表。定边县一个县的马铃薯播种面积就超过100万亩，榆林全市马铃薯播种面积达到270万亩，总产260多万t。马铃薯家庭农场快速发展，面积达到30多万亩，通过采集地下水，采用指针式移动喷灌和滴灌等节水灌溉技术，实现了水肥一体化栽培，平均亩产达到3 000kg。2013年起，实施了马铃薯良种繁供"一亩田"工程，累计实现脱毒原种补贴 37.25 万亩，良种覆盖率达到 85% 以上，增产幅度达到 30% 左右。全市有马铃薯加工企业 16 家，专业加工村 20 多个，年加工转化能力 40 万 t；从事生产、销售的马铃薯专业合作社达到 120 多家，年外销鲜薯 150 万 t 以上。

（2）榆林市马铃薯与其他作物的轮作接茬关系　在榆林，马铃薯一般与玉米、大豆、绿豆、小豆、谷子、糜子、荞麦等作物进行年际间轮作，在北部风沙滩区，也与胡萝卜、西瓜、洋葱等蔬菜作物进行年际间轮作。

间套作类型：

◎马铃薯套种玉米——在榆阳区滩水地区较为普遍，马铃薯 4 月中旬播种，地膜覆盖栽培，2 行马铃薯套种 2 行玉米。

◎苹果树下间作马铃薯——近年来，榆林市大力发展山地苹果产业，新增果园面积 20 万亩左右，幼龄果园间作马铃薯较为普遍。5 月中下旬在果树行间种植 2~4 行马铃薯，可覆盖地膜，也可露地栽培。

（3）榆林马铃薯主粮化发展趋势　按国际通行说法，主粮要有"四大"，即大面积、大规模种植，有足够大的产量，能够在比较大区域内长时间储存，具有营养价值而被大部分人喜欢吃。马铃薯是榆林第一大宗农作物，种植面积和产量均占全市粮食作物的 1/3 左右；虽然鲜薯不耐贮藏，但加工成全粉和淀粉要比玉米、面粉、大米等主粮耐贮存得多，目前西北地区最大的全粉加工企业陕西金中昌信农业科技开发公司已落户榆林，2017 年在定边县白泥井镇农食梁村正式建成投产；同时，马铃薯是榆林市城乡居民都喜欢的食物，用马铃薯为主要原料加工的菜肴有近百种，是名副其实的"主粮"。2016 年，榆林市委、市政府发布《关于加快榆林马铃薯主食化产品开发的实施意见》，有力推动了全市马铃薯产业的发展。其主要内容包括：①总体要求。推进马铃薯主食化开发，在思路上，重点是"实施一个战略、树立一个理念、突出三个重点"。"一个战略"，就是新形势下国家粮食安全战略。"一个理念"，就是树立"营养指导消费、消费引导生产"的理念。"三个重点"，就是选育一批适宜主食加工的品种，建设一批优质原料生产基地，打造一批主食加工龙头企业。在原则上，做到"五个坚持"，就是坚持不与三大谷物抢水争地，坚持生产发展与整体推进相统一，坚持产业开发与综合利用相兼顾，坚持政府引导与市场调节相结合，坚持统筹规划与分步实施相协调。②目标任务。力争到"十三五"末，榆林全市马铃薯种植面积稳定在 290 万亩，鲜薯总产量 300 万 t，总产值达到 38 亿元。建立一级种繁育基地 30 万亩，繁育一级脱毒种薯 5 万 t，实现全市马铃薯良种三年一换。专业化服务队伍达到 20 个，适宜主食加工的品种种植比例达到 30%，农产品精深加工转化率达到 30%，主食消费占马铃薯总消费量的 30%。③重点工作。一是构建马铃薯良种繁育体系，选育出适宜榆林地区的主食化加工品种，生产出高质量的脱毒种薯；二是加强马铃薯生产基地建设，围绕全市农业供给侧结构性改革，压缩玉米面积，适度增加马铃薯面积，增加科技投入，促进马铃薯丰产提质增效；三是提升马铃薯主食化产品开发水平，要加强主食化产品关键技术的协同创新、跟进主食化加工设备开发、加大马铃薯淀粉加工副产物的综合利用开发和推进地域特色型主食产品开发；四是构建马铃薯主食化产品营养功能评价体系，打造"榆林马铃薯"

品牌，加速榆林马铃薯主食化发展。

2. 延安市马铃薯生产

（1）延安马铃薯生产概况　延安市地处黄土高原沟壑区，地形破碎，沟壑纵横，土壤为黄绵土，田块有台塬梯田和沟壑坝地。影响马铃薯生产的主要因素是干旱少雨、种植规模小，劳动强度大和市场流通困难。种植模式主要是一年一茬单作或与玉米、豆类、荞麦间作套种，年际间实行轮作。由于地形限制，马铃薯基本靠自然降水生产，因而马铃薯产量年际间波动较大。2000年以来，苹果产业大力发展，多数台塬地栽植了苹果，大量的幼龄果园前三年没有收入，因此，老百姓为了增加收入，常在新建果园果树行间套种马铃薯；平坝地则采用玉米与马铃薯间作、马铃薯与豆类间作。马铃薯在延安是仅次于玉米的第二大粮食作物，种植区域遍布13个县区，在延安国家现代农业示范区建设规划中，马铃薯被列为粮食作物"三个百万亩"之一。2016年，全市马铃薯种植面积79.5万亩，占粮食作物播种面积的26.2%，总产达15.8万t（按5kg鲜薯折1kg粮食计算），占粮食总产量的20%。曾于2008年先后制定下发了《延安市马铃薯产业发展规划》和《关于加快延安市马铃薯产业发展意见》，制定出延安市无公害、绿色、有机马铃薯生产技术标准三部，与西北农林科技大学合作在子长县建立了马铃薯产业技术试验研究基地，年生产脱毒苗45万株，扦插试管苗60万株，生产原原种90万粒。先后筛选出早熟（费乌瑞它、LK99、大西洋）、中熟（克新1号、中薯18号、夏波蒂）、晚熟（青薯9号、冀张薯8号、陇薯7号）、特色（红玫瑰1号、紫玫瑰2号）四大类共11个马铃薯新品种应用于生产。探索、建立了完善的延安市马铃薯原原种、原种、良种繁育技术体系，创新集成了"脱毒种薯、垄沟种植、机械作业、标准配肥、多次培土、巧防病虫"六大高产栽培关键技术，为全市马铃薯产业发展提供技术指导与科技支撑。

（2）延安地区马铃薯与其他作物的轮作接茬关系　马铃薯在延安常与玉米、大豆、谷子、糜子、荞麦等作物之间进行年际轮换种植。例如：马铃薯—玉米—谷子—马铃薯；马铃薯—谷子—大豆—马铃薯；马铃薯—中药材—玉米—马铃薯；马铃薯—蔬菜—苜蓿—糜子—马铃薯；马铃薯—苜蓿—荞麦—马铃薯；马铃薯—玉米—谷子—杂豆—马铃薯等。

间套作类型：马铃薯套种玉米，4月下旬至5月初，起垄覆膜播种马铃薯后在马铃薯行间播种玉米，大垄双行种植，垄宽80cm，行比2:2或2:1；马铃薯间套种大豆，起垄覆膜播种马铃薯后，根据降水和土壤墒情，大豆可适当晚播；苹果幼园间作马铃薯，4月下旬在苹果幼树行间，起2个80cm的垄，覆膜播种马铃薯，每垄种植2行马铃薯。

（3）延安马铃薯主粮化发展趋势　延安精神和毛泽东思想是延安时期产生的，是对中国历史进程、人民革命和建设影响最深远的宝贵财富。党在陕北的13年是由弱到强、由幼稚走向成熟、由低潮走向高潮、由局部执政走向全国执政的重要历史时期。中国共产党领导的马铃薯事业也是从延安开始的，1944年陕甘宁边区政府就指导推广种植洋芋（1944年2月26日指字第49号）。所以，马铃薯在延安人民的生活中一直扮演着重要角色，在许多革命战争题材片中就有中央领导毛泽东主席和朱德总司令分口粮，背洋芋袋子的镜头。人们一日三餐都离不开马铃薯,有人戏称"陕北妇女离开土豆就不会做饭",可见马铃薯在陕北人民生活中有多么的重要!在延安,马铃薯吃法多种多样,烤、蒸、煮、炖、炒皆是美食,"洋芋擦擦""洋芋馍馍""土豆凉粉""羊杂碎""炖土豆"等以鲜薯或马铃薯淀粉、粉条为食材加工的菜肴成为延安地方特色菜的代表。随着国家"马铃薯主粮化战略"推进,马铃薯在延安的种植面积还将不断扩大,产量水平也必然会逐年提高,为了丰富和满足不断升级的市场消费要求,笔者认为,加强马铃薯产业科技研发投入,优化品种结构,提高马铃薯深加工技术工艺,丰富马铃薯加工产品花样将成为延安马铃薯主粮化的发展趋势。

（二）秦岭山脉东段双季间作区

主要包括关中地区东部蓝田县、临潼区、华阴市秦岭沿线和陕南商洛市的六县一区（洛南县、丹凤县、商南县、山阳县、镇安县、柞水县,商州区）。该区年平均气温12~13.5℃,无霜期199~227d,降水量600~700mm,光、温、水、热、资源充足可以保证农作物一年两熟。本区域的最大特点是土地资源贫乏,人均耕地不足1亩,而且均分布在秦岭山区,由于土地资源宝贵,老百姓为了增加收入,总结出了多种多样的马铃薯与其他作物的间作套种模式。本区山大沟深,海拔高度相差悬殊,从商南县梳洗楼215.4m到柞水县牛背梁2802.1m,地块多为不规则条田、台田、梯田、缓坡田,播期类型有冬播、春播和秋播,其中,以春播马铃薯为主要类型,占总量的90%以上。生产上马铃薯多与玉米、蔬菜、豆类等作物间作套种,既有保护地栽培也有露地栽培。生产上主要以早熟、中熟菜用型马铃薯品种为主,主栽品种有克新1号、克新3号、早大白、虎头、牛角红、荷兰14、荷兰15等。在全国马铃薯区划中属"中原二作区"。

秦岭山地海拔高差悬殊,阴坡阳坡差异明显,因此,农谚有"差一丈不一样,阳坡早,阴坡迟"之说。在漫长的农耕实践中,人们不断总结经验教训,适应自然生态环境。以商洛为例,马铃薯在秦岭山地条件下,按照海拔和温度形成了三种相对稳定且差异明显的种植区域。

1. 低热一类区冬播马铃薯

主要指海拔在600m以下的河谷川塬区。马铃薯播种期既有冬播又有春播,既有保护地种植又有露地种植,马铃薯常与蔬菜轮作套种。例如,冬蒜苗+冬播马铃薯+春玉米+秋菜,这一模式一般要有水利灌溉条件。蒜苗7月中下旬至8月初播种,12月下旬至翌年元月上旬收获,然后播种马铃薯,4月上中旬,在马铃薯行间播种春玉米,马铃薯5月中下旬收获后播种秋菜,如胡萝卜、甘蓝、萝卜、白菜等,或重复冬蒜苗+马铃薯+春玉米这一循环。马铃薯+春玉米、地膜马铃薯冬播+春玉米这两种模式对水利灌溉条件没有要求,靠自然降雨就能完成,也是这一自然区域马铃薯的主要种植模式。露地马铃薯播种一般在春节后（2月中下旬）进行,地膜马铃薯播种一般在春节前（1月下旬）进行,春玉米播种一般在谷雨前后（4月下旬至5月初）进行。

2. 中温二类区春播马铃薯

主要指海拔在600~800m的旱塬丘陵区。这一区域内马铃薯均为春播,有露地播种,也有地膜播种。播种时期一般在2月中下旬至3月初,地膜马铃薯播期宜早不宜迟,破膜放苗是马铃薯生产的重要技术环节,要适时、及时进行,既要防霜冻又要防烧苗。这一区域内马铃薯与其他作物套种方式多样，主要模式是马铃薯与玉米套种，玉米于谷雨前后在马铃薯行间播种，种植行比有1∶1、1∶2、2∶23种类型，马铃薯收获后也有少部分种植秋菜的，如甘蓝、萝卜等（怕伏旱）。

3. 高寒山区春播马铃薯

主要指海拔800~1 400m之间的中高山区，这一区域马铃薯均为春播，播期在3月中下旬，玉米谷雨后播种在马铃薯行间。马铃薯有地膜栽培也有露地栽培。该区域是马铃薯的主产区，马铃薯+玉米是主要套作模式，马铃薯与玉米按1∶1行比间隔种植为主，带型为80~90cm对开。也有马铃薯与玉米行比按2∶1的，带型为110cm对开，其次是马铃薯与豆类套作，马铃薯与豆类行比为1∶2，带型为110cm对开。

4. 马铃薯的主粮化发展趋势

20世纪50—70年代，中国农业生产水平较低，人们经常吃不饱，穿不暖，整个社会都处于物质供给短缺年代，冬春闹饥荒是常有的事。尤其在商洛中高山区，小麦产量低而不稳，为了吃饱肚子，马铃薯一年种两茬（春播和秋播）；高寒山区小麦不能越冬，粮食就更为短缺。因此，在山区群众的饮食结构中，马铃薯其实早被当主粮食用了。马铃薯在商洛的吃法多种多样，做菜有土豆丝、土豆片；主食有洋芋糊汤、洋芋拌汤、洋芋糍粑、南瓜熬（炖、煮）洋芋、洋芋煎饼、洋芋烩面片，洋芋豆角蒸面等。到80~90年代，随着联产承包责任制的推行实施，粮食生产能力和水平有了较大提高，温饱问题逐渐有了保障，加上市场商品经济的活跃，小麦、玉米、大米等主粮商品也在各地市场流通起来，山区人民生活得到明显改善，马铃薯在人们饮食结构中占比有所下降，由一日三餐的主食变为丰富城乡人民生活的花样食品或者是地方特色食品，如洋芋粉炒腊肉、洋芋糍粑、洋芋丝饼、炸薯片、炸薯条等。随着市场经济不断发展，蔬菜实现了全国大流通，马铃薯也成为山区群众致富增收交换其他商品的商品。马铃薯的深加工在商洛历史传承中比较少，也比较简单，而且加工数量有限，仅仅局限于马铃薯制淀粉然后再制作成粉条。

2015年中央一号文件指出"探索建立粮食生产功能区，将口粮生产能力落实到田块地头、保障措施落实到具体项目"。结合商洛马铃薯生产实际和上市时段，陕西省和商洛市政府将商洛市定位为马铃薯"菜用鲜食"生产区。然而，在种植效益的驱使下，马铃薯种植面积很可能盲目扩大，马铃薯鲜薯销售存在较大的价格波动等市场风险。因此，发展马铃薯深加工，利用现代科技工艺，将马铃薯加工成多种符合城乡居民消费习惯的新食品，从而促进马铃薯产业健康发展，是推动山区群众持续增收的长久之计。

（三）陕南二至多熟过渡区

主要包括陕南的安康盆地和汉中盆地。雨量充沛，气候湿润，年均气温12~15℃，无霜期210~270d，年降水量800~1 000mm，属一年两熟区。浅山区每年11—12月播种，通过保护地栽培，4—6月上市，生产效益较高。高山区每年2—3月播种，6—8月上市，大都是单作，也有间作套种。在全国马铃薯区划中属"西南混作区"。

1. 安康市马铃薯生产情况

（1）安康市马铃薯与其他作物的轮作接茬关系　安康地处秦岭巴山之间，马铃薯栽培历史悠久，马铃薯常与玉米、甘薯、豆类、蔬菜等作物以及茶树、果树间作套种，可以极大地提高光能和土地利用率，增加单位面积经济效益。间作套种马铃薯应选早、中熟脱毒品种，春播采用地膜覆盖栽培模式，尽可能缩短与其他作物的共处期，缓解两作物共处期间水、肥及栽培管理等矛盾。安康盆地中高山主要是马铃薯与玉米、大豆、蔬菜（萝卜、大白菜）间套作，此模式解决了中高山区一年一熟有余，两熟不足的矛盾；而在浅山、丘陵、平川二熟或三熟制区域，冬播（春收马铃薯）和秋播（冬收马铃薯），主要是马铃薯与玉米、甘薯、大豆、蔬菜、茶树、果树等间套作。①马铃薯与玉米间套种模式：为解决玉米遮光问题，可采用2：2的种植方式，即马铃薯和玉米各2行，小行距均为33.3cm，每幅120cm宽，马铃薯株距27～30cm，马铃薯和玉米密度均为每亩3 700株。对于高秆玉米可用3：2的种植方式，即3行玉米2行马铃薯，玉米行距40cm、株距30cm，马铃薯行距60cm、株距27～30cm，马铃薯与玉米的行距33.3cm，每一幅宽200cm，马铃薯和玉米密度均为每亩3 333株。②马铃薯与甘薯间套种模式：行比1：1。单行马铃薯与单行甘薯相距50cm，双行与双行之间相距100cm，马铃薯株距27cm，亩5 000株，甘薯株距33cm，亩4 040株。马铃薯前期培土成垄，甘薯在垄中间平地栽植，待马铃薯收获时把马铃薯的垄变成平地，把甘薯的平栽变成垄作。③马铃薯与大豆间套种模式：行比1：1、2：1、2：2等。（马铃薯早播，大豆晚播）。④马铃薯与玉米、蔬菜立体套作模式：马铃薯比玉米早播1个半月左右，蔬菜的播期因品种不同差异较大。马铃薯较其他作物耐寒，播种比其他作物早，出苗后需浇水，这样马铃薯前期浇水会降低土壤温度，影响玉米、蔬菜等间作作物的出苗及苗期生长。因此，在必须浇水时，应在两行马铃薯之间进行小水浇灌。

（2）安康市马铃薯主粮化发展趋势　马铃薯因其适应性强、产量高、经济效益好，在安康种植历史悠久，是当地的主要粮食、蔬菜、经济作物，对安康农业、农村、经济发展意义重大。在新形势下，未来安康市马铃薯在已有传统消费的基础上，一是要加强具有国家农业部认证的"镇坪洋芋"地理标志保护产品的生产与开发，进一步提升"镇坪洋芋"的品牌知名度和市场竞争力；二是安康马铃薯科研、经营开发企业要以"中国安康富硒产业研究院"为依托，着力开展安康富硒（特色）马铃薯新品种、新产品研发；加强富硒脱毒种薯繁育体系建设、扩大种植规模。全市各类马铃薯生产、产品开发商家要在马铃薯主食产品多样化以及提高精深加工水平上下功夫，进一步优化区域马铃薯品牌消费格局，转变生产经营与引导消费方式，使安康富硒马铃薯品牌走出家门，走向全国，迈向世界，不断提高安康马铃薯产业效益。

2. 汉中市马铃薯生产情况

汉中是马铃薯的适生区，汉中属最北缘的亚热带季风性气候，年平均气温14.5℃，1月平均气温2.0℃，全年无霜期235～250d，年降水量871.8～1 122.9mm，南依巴山，北靠秦岭，形成了典型的盆地地形，汉江从其中部穿流而过，气候温暖湿润，无霜期长，水源丰富，有近似于马铃薯原产地的生态条件，是优质高产马铃薯最佳生态区。

汉中马铃薯种植从第一年11月开始到第二年3月都有不同地区、不同栽培方式的马铃薯播种，每年4—7月均有鲜薯收获上市，填补了全国马铃薯鲜薯淡季市场的供应。平川双膜大棚马铃薯11月上旬至11月20日先后播种，单地膜马铃薯11月10日至12月30日播种，浅山丘陵地区地膜马铃薯12月25日至翌年2月15日播种，山区地膜马铃薯2月初至2月中旬播种，露地2月下旬至3月上旬播种。汉中马铃薯常年植面积为60多万亩，总产近60万t。平川20多万亩，山区40多万亩，是仅次于水稻、油菜、玉米、小麦之后的第五大作物。平均单产每亩970kg以上，早熟大棚每亩2500kg以上。近年来，在产业政策和各级政府的支持下，通过新品种引进、脱毒技术推广、高产高效栽培模式集成示范，汉中马铃薯产业迅猛发展，形成了以镇巴、略阳、宁强等县区为代表的山区晚熟马铃薯主产区和以汉台、城固、洋县、勉县等县区汉江川道为代表的地膜早熟菜用为特色的两大马铃薯主产区。

马铃薯在汉中川道低热区经常与水稻进行年内轮作种植，即马铃薯收获后种植秋稻；马铃薯与油菜、水稻进行年际间轮作种植；马铃薯在山区则经常与玉米间作套种。

三、马铃薯在陕西粮食安全及脱贫攻坚工作中的作用及意义

（一）国家对马铃薯的宏观定位

2015年中央一号文件指出"探索建立粮食生产功能区，将口粮生产能力落实到田块地头、保障措施落实到具体项目。"2015年年初，国家农业部指出，今后要通过推进马铃薯主粮化，因地制宜扩大种植面积，在不挤占三大主粮的前提下，由目前的8000多万亩扩大到1.5亿亩，把马铃薯平均亩产提高到2t以上，让马铃薯逐渐成为中国第四大主粮作物，为中国粮食安全提供更多保障。

2016年中央一号文件指出，推进农业供给侧结构改革，树立大食物观，面向整个国土资源，全方位、多途径开发食物资源，满足日益多元化的食物消费需求，积极推进马铃薯主食开发。2016年2月，农业部发布《关于推进马铃薯产业开发的指导意见》，提出立足中国资源禀赋和粮食供求形势，顺应居民消费升级的新趋势，树立大食物观，全方位、多途径开发食物资源，正式决定将马铃薯作为主粮产品进行产业化开发。意见提出，到2020年，马铃薯面积扩大到1亿亩以上，平均亩产提高到650kg，总产达到1.3亿t左右；优质脱毒种薯普及率达到45%，适宜主食化加工的品种种植比例达到30%，主食消费占马铃薯量的30%。

（二）陕西马铃薯产业的现状与前景

马铃薯在陕西是继玉米、小麦之后的第三大作物，既是菜又是粮。马铃薯在陕西的10个地级市均有种植，到2016年播种面积达到443.9万亩，总产鲜薯373.5万t，平均单产841.5kg/亩。马铃薯在陕北、陕南五地市种植面积、产量占到全省的90%以上，在当地农业经济发展和人民日常生活中具有举足轻重的地位。在秦巴山区有"洋芋丰收半年粮"之说，在人们的饮食结构中，马铃薯的吃法多种多样，土豆丝、土豆饼、洋芋糍粑、洋芋擦擦、洋芋炖排骨（烧牛肉）、洋芋豆角蒸面、洋芋粉条粉皮等是陕西人百吃不厌的美食，植根于群众生活融会于三秦文化。

随着马铃薯主粮化战略的推进实施和农业供给侧改革的不断深入，面对人们不断升级的饮食消费需求，马铃薯的生产加工全产业链必将迎来光明的发展前景。

（三）马铃薯在陕西脱贫攻坚中的作用

马铃薯耐寒、耐旱，适应性强，种植容易，适合在劳动力多，耕地缺乏、海拔高、自然条件恶劣的地区种植。马铃薯在全世界被公认为能够用最少的耕地、最短的时间，

在最恶劣的环境下，解决最重要的吃饭问题。很多国外农业专家认为，随着全球人口快速增加，"如果未来出现全球粮食危机，只有马铃薯可以拯救人类"。从中国农村产业脱贫致富需求看，马铃薯种植区域与全国贫困区域的分布高度重合。据罗其友等（2014）研究，全国划定的 14 个连片特困地区主要分布在出产马铃薯的山区，在中国 592 个国家级贫困县中，有 549 个县种植马铃薯，占 92.74%，马铃薯在这些地区的生产效益明显优于其他粮食作物。陕西省的实际情况也是这样，陕北、陕南正是全省的集中连片贫困区。因此，加大投入，倾注力量，搞好马铃薯全产业链开发工作就是脱贫攻坚。榆林市沙漠农场规模化种植马铃薯，采用水肥一体化技术，成为陕西马铃薯高产高效生产和快速致富典型，定边县白泥井镇红旗村种植大户贾平，2017 年种植青薯 9 号 350 亩，平均亩产 4 200kg，总产鲜薯 1 470t，毛收入 176.5 万元，净收入 89 万元；延安市苹果幼园套种马铃薯是广大果农建园初前 3~4 年的主要收入来源；汉中、安康市的拱棚多膜冬播马铃薯上市早，价格好，生产效益高，亩收入超过万元成为群众竞相选择的种植对象；商洛市为了增加农民收入，从调整农业产业结构入手，2007 年开始，实施以增加农民收入为目的"压麦扩薯"种植业结构战略，10 年来，马铃薯面积由 35 万亩增加到近 60 万亩，中高山区的群众采用马铃薯与玉米、蔬菜、豆类作物的轮作套种，与传统小麦、玉米间套作或轮作模式比较，亩增收达 2 000 多元以上。马铃薯在增加陕南、陕北贫困区农民收入中发挥了重要作用。

第二节　陕西省马铃薯种质资源

一、陕西省马铃薯种植历史

（一）马铃薯的起源

马铃薯属于茄科一年生草本植物，在全世界共有 8 个栽培种和 150 多个野生种。根据科学的考证，马铃薯有两个起源中心，栽培种主要分布在南美洲哥伦比亚、秘鲁、玻利维亚的安第斯山区及乌拉圭等地，其起源中心以秘鲁和玻利维亚交界处 Titicaca（的的喀喀湖）盆地为中心地区。以二倍体种为多，被认为是所有其他栽培种祖先的 *Solannum stenotomum* 二倍体栽培种在起源中心的密度最大，野生种只有二倍体。野生种的另一个起源中心则是中美洲及墨西哥，那里分布着具有系列倍性的野生多倍体种。这里的野生种尽管倍性复杂，但数量较少，一直还没有发现原始栽培种。马铃薯的野生种早在 14000 年以前就在安第斯山区遍布，但其由野生逐渐向栽培植物进化则大约发生在公元前 5000—2000 年。最终马铃薯离开安第斯山区来到欧洲，通过变异、杂交、选择、进化成为在长日照条件下也能结薯的栽培品种，这一过程大约发生在 16 世纪中叶至 18 世纪。通过染色体倍性研究，目前全世界除南美洲以外的栽培的马铃薯都是欧洲马铃薯的后代。

（二）马铃薯栽培种的起源

马铃薯栽培种起源于南美洲安第斯山中部西麓濒临太平洋的秘鲁-玻利维亚区域，

已为世界学者共认。马铃薯栽培种是在人类干预下由野生种进化而来的，在进化的过程中，马铃薯栽培种保持了祖先的远系繁殖、自交不亲和或近交衰退的习性。遗传基因的高度杂合是推动马铃薯栽培种进化的内在动力，气候与生态环境的变化是其进化的外在必要条件。马铃薯栽培种的无性繁殖保持了其异质性和杂种优势，因无性繁殖而导致的病害积累和为害问题在冷凉的生态条件下减缓。

（三）马铃薯传入中国的时间和种植历史

关于马铃薯传入中国的具体时间至今仍有争论。以翟乾祥先生为代表的观点认为马铃薯的引入是在明万历年间（1573—1619年），以谷茂先生为代表的观点则认为马铃薯最早引种于18世纪。前者的判断分析主要依据以下史料记载：《长安客话》（约1600—1610）卷2"皇都杂记"称："土豆绝似吴中落花生及香芋，亦似芋，而此差松甘"；徐光启《农政全书》（1628）："土芋，一名土豆，一名黄独。蔓生叶如豆，根圆如鸡卵。肉白皮黄，可灰汁煮食，亦可蒸食。"《畿辅通志》（1682）："土芋一名土豆，蒸食之味如番薯"；《松溪县志物产》（1700）卷6："马铃薯，菜依树生，掘取之，形有大、小，果如铃，子色黑而圆，味甘苦"；《天津府志》（1739）卷5《物产》："芋，又一种小者，名香芋，俗名土豆"；《正定府志》（1762）中有"土芋，通志俗呼土豆，味甘略带土气息"等。而后者观点的形成则主要依据对马铃薯的栽培进化过程的分析和对史料记载中马铃薯别名的考证。

据史料记载和学者们的考证，马铃薯可能由东南、西北、南路等路径传入中国。①荷兰是世界上出产优质马铃薯种薯的国家之一，在盘踞中国台湾期间荷兰人将马铃薯带到台湾种植，后经过台湾海峡，马铃薯传入大陆的广东、福建一带，并向江浙一带传播，在这里马铃薯又被称为荷兰薯。②西北路马铃薯由晋商自俄国或哈萨克汗国（今哈萨克斯坦）引入中国。并且由于气候适宜，种植面积扩大，"山西种之为田"。③南路马铃薯主要由南洋印度尼西亚（荷属爪哇）传入广东、广西，在这些地方马铃薯又被称为爪哇薯，然后马铃薯自此又向云南、贵州、四川传播，四川《越西厅志》（1906）有"羊芋，出夷地"的记载。④此外，马铃薯还有可能由海路传入中国，1650年荷兰人约翰斯特鲁斯（John struys）在中国台湾见到马铃薯的栽培，至今当地有马铃薯称为荷兰薯的习惯。

马铃薯传入中国之后，由于其具有特有的生物学特性，所以其传播呈现出传播链短、传播容易中断、传播路线难以描绘的特点。在气候适宜地区，马铃薯种性稳定，能够持续生长传播，成为当地的重要作物。而在中国南方低海拔地区，马铃薯在无性繁殖过程中有严重的退化现象，如植株矮化，出现花叶、卷叶、皱缩叶、产量降低、病害积累等，在传播过程中会出现绝种现象，发生传播中断。在科学技术不发达的时代，马铃薯的这一特有的生物学特点使得它的传播经历了曲折的发展过程。

1. 早期的缓慢传播与扩散

19世纪，马铃薯传入中国后，其传播显示出一定的间断性。并且其主要分布区域与气候区相关。早期马铃薯通过各种途径传入中国之后，其传播区域集中稳定在气候适宜，利于其生长发育和种性保存的高寒山地及冷凉地区，如四川、贵州、云南、湖北、湖南、陕西等地的山区。四川的方志中有较多关于马铃薯的记载内容，并以山区尤为集中。据不完全统计，19世纪四川方志中记载有马铃薯相关内容15条。而在其他地区马铃薯被载入方志的则较少，虽然方志中没有记载并不能说明马铃薯在该地区没有栽培，但这至少可以说明，马铃薯尚没有被作为主要作物来栽培。总之，这一时期马铃薯的繁殖传播主要依靠自然冷凉的气候条件。在气候不适宜地区，由于其种性退化，马铃薯在栽培过程中容易被人们选择淘汰，或由于其自身病害严重而腐烂绝种。1926年四川《南充县志》卷四中就有"山土产前独产洋芋，今已绝种，下地亦多腐于地中"的记载。

2. 20世纪的加速传播扩散

20世纪起，随着世界范围内试验科学技术的发展与国际交流的加强，马铃薯在中国开始了进一步的传播与扩散，山西、甘肃、辽宁、吉林、黑龙江、福建的方志中开始有马铃薯的记载。它的传播与扩散主要表现在两个方面：一是传播区域的扩大，在科学技术进步和社会经济发展的共同作用下，种植区域由气候适宜的高海拔、高纬度冷凉地域向低海拔、湿度大容易引起马铃薯退化的地区扩散传播。二是播种栽培面积的增加，由于自然灾害、病害、制度变化等因素，播种面积虽然有一些波动，但整体播种面积不断扩大。

（1）传播区域逐渐扩大　自20世纪初开始，马铃薯在中国的传播区域不断扩大。与甘薯、玉米的辐射式传播方式不同，马铃薯早期的传播具有按气候分区覆盖的特点。在海拔1200m以上气温较低的适宜气候区，如西南、西北各省高寒地区，马铃薯的生长繁衍良好，成为当地重要的粮食来源。从19世纪末至20世纪初期，随着马铃薯栽培技术的进步和国际范围内技术交流的增加，马铃薯的传播区域不断扩大。方志中记载有关于马铃薯栽培的省份增加有：上海、新疆、山西、福建、甘肃、台湾、吉林、黑龙江、辽宁等地。马铃薯的传播区域有较大的扩展发生在20世纪中期。40年代马铃薯在国民党管辖区、日伪占领区和抗日根据地得到大力发展，并随着科学技术的进步以及对种性退化、用种量大、病害等一系列技术障碍的突破，加之马铃薯本身的生物学特性，20世纪中后期马铃薯迅速在全国各地传播开来。原来种植马铃薯较少的地区如江西、广西、江苏等地也开始规划、引种、扩大种植面积。马铃薯经过近百年的传播发展，到20世纪80年代，在中国基本形成四大生产区域：即北方一季作区、中原二季作区、南方三季作区、西南一二季混作区，在全国范围内有50多个推广品种。

（2）种植面积不断增加　20世纪30年代，马铃薯在一些省份的种植已经普及到全省各县。例如山西省1932年的马铃薯种植面积达131.7万亩，居全国各省之首位。据估计1936年全国马铃薯种植面积达540万亩以上。马铃薯的种植规模在20世纪中叶之后经历了发展、调减、回升的过程。在1950—1970年，马铃薯的种植面积不断扩大，产量不断增加，1970—1985年马铃薯的面积下降，自1986年以来种植面积持续回升。进入20世纪90年代，《中华人民共和国农业法》《中华人民共和国农业科技推广法》等政策倾斜，国内外厂商投资马铃薯开发利用的积极性被激发，全国范围内的马铃薯深、精加工企业有上万家，这在一定程度上促进了马铃薯种植规模的进一步扩大。到2000年马铃薯的播种面积增加到7 085.1万亩。

（四）马铃薯传入陕西省的时间和种植历史

据考证，陕北榆林市是陕西省最早种植马铃薯的地区。《定边营志》载："高山之民，尤赖马铃薯为生活，万历前惟种高山，近则高下俱种"，证明早在400多年前的明万历年间，陕西省就开始种植马铃薯了。清嘉庆二十二年，《定边县志·物产》里，就详细记载了马铃薯的生产情况。有文字查考的"陕西省靖边有种植土豆的传统"，见于康熙本（1674年）《靖边志稿》物产编一文，至今也已有340年的历史。国共内战时期，共产党率领中国工农红军经两万五千里长征到达陕北，在陕北建立红色革命根据地。与国民党坚持对抗长达13年，是共产党由弱到强、由年轻走向成熟、由低潮走向高潮、由局部执政走向全国执政的重要历史时期。那时为了"备荒自卫"，多增加粮食产量，在广泛的群众生产运动中，1944年陕甘宁边区政府就指示推广种洋芋。由此，中国共产党领导的马铃薯事业也是从延安开始，2008年陕西省农业厅组建成立了陕西省马铃薯产业技术体系，进一步推动陕西马铃薯产业向前发展；2009年，第十一届中国马铃薯大会在陕北榆林召开，再次证实了陕西马铃薯种植历史与延安精神的相辅相成。

二、陕西省马铃薯种质资源

（一）种质资源

陕西省马铃薯种植按生态、地理、气候划分为陕南种植区和陕北种植区。陕南（秦巴山区）生态气候与西南相似，而陕北（黄土高原）生态气候又与西北及华北相似，故在品种应用上差异较大。陕南多以早熟、中晚熟耐涝和抗晚疫病、青枯病、黑胫病品种为主；而陕北多以早熟、中晚熟耐旱及抗晚疫病、病毒病、环腐病品种为宜。目前，陕西省开展马铃薯育种工作的单位仅有3家，分别是安康市农业科学研究所、榆林市农业科学研究院和西北农林科技大学。其中安康市农业科学研究所较早开展马铃薯育种工作且从未中断，保持有传统的育种优势，因此陕南多以安康市农业科学研究所自主选育及西南同类地区外引品种为主，品种种质资源数量多、创新较快。而榆林市农业科学研究院在20世纪70—80年代曾开展过育种工作，但1990—2008年间一度中断，致使大量种植资源流失，2009年才重新恢复育种项目，整个陕北地区仍以外引为主，自育品种种质资源相对较少。2013年西北农林科技大学开设育种项目，省内马铃薯育种实力进一步增强，各育种单位以加工品质优良、淀粉含量高、抗旱、耐涝、高抗晚疫病为育种目标，从国内外收集利用优良材料，配制了大量杂交组合，创造出了多个系列的马铃薯新种质及育种中间材料。可利用于杂交育种的新品种（系）约有107份。其中自育品种（系）37份，包括安康市农业科学研究所选育的安农、文胜、安薯、秦芋等系列品种（系），共23份；西北农林科技大学选育的红玫瑰、黑玫瑰、紫玫瑰、黄玫瑰等系列特色品种，共9份；榆林市农业科学研究院选育的榆薯品种（系）共5份。外引品种（系）（不含重复引种）70份，包括安康市农业科学研究所引进的鄂薯系列5份、云薯系列2份、丽薯系列3份、黔芋系列2份、威芋系列2份、青薯系列2份、陇薯系列2份，共18份；榆林市农业科学研究院马铃薯研究所引进的东北白、虎头、费乌瑞它、布尔班克、夏波蒂、荷兰14号、阿克瑞亚、康尼贝克（LK99）、克新1号、陇薯系列 5 份、青薯系列 3 份、冀张薯系列 3 份、中薯系列 3 份、晋（同）薯系列 4 份、安 0302-4，共 28 份；西北农林科技大学引进国外不同类型种质材料 24 份。此外，延安、汉中、商洛等农业科学研究所共引进也引进新品种（系）10 余份，为陕西未来马铃薯种质资源保存、开发利用、杂交育种奠定了良好基础。

（二）陕西省代表性品种选育

陕西省引育的有代表性的马铃薯品种（系）归纳如表 1-2：

表 1-2　陕西省引育代表性马铃薯品种名录　　　　（蒲正斌整理，2018）

选育单位	品种（系）名称	品种来源、途径和方法	种植年限	累计推广面积（万亩）
安康市农业科学研究所	米拉（引育）	1952 年民主德国用"卡皮拉"（Capella）作母本，"B.R.A.9089"作父本杂交系选育成；1956 年引入中国，1960—1964 年引种区试、生试（示范）1965—1989 年应用推广，是西南山区的主栽品种	1964—1989 年	450
安康市农业科学研究所	文胜 4 号（175 号）	于 1966 年由"长薯 4 号"（"疫不加"自交后代）的天然实生种子后代选育；1967 年用天然自交实生种子培育实生苗获得实生薯单株（编号：1967—175）。1968—1972 年进行株系圃、品系比较筛选；1973—1975 年区域试验、生产试验、示范；1976 年通过安康地区农作物品种审定委员会审定；1976—1996 年应用推广	1974—1995 年	约 480
安康市农业科学研究所	安农 5 号	于 1966 年由"哈交 25 号"的天然实生种子后代选育；1967 年用天然自交实生种子培育实生苗获得实生薯单株（编号：1967-20）。1968—1972 年进行株系圃、品系比较筛选；1973—1975 年区域试验、生产试验、示范；1976 年通过安康地区农作物品种审定委员会审定；1976—1993 年应用推广	1976—1993 年	约 280
安康市农业科学研究所	安薯 56 号（国审）	于 1978 年以品种"文胜 4 号"作母本，与"克新 2 号"作父本杂交获得杂交实生种子，1979 年培育实生苗，从以中单株株系培育而成。1980—1984 年进行株系圃、品系比较筛选；1985—1987 年区域试验、生产试验、示范；1989 年通过陕西省农作物品种审定委员会审定；1993 年认定为国审品种，1988—1999 年应用推广	1988—2003 年	约 300

（续表）

选育单位	品种（系）名称	品种来源、途径和方法	种植年限	累计推广面积（万亩）
安康市农业科学研究所	秦芋 30 号（国审）	于 1991 年以 BOKA（波友 1 号）作母本，4081 无性优系（米拉/卡塔丁）作父本杂交，1992 年以该组合实生种子培育实生苗，从中以单株株系筛选而成。1993—1998 年进行株系圃、品系比较筛选；1999—2001 年国家西南组区域试验、生产试验示范；2003 年经国家农作物品种审定委员会审定；2001—2017 年应用推广	2001—2017 年	约 400
安康市农业科学研究所	秦芋 31 号（国审）	于 1996 年以云 94-51（母本）× 89-1（父本）有性杂交，获得杂交实生种子；1997 年实生苗培育系统选育而成。1998—2002 年进行株系圃、品系比较筛选；2003—2005 年国家西南组区域试验、生产试验、示范；2006 年经国家农作物品种审定委员会审定；2006—2013 年应用推广	2005—2015 年	约 120
安康市农业科学研究所	秦芋 32 号（国审）	2000 年以秦芋 30 号（母本）×89-1（高原 3 号/文胜 4 号）有性杂交，获得杂交实生种子；2001 年实生苗培育，株系选育而成。2002—2007 年进行株系圃、品系比较筛选；2008—2010 年国家西南组区域试验、生产试验、示范；2011 年经国家农作物品种审定委员会审定；计划 2010—2023 年应用推广	2010—2025 年	约 225
安康市农业科学研究所	0302-4（中早熟新品系）	2002 年以秦芋 30 号（母本）×合作 88（父本）有性杂交，获得杂交实生种子；2003 年实生苗培育，株系选育而成 . 2004—2008 年进行株系圃、品系比较筛选；2009—2016 年陕西省内区域引种品比试验、生产试验、示范。2017 年由省市专家组鉴定验收，即将申报省品种登记。计划 2015—2030 年应用推广	预计种植年限：2015—2030 年	预计约 220

（续表）

选育单位	品种（系）名称	品种来源、途径和方法	种植年限	累计推广面积（万亩）
安康市农业科学研究所	0402-9（中熟新品系）	2003 年以秦芋 30 号（母本）×晋 90-7-23（父本）有性杂交，获得杂交实生种子；2004 年培育实生苗，经株系选育而成。2005—2013 年进行株系圃、品系比较筛选；2014—2016 年国家西南组区域试验、生产试验、示范。待做完 DUS 及 DNA 测试后申报国家品种登记。计划 2016—2030 年应用推广。	预计种植年限：2016—2030 年	预计 180~200
榆林农业科学研究院	榆薯 1 号	于 1986 年以叶绿卡（母本）×85-15-2（父本）杂交获得实生种子；1987 年培育实生苗，经株系选育而成。1988—1992 年进行株系圃、品系筛选；品系区域试验、生产试验。1993 年通过陕西省农作物品种审定委员会审定。1992—2002 年应用推广	1992—2000 年	约 160

（三）陕西省马铃薯品种演替

陕西省马铃薯种植主要分布在陕北黄土高原的榆林市、延安市及陕南秦巴山区的汉中市、安康市、商洛市。不但种植历史悠久，且从 20 世纪 50 年代至 2015 年面积和单产稳步攀升。种植品种由单一地方农家种向科研院所引进、育成的多类型新品种应用转变，各年代间品种应用及更新换代有力推动了陕西马铃薯生产及产业发展。现将陕西省马铃薯主栽区的榆林、延安、汉中、安康、商洛等地市从新中国成立至今马铃薯生产（产业）发展与品种应用、更新换代情况分别介绍如下。

1. 榆林市马铃薯产业与品种应用、更新换代

榆林是全国马铃薯优生区之一，马铃薯作为全市的传统作物，在农业增效和农民增收方面发挥了重要作用，已成为全市主要的特色农业产业之一。60 年来，榆林市马铃薯产业有了突飞猛进的发展，并取得了较大的成就。种植面积由新中国成立初的 60 万亩增加到 2017 年的 270 万亩，平均亩产由 213kg 增加到 1 000kg 以上。

20 世纪 50—60 年代，榆林农业生产落后，马铃薯栽培粗放，加工更是无法谈起，品种为本地红洋芋、老红皮等农家品种，种植方式粗放，不施肥、不灌水，更不防治病虫害，面积保持在 60 万~70 万亩，单产 220kg 左右，年产鲜薯 14 万~15 万 t，年产值 500 万元左右。到 70 年代中期，马铃薯生产取得长足进步，品种主要推广榆林市农业科学研究所引进的沙杂 15 号，面积达到 80 万亩，由于生产中开始施用化肥，单产提高一倍多，达到 460kg，年产鲜薯 36 万 t，产值达到 2 000 多万元。80—90 年代，引进了东北白、虎头等品种，育成了榆薯 1 号新品种，并推广垄沟栽培等农艺措施，面积达到

100 万亩，平均亩产 680kg，年产鲜薯 60 万~70 万 t，产值达到 5 000 万元。90 年代后期，引进了紫花白（克新 1 号）马铃薯新品种，同时推广种植东北白、虎头等鲜食品种，并配套推广地膜覆盖、复合施肥、病虫防治等技术，面积达到 150 万亩左右，单产突破 800kg，产量达到 140 多万 t，产值达到亿元以上。

2004—2011 年，榆林马铃薯产业得到蓬勃发展，先后引进推广早熟品种费乌瑞它、淀粉加工品种陇薯 3 号、快餐加工品种布尔班克和夏波蒂等新品种，品种结构由单一的鲜食品种向品种专用化转变，推广种薯脱毒、配方施肥、地膜覆盖、节水灌溉、病虫害综合防治、机械化耕作等新技术，2011 年，种植面积为历史最高，接近 300 万亩，单产达到 1 000kg 以上，产量 300 万 t，产值达到 20 亿元。

2012 年以来，马铃薯生产规模较为稳定，面积保持在 270 万亩左右，年际波动 10 万~15 万亩，平均亩产达到 1 100kg 左右。随着规模化家庭农场不断扩大（据统计榆林现有 500 亩以上家庭农场 100 多家，面积达到 30 万亩以上），品种更新换代较快，现种植面积较大的品种有：克新 1 号（仍为主栽品种，约占总面积的 60% 以上，但呈逐年下降趋势）、费乌瑞它、荷兰 14 号（冀张薯 5 号）、夏波蒂、青薯 9 号、冀张薯 8 号、冀张薯 12 号、陇薯 7 号、陇薯 10 号、阿克瑞亚、康尼贝克（LK99）、晋薯 16 号、希森 6 号等。

2. 延安市马铃薯产业发展与品种应用、更新换代

延安市种植马铃薯已有 300 多年的历史，农民有种植习惯，全市 13 县（区）都有马铃薯种植，年播种面积 82.6 万亩，年总产鲜薯 75.58 万 t，其中播种面积在 9 万亩以上的有宝塔、子长、志丹、吴起、安塞 5 县（区）。马铃薯产量较低且不稳，年度间有成倍差距，平均产量仅为 915.02kg/亩。1959 年延安地区农业科学研究所从河北省张家口地区坝上农业科学研究所引进虎头进行试验示范，1963 年开始推广，1976 年从榆林地区引进沙杂 15 号并迅速推广，到 1978 年虎头和沙杂 15 号成为延安地区的主栽品种，扭转了马铃薯产量低而不稳的现状。

20 世纪 80—90 年代，主栽品种为沙杂 15 号、虎头，以后引进东农 303、白头翁、高原 4 号、高原 7 号、坝薯 9 号、东北白为主栽品种，但投入生产的还有晋薯 7 号、晋薯 8 号、坝薯 10 号等品种。2000 年延安市农业科学研究所从黑龙江省克山市农业科学研究所引进克新 1 号（紫花白），比主栽品种东北白增产 19.4%，2005 年大面积推广，加上脱毒种薯、垄沟种植、多次培土、防治病虫等栽培技术推广，产量有较大幅度提高。

近 10 年，延安市农业科学研究所先后从甘肃省农业科学院马铃薯研究所、青海省农林科学院、中国农业科学院蔬菜花卉研究所和河北省高寒作物研究所等单位引进 LK99、青薯 2 号、费乌瑞它、大西洋、夏波蒂、布尔班克、早大白、陇薯 7 号、陇薯 10 号、青薯 9 号、冀张薯 8 号等 10 多个品种应用于生产，优化了品种结构，提升了产量水平。目前，延安市马铃薯主栽品种为克新 1 号、费乌瑞它、LK99、青薯 9 号、冀张薯 8 号等品种。

3. 安康市马铃薯产业发展与品种应用、更新换代

安康马铃薯栽培历史悠久，马铃薯一直是山区人民的主要粮食作物，也是低山人民

不可缺少的蔬菜，中高山地区素有"洋芋丰收半年粮，洋芋歉收半年荒"之说。安康市地处秦巴山区，立体农业特点显著，生态条件与中国西南地区相似。马铃薯现种植面积 80 余万亩，为陕南马铃薯第一大市。马铃薯产量占全市粮食总产量的 20%～50%，随海拔增高，比重还逐渐有所加大。安康市虽适合马铃薯生长，但在主产马铃薯的山区（也是种源区），马铃薯生长季节阴雨较多，晚疫病发生频繁，对马铃薯生产及产业发展带来了严重影响。因此，1965 年以来安康市农业科学研究所以选育高抗晚疫病、高产、稳产、优质的马铃薯品种为目标，展开了马铃薯引种、育种研究工作。

20 世纪 50 年代以种植老白洋芋、巫峡洋芋、鸡窝洋芋等地方老品种为主，由于农业生产落后，种植粗放，亩产量不到 250kg。60—80 年代安康种植红眼睛（早熟）、红棒棒洋芋、乌洋芋和引进米拉（老黄洋芋）、苏联红（高产红）等抗病品种，亩产在 400～600kg，单产有所提高；60 年代中期至 80 年代初安康地区农业科学研究所选育出安农 5 号、175 号（文胜四号）品种应用推广，平均亩产在 900kg 左右，单产、总产不断攀升；80 年代初至 90 年代在主推米拉、175 号（文胜四号）、安农 5 号品种同时，又选育出国家认定新品种安薯 56 号应用推广；在 90 年代前后，安康市农业科学研究所继续开展马铃薯抗病育种，到 21 世纪初的 2003 年和 2006 年分别选育出国审秦芋 30 号（安薯 58 号）、秦芋 31 号应用推广；2000—2011 年又选育出国审品种秦芋 32 号应用推广。

安康马铃薯到 2001 年全市种植面积和产量由 1970 年的 38.6 万亩，单产 220kg 发展到了 81 万亩，平均单产 600～900kg，面积增加 2.1 倍，单产增加 2.9 倍。

2009—2017 年全市马铃薯面积稳中有升，单产增加，有 1 875～2 250kg/亩的丰产片，有 3 000kg/亩左右的高产田，解决了粮食安全问题，提升了安康马铃薯产业，巩固了安康退耕还林成果。

4. 汉中市马铃薯产业与品种应用、更新换代

汉中盆地在中国马铃薯栽培生态区划中属西南单双季混作区。秦巴山区为春播马铃薯单季作区，丘陵和平川区不但可以种植春马铃薯也可在秋季种植马铃薯，属马铃薯二季作区。汉中市马铃薯常年栽培面积 60 万亩左右，是汉中农业主导产业之一。汉中市马铃薯栽培以春季单作栽培为主。汉中市平川区马铃薯以保护地早熟品种栽培为主，常以商品成熟期提前收获，提高效益为主，一般出苗后 50～70d 收获。丘陵山区以中熟品种栽培为主，生育期 80～100d。平川区有少量秋播马铃薯，用早熟品种播种，生育期 80d 左右。汉中盆地马铃薯栽培方式有大田露地栽培、地膜覆盖栽培、大棚设施栽培三种。地膜覆盖栽培和大棚设施栽培是 20 世纪 80 年代末陆续示范推广的两种主要栽培方式，栽培面积逐年增加，其中地膜覆盖栽培面积比例已经达到 50%左右，以大棚为主的各类设施栽培面积在 10%左右。

汉中在 20 世纪 60 年代先后引进国外的米拉（又名德友 1 号、和平）、丰收白、德国白等抗晚疫病、高抗癌肿病的马铃薯品种。

70—80 年代，随着马铃薯育种技术的发展，一批新品种在汉中地区得到大面积推广。如陕西省安康市农业科学研究所育成的安农 1～5 号、175 号（文胜 4 号），从黑龙江省农业科学院克山分院引进的克新 1～4 号，其中克新 1 号至今仍是汉中市马铃薯主

栽品种。20世纪90年代至今，先后引进推广国外品种费乌瑞它、大西洋、夏波蒂、荷兰15号等；国内品种有东北农业大学的东农303，辽宁省本溪市马铃薯研究所的早大白、尤金，中国农业科学院蔬菜花卉研究所的中薯3号、中薯5号，安康市农业科学研究所的安薯56号、秦芋30号（安薯58号）、秦芋31号、秦芋32号，湖北恩施中国南方马铃薯研究中心的鄂马铃薯5号，河北省高寒作物研究所的冀张薯8号等，这些品种构成汉中地区现阶段的主要栽培品种。除秦芋30~31号为中熟、中晚熟鲜食、菜用型马铃薯品种，其他均为早熟、中早熟菜用型马铃薯品种，具有抗晚疫病、丰产性佳、商品性状好等优点。

5. 商洛市马铃薯产业发展与品种应用、更新换代

商洛六县一区均有马铃薯种植。20世纪80—90年代全市面积徘徊在30万亩上下，亩产800kg左右。2007年后，为实现农业增产，农民增收，实施了"压麦扩薯"产业结构调整，开展了高产创建示范田活动，马铃薯播种面积迅速增加，产量普遍提高。目前，商洛全市马铃薯面积60万亩左右，亩产1 260kg，总产鲜薯75万t。

商洛马铃薯品种在20世纪50年代先后引进栽培长江、巫峡（三峡）等地方老品种。由于栽培技术粗放，单产保持在400~500kg/亩。

20世纪60—70年代，随着马铃薯引育种技术的推进，一批新品种、新技术在商洛地区得到大面积推广，单产水平不断上升。如安康市农业科学研究所育成的安农5号、175号（文胜4号）、山西省农业科学院高寒区作物研究所育成的同薯8号等。

20世纪80—90年代，商洛品种类型不断增加。引进推广了安康市农业科学研究所育成的安薯56号；黑龙江省农业科学院克山分院育成的克新1号（紫花白）；中国农业科学院蔬菜花卉研究所育成的中薯3号、中薯5号等。

21世纪初至今，先后引进推广：国外中早熟品种费乌瑞它、大西洋、夏波蒂等。国内中早熟品种有辽宁省本溪市马铃薯研究所育成的早大白，中晚熟品种有黑龙江省农业科学院克山分院育成的克新1号、克新3号，安康市农业科学研究所的秦芋30号（安薯58号）、秦芋32号，湖北恩施中国南方马铃薯研究中心的鄂马铃薯5号，中国农业科学院蔬菜花卉研究所育成的中薯13号，山东希森马铃薯公司育成的希森3号，河北省张家口市农业科学院育成的冀张薯12号，甘肃省农业科学院育成的陇薯11号，青海省农林科学院育成的青薯9号等。

这些品种的引进，优化了品种机构，满足了商洛市不同海拔区域马铃薯种植对品种的需求，构成商洛市现阶段的主要栽培品种。随着栽培技术的进步，品种的潜力得以发挥，使商洛马铃薯种植单产、总产不断攀升，有力推动了全市马铃薯产业的发展。

（四）陕西省马铃薯品种应用

品种是农业种植技术的重要载体，为了掌握陕西省马铃薯品种应用情况，明确陕西省马铃薯引育种的思路和方向，陕西省马铃薯产业技术体系组织相关岗位专家，2015年12月在商洛市召开会议，由每名岗位专家根据自己经验，分别测算出各自区域马铃薯种植面积排名前五的马铃薯品种名称及种植面积，通过两轮汇总得出以下结论：

陕北地区马铃薯品种以鲜食以主，兼顾淀粉加工，要求品种生育期较长、薯形好、淀粉含量较高、耐旱耐瘠薄。种植面积排名前五的品种分别是克新1号、费乌瑞它、冀

张薯 8 号、青薯 9 号和陇薯 3 号，分别占到陕北地区马铃薯总种植面积的 83.2%、6.6%、2.6%、2.4% 和 2.1%（表 1-3）。

陕南地区马铃薯品种以鲜食为主，要求生育期适中、商品性状好、抗晚疫病。种植面积排名前五的品种分别是克新 1 号、早大白、秦芋 32 号、秦芋 30 号和费乌瑞它、鄂马铃薯 5 号，分别占到陕南地区马铃薯总种植面积的 22.8%、21.5%、13.5%、13.0% 和 6.0%（表 1-3）。

表 1-3　陕西省马铃薯品种应用调查统计表　　　　　　　（方玉川，2015）

地区	品种名称	播种面积（万亩）	占各季节播种面积比例（%）	最大面积比例（%）	最小面积比例（%）	用途
陕北	克新 1 号	316	83.2	85	80	饲料 5%、鲜食 60%（菜用、主食）加工 15%（淀粉、薯条、薯片）、种用 10%、损耗 10%
	费乌瑞它	25	6.6	8	5	
	冀张薯 8 号	10	2.6	3	2	
	青薯 9 号	9	2.4	3	2	
	陇薯 3 号	8	2.1	3	2	
	夏波蒂	5	1.3	3	1	
	虎头	3	0.8	1	1	
	中薯 18 号	2	0.5	1	0	
	其他	2	0.5			
	合计	380	100			
陕南	克新 1 号	45.5	22.8	25	20	饲料 5%、鲜食 70%（菜用、主食）加工 2%（淀粉、薯条、薯片）、种用 8%、损耗 15%
	早大白	43	21.5	22	20	
	秦芋 32 号	27	13.5	15	12	
陕南	秦芋 30 号	26	13.0	15	12	饲料 5%、鲜食 70%（菜用、主食）加工 2%（淀粉、薯条、薯片）、种用 8%、损耗 15%
	费乌瑞它	12	6.0	7	5	
	鄂马铃薯 5 号	12	6.0	7	5	
	米拉	8	4.0	5	4	
	安薯 56 号	6	3.0	4	2	
	中薯 5 号	4.5	2.3	3	2	
	虎头	3	1.5	2	1	
	青薯 9 号	2.5	1.3	2	1	
	冀张薯 8 号	2	1.0	1	1	
	秦芋 31 号	2	1.0	1	1	
	陇薯 3 号	1.5	0.8	1	1	
	其他	5	2.5			
	合计	200	100			

注：本表数字由陕西省马铃薯产业技术体系组织本体系岗位专家调查所得，种植面积由专家凭经验判断得出

本章参考文献

陈珏，秦玉芝，熊兴耀．2010．马铃薯种质资源的研究与利用［J］．农产品加工
　　（学刊）（8）：70-73．

陈伊里，石瑛，秦昕．2007．北方一作区马铃薯大垄栽培模式的应用现状及推广前
　　景［J］．中国马铃薯，21（5）：296-299．

邓根生，宋建荣．2015．秦岭西段南北麓主要作物种植［M］．北京：中国农业科学
　　技术出版社．

谷茂，丰秀珍．2000．马铃薯栽培种的起源与进化［J］．西北农业学报，9（1）：
　　114-117．

谷茂，马慧英，薛世明．1999．中国马铃薯栽培史略［J］．西北农业大学学报，27
　　（1）：77-81．

李勤志，冯中朝．2009．中国马铃薯生产的区域优势分析及对策建议［J］．安徽农
　　业科学，37（9）：4 301-4 302，4 341．

Haverkort A J，刘素洁．1992．与纬度和海拔有关的马铃薯栽培体系生态学［J］．国
　　外农学—杂粮作物（3）：36-39．

刘京宝，刘祥臣，王晨阳，等．2014．中国南北过渡带主要作物栽培［M］．北京：
　　中国农业科学技术出版社．

罗其友，刘洋，高明杰，等．2014．马铃薯产业可持续发展战略思考．马铃薯产业
　　与小康社会建设论文集［M］．哈尔滨：哈尔滨工程大学出版社．

庞万福，金黎平，卜春松，等．2011．我国中原二作区马铃薯施肥现状及对策
　　［C］//．马铃薯产业与科技扶贫论文集．哈尔滨：哈尔滨工程大学出版社．

隋启君，白建明，李燕山，等．2013．适合西南地区马铃薯周年生产的新品种选育
　　策略［C］//．马铃薯产业与农村区域发展论文集［M］．哈尔滨：哈尔滨工程大
　　学出版社．

孙慧生．2003．马铃薯育种学［M］．北京：中国农业出版社．

唐红艳，牛宝亮，张福．2010．基于 GIS 技术的马铃薯种植区划［J］．干旱地区农
　　业研究，28（4）：158-162．

滕宗璠，张畅，王永智．1989．中国马铃薯适宜种植地区的分析［J］．中国农业科
　　学，22（2）：35-44．

王秀丽，徐海泉，李京虎，等．2015．西北旱区马铃薯产业主粮化发展思路探
　　析——以陕西省定边县为例［J］．天津农业科学，21（10）：67-72．

魏玲，胡江波，杨云霞，等．2010．汉中地区马铃薯栽培的适宜性分析［J］．现代
　　农业科技（15）：180．

邢宝龙，方玉川，张万萍，等．2017．中国高原地区马铃薯栽培［M］．北京：中国
　　农业出版社．

翟乾祥 . 2004. 16—19 世纪马铃薯在中国的传播 [J]. 中国科技史料，25（1）：49-53.

张丽莉，宿飞飞，陈伊里，等 . 2007. 中国马铃薯种质资源研究现状与育种方法 [J]. 中国马铃薯，21（4）：223-225.

张莹，孙芳娟，武明安 . 2017. 成阳市渭北旱塬地区马铃薯产业发展初探 [J]. 农业科技通讯（8）：18-20.

朱聪 . 2013. 中国马铃薯生产发展历程及现状研究 [J]. 安徽农业科学，41（27）：11 121-11 123.

第二章 马铃薯生长发育

第一节 生育进程

一、生育期

马铃薯生育期是指在马铃薯生产的田间种植中，其生育进程从播种种薯（块茎）开始到收获成薯（块茎）结束，是一个从块茎到块茎的完整生活周期。根据其生长天数多少，可以将马铃薯品种划分为早熟品种、中熟品种和晚熟品种。

马铃薯早熟品种是指出苗后 60~80d 内可以收获的品种，包括极早熟品种（60d）、早熟品种（70d）、中早熟品种（80d），这类品种生育期短，植株块茎形成早，膨大速度快，块茎休眠期短，适宜二季作及南方冬作栽培。可适当密植，以每亩 4 000~4 500 株为宜。栽培上要求土壤有中上等肥力，生长期需要肥水充足，不适于旱地栽培。早熟品种一般植株矮小，适宜与其他作物间作套种。

中熟品种是指出苗后 80~95d 可以成熟的品种，这些品种生育期较长，适宜一季作区栽培，部分品种可以用于二季作区早春栽培和南方冬季栽培。

晚熟品种是指出苗后 95~105d 可以成熟的品种，包括中晚熟（95~100d）。晚熟品种指 100d 以上的品种，这些品种生育期长，一般植株高大，单株产量较高，仅适宜一季作区栽培。晚熟品种根系分布广且较深，茎叶生长时间长，容易徒长，所以栽培时应适当增加磷、钾肥，以促进块茎的形成膨大。晚熟品种节间稍长，植株较高，大部分品种植株高度在 80cm 左右，高的可达到 100cm，这类品种适宜北方一作区栽培，能发挥增产潜力（表 2-1）。

表 2-1　常见马铃薯品种熟性表　　　　　　　　　　　　　　（刘康懿，2018）

熟性	品种
早熟	荷兰十五、荷兰 7 号、金冠、荷兰十四、中薯 2 号、中薯 3 号、中薯 4 号、中薯 5 号、中薯 6 号、中薯 7 号、中薯 8 号、富金、早大白、尤金、克新 4 号、中薯 12 号、中薯 14 号、东农 303、希森 3 号、希森 4 号、希森紫玫瑰 1 号、诺金诺赛特、诺兰德、男爵、豫马铃薯 1 号、豫马铃薯 2 号、郑薯 7 号、郑薯 8 号、兴佳 2 号
中早熟	东农 304、诺迟普、红拉索达、华颂 7 号、华颂 3 号
中熟	克新 3 号、克新 18 号、中薯 10 号、冀张薯 4 号、冀张薯 7 号、东农 305、希森 5 号、希森红玫瑰 2 号、延薯 9 号、夏波蒂、超越、米拉、斯诺顿、晋薯 2 号、永丰 3 号

（续表）

熟性	品种
中晚熟	中薯9号、中薯15号、克新1号、克新12号、克新13号、克新15号、希森6号、希森黑玫瑰1号、永丰2号、中薯16号、中薯17号、冀张薯8号、冀张薯12号、陇薯3号、陇薯6号、陇薯7号、高原7号、青薯6号、青薯9号、延薯4号、丽薯2号、丽薯6号、卡它丁、维道克、阿克瑞亚、维拉斯、底西芮、台湾红皮、大西洋、内薯7号
晚熟	诺赛特—布尔班克、肯纳贝克、红旁蒂克、晋薯7号、陇薯8号、陇薯10号、青薯168、青薯10号

但实际上，从播种种薯到收获成薯的过程中，包括了植株地上部分和地下部分两套生育过程。不同熟期类型品种，植株地上部分从出苗到浆果成熟各自的天数范围不同，极早熟（生育期少于60d）、早熟（60~75d）、中早熟（76~90d）、中熟（91~105d）、中晚熟（106~120d）、晚熟（121~135d）、极晚熟（135d以上）。

二、生育时期

（一）植株地上部分

马铃薯的地上部分生育进程一般可分为块茎（种薯）播种期、出苗期、团棵期、现蕾期、始花期、盛花期、浆果成熟期、结籽期。

1. 块茎（种薯）播种期

进行马铃薯种质资源形态特征和生物学特性鉴定时的播种日期。以"年月日"表示。播种后在适宜的温、湿条件下，种薯打破休眠，块茎幼芽萌发（一般为主芽、顶芽），继之在幼芽节处，根原基发生新根和匍匐茎原茎。

2. 出苗期

出苗株数达75%的日期。以"年月日"表示。随着根系生长，幼芽出土，并生长出3~4片微具分裂的幼叶时，即马铃薯发芽出苗。播种至出苗的时间与土温关系密切，当土温7℃时幼芽开始生长，8~9℃时，出苗需35~40d，13~15℃时，需25~30d，16~18℃时，需20~21d，18~20℃时，需15d左右。一般春播、冬播，温度较低，播种到出苗需30~40d；秋播温度较高，播种到出苗需15~20d。块茎萌发至出苗期间，是以根系形成和芽的生长为中心，同时进行叶、侧芽、花原基分化，而发育强大根系是构成壮苗的基础。

3. 团棵期

从幼苗出土至第6片叶或第8片叶展开时为幼苗期，共15~20d，相当于完成一个叶序的生长，称其为团棵。马铃薯茎是合轴分枝，当顶芽活动到一定程度后就开始花芽分化。一般靠近顶芽的腋芽最先发生为分枝，代替主茎位置，所以主轴实际上是由一段茎与其他各级侧枝分段连接而成。幼苗期是以茎叶生长和根系发育为中心，同时伴随匍匐茎的伸长和花芽分化，此期发育好坏是决定光合面积大小，根系吸收能力及块茎形成多少的基础。

4. 现蕾期

花蕾超出顶叶的植株占总株数的75%的日期。当幼苗达7~13叶时，第一段茎的顶芽孕蕾，将由侧芽代替主轴生长，而茎的向上生长表现为暂时延缓，标志植株进入现蕾期，幼苗期结束，此期一般15~25d。当幼芽有3~4叶全展后，幼苗加速生长，叶数增多。据试验，当单株叶面积为200~400cm²时，母薯有效养分基本耗尽，便进入自养生活。出苗后7~15d地下各茎节匍匐茎由下向上相继生长，当地上部现蕾时，匍匐茎顶端停止极性生长，开始膨大，此期匍匐茎周围开始陆续发生次生根并不断扩展。

5. 始花至盛花期

第一花序有1~2朵花开放的植株占总株数10%的日期称为始花期；当第一花序有1~2朵花开放的植株占总株数75%时称为盛花期。从现蕾开始，当主茎达8~17叶时，地上部开始开花，地下部块茎膨大直径达3cm时结束，历时20~30d，此阶段地上茎急剧伸长。到末期，主茎及主茎叶完全建成，分枝及分枝叶已大部分形成扩展，叶面积达总叶面积的50%~80%，根系不断扩大，同一植株的块茎大多数在这一时期形成。马铃薯在这个时期完成自花授粉，形成自交果实（浆果）。此期的生长中心是地上部茎叶生长和地下部块茎形成并进时期，其中有一个转折期（即地上部主茎生长暂时延缓），转折点标志可用茎叶干重与块茎干重相等为准。早熟品种大体从现蕾到始花，晚熟品种从始花到盛花，在转折期因所需营养物质急剧增加，造成养分供不应求，出现地上部缓慢生长，一般10d左右，如果此期营养状况好，缓慢生长期短，反之则长。栽培上应促控结合，确保茎叶良好生长，制造足够养分，使转折期适时出现，保证充足养分转运至块茎，既要防止茎叶疯长，养分过多，不利块茎形成，又要避免茎叶生长不良，养分不足，引起茎叶早衰而影响产量。

6. 浆果成熟期

自浆果开始着色开始，到生理成熟的日期。持续20~30d。在盛花至茎叶衰老阶段，地下部块茎增长进入最盛期并与地上部生长相一致，生长中心是地上部有性繁殖的浆果进入成熟时期，地下部块茎膨大和增重，其块茎增长速度为块茎形成期的5~9倍，是决定块茎产量和大中薯率的关键时期。盛花期间块茎膨大的同时，茎叶和分枝迅速增长，鲜重继续增加，叶面积达到最高值，其生长势持续至终花期，植株总干重达最高峰，以后生长逐渐减慢至停止。当地上部与地下部块茎鲜重相当时，称为平衡期，当平衡期出现早时，丰产性能越高，相反则低。

7. 结果期

从第一花序着果到结果结束的时期，称为结果期。开花结果后，茎叶衰老至茎叶枯萎，茎叶生长缓慢直至停止，植株下部叶片开始枯萎，浆果成熟呈淡绿色或淡黄色，果内结籽（种子），地下块茎进入淀粉积累期。此期块茎体积不再增大，茎叶中贮藏的养分继续向块茎转移，淀粉不断积累，块茎重量迅速增加，周皮加厚，当茎叶完全枯萎，薯皮容易剥离，块茎充分成熟，逐渐转入休眠。此期特点是以淀粉积累为中心，淀粉积累一直继续到叶片全部枯死前。栽培上既要防茎叶早衰，也要防水分、氮肥过多，贪青晚熟，降低产量与品质。

（二）植株地下部分

1. 匍匐茎的分化和形成

匍匐茎也称匍匐枝，由地下茎节间处长出，是地下茎的分枝，是茎的变态。匍匐茎呈白色，在土壤中沿水平方向伸长。匍匐茎具有向地性和背光性，入土不深，大部集中在地表 0~10cm 土层内。匍匐茎的长短因品种不同差异很大，早熟品种一般较短，为 3~10cm，晚熟品种较长，有的达 10cm 以上。匍匐茎顶端膨大形成块茎。

匍匐茎比地上茎细弱得多，但具有地上茎的一切特性，担负着输送大量营养和水分的功能，在其节上能形成纤细的不定根和 2 次匍匐茎，2 次匍匐茎上还能形成 3 次匍匐茎。在 N 肥施用过多的情况下，如遇高温高湿，特别是气温高达 29℃ 以上时，块茎的形成和生长受到抑制，光合产物常用作茎叶生长和呼吸消耗，造成茎叶徒长和大量匍匐茎穿出地面而形成地上茎。

生产中多选用匍匐茎适中的品种，便于管理收获。单株匍匐茎多，结薯也多，但薯块较小，因此每株匍匐茎以形成 3~5 个薯块为好。生长期间如果温度高、培土过晚或过浅，匍匐茎会露出或窜出地面，形成新的地上茎。

2. 块茎的分化和形成

（1）分化部位　马铃薯地下茎的叶腋间通常会发生 1~3 个匍匐茎，这些匍匐茎顶端膨大形成块茎。

（2）块茎的形成　①块茎形成期：从现蕾到开花为块茎形成期，当匍匐茎顶端停止极性生长后，由于皮层、髓部及韧皮部的薄壁细胞的分生和扩大，并积累大量淀粉，从而使匍匐茎顶端膨大形成块茎。这个时期内，最先是从匍匐茎顶端以下弯钩处的一个节间开始膨大，接着是稍后的第二个节间也开始进入块茎的发育中。当匍匐茎的第二个节间进入膨大后，由于这两个节间的膨大，匍匐茎的钩状顶端变直，此时匍匐茎的顶端有鳞片状小叶。当匍匐茎膨大呈球状，剖面直径达 0.5cm 左右时，在块茎上有 4~8 个芽眼明显可见，并呈螺旋形排列，可看到 4~5 个顶芽密集在一起。当块茎直径达 1.2cm 左右时，鳞片状小叶消失，表明块茎的雏形已经建成。该时期易发生晚疫病，要做好晚疫病防控工作，并及时除草、追肥。②块茎膨大期：这个时期也叫块茎增长期，块茎的生长是一种向顶生长运动，从开花始期到开花末期是块茎体积和重量快速增长的时期，块茎的膨大依靠细胞的分裂和细胞体积的增大，块茎增大速率与细胞数量和细胞增大速率呈直线相关。这个时期光合作用非常旺盛，对水分和养分的需求也是一生中最多的时期。一般在花后 15d 左右，块茎膨大速度最快，大约有一半的产量是在此期间完成的。田间要做到及时浇水、追肥，预防早疫病的发生。③块茎成熟期：当开花结实结束时，茎叶生长缓慢乃至停止，下部叶片开始枯黄，即标志着块茎进入形成末期。此期以积累淀粉为中心，块茎体积虽然不再增大，但淀粉、蛋白质和灰分却继续增加，从而使重量增加达到成熟。

（3）块茎形成的影响因素　①环境因素对块茎形成和发育的影响：温度、光照、水分、土壤和肥料等都对马铃薯的块茎形成和发育有影响。

马铃薯块茎度过休眠期后，当温度超过 5℃ 时，芽眼萌动出芽。播种后，地温在 10~13℃ 时，幼芽生长迅速，出苗快。茎叶生长与块茎膨大最适宜的温度要求并不一致，茎叶生长最适宜的温度为21℃，温度超过25℃茎叶生长缓慢，30℃以上时呼吸作用增强，白天光合作用制造的养分被呼吸作用消耗，造成营养失调；当温度下降到-2～-1℃时，植株地上部分受冻死亡。马铃薯块茎对温度的要求反应比茎叶更敏感，地温10℃左右块茎膨大缓慢；块茎膨大最适宜的地温为15～19℃，养分积累迅速，块茎膨大快，薯皮光滑，食味好，地温25℃时块茎膨大缓慢，30℃左右时完全停止生长。

长日照对茎叶生长和开花有利，短日照有利于养分积累和块茎膨大。日照时间以11～13h为宜，在此日照条件下，茎叶发达，光合作用强，养分积累多，有利于块茎的形成和淀粉积累，产量高。马铃薯含有微量龙葵素，这是一种有毒物质，食用时，有些品种块茎有麻味、涩味，就是含龙葵素较高的缘故。马铃薯在生长过程中，若管理粗放，培土过晚、过薄，块茎会膨大露出地面，受阳光照射或收获后贮藏室光线明亮，块茎变绿，龙葵素含量增高，失去食用价值。

块茎形成和膨大过程是马铃薯一生中需水量最多的阶段，如水分不足、土壤干旱，植株萎蔫停止生长，叶片发黄，光合作用停止，块茎表皮细胞木栓化，薯皮老化，块茎停止膨大，这种现象称为停歇现象。当降雨或浇水后，土壤温度和水分适宜时，植株恢复光合作用，重新生长，这种现象称为"倒青"或"二次生长"现象。由于块茎表皮细胞木栓化，薯皮老化，不能继续膨大，只能从芽眼处的分生组织形成新的幼芽，窜出地面形成新的植株。温度适宜时在芽眼处形成新的块茎，有的形成串珠薯、子薯或奇形怪状的块茎，称为二次结薯（群众称为"背娃娃"）。生长后期，需水量逐渐减少，如水分过多，土壤板结，透气性差，块茎含水量增加，气孔细胞膨大裸露，引起病原菌侵染，易造成田间块茎腐烂，块茎收获后不耐贮藏。

马铃薯喜疏松、透气性良好的肥沃沙壤土。土壤质地疏松、透气性良好，适宜马铃薯块茎膨大生长，块茎淀粉含量高，食味好，薯皮光滑，商品性好；如沙性过大，肥力差，保肥、保水能力差，肥水易渗漏，产量低，应多施有机肥。化肥施用宜少量多次。黏性土壤透气性差，块茎生长发育不良，易产生畸形块茎，薯皮粗糙，品质差并易造成腐烂。

马铃薯生长发育、茎叶生长、有机物积累形成块茎，需要吸收大量的养分。马铃薯生长发育需要的营养元素有20多种，而大量需要的元素有氮（N）、磷（P）、钾（K）。马铃薯对K的需要量最多，N次之，P较少，三者的比例为4（K）：2（N）：1（P）。N肥充足，则茎叶繁茂，叶色浓绿，光合作用旺盛，有机物积累多，对提高块茎产量和蛋白质含量起很大作用。N肥过多，茎叶徒长，延迟成熟，块茎产量低、品质差。

马铃薯对P肥的吸收比较均衡。P肥充足时，早期可以促进根系发育，后期有利于淀粉合成和积累，对块茎的膨大起着重要的作用。早期缺P影响根系发育和幼苗生长，开花期缺P叶片皱缩呈深绿色，严重时基部呈淡紫色，叶柄上竖、叶片变小。结薯期缺P影响块茎养分积累及膨大，块茎易发生空心，薯肉有锈斑，硬化煮不熟，影响食用品质。

K肥充足，植株生长健壮，茎坚实，叶片增厚，植株抗病力增强，对促进茎叶的光合作用和块茎膨大有重要作用。K肥不足，叶片生长受到影响，光合作用降低，块茎多为长形或纺锤形。

此外，马铃薯块茎形成发育过程中还需要 Ca、Mg、S、Zn、Cu、Al、Fe、Mn 等中量和微量元素。缺少这些元素时，产量会降低。缺 Ca 时块茎会空心和变黑；缺 Mg 会导致叶片叶脉坏死，植株早衰，降低产量；缺 Mn 时茎梢和叶脉间组织呈淡绿色或黄色，并发生许多褐色小斑块，中上部叶片尤为明显；缺 B 会导致马铃薯顶部幼嫩叶色泽较淡，叶基部特别明显，顶梢死亡或呈弯曲状生长。节间短，植株丛生状。叶片组织变厚，叶柄脆叶尖及叶缘死亡，下部小叶明显。块茎变小，皮层出现裂缝；缺 Zn 时植株下部叶片呈缺绿状，并有灰棕色或古铜色的不规则斑点，最后斑点下陷，组织死亡。严重时影响全株，节间变短，叶片小而厚，柄和茎上也出现斑点；当马铃薯缺 Fe 时最初嫩叶发生轻度的缺绿现象，叶脉仍保持绿色，叶尖及叶缘保持绿色较久，叶组织逐渐变成灰黄色，严重时变成白色，但坏死点不明显；缺 Cu 会导致嫩叶失去膨胀力，呈永久性凋萎状。花芽形成时，顶芽下垂，小叶片尖端出现干枯现象。

②激素对块茎形成和发育的影响：赤霉素（GA）在块茎形成过程中的作用是最为肯定的，它具有抑制或延迟块茎形成的作用。在块茎形成过程中，外源施加赤霉素 GA，不但使单茎结薯数减少，而且也使块茎重量减轻。也有报道认为，由于 GA 的重要作用始终贯穿整个生长过程，因而外界环境对块茎形成的影响也是通过 GA 起作用的，比如长日照和高温都能使 GA 类物质的含量增加而抑制块茎的形成，同样，施用 N 素可以使 GA 类物质的活性提高，同样起到抑制块茎形成的效果。

细胞分裂素（BA）类物质对块茎形成具有促进作用，同时它也会促进匍匐茎的形成。但也有报道称用 BA 处理，"叶—芽"插条推迟块茎的形成。出现这两种情况可能是由于细胞分裂素的作用决定于与其他激素的共同作用或作用时间不同的缘故。比如具有较高浓度的 GA 时，细胞分裂素促进叶枝的形成，在离体培养条件下，BA 虽然能延缓衰老，但在全黑暗条件下，却没有促进结薯的作用，同样在长日照和短日照加光间断条件下也不能诱导结薯。也有报道认为，在试管块茎形成过程中，BA 浓度和 BA 加入时间对块茎形成有明显的影响，加入时间过早，抑制小苗正常生长；加入时间过晚又误过了匍匐茎顶端膨大的时间，使结薯数减少。田长恩（1993）的试验称细胞分裂素可以诱导匍匐茎顶端膨大，从而可以促进薯块的形成膨大。

乙烯具有促进块茎形成的作用，也有抑制块茎形成作用。乙烯抑制作用主要是通过抑制细胞分裂素对亚顶端分生组织的促进作用，不利于淀粉积累所致。Vregdenhil（1989）认为这种分歧主要来源于乙烯具有匍匐茎伸长和块茎发生的双重作用，但他也认为乙烯对后者的抑制作用是很短暂的，因而可以认为乙烯是具有促进块茎形成的作用。

脱落酸（ABA）在马铃薯块茎形成过程中也起到重要作用。研究报道，内源 ABA 含量随块茎形成而增加，而且外加 ABA 对块茎有明显的促进作用。但也有报道称，在离体条件下，ABA 不能诱导匍匐茎顶端产生块茎。郭得平（1991）认为，ABA 本身并不诱导块茎形成，它的主要作用是抵消 GA 类物质的活性。而且蒙美莲（1994）等的实验认为 ABA 与 GA 处于一定的平衡水平，才开始形成块茎，且在块茎形成期间，ABA 与 GA 的比值一直较高。

生长素（IAA）是最早发现的植物激素，但有关它在块茎形成过程中的作用和报道却很少。胡云海（1992）认为 IAA 对块茎形成有促进作用，杜长玉（2000）认为：生长素类物质是马铃薯生长发育必需的调节物质，具有延长光合时间，从而显著提高产量的作用。而 Kumar（1974）报道称大于 5ppm 的 IAA 抑制块茎形成，同样也有 IAA 对块茎形成没有明显效果的报道。

（三）马铃薯地上与地下部分生育时期的对应关系（图 2-1）

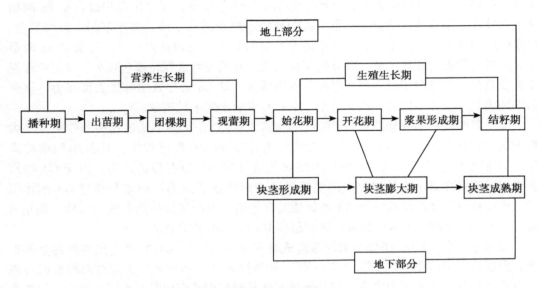

图 2-1 马铃薯地上部分与地下部分生育时期及对应关系
（郑太波，2016）

三、生育阶段

马铃薯从播种到成熟收获分为 5 个生长发育阶段，早熟品种各个生长发育阶段需要时间短些，而中晚熟品种则长些。

（一）发芽阶段

从种薯播种到幼苗出土为发芽阶段。未催芽的种薯播种后，温度、湿度条件合适，30d 左右幼苗出土，温度低时需 40d 才能出苗。种薯催大芽播种覆盖地膜出苗最快，20d 左右可出苗。这一阶段生长的中心是发根、芽的伸长和匍匐茎的分化，同时伴随着叶、侧枝和花原基等器官的分化。这一阶段是马铃薯建立根系、出苗，为形成壮株和结薯作准备的阶段，是马铃薯产量形成的基础，其生长发育过程的快慢与好坏关系到马铃薯的全苗、壮苗和高产。这时期所需的营养主要来源于母薯块，因此，选用适度大小的种薯，并通过科学的催芽处理，让种薯达到最佳的生理年龄后再播种显得尤为重要；在土壤方面，应选择透气性良好的沙壤或半沙壤土田块，且有足够的墒情、充足的地力和适宜的温度，为种薯的发芽创造最佳的条件，使种薯中的养分、水分、内源激素等得到充分的发挥，加强茎轴、根系和叶原基等的分化和生长。

（二）幼苗阶段

从幼苗出土后 15~20d，第 6~8 片叶子展开，复叶逐渐完善，幼苗出现分枝，匍匐茎伸出，有的匍匐茎顶端开始膨大，团棵孕蕾，幼苗期结束。这一时期植株的总生长量不大，但却关系到以后的发棵、结薯和产量的形成。只有强壮发达的根系，才能从土壤中吸收更多的无机养分和水分，供给地上部的生长，建立强大的绿色体，制造更多的光合产物，促进块茎的发育和干物质的积累，提高产量。这一时期的田间管理重点是及早中耕，改善土壤中的水分和氧气，促进根系发育，培育壮苗，为高产建立良好的物质基础。

（三）发棵阶段

复叶完善，叶片加大，主茎现蕾，分枝形成，植株进入开花初期，经过 20d 左右生长发棵期结束。发棵期仍以建立强大的同化系统为中心，并逐步转向块茎生长为特点。马铃薯从发棵期以茎叶迅速生长为主，转到以块茎膨大为主的结薯期。该期是决定单株结薯多少的关键时期。田间管理重点是对温、光、水、肥进行合理调控，前期以肥水促进茎叶生长为主，形成强大的同化系统；后期结合中耕培土，控秧促薯，使植株的生长中心由以茎叶生长为主转向以地下块茎膨大为主。如控制不好，会引起茎叶徒长，影响结薯，特别是中原二季作区的马铃薯。但在中原二季作区的秋马铃薯生产以及南方二季作区的秋冬或冬春马铃薯，由于正处于短日照生长条件，不利于发棵，会引起茎叶徒长。

（四）结薯阶段

开花后结薯延续约 45d，植株生长旺盛达到顶峰，块茎膨大迅速达到盛期。开花后茎叶光合作用制造的养分大量转入块茎。这个时期的新生块茎使光合产物分配中心向地下部转移，是产量形成的关键时期。块茎的体积和重量保持迅速增长趋势，直至收获。但植株叶片开始从基部向上逐渐枯黄，甚至脱落，叶面积迅速下降。结薯期长短受品种、气候条件、栽培季节、病虫害和农艺措施等影响，80% 的产量是在此时形成的。结薯期应采取一切农艺措施，加强田间管理和病虫害防治，防止茎叶早衰，尽量延长茎叶的功能期，增加光合作用的时间和强度，使块茎积累更多光合产物。

（五）淀粉积累阶段

结薯后期地上部茎叶变黄，茎叶中的养分输送到块茎（积累淀粉），直到茎叶枯死成熟，这段时间约 20d，此时块茎极易从匍匐茎端脱落。在许多地区，一般可看到早熟品种的茎叶转黄，大部分晚熟品种由于当地有效生长期和初霜期的限制，往往未等到茎叶枯黄即需要收获。

不同品种生长发育的各个阶段出现的早晚及时间长短差别极大，如早熟品种各个生长发育阶段早且时间短，而中晚熟品种发育阶段则比较缓慢且时间长。因此，要获得马铃薯高产就要弄清不同马铃薯品种的品种特性，按照其生长发育阶段发育进程配套相应的农艺管理措施，以发挥品种的最大增产潜力。

第二节　生态条件对马铃薯生长发育的影响

一、温、光、水条件的影响

(一) 温度

温度是影响作物生长快慢、好坏以及品质高低的重要气候因素。马铃薯喜冷凉气候，既怕霜冻，又怕高温，对温度的要求比较严格，不适宜太高和太低的气温，生育时期间日平均气温 17~21℃ 为适宜，块茎萌发的最低温度为 4~5℃；块茎形成的适宜温度为 20℃，增长的适宜温度为 16~19℃，20℃ 时块茎增长速度减缓，25℃ 时块茎生长趋于停止，30℃ 左右时，块茎完全停止生长。芽条生长的最适温度为 13~18℃，在这个范围内芽条苗壮，发根少，生长速度率快；新收获块茎的芽条生长则要求 25~27℃ 的高温，但芽条细弱，根数少。马铃薯生育期需要 ≥10℃ 积温为 1 000~2 500℃，多数品种为 1 500~2 000℃，芽条生长期需要积温为 260~300℃，早熟品种要求较低，而中晚熟品种则要求较高。

在马铃薯发芽期，芽苗生长所需的水分、营养都由种薯提供。这时温度最为关键，有研究表明，当 10cm 土层的温度稳定在 5~7℃ 时，种薯的幼芽在土壤中可以缓慢的萌发和伸长；当温度上升到 10~12℃ 时，幼芽和根系生长迅速而健壮；达到 12~18℃ 时，是马铃薯幼芽生长最理想的温度。温度过高，则芽发不出，易造成种薯腐烂；温度低于 4℃ 时，种薯也不能发芽。幼苗期和发棵期是茎叶生长及其进行光合作用制造营养的阶段。这时适宜的温度范围是 16~20℃，如果气温过高，光照不足，叶片就会长得大而薄，茎间伸长变细，出现倒伏，影响产量。相反，温度太低，就会造成冻害，一般短期出现 -1℃ 低温也会冻死。

薯块播种后，在 10cm 地温 5~7℃ 条件下开始萌芽。如果播种后持续 5~10℃ 的低温，幼芽的生长就会受到抑制，不易出土甚至形成梦生薯（马铃薯萌芽后受低温影响，幼芽膨大形成小薯块）。当土温在 10~20℃ 时，幼芽能很快出土，其发育最适温度是 13~18℃。茎叶生长要求的最适温度为 17~21℃，最低温度为 7℃。当日平均温度达到 25~27℃ 时，生长就会受到影响，呼吸作用旺盛，光合作用降低，同时蒸腾作用加强。日平均温度达到 29℃ 以上时，植株呼吸作用过盛，结薯延迟甚至匍匐茎伸出地面变为地上茎。块茎形成膨大的适宜温度为 16~19℃，超过 20℃，块茎生长渐慢，当温度达到 30℃ 左右时块茎便停止生长。幼苗在 -2~-1℃ 时就会受冻，低于 -4℃ 植株就会死亡。

马铃薯块茎通过休眠、发芽、茎叶生长和结薯各个阶段都要求一定的温度。当其他条件（水分、光照、营养等）适宜时，通过播种期的调节、栽培管理等措施，满足了其需要的温度条件，就可使马铃薯正常生育，发挥最大的增长潜力，达到高产。

1. 发芽

马铃薯通过休眠后，当温度达到 5℃ 时，芽开始萌动，但极为缓慢；7℃ 时开始发芽，但速度较慢；当温度达到 12℃ 左右，幼芽生长较快，最适宜的温度为 13~18℃，用于催芽的温度应该在 15~20℃。播种时，10cm 土层的温度达到 7℃时，幼芽即可生长，12℃以上即可顺利出苗。气温较低时，在播种后盖地膜，可提高地温 2~3℃，有利于根系发育，并可早出苗、早生长。

2. 茎叶生长

茎叶生长最适宜的温度为 16~22℃；日平均气温超过 25℃，茎叶生长缓慢；超过 35℃或低于 7℃，茎叶生长停止。当气温降到 >-1℃时幼苗则受冻害，-3℃植株将全部被冻死。春季马铃薯如出苗过早，晚霜未过，幼苗常被冻死，在土壤中的块茎的侧芽可重新发出，但延迟了生育和结薯期，生育期缩短，影响产量。

3. 块茎形成和膨大

结薯期的温度高低直接影响块茎形成和干物质积累，马铃薯在这个时期对温度的要求非常严格。适宜块茎生长的温度为 16~19℃；昼夜温差大时，夜间的低温使植株和块茎的呼吸强度减弱，消耗能量少，有利于将白天植株进行光合作用的产物向块茎中运输和积累。夜间较低的气温比土温对块茎的形成更为重要，植株处在土温 16~19℃的情况下，夜间低气温有利于块茎形成和膨大。高海拔、高纬度地区的昼夜温差大，马铃薯块茎大、干物质含量高、产量高。夜间气温高达 25℃时，则块茎的呼吸强度剧增，大量消耗养分而停止生长。因此，块茎膨大期间，要适时、适量浇水，调节土温，满足块茎生长对土温和湿度的要求，达到增产目的。

（二）光照

1. 光周期

（1）光周期对马铃薯地上部分的影响 马铃薯属于长日植物。长日条件促进植株地上部分的花芽分化、开花和结实。在"源、流、库"的关系中，有利于"源"的作用。

马铃薯是喜光植物，需强光照，栽培的马铃薯品种基本上都是长日照类型的。在生长期间日照时间长，光照强度大，有利于光合作用。马铃薯的生长形态建成和产量对光照强度及光周期有强烈反应。光照不仅影响马铃薯植株的生产量，而且影响同化产物的分配。因此在栽种马铃薯时应合理密植，避免植株间互相遮光，影响光合作用。

马铃薯茎叶生长需要强光照，长日照 16h 左右。在长日照条件下，光照充足时，枝叶繁茂，生长健壮，容易开花结果。相反，在弱光条件下，如树荫下或与玉米等高秆作物间作套作时，如果间隔距离小，共生时间长，玉米遮光，而植株矮小的马铃薯光照不足，养分积累少，茎叶嫩弱，叶片很薄，不开花。虽然日照使茎的长度缩短，植株提早衰亡，但不同品种对光周期的反应不同，有的比较敏感，有的比较迟钝。日照影响花芽的分化，花芽在短日照下形成较早，开花结实则需要长日，强光和适当高温。

（2）光周期对马铃薯地下部分的影响 马铃薯虽然是长日植物，但是马铃薯栽培的目的是收获地下营养器官——块茎。大量实验和实践证明，短日条件可以促进块茎的分化、形成和发育。有利于淀粉等的积累，也有利于一些内源激素的积累。

短日照缩短茎的生长时期，日照长短不影响匍匐茎的发生，但提早块茎发生，促进植株早衰，提前成熟。一般每天光照时数 11~13h。高温短日照下块茎的产量往往比高温长日照下要高，因此，在高原与高纬度地区，光照强，温差大，适合马铃薯的生长和养分积累，一般都能获得较好的产量。光长可明显地抑制块茎上芽的生长。室内贮藏的块茎在不见光的条件下，通过休眠期后如果窖温高，易生白长芽，如果把萌芽的块茎放在散射光下，即使在最适合芽生长点温度（15～18℃）下，芽也长得很慢，在散射光下对种薯催大芽，是一项重要的增产措施。

早熟品种对日照长短的反应不敏感，在春季和初夏的长日照条件下，对块茎的形成和膨大影响不大，而晚熟品种相反，只有生长后期逐渐缩短日照，才能获得高产。日长、光强和温度有交互作用，高温、短日和强光条件下块茎的产量往往比高温、长日要高，高温、长日和弱光条件下则茎叶徒长，块茎几乎不形成，匍匐茎形成枝条。因此在幼苗期短日照、强光和适当高温有利于促根、壮苗和提早结薯。发棵期长日、强光和适当高温，有利于建立强大的茎叶光合作用系统。结薯期短日照、强光和较大的昼夜温差，有利于促进光合作用产生的营养物质向块茎运输，促进块茎高产。

2. 光照强度

马铃薯的幼苗期需要强光照、较短的日照和适宜的温度，有利于发根、壮苗；发棵期在强光照、16h 以上的长日照和适当的温度条件下，植株健壮，茎秆粗壮，枝叶繁茂，形成强大的绿色体，是块茎膨大和产量积累的物质基础；结薯期强光、短日照、昼夜温差大，有利于块茎膨大和淀粉积累，有利于提高块茎产量。例如，在高纬度和高海拔地区的马铃薯，生长条件非常符合马铃薯各生育阶段理想的光照强度和光长，因此生产的马铃薯块大、干物质含量高、产量高。但在强光、长日照条件下，种植过密时，植株相互遮阴，光照不足，中下部叶片及早枯黄、落叶，降低光合生产率，造成减产。在强光照、较短日照条件下同一品种的植株高度较长日照条件下矮，匍匐茎变短。例如：在中原二季作区，秋播马铃薯处于日照变短的生长条件，应较春播马铃薯适当增加密度。

（三）水分

1. 水分的生理作用

马铃薯是一种需水量较大的作物，在马铃薯生长过程中必须供给足够的水分才能获得高产。因此，马铃薯种到田间后，大概每隔一周左右时间，就要灌水一次，以使得田间土壤保持湿润状态，同时，又不能太湿，土壤太湿，会导致土壤通气状态差，不利于根系的生长。

马铃薯生长过程中的需水敏感期是现蕾期，即薯块形成期。需水量最多的时期是孕蕾至花期，这时一旦缺水，会影响植株发育及块茎产量。从开花到茎叶停止生长这一时期内块茎膨大最快，对水分需要量也很大，如果水分不足就会妨碍养分向块茎输送。马铃薯的需水量与环境条件密切相关，特别是与马铃薯叶的光合作用和蒸腾作用、植株所处的气候条件、土壤类型、土壤中的有机质含量、使用的肥料种类与数量及田间管理、栽培的品种等有很大的关系。需水量的大小有很多因素决定。例如，植株茂密比稀疏耗水量少，空气湿度高、风速慢或太阳辐射强度小时，需水量少。另外，马铃薯植株所需营养物质的吸收、利用光合作用产物的制造和运输都离不开水。植株生长所需要的无机元素营养都必须溶解于水后才能被根部吸收。如果土壤中缺水，营养物质再多，植株也无法利用。同样，植株光合作用和呼吸作用一刻也离不开水，水分不足，不仅影响养分的制造和运输，而且还会造成茎叶萎蔫，块茎减产。

2. 马铃薯的需水量和需水节律

马铃薯不同生长时期对水分的要求不同，具体如下。

（1）发芽期　块茎内的水分能供应芽条的正常生长，等芽条产生根系并从土壤吸收水分后才能正常出苗。因此，这个时期要求土壤保持湿润状态，土壤含水量应占最大持水量的40%~50%，土壤的通气状态较好，有利于根系的生长。

（2）幼苗期　这一时期要求土壤保持在田间最大持水量的50%~60%，有利于根系向土壤深层发展，进而茎叶苗壮生长和提早结薯，当土壤水分低于40%时，茎叶生长不良。

（3）发棵期　因为植株生长发育快，前期需水量较大，土壤水分应保持在田间最大持水量的70%~80%，促进茎叶迅速生长。后期降为60%，以适当控制茎叶生长。

（4）结薯期　这一时期块茎膨大，地上部分茎叶生长达到高峰，是需水量最大的时期。特别是结薯前期，如果缺水会引起大幅度减产。因此，这一时期是对土壤缺水的最敏感时期。结薯期土壤水分保持在田间最大持水量的80%~85%，接近收获时，逐步降至50%~60%，促使薯皮老化而利于收获。

3. 马铃薯植株（地上和地下部分）的水分循环和平衡

水是马铃薯生长不可缺少的物质，是进行光合作用、呼吸作用和其他植物生理功能的介质。马铃薯生长所需要的各种营养元素，都必须溶解于水，呈离子状态，才能被根系吸收，如果土壤中水分不足，施肥再多，也难为马铃薯根系吸收利用。水也是植株体内运输矿物质和光合产物的介质。保持马铃薯植株细胞膨胀和植株的直立性也要靠植株体内充足的水分。

马铃薯块茎是变态茎，其与甘薯的块根不同，甘薯是变态根，有很强的耐旱性，能种在干旱的山坡薄地上。马铃薯植株中约有90%水分，块茎中约有80%的水分，因此是一种需水较多的作物，当马铃薯植株的叶水势为-3.5bar时，则气孔开始关闭，蒸腾作用减弱。这与谷类作物在-10bar、棉花-13bar才开始关闭气孔相比，马铃薯抗水胁迫的能力显然要弱得多，特别是块茎开始形成和膨大期间，土壤中缺水时，会导致严重减产。当产量为每亩2 000kg，约需要160m³水，但需水量的多少与品种、生长环境条件都有密切关系。耐旱品种的根系活力强，有较好的保水能力，对水分利用效率高，耗水量相对少些；耐旱的品种地上部绿色体生长快，能尽早覆盖地面，耗水量少。当空气相对湿度较高、风速小或太阳辐射强度较小时，则植株蒸腾量少，则需水量也少。

二、纬度和海拔的影响

陕西省位于31°42′~39°35′N，105°29′~111°15′E，海拔段主要分布在500~2 000 m。马铃薯是在短日照下结薯块的作物，对干旱敏感，喜冷凉气候。纬度和海拔的变化使得日照长短、太阳辐射、温度、降水量等条件发生变化，而这些条件直接影响马铃薯的生长发育和生态分布。

（一）日照长短和太阳辐射

马铃薯是在短日照下结薯的作物，要求的短日照约为10~13h，而长日照多超过14h。

0~20°N 低纬度区,几乎全年是短日照,在较高纬度区,冬季 10 月至翌年 3 月是短日照。30°N 以上地区的夏季马铃薯易受到长日照。短日照导致马铃薯植株的营养生长量少,成熟较早。Bodlaender（1963）等发现,较高的辐射水平可导致块茎的较早形成,即有利于结薯和缩短生长周期（由遗传决定的从栽种到成熟的时期）的干物质分配类型。

日照长短不影响匍匐茎的形成,但短日照不但抑制植株的高度,而且抑制匍匐茎的长度,匍匐茎顶端彭大较长日照下早而快,熟期相应提前,有些品种在长日照的北方一季作区表现为中熟品种,而在短日照的南方冬作区,则表现为早熟,且芽眼有变浅的趋势。在中原春、秋二作区,春作马铃薯生育期的平均日照时数较秋作马铃薯每日约多 2h,因此,同一品种的秋播时也表现了植株较矮、结薯期提前的规律。

（二）温度

马铃薯块茎度过休眠、发芽、茎叶生长和结薯各个生长发育阶段都要求一定的温度:0℃以下茎叶受冻,2~4℃适宜块茎贮藏,4℃块茎休眠后萌动,7~8℃幼芽发育,17~21℃适宜茎叶生长发育,26℃最适宜花的生长,薯块生长与膨大以土温 16~19℃最适宜,30℃左右停止生长。温度高茎叶生长旺盛,气温达 30℃以上时,由于呼吸作用加强,地下部分与地上部分生长失调,营养物质消耗快而不易积累,茎叶徒长,致使匍匐茎不断伸长而尖端不膨大,推迟结薯期,长小薯,甚至尖端伸出地面变为地上茎。山区温度随海拔高度的分布一般是线性递减的。由于马铃薯是一种喜冷凉不耐高温,对温度反应特别敏感的作物。因此,陕南盆地海拔 800m 以上的中、高山区约有 60% 的播种面积适宜在 2—3 月春播（其中有 10% 左右的特高山区可延迟至春末播种）;而在海拔 800m 以下的浅山、丘陵、平川区约有 40% 的种植面积适宜在 12 月中旬至翌年 1 月中旬冬播和当年 8 月下旬至 9 月中旬以经过休眠萌动发芽的种薯秋播。

据 1995—1996 年安康市农业科学研究所镇坪试验站对安薯 56 号马铃薯品种,不同海拔和播种期的试验表明:不同播期对马铃薯的产量、生物性状、经济性状均有影响。随着海拔的升高,小区产量升高,出苗率、主茎数、单株薯块数有增加趋势;播期对产量有较大影响,5 个播期中（分别为立春、雨水、惊蛰、清明、谷雨）,以第 3 播期小区平均产量最高,株高、出苗率、主茎数、商品薯均以第 3 播期最高,随播期的推迟生育期依次缩短。

在陕南低海拔地区,春马铃薯露地栽培适宜播期为 1 月下旬至 2 月中旬,在 800m 及以上地区,马铃薯适宜播期为 2 月中旬至 3 月中下旬。其主要原因是:马铃薯在地下 10cm 地温 4℃块茎休眠后萌动,7~8℃幼芽发育,17~21℃适宜茎叶生长发育,16~19℃最适宜块茎生长。安康地处北温带与南亚热带交汇处,马铃薯播种期容易受低温霜冻为害,春季干旱少雨,马铃薯出苗难,播种过早,发芽出苗提前,容易受低温霜冻为害。播种过晚,发芽、出苗晚,生育期短,薯块小,产量低,效益差。因此,安康春播马铃薯播期不能过早;冬播马铃薯播期不宜过晚。

三、栽培措施的影响

（一）播期

总体上,栽培措施都对马铃薯生长发育和产量形成有不可忽视的影响。播期是能够充分利用光、气、水、热等气候资源，使作物达到预期结果的关键性栽培措施。播期本身不是一个单独的变量，它代表了作物播种时及生长发育过程中的气温、降水、光照和病虫害等多个因子的综合情况，而光照、温度和水分是影响马铃薯产量的主要环境因子。朱璞（2014）等研究表明，马铃薯播期差异对其产量及生育期影响显著，不同播期间产量差异达到极显著水平，播期过早因温度影响出苗，播种过迟则因后期高温不利于结薯，影响产量。张凯（2012）等研究结果指出，随着播期的推迟，马铃薯全生育期缩短，株高出现明显变化，单株干物质最大积累速率提前，马铃薯块茎鲜重最大积累速率出现的时间提前。莫永坤（2009）等试验结果表明，不同播期处理极显著影响了早熟品种费乌瑞它的产量和经济效益，播期间的产值也达到极显著水平。播种过早的植株易受冻害而导致缺窝，最终影响产量从而影响其经济效益；播种过迟，产量虽有增加，但市场价较低，经济效益也会受到影响。沈姣姣（2012）等研究表明，播种期对马铃薯生育期、株高和叶面积指数影响显著，随播期推迟，马铃薯生育期缩短，播期每推迟10d，生育期平均缩短6d，而生殖生长期在总生长期中的比例增加，超早播和超晚播处理下分别占比45%和59%；超早播和早播马铃薯地上部干物质积累显著低于其余播期，总产量、大薯产量和大薯率差异也均达到显著水平。张艳军（2015）等以品种丽薯6号进行不同播期试验，结果表明，不同播期对马铃薯的生育期和产量、产值有着显著影响，随着播期推后，出苗时间与播种间隔期越长，播期越推迟马铃薯生育期越短。葛长琴（2008）等通过综合分析认为，马铃薯不同播期对其产量及抗病性有着显著影响，不同播期间产量差异达到极显著水平，不同播期间马铃薯主要病害发病程度差异大。

（二）施肥

马铃薯对矿质营养的反应非常敏感，是高产喜肥的作物。养分是马铃薯生长发育过程中最重要的影响因素之一。N、P、K为马铃薯生长发育过程中的三大必需营养元素，N素的供应是马铃薯产量形成过程中的基础，可保证植株地上部分能够进行充足的光合作用。研究表明，在马铃薯生育早期保证充足的N素，能促进植株根系的发育，增强抗旱性，提高出苗率，并能促进茎叶的迅速生长。适宜的N素可显著提高马铃薯块茎的产量与淀粉的含量，并使生长中心和营养中心转移适当推后，可以延迟叶片衰老，增加后期的光合势，显著提高块茎的膨大速率，增加结薯数和大中薯的比例，从而达到马铃薯的优质高产（郑顺林等，2013）。金黎平等（2002）研究表明，在马铃薯生产过程中，若施N不足，则会抑制马铃薯的生长和产量的形成；适宜施N，有利于促进马铃薯植株生长，提高马铃薯的光合作用及养分的积累；若施N过量，则会导致马铃薯植株地上部容易贪青徒长，出现倒伏的现象。

高聚林等（2003）研究表明，在马铃薯植株的生长发育、块茎的形成、块茎体积的增长乃至淀粉的积累过程中，P是不可缺失的关键元素。缺P会抑制马铃薯侧芽的生长及叶片的伸展，同时叶片生长的干物质分配也会减少，磷过多则会加速叶片的老化。马铃薯茎叶中P素的含量与块茎中淀粉含量呈正相关，适量的施用P肥可以增加茎叶中的含P量，进而增加块茎中淀粉含量，相关程度可达到显著或极其显著的水平，同时随着生育期的推移，植株叶和茎中的P会逐渐转移至块茎。马铃薯块茎中还原糖的含量随生育期进程逐渐减少，各器官中还原糖的含量与 P 素浓度呈显著负相关，增施 P 肥会降低还原糖的含量，提升加工品质。

K 素在马铃薯植株生长发育过程中通过参与同化物的合成、转运及分配，对于马铃薯植株的生长发育及块茎产量的形成有重要作用。据报道，K 素有利于马铃薯块茎和其他作物块根中淀粉和糖分的积累，特别是茎部、叶片含 K 量高，有利于叶片中合成的有机物质迅速的转移到块茎中去。荀久兰等（2009）的试验结果表明，合理施用 K 肥不仅可以增加马铃薯薯块中淀粉和糖分的含量，而且能增加马铃薯的耐储性，提高了马铃薯的经济效益。

（三）灌溉

马铃薯是浅根系作物，整个生育期内需水较多，因此灌溉也是影响马铃薯生长发育的重要措施之一。不同的灌溉方式对马铃薯的生长发育产生不同的影响。例如，喷灌条件下 0~60cm 土层的土壤水势从 -20kPa 降低到 -29kPa 时，马铃薯减产 12%；而滴灌条件下土壤水势降低到 -40kPa 时马铃薯仍没有明显减产。Janat（2007）研究了滴灌和漫灌条件下马铃薯的 N 肥利用率和产量形成。结果表明，滴灌施肥较之漫灌显著提高了马铃薯 N 肥利用率和块茎产量。同时，灌水频率和灌水定额对马铃薯的生长发育也有显著影响。井涛（2012）研究表明，马铃薯膜下滴灌水量在 $1\,350m^3/hm^2$ 时的水分利用效率和土壤水分利用效率显著高于 $900m^3/hm^2$ 时。康跃虎（2004）等报道，在 1 次/2d~1 次/8d 的灌溉频率范围内，增加灌溉频率，可显著提高马铃薯的水分利用效率、块茎的生长速率及产量，反之亦然。孙红红（2004）等研究发现，当灌水频率保持为 1 次/1d、土壤水势在 -25kPa 时可提高马铃薯的生长速率和水分利用效率。

第三节　马铃薯的碳、氮代谢

碳和氮是植物生长所必需的两种大量元素，碳、氮化合物在植物的生命活动中起着非常重要的作用，碳水化合物和含氮有机物又是构成农作物产量、品质的物质基础，因此碳、氮代谢是作物体内最重要的两大代谢。

一、马铃薯的碳代谢

碳代谢（carbon metabolism）是植物体内有机物质的合成、转化和降解的代谢过程。植物从环境吸收水分及 CO_2 等，然后把这些简单的、低能量的无机物质合成复杂的、具有高能量的有机物质，并利用这些物质来建造自己的细胞、组织和器官，或作为呼吸消耗的底物，或作为贮存物质贮藏于果实、种子和延存器官基本的生理代谢。碳代谢在作物生育过程中的动态变化和强度对作物产量和品质的形成影响重大。

（一）光合作用暗反应的 C_3 途径

光合作用（photosynthesis）是指绿色植物通过叶绿体，利用光能，把 CO_2 和水转化成储存着能量的有机物，并且释放出氧的过程（图 2-2）。光合作用是地球上生命存在、繁荣和发展的根本源泉，所以人们称光合作用是"地球上最重要的化学反应"，光

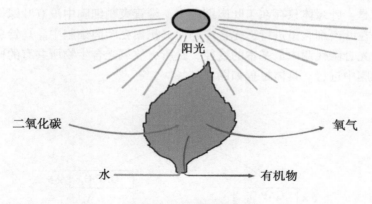

图 2-2 光合作用示意
（高荣嵘，2018）

合作用的研究。

在理论上和生产实践上都具有重大的意义，对农业现代化来说尤为重要。光合作用的过程可用下列方程式来表示：

$6CO_2 + 6H_2O$（光照、酶、叶绿体）$\rightarrow C_6H_{12}O_6$（CH_2O）$+ 6O_2$

光合作用包括光反应和暗反应（图 2-3）。光反应体现在水的光解上，水的光解产生 [H] 与氧气，光反应还体现在 ATP 的形成，场所是叶绿体的类囊体膜上。暗反应可概括为 CO_2 的固定和循环，CO_2 被 C_5 固定形成 C_3，C_3 在光反应提供的 ATP 和 [H] 的作用下还原生成糖类等有机物，在叶绿体的基质中进行。

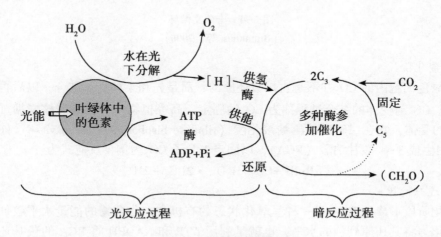

图 2-3 光合作用过程图解
（陈明，2015）

经过 10 多年周密的研究，卡尔文等人探明了光合作用从 CO_2 到蔗糖的一系列反应步骤，推导出一个光合碳同化的循环途径，这条途径被称为卡尔文循环（calvin cycle）（图 2-4）。由于这条途径中 CO_2 固定后形成的最终产物 PGA 为碳三化合物，所以也叫

作 C_3 途径（C_3 pathway），并把只具有 C_3 途径的植物称为 C_3 植物（C_3 plant）。C_3 植物叶片的结构特点是：叶绿体只存在于叶肉细胞中，维管束鞘细胞中没有叶绿体，整个光合作用过程都是在叶肉细胞里进行，光合产物便只积累在叶肉细胞中。马铃薯是 C_3 植物。

C_3 途径是光合碳代谢中最基本的途径，是所有放氧光合生物所共有的同化 CO_2 的途径，在叶肉细胞中进行。具体过程如图 2-4。

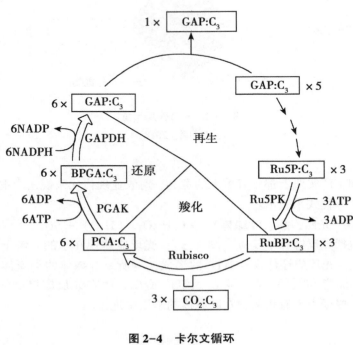

图 2-4　卡尔文循环
（Buchanan 等，2000）

1. 羧化阶段

在绿色细胞内的 CO_2 并不是直接被还原的，而是先和某种受体结合，以后再进行还原反应。CO_2 与受体的结合过程称为 CO_2 的固定。高等植物中，二磷酸核酮糖（RuBP）是 CO_2 的受体，它在二磷酸核酮糖羧化酶（ribulose bisphosphate carboxylase）催化下与 CO_2 作用生成 3-磷酸甘油酸（PGA），以固定 1 分子 CO_2 为例，反应式为：

$$RuBP+CO_2+H_2O \rightarrow 2PGA+2H^+$$

2. 还原阶段

羧化阶段形成的 PGA 是一种呈氧化状态的有机酸，化合物的能量水平较低，需要消耗同化力将其还原到糖的水平，也就是利用 ATP 和 NADPH 将 PGA 的羧基还原成醛基。还原阶段（reduction）包括两个反应，在上述反应中生成的 3-磷酸甘油酸，在磷酸甘油酸激酶作用下发生磷酸化生成 1，3-二磷酸甘油酸（DPGA），DPGA 是一个非常活跃的高能化合物，很容易被 NADPH 还原。在脱氢酶催化下，DPGA 由 NADPH 还原为 3-磷酸甘油醛（GAP），GAP 是三碳糖，可进一步合成单糖及淀粉，也可由叶绿体输出到细胞质中进一步合成蔗糖。磷酸甘油酸转变为磷酸甘油醛的过程中，光合作用的同化力—ATP 和 NADPH 被消耗掉。反应式为：

$$PGA+ATP+NADPH+H^+ \rightarrow GAP+ADP+NADP^++Pi$$

3. 再生阶段

再生阶段（regeneration）是 GAP 经过一系列转变，重新形成 CO_2 受体 RuBP 的过程。首先 GAP 在丙糖磷酸异构酶作用下，转变为二羟丙酮磷酸（DHAP）。GAP 和 DHAP 在果糖二磷酸醛缩酶的作用下形成果糖-1，6-二磷酸（FBP），FBP 在果糖-1，6-二磷酸磷酸酶作用下释放磷酸，形成果糖-6-磷酸（F6P）。F6P 进一步转化为葡萄糖-6-磷酸（G6P）。G6P 可在叶绿体中合成淀粉，同时部分 F6P 进一步转变下去。

F6P 与 GAP 在转酮酶作用下，生成赤藓糖-4-磷酸（E4P）和木酮糖-5-磷酸（Xu5P）。在果糖二磷酸醛缩酶催化下，E4P 和 DHAP 形成景天庚酮糖-1，7-二磷酸（SBP）。SBP 脱去磷酸后成为景天庚酮糖-7-磷酸（S7P），该反应由景天庚酮糖-1，7-二磷酸酶催化。

S7P 又与 GAP 在转酮酶的催化下，形成核糖-5-磷酸（R5P）和 Xu5P。在核酮糖磷酸异构酶的作用下，R5P 转变为 Ru5P。Xu5P 在核酮糖-5-磷酸差向异构酶作用下形成 Ru5P。Ru5P 在核酮糖-5-磷酸激酶催化下又消耗了一个 ATP，形成 CO_2 受体 RuBP。

C_3 途径的总反应式可写成：

$$3CO_2+5H_2O+9ATP+6NADPH +6H^+ \rightarrow GAP+9ADP+8Pi+6NADP^+$$

由总反应式可见，每同化一个 CO_2 需要消耗 3 个 ATP 和 2 个 NADPH，还原 3 个 CO_2 可输出 1 个磷酸丙糖（GAP 或 DHAP），固定 6 个 CO_2 可形成 1 个磷酸己糖（G6P 或 F6P）。形成的磷酸丙糖可运出叶绿体，在细胞质中合成蔗糖或参与其他反应；形成的磷酸己糖则留在叶绿体中转化成淀粉而被临时储藏。

以同化 3 个 CO_2 形成 1 个磷酸丙糖为例，在标准状态下，每形成 1molGAP 储能 1460kJ，每水解 1molATP 放能 32kJ，每氧化 1molNADPH 放能 220kJ，则 C_3 途径的能量转化效率为 91%（1460/32×9+220×6），这是一个很高的值。然而在生理状态下，测得 C_3 途径中能量的转化率为 80% 左右。

植物通过光合作用合成干物质，因此，从根本上说，最能提高作物产量潜力的途径就是提高光能利用率，目前已知的光能利用率最高的植物是萨尔瓦多（热带）的紫狼尾草（4.2%），光能利用率最高的作物是英国和美国肯塔基的玉米（3.4%），亚热带（如美国加利福尼亚）马铃薯光能利用率为 2.3%，可见，以植物界最高光能利用率为限，马铃薯单产的最大光合生产潜力大略是目前的 1.8 倍（蔡承智和梁颖，2009）。贾立国等（2015）通过估算光合生产潜力的方法，计算得出内蒙古阴山北麓地区马铃薯的光合生产潜力为 82 503.1kg/hm^2，光温生产潜力为 65 619.7kg/hm^2。因此，在生产中应当合理并充分利用光能，促使马铃薯产量最大化。

（二）碳代谢的关键酶及其作用

1，5-二磷酸核酮糖羧化酶（Rubisco）是植物 C_3 光合同化中的关键酶，可以调节光合作用（Singh B *et al*.，2003；Demirevska K *et al*.，2009），在光合作用中卡尔文循环里催化第一个主要的碳固定反应。Rubisco 在叶绿体基质中催化 CO_2 与 Rubp 即 1，5-二磷酸核酮糖结合生成 2 分子 3-磷酸甘油酸，进而发生一系列反应，将 ATP 中的化学能转化到葡萄糖中。Rubisco 的活性受光照影响，在暗处活性受到抑制，这是在黑暗时碳反应难以进行的原因。Rubisco 在生物学上具有重要意义，它所催化的反应是无机态的碳进入生物圈的主要途径，是植物叶片中含量最丰富的蛋白质，也可能是地球上含量最多的蛋白质，鉴于它对生物圈的重要性，人们正在努力改进自然界中 Rubisco 的功能。Rubisco 在植物机体代谢过程中居于中心地位，但却是效率奇低的操作员，典型的酶分子 1 秒钟可催化 1000 个底物分子，但 Rubisco 每秒钟仅固定 3 分子 CO_2，植物细胞为弥补低效的缺陷而产生大量的 Rubisco，此酶约占总叶绿蛋白的 50%。不仅如此，Rubisco 也奇缺专一性，由于 O_2 和 CO_2 分子在形式和化学特性上的相似性，O_2 分子能顺利结合到 CO_2 结合位点上，此时，羧化酶就会把 O_2 分子连到糖链上，形成错误的氧化产物，为纠正 Rubisco 非专一性引起的错误反应，植物细胞必须采取一系列高代价的补救措施，这就间接影响了 Rubisco 的催化效率。

NADPH 是一种辅酶，叫还原型辅酶Ⅱ，缩写 ［H］，也叫作还原氢，N 指烟酰胺，A 指腺嘌呤，D 是二核苷酸，P 是磷酸基团。NADPH 是在光合作用光反应阶段形成的，与 ATP 一起进入碳反应，参与 CO_2 的固定。NADPH 的形成是在叶绿体类囊体膜上完成的，在光合作用的光反应阶段，水光解时产生的 H^+ 与 $NADP^+$（氧化型辅酶Ⅱ）在相应酶的作用下发生以下反应：$NADP^+ + H^+ \rightarrow NADPH$（张洁洁，2014；张珊珊等，2011）。

（三）马铃薯的光饱和点和补偿点以及 CO_2 饱和点和补偿点

任何一种作物光合作用的强弱与光的强度有密切的关系。其光合强度随光的强度而变化的趋势是相似的，光增强，光合作用就增加，光减弱，光合作用就减少。但当光增强到一定程度时，光合强度就不再增加，这时的光强度就是光合作用光饱和点（light saturation point）。当光减弱到一定限度时，光合强度就测不出来（光合强度和呼吸强度正好相等，比值为 1），这时的光强度称为光合作用光补偿点（light compensation point）。植物的光饱和点和光补偿点是随作物种类和栽培条件而不同，且不是固定数值，它们会随外界条件的变化而变动（朱德群，1979）。例如，当 CO_2 浓度增高或温度降低时，光补偿点降低；而当 CO_2 浓度提高时，光饱和点则会升高。在封闭的温室中，温度较高，CO_2 较少，这会使光补偿点提高而对光合积累不利，在这种情况下，应适当降低室温，通风换气，或增施 CO_2 才能保证光合作用的顺利进行。

随着 CO_2 浓度的增加，当光合作用吸收的 CO_2 与呼吸作用释放的 CO_2 相等时，这时环境中的 CO_2 浓度为 CO_2 补偿点（CO_2 compensation point）。继续提高环境中的 CO_2 浓度，叶片光合速率随着 CO_2 浓度的增加而提高，当 CO_2 达到某一浓度时光合速率达到最大值，此后再增加 CO_2 浓度，叶片光合速率不再增加，这时的 CO_2 浓度为 CO_2 饱和点（CO_2 saturation point）。大气中 CO_2 的浓度超过饱和点以后，将引起原生质中毒或气孔关闭抑制光合作用的进行，农作物光合作用 CO_2 的最适浓度约为 1 000 μmol/mol，现在大气中 CO_2 的浓度约为 350 μmol/mol，大大超过补偿点而远离饱和点，CO_2 浓度的增加，必定加快光合作用的强度，增加农作物的光合产量，从而加快植物生长。

在作物生产上，常根据作物对光照强度要求的特点，采取适当措施来提高产量和品质。例如有些光饱和点较低的作物，在较低的光照强度下，仍能正常进行光合作用，形成较多光合产物，如马铃薯、大豆，便可在一些高秆作物（玉米、高粱等）行间间作。

对马铃薯叶片的光合特性进行研究发现，马铃薯叶片的光饱和点约为 1 400 μmol/ $(m^2 \cdot s)$，光补偿点约为 50μmol/ $(m^2 \cdot s)$（梁振娟等，2015）。在光饱和点和光补偿点之间，随着光照强度的增加，叶片的气孔导度和蒸腾速率升高，胞间 CO_2 浓度降低，随着 CO_2 浓度的增加，光合速率升高，较强的光照有利于马铃薯有机物的积累。CO_2 的饱和点约为 2 000μmol/mol，在 CO_2 的饱和点以下，随着 CO_2 浓度的增加，气孔导度和蒸腾速率呈下降趋势，而胞间 CO_2 浓度持续增加（何长征等，2005）。秦玉芝等（2013）研究发现，低温逆境下马铃薯的表观量子速率、光饱和点、光补偿点显著下降。持续弱光处理使马铃薯叶片光合作用的 CO_2 饱和点降低，CO_2 补偿点上升，光补偿点下降，光补偿点上升（秦玉芝等，2014）。郑顺林等（2013）发现适量施用氮肥在一定程度上可以提高马铃薯的 CO_2 饱和点，降低 CO_2 补偿点。孙周平等（2004）通过汽雾栽培方式对马铃薯根际连续 35d 的 CO_2 处理发现，CO_2 补偿点降低。叶怡然等（2018）研究不同肥料对冬马铃薯光合特性的影响发现，磷尾肥、解磷细菌、锯末、麦麸处理下光饱和点最高，磷尾肥、生物炭、解磷细菌、锯末、麦麸处理下光补偿点最大。

（四）马铃薯光合作用的影响因素

光合作用是影响马铃薯产量和品质的生理基础，也是影响马铃薯高产优质的一大重要因素，马铃薯块茎干物质的 95% 以上来自光合产物（张宝林等，2003）。生产上马铃薯的光合作用受多种自然因素和人为因素的影响，且复杂多变，具体如下。

1. 光照、温度、水分、CO_2 等

（1）光照　光是光合作用的动力，也是形成叶绿素、叶绿体以及正常叶片的必要条件。光还显著地调节光合酶的活性与气孔的开度，因此光直接制约着光合速率的高低。光照因素中有光强、光质与光照时间等，这些对光合作用都有深刻的影响。

光照不足既能引起植物的个体大小变化，也能引起形态重建，并对叶绿素蛋白质复合物产生影响。光环境通过影响光合作用、叶片气孔密度、叶绿体结构和数目甚至激素水平对植物产生作用。相关研究表明环境光照不足，敏感基因型的发育与生长都受到严重阻碍，伤害无法通过后期增强光照恢复。持续弱光胁迫使马铃薯叶片光合速率显著下降，对强光的利用能力减弱。适应强的品种可利用最小光强下调，即对弱光的利用能力增强，同时暗呼吸速率降低；而适应弱的品种可利用最小光强则上调，可利用光强范围变窄，暗呼吸速率仍然维持较高水平，致使有机物合成和积累困难。持续弱光胁迫改变了马铃薯叶肉细胞排列方式，使叶片气孔密度下降，气孔器变小，气孔器长宽比有增加的趋势，细胞叶绿体数量减少，叶绿素成分比例改变。适应性较强的基因型通过增加叶绿体基粒数、基粒片层数和叶绿素 b 的含量来提高胁迫下对有效光源的捕捉能力；敏感基因型叶绿体基粒的形成受到影响，基粒片层数，气孔密度显著减少，有效光源捕捉能力和 CO_2 亲和力显著下降。秦玉芝等（2014）试验研究了持续弱光胁迫对马铃薯苗期生长和光合特性的影响发现，长期弱光胁迫使马铃薯叶片光合速率下降，对弱光的利用能力减弱，且适应能力存在品种间差异。

光能不足可成为光合作用的限制因素，光能过剩也会对光合作用产生不利的影响。当光合机构接受的光能超过它所能利用的量时，光会引起光合活性的降低，这个现象就叫光合作用的光抑制（photoinhibition of photosynthesis）。光照过强引起叶片光合作用出

现的"午休"现象通常与气温最高值和湿度最低值出现的时间同步。晴天中午的光强常超过植物的光饱和点，很多 C_3 植物，如水稻、小麦、棉花、大豆等都会出现光抑制，轻者使植物光合速率暂时降低，重者叶片变黄，光合活性丧失。当强光与高温、低温、干旱等其他环境胁迫同时存在时，光抑制现象尤为严重。大田作物由光抑制而降低的产量可达 15% 以上，因此光抑制产生的原因及其防御系统引起了人们的重视。

在太阳辐射中，只有可见光部分才能被光合作用利用。在自然条件下，植物或多或少会受到不同波长的光线照射。例如，阴天不仅光强减弱，而且蓝光和绿光所占的比例增高。树木的叶片吸收红光和蓝光较多，故透过树冠的光线中绿光较多，由于绿光是光合作用的低效光，因而会使树冠下生长的本来就光照不足的植物利用光能的效率更低，"大树底下无丰草"就是这个道理。王旺田等（2010）试验发现，红光照射下马铃薯的糖苷生物碱平均含量比蓝光、白光、黑暗处理分别提高 26.02%、55.50% 和 100.79%，说明不同光质对马铃薯块茎糖苷生物碱含量影响不同，红光影响最大，蓝光次之（王旺田等，2010）。常宏等（2009）研究结果表明，红光下马铃薯试管苗叶片的净光合速率、可溶性糖含量和生物量最高，试管苗叶片数多。蓝光对试管苗干物质含量和试管苗发育后期的结薯数量以及结薯期提前有明显促进作用，但对试管苗株高有明显抑制作用。白光下试管苗净光合速率和干物质含量最低，不同品种试管薯的形成对光质的要求有一定差异。总之，壮苗培养阶段采用红光，试管薯诱导阶段采用蓝光处理利于提高试管薯产量。

对放置于暗中一段时间的材料（叶片或细胞）照光，起初光合速率很低或为负值，要光照一段时间后，光合速率才逐渐上升并趋于稳定。从光照开始至光合速率达到稳定值这段时间，称为"光合滞后期"（lag phase of photosynthesis）或称光合诱导期。一般整体叶片的光合滞后期约 30~60min，而排除气孔影响的去表皮叶片，细胞、原生质体等光合组织的滞后期约 10min。将植物从弱光下移至强光下，也有类似情况出现。另外，植物的光呼吸也有滞后现象，在光呼吸的滞后期中光呼吸速率与光合速率会按比例上升。产生滞后期的原因是光对酶活性的诱导以及光合碳循环中间产物的增生需要一个准备过程，而光诱导气孔开启所需时间则是叶片滞后期延长的主要因素。由于光照时间的长短对植物叶片的光合速率影响很大，因此在测定光合速率时要让叶片充分预照光。每天光照时间的长短对马铃薯单株结薯个数有极显著的影响（柳俊等，1994），全黑暗条件下更利于试管薯的形成（崔翠等，2001）。

马铃薯是喜光植物，需强光照，栽培的马铃薯品种基本上都是长日照类型。在生长期间日照时间长，光照强度大，有利于光合作用。马铃薯的生长形态建成和产量对光照强度及光周期有强烈反应，光照不仅影响马铃薯植株的生产量，而且影响同化产物的分配，因此在种植马铃薯时应合理密植，避免植株间互相遮光，影响光合作用。

（2）温度　碳同化过程中的反应是由光合酶催化的化学反应，因而受温度的影响。植物可以在较大的温度范围内进行光合作用，在这较大的温度范围内，光合速率随温度升高呈钟形曲线，有最低温度、最适温度和最高温度，即光合作用的温度三基点。马铃薯的温度三基点为：最低温度范围 $-2 \sim 0$℃，最适温度范围 $20 \sim 30$℃，最高温度范围 $40 \sim 50$℃，Dwelle 等发现马铃薯总光合作用的最佳温度在 $24 \sim 30$℃ 范围内，而对于净光合作用的最佳温度是不超过 25℃（Dwelle R B *et al.*，1981；叶宏达等，2017）。

高温胁迫下，马铃薯的叶绿素 a/b 比率增大，光合速率和光化学效率呈显著降低趋势，在适当的降温处理后，抗热性较强品种的光化学效率可以恢复到正常状态，而对高温较敏感的品种，光化学效率不能恢复，王连喜等（2011）通过研究短期高温胁迫对不同生育期马铃薯光合作用的影响发现，高温胁迫对不同生育期马铃薯光合作用均有影响，且分枝期大于出苗期；低温胁迫下，马铃薯的叶绿素荧光及光合作用量子效率迅速受到抑制，而且抑制程度随着胁迫程度的加深而加剧。秦玉芝等（2013）通过分析不同低温对马铃薯光合作用的影响发现，马铃薯在同等光合有效辐射下的净光合速率随环境温度的下降而降低，不同生态型马铃薯材料对 10℃ 以下低温具有明显不同的适应性，耐寒性弱的马铃薯品种在 5℃ 低温条件下的净光合速率接近于 0。

昼夜温差对光合净同化率有很大的影响。白天温度高，日光充足，有利于光合作用的进行；夜间温度较低，降低呼吸消耗。因此，在一定温度范围内，昼夜温差大有利于光合积累，提高净同化率。

（3）水分　水分对光合作用的影响有直接的也有间接的原因。直接的原因是水为光合作用的原料，没有水不能进行光合作用。但是用于光合作用的水不到蒸腾失水的 1%，因此缺水影响光合作用主要是间接的原因。水分亏缺会使光合速率下降，在水分轻度亏缺时，供水后尚能使光合能力恢复，倘若水分亏缺严重，供水后叶片水势虽可恢复至原来水平，但光合速率却难以恢复至原有程度。

马铃薯对水分亏缺表现出较强的敏感性（门福义，1995），干旱胁迫下，马铃薯叶片的光合速率呈现下降趋势，并且在胁迫程度较轻时，恢复较为容易，严重胁迫时难以恢复。随着水分胁迫的加剧，植株叶片叶绿素含量下降，叶绿素 a 的含量比叶绿素 b 含量下降快，叶绿素含量的降低幅度随胁迫程度增大而变大，且胁迫时间过长，马铃薯产量和品质均降低。王婷等（2010）通过盆栽试验研究了水分胁迫对马铃薯光合特性和产量的影响发现，水分胁迫严重影响马铃薯的光合生理特性和产量，且不同品种对水分胁迫的反应能力不同。陈光荣等（2010）将施钾肥与补水相结合研究马铃薯光合特性，结果表明增施钾肥能显著提高马铃薯叶片的光合速率以及气孔导度，但要受到土壤水分的限制（陈光荣等，2009；郑顺林等，2010；王婷等，2010）。

水分过多时，也会使光合作用下降。土壤水分过多时，土壤通气状况不良，根系有氧呼吸作用受阻，限制了根系的生长，间接地影响光合作用。地上部分水分过多，或大气湿度过大，会使叶片表皮细胞吸水膨胀，挤压保卫细胞，使气孔关闭，从而限制 CO_2 的供应，使光合作用下降。

（4）CO_2　CO_2是光合作用的原料，在低 CO_2 浓度的条件下，CO_2是光合作用的限制因素。提高植物里层空气中 CO_2 的浓度，在一定范围内能够提高光合作用的强度和生产力，这是因为提高 CO_2 的浓度，一方面使光补偿点降低使低强度光照下的光合作用得以改善，另一方面又使光饱和临界值影响较高的光照强度。

在一定范围内 CO_2 对光合强度的影响大于光照、温度、水分、矿物元素等条件的影响。因此，大气中 CO_2 浓度的增加，可增强作物对低温、低光照、干旱、土壤盐碱化、空气污染等不利因素的抵抗能力，城区的植物在不利的生态环境条件下能茁壮成长，与城区大气中 CO_2 浓度较高有关。袁海燕等（2011）通过研究发现，田间 CO_2 浓度与马铃

薯叶片细胞间隙 CO_2 浓度成正相关，二者日变化均呈 W 形双峰曲线。何长征等（2005）通过试验发现，CO_2 摩尔分数小于 2 000μmol/mol 时，光合速率随着 CO_2 浓度的增加而增加。空气中的 CO_2 通过叶片气孔进入叶肉细胞的细胞间隙，是以气体状态扩散进行的。一般认为，CO_2 对气孔运动的影响显著，高浓度的 CO_2 能使气孔关闭，气孔导度迅速减小，气孔限制值增大，蒸腾速率也同步下降，水分在马铃薯内部运输受阻，不能及时足量地输送到叶片上，此时水分间接地影响光合速率，气孔限制值和蒸腾速率成为了光合速率的限制因子。本试验中，随着 CO_2 浓度的增加，气孔导度和蒸腾速率呈下降趋势，但这种变化的幅度很小，而且胞间 CO_2 浓度始终保持增加的趋势，可以为马铃薯叶片的光合作用提供充足的原料。因此，在 CO_2 饱和点光合速率不再增加并不是由气孔导度和蒸腾速率所致，也不是由于 CO_2 供应不足所致，而是由于细胞 RuBP 的再生速率或碳循环速率有限造成的（何长征，2005）。

要提高叶片的光合速率就必须提高叶片内的 CO_2 浓度差，减少扩散途径的阻力。在作物栽培实践中，通过改良作物的群体结构，便于通风透光，或增施 CO_2 肥料，均可达到提高作物光合作用增加产量的目的。

（5）根际通透性 由于植物根系的呼吸作用以及土壤微生物的影响，土壤中 CO_2 浓度常常较高，而 O_2 浓度较低，造成土壤中气体环境不良，影响植株正常的生长发育。马铃薯的经济器官位于地下，与一般作物相比，其丰富的根际器官对根际气体环境的要求更高。土壤通气性是影响马铃薯生长发育和块茎产量的主要环境因素之一，Arteca 等（1982）采用 [14]C 示踪的方法研究发现，马铃薯植株根系有吸收和固定 CO_2 的作用，并且吸收的 CO_2 可用于叶片的光合作用，但是根际 CO_2 过多富积却对马铃薯根系生长有抑制作用。孙周平等（2011）通过槽栽方法研究了不同根际通气性对马铃薯叶片光合色素含量、光合速率和光合代谢产物以及叶绿素 a 荧光动力学参数的影响发现，改善根际通气条件可提高马铃薯叶片光合细胞 PS Ⅱ 的潜在活性及原初光能转换效率从而促进马铃薯光合作用与光合代谢产物的转运和积累。以上结果均表明，根际气体环境对马铃薯植株生长有重要的影响。

（6）光合作用的日变化 一般来说，植物叶片的光合作用随着日出而开始，并随着早晨光照的增加而增强，下午则随着日落，光强减弱，光合作用下降，最后停止。但由于一日中光强、温度、水分和 CO_2 浓度都在不断地变化着，一日中叶片光合作用也呈复杂的日变化特性。在水分供应充足，温度适宜的条件下，叶片光合速率随光强的变化而表现相应的波动变化，呈单峰曲线型变化，即中午前后较高、上午和下午较低。在高温和强光条件下，叶片光合作用往往出现"午休"（midday depression）现象，即在上午和下午出现两个峰，其中上午的峰值要大于下午的峰值；若在高温、强光和缺水条件下，叶片光合作用仅在上午出现高峰，中午就开始下降，下午的峰值变小，严重时不出现高峰，呈持续下降变化。

植物叶片光合作用的日变化除了与外界环境条件的变化有关，还受叶片内部生理状态的影响，首先是叶片的内生节律，如气孔的开闭，下午开度变小，限制了叶片对 CO_2 的吸收；其次是叶片光合产物的积累，有人发现，水稻每平方米叶片积累 1g 干物质，光合作用将下降 10%。这对解释植物叶片即使在环境适宜条件下，下午叶片的光合作用也低于上午的现象提供了理论依据。

2. 栽培措施

（1）种植方式和密度的影响 光能是绿色植物进行光合作用的动力。在作物栽培中，合理利用光能可以使作物充分地进行光合作用，生产上往往通过不同的种植方式来使作物光合效率最大化。不同物种间的间套作是目前农业及林业生产中广泛采取的种植方式，已有研究表明合理的物种间的间套作与种植单一物种相比，能够充分利用土地资源，提高生态系统的稳定性，具有明显的生长优势和改善环境的能力，同时间套作对群体光照和温湿度以及土壤温度、湿度及理化性质都有一定影响（杨友琼，2007；郑元红等，2009；赵秉强，2001）。马铃薯与其他作物间作、套作时，如果栽培技术措施不当，必然会发生作物彼此之间争光的矛盾，所以马铃薯间套作进行中的各项技术措施，首先应该围绕解决间套作物之间的争光矛盾进行考虑和设计，并根据当地气候条件、土壤条件、间套作物的生态条件，理好间套作物群体中光之间的关系，进行作物合理搭配，以提高经济效益。肖继萍等（2011）试验看到，在马铃薯与玉米间作群体中，马铃薯处于劣势，降低了叶绿素含量，影响光合效率，单株产量下降，但不同品种之间的影响不同。黄承建等（2012）通过试验看到，马铃薯与玉米套作的不同行比对马铃薯光合特性和产量有影响，套作显著降低了马铃薯整个生育期叶面积指数、比叶重和叶绿素 a/b 值，提高了叶绿素 a 含量、叶绿素 b 含量和叶绿素总含量。黄承建等（2013）在同样的试验中，看到了品种间差异。同样的试验，中薯 5 号与玉米套作，复合群体的整个生育期叶绿素 a+b 含量均高于单作。

种植密度对群体光合作用效率和干物质积累的影响要大于其他栽培方式（Li M，2004），适当增加种植密度是作物获得高产的主要途径之一。种植方式可以协调高密度条件下群体内的光照、温度、湿度、养分供给等状况，提高作物群体光合作用并最终作用于产量，但不同种植方式必须与相应的种植密度相结合，才能最终达到增产的目的（张敬宇等，2015）。相同种植密度下，采用宽窄行、大垄双行或放宽行距、适当增加每穴种薯数的方式较好，有利于田间通风透光，提高光合强度，使群体和个体协调发展，从而获得较高产量。

（2）施肥的影响 严格来说，几乎植物所有的必需大量元素和微量元素都直接和间接影响植物的光合作用。但以下几种元素在光合作用过程中的作用较为明确，N、P、S、Mg 是构成光合色素、光合膜和蛋白质的成分，磷酸基团参与叶绿体能量转化，参与同化力形成和中间产物的转化；Cu、Fe 是光合链电子传递体的成分；Mn 是 PSII 放氧复合体的成分；K、Ca 能通过影响气孔运动而控制 CO_2 的进入；K、Mg、Zn 是光合碳代谢有关酶的活化剂；磷酸和 B 能促进叶片光合产物的运输。肥料三要素中以 N 对光合影响最为显著。在一定范围内，叶的含 N 量、叶绿素含量、Rubisco 含量分别与光合速率呈正相关。叶片中含 N 量的 80% 在叶绿体中，施 N 既能增加叶绿素含量，加速光反应，又能增加光合酶的含量与活性，加快暗反应。从 N 素营养好的叶片中提取出的 Rubisco 不仅量多，而且活性高。然而也有试验指出当 Rubisco 含量超过一定值后，酶量就不与光合速率成比例。重金属铊、镉、镍和铅等都对光合作用有害，它们大都影响气孔功能。另外，镉对 PSII 活性有抑制作用（田丰等，2010）。

　　肥料是影响马铃薯栽培的基本因素，掌握马铃薯的需肥规律并将其量化，在此基础上进行精准施肥是实现马铃薯高产优产的主要途径，更是防止化肥滥用造成环境影响的主要措施。陈光荣等（2009）研究施钾和补水对旱作马铃薯光合特性和产量的影响发现，施钾能明显增加马铃薯叶片气孔导度和蒸腾速率等。田丰等（2010）研究不同肥料和密度对马铃薯光合特性和产量的影响，对马铃薯光合速率的影响为K肥>N肥>P肥>密度，过低或过高的N、P、K肥施用量均可抑制马铃薯叶片光合速率。郑顺林等（2013）试验研究了氮肥水平对马铃薯光合特性和叶绿素荧光特性的影响，N是叶绿素的组成成分，增施N肥可显著提高叶绿素质量分数，适宜N肥是提高马铃薯净光合速率的生理基础，最大净光合速率与叶绿素b和总叶绿素质量分数显著正相关。梁振娟（2015）综述了马铃薯叶片光合特性的研究进展情况，介绍了马铃薯块茎中的干物质含量95%以上来自于光合作用的积累，合理增加氮磷肥可以提高作物光合能力，土壤缺水时，会限制增加施肥对作物光合能力的影响作用，当施肥过剩时，马铃薯生长所需的水分增加，土壤水分胁迫严重，从而影响叶片的气孔导度和光合速率等（于亚军等，2005）。乔建磊等（2013）人研究发现，马铃薯叶片中不同的氮素存在形式可以影响叶片叶绿素a、叶绿素b以及类胡萝卜素含量，尤其是马铃薯发棵期和结薯期，并且建立了叶片光化学效率及光化学潜在活性与三种色素的三元回归模型，可以精确地反映光合色素与叶绿素荧光参数的关系。

　　（3）灌溉的影响　水分胁迫引起植物光合作用减弱，导致作物因干旱而减产，随水分胁迫程度加剧，光合作用的限制表现有一个从气孔限制到非气孔限制的转变过程。中度、严重水分胁迫处理土壤水分较少，气孔导度降低，蒸腾速率处于降低水平，以阻碍进一步失水，这是植物对水分不足的一种适应水分生理调节现象。干旱胁迫下，马铃薯叶片的光合速率呈现下降趋势，并且在胁迫程度较轻时，恢复较为容易，严重胁迫时难以恢复。随着水分胁迫的加剧，植株叶片叶绿素含量下降，且叶绿素a的含量比叶绿素b含量下降快，叶绿素含量的降低幅度随胁迫程度增大而变大，胁迫时间过长，马铃薯产量和品质均降低。马旭等（2013）试验研究了不同灌水处理对马铃薯光合特性和产量的影响，结果是蒸腾速率、气孔导度、光合速率在整个生育期内先增后减，块茎形成期最大，块茎增长期渐小，成熟期明显减小，灌溉定额一定时，灌水次数越多，三项指标越大。宿飞飞等（2014）研究了分根交替干旱对马铃薯光合特性及抗氧化保护酶活性的影响，发现分根交替灌溉可通过增强叶片净光合速率、过氧化物酶、过氧化氢酶、超氧化物歧化酶等抗氧化保护酶活性而提高植株的抗逆性，并在复水后仍维持较高活性。王雯等（2015）观察了不同灌溉方式对马铃薯光合特性的影响，在榆林沙区，膜下滴灌处理的马铃薯光合特性优于其他灌溉方式。

　　目前国内研究马铃薯光合特性采用的仪器主要有：美国LI-COR公司生产的LI-6400便携式光合系统分析仪，SPAD值用日本Monlta公司生产的便携式SPAD-520型叶绿素仪测定。这些仪器易于操作，且能在较短的时间测量多组数据，方便快捷，但是很少人能对所得数据做较为深入的分析，这可能也与测量者对光合作用机理了解不深、测定方法存在问题等有关系。因此关于光合特性的测定，在数据的测定方面，光合的测定要选择晴朗无云的天气，时间一般选择在10：00—12：00和14：00—16：00；在材料的测定方面，要选择同一叶位、长势长相相近的功能叶片，测定时要有重复性，同时最重要的是要对仪器进行调试，包括温度感应系统、CO_2供给系统、水分干燥系统等，采用 LI-6400 测量光合时，还要注意叶室的选择，根据马铃薯叶片的形态，选择适合的叶室；在数据分析方面，要注意所得各个指标的数据是否在正常值范围内，如叶片温度、CO_2浓度等，只有在正常范围内数据才是真实有效的，否则此数据不能用于分析，各处理间的测定数据要经过显著性分析，然后再总结各处理间的差异性（梁振娟等，2015）。

二、马铃薯的氮代谢

氮代谢（nitrogrn metabolism）是指根吸收 NO_3^- 和 NH_4^+ 后，在体内酶的催化下进行硝酸盐还原，氨的同化及蛋白质等有机氮化合物的合成、分解的转化过程。氮是马铃薯生长发育必需的营养元素之一，氮代谢是马铃薯体内的一个重要生理过程，在其生长发育过程中发挥着重要的作用，是决定马铃薯块茎产量和品质的关键因素之一。

（一）途径和产物

1. 硝酸还原作用

硝酸还原作用（nitrate reduction）是指在硝酸还原酶和亚硝酸还原酶的催化下，将硝态氮转变成氨态氮的过程，植物体内硝酸还原作用主要在叶和根进行，以叶内还原为主。总反应式为：

$$NO_3^- + 9H^+ + 8e^- \rightarrow NH_3 + 3H_2O$$

2. 氨的同化

生物体将无机态的氨转化为含氮有机化合物的过程就叫氨的同化（ammonia assimilation）。有谷氨酸和氨甲酰磷酸的合成，而植物体内氨甲酰磷酸的合成过程中氨甲酰磷酸中的氮来自谷氨酰胺的酰胺基，而不是来自氨，所以这里主要介绍谷氨酰胺的合成过程。

$$\begin{array}{l}
\text{COOH} \\
\text{CHNH}_2 \\
\text{CH}_2 \quad\quad +NH_3+ATP \rightarrow \\
\text{CH}_2 \\
\text{COOH} \\
\text{谷氨酸}
\end{array}
\qquad
\begin{array}{l}
\text{COOH} \\
\text{CHNH}_2 \\
\text{CH}_2 \quad\quad +ADP+Pi \\
\text{CH}_2 \\
\text{CONH}_2 \\
\text{谷氨酰胺}
\end{array}$$

植物体内谷氨酸和氨在谷氨酰胺合成酶的作用下形成谷氨酰胺，形成的谷氨酰胺既是氨同化的方式，又可消除过高氨浓度带来的毒害，还可作为氨的供体，用于谷氨酸的合成。谷氨酰胺继续与 α-酮戊二酸在谷氨酸合酶的作用下最终形成谷氨酸。

$$
\begin{array}{c}
\text{COOH} \\
\text{C=O} \\
\text{CH}_2 \\
\text{CH}_2 \\
\text{COOH}
\end{array}
\ +\
\begin{array}{c}
\text{COOH} \\
\text{CHNH}_2 \\
\text{CH}_2 \\
\text{CH}_2 \\
\text{CONH}_2
\end{array}
\ +\text{NADPH+H}^+ \rightarrow\ 2\
\begin{array}{c}
\text{COOH} \\
\text{CHNH}_2 \\
\text{CH}_2 \\
\text{CH}_2 \\
\text{COOH}
\end{array}
\ +\text{NADP}^+
$$

α–酮戊二酸　　谷氨酰胺　　　　　　　　　　　　　谷氨酸

综上，谷氨酸的合成过程可概括为，在谷氨酰胺合成酶和谷氨酸合酶的共同作用下，由 1 分子氨和 1 分子 α–酮戊二酸净合成 1 分子谷氨酸，消耗 1 分子 ATP，总反应式为：

$$NH_3+ATP+\alpha\text{–酮戊二酸}+2H \rightarrow \text{谷 AA}+ADP+H_2O+Pi$$

3. 氨基酸的生物合成

生物体内氨基酸的合成主要在转氨酶的催化下通过转氨基作用形成。各种转氨酶催化的反应都是可逆的，转氨基过程既发生在氨基酸分解过程，也发生在氨基酸合成过程。反应方向与当时细胞中具体代谢的需要有关。

转氨酶广泛存在于植物体内，许多氨基酸都可作为氨基的供体，其中最重要的是谷氨酸，它可由 α–酮戊二酸与无机态氨合成，然后通过转氨基作用转给其他 α–酮酸合成相应的氨基酸。谷氨酸与其他氨基酸的合成关系如图 2-5 所示。

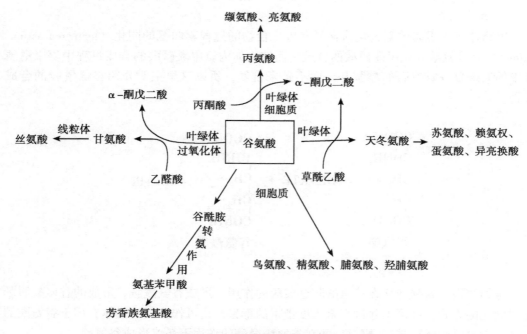

图 2-5　谷氨酸与其他氨基酸合成的关系（郭蔼光，2001）

（二）马铃薯氮代谢的关键酶

硝酸还原酶（nitrate reductase，NR）的作用是把硝酸盐还原成亚硝酸盐。硝酸还原酶位于细胞质内或细胞膜外，在硝酸盐还原途径中是限速因子，通过 NADH 和 NADPH 其中之一或两者（双功能）提供两个电子催化反应，使硝酸盐转换成亚硝酸盐。硝酸还原酶是同源二聚体，每个亚基分子质量约 100～110kDa，包含三个功能区，从 N 末端到 C 末端分别是：钼辅酶 MoCo（硝酸盐结合与降解区域），血红素 Fe（细胞色素 b5 结合域）和 FAD（黄素腺苷酸二核苷酸磷酸、细胞色素 b 还原酶、NADH 或 NADPH 结合域）。这三个区域是氧化还原中心，催化电子从 NADP 或 NADPH 转移到硝酸盐上。这三个结构和功能域通过 hinge Ⅰ 和 hinge Ⅱ 两个铰链连接起来。hinge Ⅰ 连接细胞色素 b5 结合域和钼辅酶/二聚化区域，它包含一个保守的磷酸化丝氨酸残基，被具有调控作用的 14-3-3 二聚体识别。在二价阳离子存在的情况下，hinge Ⅰ 把硝酸还原酶转换成完全无活性的复合体，使之不能行使从 NADPH 到硝酸盐之间的电子转移，从而抑制酶的活性。光照对硝酸还原酶活性有很大影响，酶活性随光照强度增大而升高，在遮阴或黑暗中则活性减小，原因在于光合产物的氧化物为 NO_3^- 还原提供所需的 NADH 及还原型 Fd。

亚硝酸还原酶（nitrite reductase，NiR）的作用是将硝酸还原生成的亚硝酸盐进一步还原成氨。存在于叶绿体中，它的电子直接供体是铁氧还蛋白。亚硝酸还原酶是一条多肽链，相对分子质量约为 60 000～70 000，它的辅基是一种铁卟啉的衍生物，分子中还有一个 Fe_4S_4 中心，起电子传递作用。光合作用的非环式光合磷酸化可为亚硝酸还原酶提供还原态的铁氧还蛋白。结合在铁卟啉衍生物辅基上的亚硝酸离子，可直接被还原型铁氧还蛋白还原成氨。光照对亚硝酸还原有促进作用，可能与照光时生成还原态的铁氧还蛋白有关。当植物缺铁时，亚硝酸的还原即受阻，可能与铁氧还蛋白及铁卟啉衍生物的合成减少有关。

谷氨酰胺合成酶（glutamine synthetase，GS）催化谷氨酸和氨反应形成谷氨酰胺，此酶对 NH_3 有高亲和性，完成反应还需要 ATP 水解提供的能量。

谷氨酸合成酶（glutamate synthase，GOGAT）催化 α-酮戊二酸和谷氨酰胺形成谷氨酸，不需要 ATP。

（三）马铃薯氮的吸收和运转

氮素是影响马铃薯生长发育的三大要素之一。多年来，人们对马铃薯的氮素吸收特性进行了深入研究，结果表明，马铃薯植株对氮素的吸收速率表现为"慢—快—慢"的单峰曲线变化，原因是马铃薯萌芽期对氮素的吸收较少，主要由种茎供给，出苗后，由于各器官建成及生长发育对氮的需求量不断增加，氮的吸收速率逐渐升高，特别是块茎膨大期，由于旺盛的细胞分裂和块茎的迅速建成，使氮的吸收速率增高，并达到最大，而后块茎增长趋慢，转为淀粉积累，对氮的需求量逐渐减少，氮的吸收速率也逐渐变缓。马铃薯各器官对氮素的吸收速率存在一定差异，其中根对氮素的吸收速率在整个生育期变化不大；地上茎对氮素的吸收速率在终花期达到最大；叶片对氮素的吸收速率呈双峰曲线变化，分别在现蕾期和终花期出现峰值；块茎形成后，对氮素的吸收速率呈单峰曲线变化，其中在终花期以前吸收速率一直较慢，终花期至茎叶枯萎期吸收速率迅速上升，自茎叶枯萎期后吸收速率逐渐下降。这说明马铃薯对氮的吸收与营养生长和块茎的增长密切相关，马铃薯对氮的需求表现为"两头轻中间重"的规律。

在整个生育期，氮素在马铃薯根和地上茎的分配比例一直较低，其中根系的氮素分配率在块茎形成期最高，之后迅速下降；氮素在地上茎的分配率在整个生育期呈单峰曲线变化，从苗期至块茎增长初期，地上茎的氮素分配率缓慢上升，到块茎增长初期达到峰值，之后又逐渐下降；氮素在叶片的分配率以苗期至块茎形成期为最高，占同期植株吸收量的70%以上，之后不断下降，到成熟期时只有10%左右的氮滞留在叶片中；块茎形成进入增长期后，马铃薯的生长中心向块茎转移，氮素在块茎中的分配率一直呈上升趋势，大量的氮素转移到块茎中，到成熟期，有50%~80%的氮素最终贮存在块茎中。另外，苗期至块茎形成期，氮素在各器官的分配表现为叶片最多、地上茎次之、块茎最少，此后，植株吸收的氮向地上茎和叶的分配比率明显下降，向块茎分配的比率急剧上升，至成熟收获期，氮素在各器官的分配表现为块茎最多、叶次之、地上茎最少。可见，随着生育进程的推移，氮素在马铃薯各器官的分配随着生长中心的转移而发生变化，前期主要分配在地上茎和叶片，用于光合系统的迅速建成和营养生长，中后期主要分配在块茎，用于块茎的建成和营养贮存，块茎成为马铃薯氮素营养的最终贮存器官（刘克礼等，2003；夏锦慧，2008；夏锦慧，2009；李承永，2007；修凤英等，2009）。

（四）影响马铃薯氮代谢的主要因素

1. 光照

光照是作物进行光合作用并赖以生长的前提条件。研究结果表明，在一定的光强范围内，随着光照的增强，作物对 N 肥的需要也增加；而高 N 必须与高光强配合，才能改善植株的光合同化能力。弱光下 N 素对光合的正效应因为受到光限制而不能发挥。马铃薯叶片将光合碳同化与 N 素同化集于一身，光照通过调控光合作用和硝酸还原酶（NR）活性而影响硝酸盐代谢。弱光下 NR 活性较低，强光下植株的硝酸还原酶、谷氨酸合成酶、谷氨酸脱氢酶的活性以及可溶性蛋白质的含量均较弱光条件下高，叶片中硝酸盐的含量较低，说明此时具有较高的 N 素同化能力。提高光照度能够增强 NR 活性，这也解释了叶片硝酸盐含量随光照度增强而下降的原因（陈永勤等，2016；霍常富等，2009）。卞中华（2015）采用的不同光质进行 24 h 连续光照引起 NR 活性显著提高，NR 和 NiR 基因显著上调表达，但是连续光照时间超过 24 h 则会导致 NR、NiR 和 Gs 活性显著降低。张清芳等（2017）通过试验发现，高光照并未对碳氮代谢关键酶的表达产生影响，可能通过直接破坏叶绿素 a 而影响光合作用。

2. 微量元素

微量元素多为酶、辅酶的组成成分或活化剂。如 Fe 是体内电子载体铁氧还蛋白的重要组成部分；Mn 是硝酸还原酶的活化剂；Zn 是脱氢酶和蛋白酶的成分等，说明微量元素对调控马铃薯硝态 N 代谢具有重要作用。微量元素中的 Mo 是硝酸还原酶和固氮酶的必需组成成分，因而 Mo 在氮代谢过程中具有核心作用。缺 Mo 会导致 NO_3^- 向 NH_4^+ 的转化受阻，NO_3^- 积累，植株表现缺氮症状，而施用 Mo 肥将促进植株体内 N 素的吸收、转化和积累。研究表明施 B、N 能明显增加叶片硝酸还原酶活性，降低蛋白酶、肽酶活性；B、N 交互作用与硝酸还原酶活性呈正效应，与蛋白酶、肽酶活性呈负效应。在不同 B 用量处理下，B 并不影响硝酸根与载体的亲和力，但缺 B 和高 B 处理对硝酸根的吸收有抑制作用，这可能与生物膜的完整性、活性和代谢作用有关。喷施 Zn^{2+}、Cu^{2+} 可显著影响氮代谢，且随着浓度的升高，总氮含量逐渐升高（崔志伟等，2014）。微量元素肥不改变水稻氮代谢作用的性质，但是对其强度有一定的影响，除了硼肥外，各微量元素对水稻生长器官中总氮含量都起良好的作用。在水稻分蘖期和抽穗期施微量元素（包括硼肥）能促进根、茎、叶中蛋白质化合物的合成，在水稻生长末期所用的各微量元素肥都强化了蛋白质水解成低分子化合物而进入水稻籽粒中（蒋自立，1994）。

3. 品种

韦东萍等（2011）研究表明，马铃薯对氮素的吸收受多方面因素的影响。其中，同一品种不同世代马铃薯对 N 的吸收存在一定差异，如马铃薯费乌瑞它不同世代在幼苗期对 N 的吸收速率差异较小，在发棵期、块茎膨大期，商品薯对 N 的吸收速率极显著低于原原种、原种和生产种；在全生育期，原种对 N 的吸收量最大，商品薯对 N 的吸收量最小，原原种、生产种居中；不同品种对 N 的吸收也有较大差异，如脱毒大西洋二级原种、脱毒薯底西芮、脱毒会-2 二级原种、克新 1 号和脱毒薯克新 1 号每生产500kg，块茎植株需吸收的 N 素总量分别为 1.61kg、2.65kg、2.76kg、2.82kg 和 3.02kg（刘克礼等，2003；罗爱花等，2011）。田洵（2016）试验发现氮代谢四种关键酶活性（NR、NiR、GS、GOGAT）均与施氮量呈显著或极显著正相关，且东农 312 酶活性普遍高于东农 311。

4. 温度和 pH 值

植物对硝态氮的吸收还受到温度和 pH 值的影响。低温降低植物对 NO_3^- 的吸收，这主要是由于低温影响根系呼吸和能量供给，以及细胞膜的透性减弱导致 NO_3^- 吸收缓慢。鄢铮等（2013）研究发现覆盖稻草后加盖白色地膜有利于提高马铃薯硝酸还原酶活性。根部介质的 pH 也显著影响植物对 NO_3^- 的吸收，pH 值低时 NO_3^- 吸收较快，随着 pH 值的升高，NO_3^- 的吸收减少。这主要是由于 OH^- 离子竞争的影响阻碍了 NO_3^- 的吸收运输系统，同时高 pH 值使根细胞表面的负电荷增加，不利于 NO_3^- 的吸收。魏翠果等（2013）采用组织培养方法研究 NaCl 胁迫对马铃薯脱毒苗氮代谢的影响表明，随着 NaCl 胁迫浓度的增加，马铃薯脱毒苗叶片硝态氮含量先升高后降低，氨态氮含量持续升高，全氮和可溶性蛋白含量以及 NR 和 GS 活性持续下降。

马铃薯对氮素的吸收还与施肥措施相关（韦剑锋等，2016；宋书会，2015），如叶面施肥与根系施肥相结合比单一根系施肥或叶面施肥更能提高马铃薯对氮素的吸收速率和氮素积累量，在马铃薯生长中后期叶面施肥比在前期叶面施肥更能提高植株对氮素的吸收速率和氮素积累量；氮肥与磷钾肥适量配施也可提高马铃薯对氮素的吸收速率（张宝林等，2003；刘克礼等，2003）；氮肥与磷、钾及微肥合理配施可显著增加马铃薯对氮的吸收量（罗爱花等，2011；吕慧峰，2011）；氮肥形态影响马铃薯对氮素的吸收和分配及光合产物的运输和积累，铵态氮对氮的吸收、积累与分配影响最大（焦峰等，2012）。另外，种植密度（范香全，2014）也影响马铃薯对氮素的吸收，如低密度种植群体对氮的吸收速率高于高密度种植群体。可见，马铃薯对氮素的吸收不仅与光照有关，还与微量元素、遗传特性、施肥措施及种植密度等因素密切相关。

三、马铃薯的呼吸作用

能量是植物进行生命活动的基础，植物通过呼吸作用将其体内复杂的有机物分解为简单的无机物，同时把储藏在有机物中的能量释放出来，为植物的生命活动提供所需要的能量。呼吸代谢是植物体内物质代谢和能量代谢的枢纽，因此，了解呼吸作用的规律，对于调控植物的生长发育，指导农业生产有着重要的理论意义和实践意义（图2-6至图2-7）。

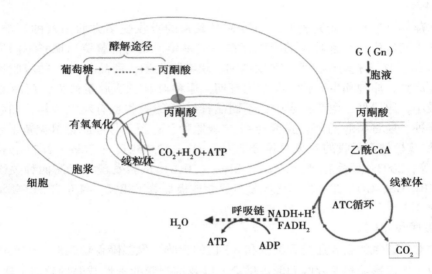

图2-6　糖酵解–三羧酸循环图解
（叶飞等，2017）

1. 温度

温度对呼吸作用的影响主要在于温度对呼吸酶的影响。在一定范围内，呼吸速率随温度的增高而增高，达到最高值后，呼吸速率则会随着温度的增高而下降。呼吸作用有温度三基点：最低点、最适点和最高点。最适温度是指保持稳态的最高呼吸速率的温度。最高温度在短时间内，呼吸速率比最适温度的高，但而后急剧下降，这是因为高温加速了酶的钝化或失活，温度越高，时间越长，破环就越大，呼吸速率下降越快。且温度过高或者光线不足时，呼吸作用强，光合作用弱，对植物生长不利。

呼吸强度与代谢密切相关，呼吸强度的高低直接影响果实的衰老，贮藏温度越高呼吸强度越高，衰老速度越快。贮藏温度越高马铃薯块茎的呼吸强度越大，15℃和20℃贮藏的马铃薯块茎的呼吸强度明显高于4℃和10℃块茎的呼吸强度。马铃薯块茎在低温、低氧条件下贮藏，可降低其呼吸强度，防止发热腐烂，但是过分的抑制呼吸导致呼吸受阻或失调，各种生理过程不能正常进行，马铃薯原有的抗病性降低，反而会出现生理病害，因此在贮藏过程中，应在能保持正常呼吸作用的前提下降低呼吸消耗，而马铃薯在4℃贮藏刚好能够在保持正常呼吸强度的前提下降低贮藏期间的呼吸强度（伍贵方等，2003）。马铃薯种薯贮藏温度应控制在 2~4℃，鲜食薯贮藏温度应控制在 3~5℃，加工薯贮藏温度一般应控制在 6~10℃，也可根据品种本身耐低温、抗褐变等特性确定适宜温度（于延申，2015）。

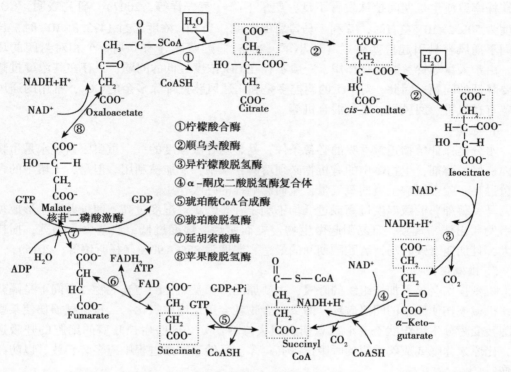

①柠檬酸合酶
②顺乌头酸酶
③异柠檬酸脱氢酶
④α–酮戊二酸脱氢酶复合体
⑤琥珀酰CoA合成酶
⑥琥珀酸脱氢酶
⑦延胡索酸酶
⑧苹果酸脱氢酶

Citrate：柠檬酸；cis–Aconitate：顺乌头酸；Isocitrate：异柠檬酸；α–Ketoglutarate：α–酮戊二酸；succinyl CoA：琥珀酰 CoA；succinate：琥珀酸；fumarate：延胡索酸；malate：苹果酸；oxaloacetata：草酰乙酸；CoASH：辅酶 A

图 2-7　三羧酸循环（叶飞等，2017）

2. 氧气

氧气是植物正常呼吸的重要因子，氧不直接影响呼吸速率和呼吸途径。当氧浓度下降时，有氧呼吸迅速降低，而无氧呼吸逐渐增高。如长时间进行无氧呼吸，必然要消耗更多的养料以维持正常的生命活动，甚至产生酒精中毒现象，使蛋白质变性而导致植物受伤而死亡。高氧浓度也会产生为害，如线粒体膜受损、原生质膜受损、蛋白质合成受阻等，这可能与活性氧代谢形成自由基有关。有学者研究发现马铃薯块茎在低氧条件下贮藏，可降低其呼吸强度，防止发热腐烂（田甲春等，2017）。

3. 二氧化碳

二氧化碳是呼吸作用的最终产物，当外界环境中的二氧化碳浓度增加时，呼吸速率便减慢。实验证明，在二氧化碳的体积分数升高到 1%~10% 或以上时，呼吸作用明显被抑制。

CO_2 浓度过低，马铃薯块茎呼吸作用比较旺盛，对块茎中贮藏的营养物质消耗大，贮藏损失大，CO_2浓度适宜，块茎呼吸作用比较缓慢，对块茎中贮藏的营养物质消耗小，贮藏损失小，CO_2浓度过高，会妨碍块茎的正常呼吸，导致活力的降低，容易引起薯块黑心和腐烂（田甲春等，2017）。种薯长期贮藏在CO_2较多的窖内，就会加大田间的缺株率致使生长期间植株发育不良，产量下降（黄先祥等，2007）。研究表明，CO_2浓度为$503.2×10^{-6}$左右时，有利于马铃薯的贮藏，当CO_2浓度超过$1473.8×10^{-6}$时，长时间不通风容易引起块茎腐烂（晋小军，2005）。贮藏库（窖）是一个相对封闭的环境，由于大量马铃薯的呼吸作用，一般不存在CO_2浓度过低的问题，只存在其浓度过高需要降低的问题。因此，对CO_2的调控多是利用通风装置排除多余的CO_2，常用的通风装置有送风机、回风机、空气混合机等。

4. 水分

水分是保证植物正常呼吸的必备条件，是影响呼吸强度的一个重要因素。水是生物体内良好的溶剂，生物体中的有机物必须溶解在水中，才能被利用。但是，土壤中的含水量过高，就会影响土壤的氧气量，从而影响根的呼吸作用。

马铃薯种薯贮藏湿度过高或过低均不利于种薯贮藏。湿度过高，使种薯过早形成须根引发"出汗"现象，且易引起微生物侵染而腐烂，湿度过低，块茎失水萎蔫，损耗较大，且加速衰败。马铃薯贮藏期间的最适宜湿度为85%~90%（杨昕臻等，2015）。

5. 机械损伤

机械损伤会显著加快组织的呼吸，主要原因：一是氧化酶与其底物在空间上是隔开的，机械损伤使原来的间隔破环，酚类化合物就会迅速地被氧化；二是机械损伤使某些细胞转变为分生组织状态，形成愈伤组织去修补伤处，这些生长旺盛的细胞的呼吸速率，比原来休眠或成熟组织的呼吸速率高得多。马铃薯贮藏过程中应轻装轻放，以防碰擦伤。

马铃薯收获后仍然是一个鲜活的有机体，它的块茎既是贮藏器官，又是繁殖器官，新收获的马铃薯在生理上有一个后熟过程，在此期间薯块表皮尚未充分木栓化，呼吸作用旺盛，气温也较高，淀粉逐渐分解转化为糖，释放出较多的二氧化碳、水分和热量，所以要在早晚气温较低时进行适当的通风，保持通风一方面可以防止积累过多的二氧化碳，保证马铃薯块茎的正常呼吸，确保种植后的田间出苗率，另一方面可以平衡窖（库）内的温、湿度，有效抑制微生物的繁殖，预防种薯出汗和腐烂，保证种薯的安全贮藏。

本章参考文献

蔡承智，梁颖.2009.基于产量潜力预测的马铃薯单产分析［J］.农业科技通讯（12）：106-109.

常宏，王玉萍，王蒂，等.2009.光质对马铃薯试管薯形成的影响［J］.应用生态学报，20（8）：1 891-1 895.

陈光荣，高世铭，张晓艳.2009.施钾和补水对旱作马铃薯光合特性及产量的影响

［J］．甘肃农业大学学报，44（1）：74-78．

陈明．2015．浅谈对"光合作用过程图解"的记忆和应用［J］．生物学教学，40（9）：72-73．

陈永勤，冯勃，徐卫红，等．2016．小白菜硝酸盐含量与光照度及氮代谢关键酶的相关性［J］．食品科学，37（13）：183-188．

崔翠，王季春，何凤发，等．2001．光照时间和碳源对试管薯形成的影响［J］．西南大学学报（自然科学版），23（6）：547-548．

崔志伟，王康才，邱佳妹，等．2014．叶面喷施氨基酸和微量元素对金银花生长发育和质量的影响［J］．西北植物学报，34（3）：523-529．

范香全．2014．施氮与密度对膜下滴灌马铃薯氮素利用及产量质量的影响［D］．呼和浩特：内蒙古农业大学．

高聚林，刘克礼，张宝林，等．2003．马铃薯磷素的吸收、积累和分配规律［J］．中国马铃薯，17（6）：199-203．

葛长琴，刁艳梅．2008．不同播期对马铃薯产量的影响［J］．农技服务，25（2）：21．

郭蔼光．2009．基础生物化学［M］．2版．北京：高等教育出版社．

何长征，刘明月，宋勇，等．2005．马铃薯叶片光合特性研究［J］．湖南农业大学学报（自然科学版），31（5）：518-520．

黄承建，赵思毅，王季春，等．2012．马铃薯/玉米不同行数比套作对马铃薯光合特性和产量的影响［J］．中国生态农业学报，20（11）：1 443-1 450．

黄承建，赵思毅，王龙昌，等．2013．马铃薯/玉米套作对马铃薯品种光合特性及产量的影响［J］．作物学报，39（2）：330-342．

黄先祥，伊秀峰，曾世华，等．2007．马铃薯贮藏窖的建设及贮藏技术［J］．中国马铃薯（5）：306．

霍常富，孙海龙，王政权，等．2009．光照和氮营养对水曲柳苗木生长及碳—氮代谢的影响［J］．林业科学，45（7）：38-44．

芶久兰，孙锐锋，袁玲．2009．马铃薯钾素营养研究进展［J］．贵州农业科学，37（9）：54-57．

贾立国，石晓华，秦永林，等．2015．内蒙古阴山北麓地区马铃薯产量潜力的估算［J］．作物杂志（1）：109-113．

蒋自立．1994．微量元素对水稻氮代谢作用的影响［J］．内江科技（1）：50-54．

焦峰，王鹏，翟瑞常．2012．氮肥形态对马铃薯氮素积累与分配的影响［J］．中国土壤与肥料（2）：39-44．

康跃虎，王凤新，刘士平，等．滴灌调控土壤水分对马铃薯生长的影响［J］．农业工程学报，20（2）：66-72．

李承永，毕德春．2007．不同世代脱毒马铃薯氮磷钾吸收规律的研究［J］．山东农业科学（1）：72-74．

梁振娟，马浪浪，陈玉章，等．2015．马铃薯叶片光合特性研究进展［J］．农业科技通讯（3）：41-45.

刘克礼，高聚林，任珂，等．2003. 旱作马铃薯氮素的吸收、积累和分配规律 [J]. 中国马铃薯（6）：321-325.

刘梦芸，蒙美莲，门福义，等．1994. 光周期对马铃薯块茎形成的影响及对激素的调节 [J]. 马铃薯杂志，8（4）：193-197.

柳俊，谢从华，黄大恩．1994. 马铃薯试管块茎形成机制的研究——暗处理与光照时间对试管块茎形成的影响 [J]. 中国马铃薯（3）：138-141.

罗爱花，陆立银，王一航．2011. 大中微量元素配施对陇薯5号养分吸收及品质的影响 [J]. 长江蔬菜（6）：52-56.

门福义，刘梦芸．1995. 马铃薯栽培生理 [M]. 北京：中国农业出版社.

乔建磊，于海业，宋述尧，等．2013. 氮素形态对马铃薯叶片光合色素及其荧光特性的影响 [J]. 中国农业大学学报，18（3）：39-44.

秦玉芝，陈珏，邢铮，等．2013. 低温逆境对马铃薯叶片光合作用的影响 [J]. 湖南农业大学学报（自然科学版），39（1）：26-30.

秦玉芝，邢铮，邹剑锋，等．2014. 持续弱光胁迫对马铃薯苗期生长和光合特性的影响 [J]. 中国农业科学，47（3）：537-545.

沈姣姣，王靖，潘学标，等．2012. 播种期对农牧交错带马铃薯生长发育和产量形成及水分利用效率的影响 [J]. 干旱地区农业研究，30（2）：137-144.

宿飞飞，陈伊里，徐会连，等．2014. 分根交替干旱对马铃薯光合作用及抗氧化保护酶活性的影响 [J]. 作物杂志（4）：115-119.

孙梦媛，刘景辉，赵宝平，等．2018. 全膜垄作栽培对旱作马铃薯产量及土壤水热和酶活性的影响 [J]. 干旱区资源与环境，32（1）：133-139.

孙周平，郭志敏，王贺．2011. 根际通气性对马铃薯光合生理指标的影响 [J]. 华北农学报，23（3）：125-128.

孙周平，李天来，姚莉，等．2004. 雾培法根际 CO_2 对马铃薯生长和光合作用的影响 [J]. 园艺学报（1）：59-63.

田丰，张永成，张凤军，等．2010. 不同肥料和密度对马铃薯光合特性和产量的影响 [J]. 西北农业学报，19（6）：95-98.

王连喜，金鑫，李剑萍，等．2011. 短期高温胁迫对不同生育期马铃薯光合作用的影响 [J]. 安徽农业科学，39（17）：10 207-10 210.

王婷，海梅荣，罗海琴，等．2010. 水分胁迫对马铃薯光合特性和产量的影响 [J]. 云南农业大学学报（自然科学版），25（5）：737-742.

王旺田，张金文，王蒂，等．2010. 光质与马铃薯块茎细胞信号分子和糖苷生物碱积累的关系 [J]. 作物学报，36（4）：629-635.

王雯，张雄．2015. 不同灌溉方式对马铃薯光合特性的影响 [J]. 安康学院学报，27（4）：1-6.

韦冬萍，韦剑锋，熊建文，等．2011. 马铃薯氮素营养研究进展 [J]. 广东农业科学（22）：56-60.

韦剑锋，宋书会，梁振华，等 . 2016. 供氮方式对冬马铃薯氮肥利用效率及氮素去向的影响 ［J］. 核农学报，30（1）：178-183.

魏翠果，张婷婷，蒙美莲，等 . 2013. 钙对 NaCl 胁迫下马铃薯脱毒苗氮代谢的影响 ［J］. 植物生理学报，49（10）：1 041-1 046.

伍贵方，蒙迪冰，罗全丽，等 . 2003. 马铃薯种薯贮藏技术研究初报 ［J］. 贵州农业科学（6）：46-47.

夏锦慧 . 2008. 马铃薯干物质积累及氮、磷、钾营养特征研究 ［J］. 长江蔬菜（24）：34-37.

夏锦慧 . 2009. 马铃薯"大西洋"干物质积累及氮、磷、钾营养特征研究 ［J］. 西北农业学报，18（4）：267-271.

邢宝龙，方玉川，张万萍，等 . 2018. 中国不同纬度和海拔地区马铃薯栽培 ［M］. 北京：气象出版社 .

修凤英，朱丽丽，李井会 . 2009. 不同施氮量对马铃薯氮素利用特性的影响 ［J］. 中国土壤与肥料（3）：36-38.

鄢铮，王正荣，林怀礼，等 . 2013. 覆盖方式对马铃薯叶片氮代谢的影响 ［J］. 农学学报，3（2）：12-16.

杨昕臻，胡新元，张武 . 2015. 马铃薯种薯的贮藏特性及贮藏技术 ［J］. 甘肃农业科技（9）：93-95.

杨友琼，吴伯志 . 2007. 作物间套作种植方式间作效应研究 ［J］. 中国农学通报，23（11）：192-196.

叶宏达，达布希拉图，沙本才，等 . 2017. 海拔梯度对马铃薯光合特性和荧光特性的影响 ［J］. 作物杂志（5）：93-99.

叶怡然，达布希拉图，沙本才，等 . 2018. 不同肥料对冬马铃薯光合特性的影响 ［J］. 作物杂志（3）：135-140.

于亚军，李军，贾志宽，等 . 2005. 宁南半干旱区不同施肥量下马铃薯光合特性研究 ［J］. 干旱地区农业研究，23（5）：568-571.

于延申 . 2015. 马铃薯贮藏特性、影响因素和贮藏技术 ［J］. 吉林蔬菜（6）：33-35.

袁海燕，李剑萍，曹宁 . 2011. 马铃薯光合生理因子日变化研究 ［J］. 安徽农业科学，39（9）：41-44.

张宝林，高聚林，刘克礼，等 . 2003. 马铃薯氮素的吸收、积累和分配规律 ［J］. 中国马铃薯（4）：193-198.

张洁洁，彭军 . 2014. NADPH 氧化酶激活机制和病理意义 ［J］. 中国药理学与毒理学杂志，28（1）：139-142.

张敬宇，付健，杨克军，等 . 2015. 不同种植方式和密度对玉米产量及光合特性的影响 ［J］. 安徽农业科学（23）：29-32.

张凯，王润元，李巧珍，等 . 2012. 播期对陇中黄土高原半干旱区马铃薯生长发育及产量的影响 ［J］. 生态学杂志，31（9）：2 261-2 268.

张清芳，冯颖琪，温金燕，等 . 2017. 光照强度和氮营养盐浓度对龙须菜生理代谢的影响 [J]. 中国水产科学，24（5）：1 065-1 071.

张姗姗，王彦，李德东，等 . 2011. NADH 和 NADPH 代谢和功能的研究进展 [J]. 第二军医大学学报，32（11）：1 239-1 243.

张艳军，饶敏，杨世先，等 . 2015. 不同播期对马铃薯"丽薯6号"产量与产值的影响 [J]. 云南农业科技（2）：10-12.

赵秉强，张福锁，李增嘉，等 . 2001. 间套作条件下人物根系数量与活性的空间分布及变化规律研究（Ⅱ）：间作早春玉米根系数量与活性的空间分布及变化规律 [J]. 作物学报，27（6）：974-979.

郑顺林，李国培，袁继超，等 . 2010. 施氮水平对马铃薯块茎形成期光合特性的影响 [J]. 西北农业学报，19（3）：98-103.

郑顺林，杨世民，李世林，等 . 2013. 氮肥水平对马铃薯光合及叶绿素荧光特性的影响 [J]. 西南大学学报（自然科学版），35（1）：1-9.

郑元红，潘国元，毛国军，等 . 2009. 不同绿肥间套作方式对培肥地力的影响 [J]. 贵州农业科学，37（1）：79-81.

朱德群 . 1979. 什么叫作物的光饱和点和光补偿点？[J]. 农业科技通讯（7）：13.

朱璞，程林润，钱秋平，等 . 2014. 播期差异对马铃薯产量的影响试验 [J]. 上海蔬菜（6）：50，83.

Demirevska K, Zasheva D, Dimitrov R, et al. 2009. Drought stress effects on Rubisco in wheat: changes in the Rubisco large subunit [J]. Acta Physiologiae Plantarum, 31 (6): 1 129-1 138.

Dwelle R B, Kleinkopf G E, Pavek J J. 1981. Stomatal conductance and gross photosynthesis of potato as influenced by irradiance, temperature, and growth stage [J]. Potato Research, 24 (1): 49-59.

Li M, Li W X. 2004. Regulation of fertilizer and density on sink and source traits and yield of maize [J]. Sci Agric Sin, 37 (8): 1 130-1 137.

Singh B, Usha K. 2003. Salicylic acid induced physiological and biochemical changes in wheat seedlings under water stress [J]. Plant Growth Regulation, 39 (2): 137-141.

第三章 陕西省马铃薯脱毒种薯生产

第一节 脱毒苗生产

一、病毒脱除

马铃薯在生长期间出现植株变矮、变小，叶片皱缩失绿，生长势衰退，块茎逐渐变小，产量和品质明显下降。如果将其继续作为种薯种植，则产量一年将不如一年，最后失去利用价值。以前人们对这种现象无法解释，因此笼统称为马铃薯退化。马铃薯退化究竟是什么原因造成的呢？国内外科学工作者经过长时期的研究，形成三种学说，即：衰老学说、生态学说和病毒学说。法国学者（Morel，1955）用感染病毒的马铃薯进行茎尖培养，获得了无病毒幼苗和块茎。并证明马铃薯植株在无病毒的情况下，能完全恢复品种的特性和产量水平。1956 年中国微生物研究所为明确各种因素与马铃薯退化的关系，通过一系列的试验，证明马铃薯的退化主要是由病毒侵染造成的，同时证明，在无病毒条件下，高温不会导致马铃薯退化（杨洪祖，1991）。至此，世界上公认马铃薯退化是由病毒侵染造成的，所以一般又称之为病毒性退化。

生产上，马铃薯用营养体进行无性繁殖。连续多年采用块茎切块繁殖，容易使块茎内的病毒通过世代繁衍积累和传播，造成不同程度的减产，一般减产 20%～30%，严重者减产 80% 以上。陕西省马铃薯主要种植在陕南和陕北地区，马铃薯退化情况也不尽相同。陕南地区降水量多、夏季气温高，马铃薯种性退化较快，海拔 1 000m 以下地区生产中一般不留种，种薯由陕北地区和内蒙古、甘肃等地调入；海拔 1 000m 以上的高山地区，马铃薯退化较慢，安康市农业科学研究所镇坪高山试验站海拔 1 450m，马铃薯生长季节 4—7 月平均最高温度 18.5～19.5℃，极端最高气温 31℃，但持续时间很短，马铃薯育种材料可以种植到 5～6 代不退化。所以陕南地区马铃薯繁种基地多分布在海拔 1 000～1 300m 的高山地区。陕北地区马铃薯退化受海拔和气候的影响，陕北南部的延安和榆林南部县区，平均海拔不足 1 000m，夏季最高气温可达 35℃左右，马铃薯退化速度较快；而榆林北部的定边、靖边等地，平均海拔 1 200m 左右，夏季 30℃以上高温持续时间 7d 左右，马铃薯退化速度较慢，是陕西省主要的马铃薯脱毒种薯繁育基地。

马铃薯病毒脱除技术可使植株恢复原来的优良种性，生长势增强，是一种积极而有效地防止退化、恢复种性的途径。应用马铃薯脱毒技术，一般可增产 30% 左右。马铃薯贮藏一段时间后，尤其是发芽或变绿的马铃薯食用时口感发麻。所以很多人对脱毒马铃薯的理解有误区，以为脱毒马铃薯就是脱除了块茎中这种口感发麻的毒素。其实，这是由于马铃薯块茎中含有龙葵素的原因。龙葵素是一种有毒的糖苷生物碱，在马铃薯的茎叶中大量存在，块茎中也含有龙葵素，一般新收获的块茎中含量较少，贮藏时间长或贮藏条件不好时，特别是接触阳光引起表皮变绿和发芽的块茎龙葵素含量增加。少量食用龙葵素不会引起中毒，反而有抗肿瘤、强心健体、平喘镇痛、降压抗炎等多种作用，但如果大量食用就可能引起急性中毒。龙葵素的含量和马铃薯的品种、贮藏条件、贮藏时间有关，与马铃薯的种薯级别无关，所以说，脱毒马铃薯不是脱除马铃薯块茎中的龙葵素，而是脱除块茎所含有的病毒。

目前，全世界范围内已发现的能够侵染马铃薯的病毒有 40 多种（Palukaitis P，2012），而能够对中国马铃薯产业造成显著影响的有 7 种，包括 6 种病毒（PVX，PVY，PVA，PVM，PVS，PLRV）和 1 种类病毒（PSTVd）。常见的马铃薯病毒病症状类型有花叶、卷叶、束顶、矮生 4 个。花叶类型中，又有各式各样花叶症状，其致病毒源复杂。由于品种抗病性不同，或者因温度条件等因素的影响，有时马铃薯症状相似，但其病原不同。而另三个类型（卷叶、束顶、矮生）的病原虽然较为单纯，但常常与花叶型的病毒复合侵染，呈现综合症状。其中，矮生型病株，除某种病原的特定症状外，有时一些抗病性弱的马铃薯品种，如果被多种病原侵染，发病严重，导致植株生育停滞，从而造成植株矮缩现象。

各种病毒的发生频率随年份及地域而有所不同。一般而言，当仅有一种病毒单独侵染马铃薯时，PVS 发病严重时可导致减产 10%～20%（王晓明等，2005；黄萍等，2009），PVA 最高可导致减产 40%（胡琼，2005），PLRV 最高可导致减产 40%～60%（王晓明等，2005），PVX 最高可导致减产 10%～50%（王仁贵，1995；王晓明等，2005），PVY 最高可导致减产 20%～50%（王仁贵，1995；郝艾芸，2007），PSTVd 单独侵染可能导致马铃薯减产 35%～40%（崔荣昌、李晓龙，1990；马秀芬等，1996）。当两种或多种病毒混合侵染时，马铃薯减产量往往比一种病害单独侵染时严重。例如，PVS 单独侵染时，对马铃薯产量影响很小，当 PVS 与 PVM 或 PVX 混合侵染时，可致减产 20%～30%（Wang et al.，2011）；当 PVY 与 PVA 混合侵染时，发病严重时减产可达到 80%。侵染马铃薯的各种病毒因为致病病原物的不同，从症状表现到传播方式都存在较大差异（表 3-1）。

表 3-1　马铃薯病毒病症状类型及其病原（李芝芳等，2004）

类型	病名	病原	病原生物学特性					病原传播方式
			形态结构	稀释限点	致死温度（℃）	体外存活期（d）	血清反应	
花叶型	马铃薯普通花叶病及轻花叶病	PVX	病毒粒体弯曲长杆状，13.6nm×515nm	$10^{-5}\sim10^{-6}$	68～76	60～90	+	汁液传播
	马铃薯重花叶病、条斑花叶病、条斑垂叶坏死病、点条斑花叶病	PVY	病毒粒体弯曲长杆状，11nm×730nm	$10^{-2}\sim10^{-3}$	52～62	2～3	+	汁液、昆虫（桃蚜）非持久性传播

（续表）

类型	病名	病原	病原生物学特性					病原传播方式
			形态结构	稀释限点	致死温度（℃）	体外存活期（d）	血清反应	
花叶型	马铃薯轻花叶病	PVA	病毒粒体弯曲长杆状，11nm×730nm	$1:50\sim$ $1:100$	$44\sim52$	$12\sim24$h	+	汁液、昆虫（桃蚜）非持久性传播
	马铃薯潜隐花叶病	PVS	病毒粒体轻弯曲平直杆状，12nm×650 nm	$10^{-2}\sim10^{-3}$	$55\sim60$	$2\sim4$（20℃下）	+	汁液、昆虫（桃蚜）非持久性传播
	马铃薯副皱缩花叶病、卷花叶病、脉间花叶病	PVM	病毒粒体弯曲长杆状，12nm×650nm	$10^{-2}\sim10^{-3}$	$65\sim70$	$2\sim4$（20℃下）	+	汁液、昆虫（桃蚜）非持久性传播
	马铃薯黄斑花叶病，又名奥古巴花叶病	PAMV（F/G）	病毒粒体弯曲长杆状，11~12nm×580nm	F: 5×10^{-2} G: 10^{-3}	F: $52\sim62$ G: 65	F: $2\sim3$ G: 4	+	汁液、昆虫（桃蚜）非持久性传播
	马铃薯茎杂色病	TRV	病毒粒体平直杆状，由长短两种粒体组成，直径25nm，长的188~197nm，短的45~115nm	10^{-6}	$80\sim85$	$28\sim42$（即4~6周）	+	昆虫（切根线虫）、汁液传播
	马铃薯黄绿块斑粗缩花叶病	TMV	病毒粒体直杆状，15~18nm×300nm	病毒浓度高达1mg/mL	≤90（10min）	1年以上（20℃下）	+	汁液、种子、土壤传播
	马铃薯杂斑病、马铃薯块茎坏死病	AMV	病毒粒体多组分杆状，直径18nm，含5种不同长度粒体，最长的60nm	$10^{-2}\sim10^{-5}$	$55\sim60$	$3\sim4$	+	汁液、昆虫（桃蚜）非持久性传播
	马铃薯皱缩黄斑花叶病、马铃薯轻皱黄斑花叶病	CMV	病毒粒体球形，直径30nm	10^{-4}	$60\sim75$	$3\sim7$	+	汁液、昆虫（桃蚜）非持久性传播
卷叶型	马铃薯卷叶病	PLRV	病毒粒体球状，直径23~25nm	10^{-4}	70	$3\sim4$	+	昆虫（桃蚜）持久性传播
束顶型	马铃薯纺锤块茎病、马铃薯纤块茎病、马铃薯块茎尖头病	PSTVd	无蛋白外壳的RNA，为双链RNA、链螺旋核酸	$10^{-2}\sim10^{-4}$	$90\sim100$	—	—	汁液带毒种子、昆虫（蚱蜢、马铃薯甲虫等）传播

（续表）

类型	病名	病原	病原生物学特性					病原传播方式
			形态结构	稀释限点	致死温度（℃）	体外存活期（d）	血清反应	
束顶型	马铃薯紫顶萎蔫病	AYMLO（类菌原质体）	细胞圆形，无细胞壁，外有一层单位膜	—	—	—	—	昆虫（叶蝉）传播
矮生型	马铃薯黄矮病	PYDV	病毒粒体弹状，15nm×380nm	$10^{-3} \sim 10^{-4}$	$50 \sim 53$	$2.5 \sim 12h$		昆虫（叶蝉）、汁液传播
	马铃薯绿矮病	BCTV	病毒粒体杆状，20~30nm×150nm	$10^{-3} \sim 10^{-4}$	$75 \sim 80$	$7 \sim 28$		昆虫（叶蝉）传播
	马铃薯丛枝病	PWBMLO（类菌原质体）	细胞椭圆形，无细胞壁，外面包单位膜，直径200~800nm	—	—	—	—	昆虫（叶蝉）传播

马铃薯病毒脱除技术包括物理学方法、化学药剂处理、茎尖分生组织培养、花药培养法、生物学方法、原生质体培养法以及实生种子选育等。目前主要应用并取得良好效果的马铃薯脱毒技术有四种，分别为茎尖分生组织培养、热处理钝化脱毒、热处理结合茎尖培养脱毒、化学药剂处理。

（一）茎尖组织培养

早在 1943 年 White 发现，一株被病毒侵染的植株并非所有细胞都带病毒，越靠近茎尖和芽尖的分生组织病毒浓度越小，并且有可能是不带病毒的。经过研究者多方面分析，导致这一现象的原因可能：一是分生组织旺盛的新陈代谢活动。病毒的复制须利用寄主的代谢过程，因而无法与分生组织的代谢活动竞争。二是分生组织中缺乏真正的维管组织。大多数病毒在植株内通过韧皮部进行迁移，或通过胞间连丝在细胞之间传输。因为从细胞到细胞的移动速度较慢，在快速分裂的组织中病毒的浓度高峰被推迟。三是分生组织中高浓度的生长素可能影响病毒的复制。1957 年 Morel 以马铃薯为材料进行茎尖组织培养得到了无病毒植株，自此，茎尖组织培养的方法在很多国家得以应用，并得到了普遍的肯定。

马铃薯茎尖分生组织培养脱毒技术，是根据植物细胞全能性学说和病毒在植物体内分布不均匀等原理，通过剥取茎尖分生组织进行离体培养而获得脱毒植株的方法，属于植物组织培养中的体细胞培养。通过茎尖分生组织培养来脱除病毒是最早发明的脱毒方法，该方法得到了研究者的普遍认可，一直沿用至今。

马铃薯茎尖分生组织培养，其主要技术步骤如下：首先挑选属性完整、健康的待脱毒薯块在室内暗光—散射光交替催芽，待芽长到合适的长度，取芽消毒处理，然后在超净工作台无菌条件下，切取 0.1~0.3mm、带 1~2 个叶原基的茎尖分生组织，移植于装有 MS 培养基或添加有植物生长调节剂培养基的试管中培养，大约 90d 后，茎尖分生组织直接长成试管苗，或者通过愈伤组织分化而形成再生植株。Mellor 和 Stace-Smith（1977）研究了茎尖大小对脱除马铃薯 PVX 病毒的影响，发现了一个明显的规律，茎尖长度越小病毒含量越少，脱毒效果越好，但不易成活。Faccioli（1988）通过进一步研究，选用带有马铃薯卷叶病毒的三个马铃薯品种进行茎尖组织培养脱毒，详细对比茎尖大小与成活率和脱毒率之间的关系，得出相同结论。此外，笔者通过多年的茎尖脱毒试验发现，在春季马铃薯刚刚结束休眠期的时候给予合适的光照和温度，所获得的马铃薯芽剥取的茎尖成活率是非常高的，所以在实际工作中，应尽量在这一时间段内进行茎尖剥离工作。

茎尖培养不仅可以去除病毒，还可除去其他病原体，如细菌、真菌、类菌质体。

（二）热处理钝化脱毒

热处理脱毒法又称温热疗法，已应用多年，被世界多个国家应用。该项技术设备条件比较简单，操作简便易行。

热处理方法是根据高温可以使病毒蛋白变性而使得病毒失去活性的原理，利用寄主植物与病毒耐高温程度不同，对马铃薯块茎或苗进行不同温度不同周期的高温处理，来达到钝化病毒的目的。Dawson 和 Coworker 发现，当植株在 40℃ 高温处理时，病毒和寄主 RNA 合成都是较为缓慢的，但是当把被感染的组织由 40℃ 转移到 25℃ 时，寄主 RNA 的合成便立即恢复。不过病毒 RNA 的合成却推迟了 4~8h，例如烟草花叶病毒的 RNA 需要 16~20h 才能恢复。根据此原理，可以设计不同时间段及温度脱除马铃薯病毒。1950 年 Kassanis 第一次用 37.5℃ 高温处理马铃薯块茎 20d 后，部分卷叶病毒被脱除，产生了无卷叶症状的植株。Chirkov S N 等（1984）研究发现，单一的茎尖组织培养对 PVY 和 PVA 的脱毒率达到 85%~90%，但对 PVX 和 PVS 的脱毒率却小于 1%，当经过热处理后，茎尖培养脱除 PVS 的脱毒率提高至 11.4%。在一定的温度范围内进行热处理，寄主组织很少受伤害甚至不受伤害，而植物组织中很多病毒可被部分地或完全钝化。

热处理方法的主要影响因素是温度和时间。在热处理过程中，通常温度越高、时间越长、脱毒效果就越好，但是同时植物的生存率却呈下降趋势。所以温度选择应当考虑脱毒效果和植物耐性两个方面。近年来，科学家们总结出了一些脱除不同病毒的热处理操作温度，将块茎放置在 37.5℃ 条件下 25d，可钝化卷叶病毒，种植后不出现卷叶病（PLRV）；或采用高低温度交替，如采用 40℃（4h）和 20℃（20h）也可脱除卷叶病毒。茎尖培养前，对发芽的块茎采取 32~35℃ 的高温处理 32d 可脱去 PVX 和 PVS 病毒。实践处理的天数越多脱毒率越高，处理 41d 能脱去 PVX 病毒 72.9%。另外采用高温处理不适用于纺锤块茎病毒（PSTVd），因为高温适合类病毒的繁殖。国际马铃薯中心的科学家对患有这种病毒的块茎，在 4℃ 下保存 3 个月后，再在 10℃ 下生长 6 个月的植株，采用茎尖培养后脱毒效果较好。

热处理法的缺点是脱毒时间长，脱毒不完全，热处理只对球状病毒和线状病毒有效，却不能完全去除球状病毒，而对杆状病毒则不起作用。

（三）热处理结合茎尖培养脱毒

茎尖培养脱毒法脱毒率高，脱毒速度快，能在较短的时间内得到合格种苗，但此种方法的缺点是植物的存活率低，且有些病毒通过单一的茎尖脱毒方法脱除率较低。为了克服这一局限，许多研究者把高温处理与茎尖组织培养相结合，这种方法也成为较常见的马铃薯脱毒方法。Pennazio（1978）和 Manuela vecchiati（1978）首先将带有马铃薯X病毒的植株进行 30℃不同周期的热处理，处理后再进行茎尖分生组织培养，获得无毒植株并发现无毒植株数量与处理周期长度正相关，处理时间越长获得的无毒植株越多。Lozoya-Saldana（1985）和 Madrigal-Vargas（1985）将促进分生组织细胞分裂的激动素（Kinetin）以不同浓度加入培养基中，同时对试管苗进行 28℃和 35℃的高温处理。结果发现，温度越高马铃薯脱毒率越高，但脱毒苗成活率越低。而激动素含量的改变只对马铃薯生长的快慢产生明显影响，对脱毒率几乎没有产生任何影响。为平衡高温对马铃薯脱毒率和成活率的影响，Lopez-Delgado（2004）等将微量的水杨酸加入到茎尖培养基中，培养 4 周后再进行热处理，结果发现，水杨酸的加入使马铃薯的耐热性得到了显著提高，其成活率提高了 23%。盖琼辉（2005）经过研究，发现以每天 40℃（4h）和 25℃（20h）变温处理 4 周的方法脱毒效果最好，然后剥取带 1~3 个叶原基的茎尖进行脱毒，获得脱毒苗率高达 71.26%。

选择一个合适的热处理温度是马铃薯脱毒的重要因素。热处理与茎尖培养相结合的方法能有效提高脱毒效果，其机理是，热处理可使植物生长本身所具有的顶端免疫区得以扩大，有利于切取较大的茎尖（1mm 左右），从而提高茎尖培养的成活率和脱毒率。茎尖培养与热处理方法相结合脱除病毒的热处理一般是在 35~40℃条件下处理几十分钟甚至数月，也可采用短时间高温处理。如何在最高温度、最低温度以及处理时间中间找到一个平衡点，既能很好地脱除病毒又不会对植株造成损伤、影响植株生长，这是热处理结合茎尖脱毒能否成功的关键所在。

（四）药剂脱毒

化学药剂法是一种新的脱毒方法，其作用原理是，化学药剂在三磷酸状态下会阻止病毒 RNA 帽子的形成。在早期破坏 RNA 聚合酶的形成；在后期破坏病毒外壳蛋白的形成。药剂能抑制病毒繁殖，有助于提高茎尖脱毒率。霍林斯（1965）曾指出，嘌呤和嘧啶的一些衍生物如 2-硫脲嘧啶和 8-氮鸟嘌呤等能和病毒粒子结合，使一些病毒不能繁殖。霍林斯和司通（1968）指出，用孔雀石绿、2，4-D 和硫脲嘧啶等加入培养基中进行茎尖培养时可除去病毒。德国学者 Kluge（1987）证明硫代脲嘧啶类化合物能使红色苜蓿花叶病毒（RCMV）明显减少。Schuster G（1991）在 17 种嘌呤和嘧啶衍生物中发现了 8-氮杂腺嘌呤、8-氮杂鸟嘌呤和 6-丙基-2-硫代脲嘧啶对马铃薯 X 病毒（PVX）具有抑制活性。Schulze（2010）则发现 6-氨胸腺嘧啶和 9-（2，3-二羟基丙基）腺嘌呤能抑制 TMV 和 PVX 复制酶的活性，从而抑制病毒在植物体内复制。

研究实践中常用的脱病毒化学药剂有三氮唑核苷（病毒唑）（Ribavirin），5-二氢尿嘧啶（DHT）和双乙酰-二氢-5-氮尿嘧啶（DA-DHT）。

嘌呤碱基代谢类似物病毒唑（Ribavirin）是溶于水、稳定、无色核苷，化学名称为 1-β-D-呋喃核糖基-1H-1，2，4，-三氮唑-3-羧酰胺。最初是作为抗人体和动物体内病毒的药物被研究和开发出来的，又称为利巴韦林、三氮唑核苷、尼斯可。病毒唑能强烈抑制单磷酸嘌呤核苷（IMP）脱氢酶的活性，从而阻止病毒核酸的合成，除了对人和动物体内 20 多种病毒有良好的治疗作用外，还对马铃薯 X 病毒、马铃薯 Y 病毒、烟草坏死病毒（TNV）等植物病毒均有不同的预防和治疗作用，因此有人尝试把它以一定浓度加入到培养基中，与茎尖分生组织培养相结合从而提高脱毒率。Lerch（1979）和 Sidwell（1972）分别通过实验证实了仅仅单一的把病毒唑加入培养基中只能临时性的抑制 PVS 在马铃薯中的复制，并不能彻底的脱除病毒。Klein（1983）和 Livingston（1983）验证了可以通过加入病毒唑与茎尖组织培养相结合脱除马铃薯 X 病毒和 Y 病毒。Cassel（1982）和 Long（1982）又相继报道了同种方法成功脱除马铃薯 X 病毒、Y 病毒、S 病毒和 M 病毒，在培养基中加入 10mg/L 病毒唑培养马铃薯茎尖（腋芽）20 周，除去了 Y 病毒和 S 病毒，其中用 20mg/L 病毒唑加入培养基中，可脱掉 Y 病毒 85%，脱去 S 病毒 90% 以上。Heide Bittner（1989）等在把病毒唑、DHT、GD、E30、Ly 以一定的浓度相互混合加入到培养基中对他们的脱毒效果进行对比试验，发现把病毒唑和 DHT 同时放入培养基中可以提高马铃薯的脱毒率，并且在不同梯度下对病毒唑的含量进行对比，发现当病毒唑的浓度为 0.003% 时脱毒率最高。用病毒唑处理患病毒的材料，都有良好的效果，特别是病毒唑是一种核苷结构的类似物，加入培养基中对病毒有抑制作用，培养的茎尖长度可达 3~4cm 仍有较高的脱毒率，是很有应用前途的药剂。宋波涛等（2012）将感染病毒的马铃薯苗接种于含有病毒唑浓度为 75~150mg/L 的培养基上培养 45~135d，发现这种方法对几种常见的马铃薯病毒均具有极高的脱除效率，可以在生产过程中使用，便于大批量处理材料，是一种高效的马铃薯病毒脱除技术。但病毒唑对许多作物具有不同程度的药害，在某种程度上限制了它在防治植物病毒上的应用。

此外，还有一些化学药剂可以脱除马铃薯病毒。刘华等（2000）采用不同梯度高锰酸钾、过氧化氢、新洁尔灭、尿素稀释液对马铃薯浸种，病毒钝化明显，发芽正常，田间试验出苗齐全，病毒再感染种类少，产量明显提高，例如，0.1% 新洁尔灭、0.05% 高锰酸钾、3% 过氧化氢、5% 尿素。

二、病毒检测

经过脱毒处理的植株必须经过病毒检测才能确定是否脱毒成功。鉴定马铃薯病毒过去大多采用肉眼观察病毒间生物学特性的差异而进行的，如所致症状类型、传播方式、寄主范围等；近年来，随着生物科学的迅猛发展，免疫学方法、分子生物学方法等的应用，促进了病毒检测技术的改进与发展，现在又发展出了病毒核酸、蛋白分子生物学、生物化学等方面的方法。发展至今，主要采用的病毒检测方法有生物学法（指示植物鉴定法）、电子显微技术、血清学法（酶联免疫吸附测定法）、生物化学法（往返双向聚丙烯酰胺凝胶电泳法）、分子生物学法（NASH，RT-PCR 法等）。

（一）生物学方法（指示植物鉴定法）

指示植物测定法是发展最早的一种方法，可用来鉴定病毒和类病毒，是美国病毒学家 Holmes 在 1929 年发现的。指示植物是用来鉴别病毒或其株系的具有特定反应的一类植株。凡是被特定的病毒侵染后能比原始寄主更易产生快而稳定、并具有特征性症状的植物都可以作为指示植物。

　　指示植物鉴定法是以对某种病毒十分敏感的植物为指示物，根据病毒侵染指示植物后表现出来的局部或系统症状，对病毒的存在与否及种类作出鉴别。不同的病毒往往都有一套鉴别寄主或特定的指示植物，鉴别寄主是指接种某种病毒后能够在叶片等组织上产生典型症状的寄主。根据试验寄主上表现出来的局部或系统症状，可以初步确定病毒的种类和归属。而这种指示植物检测法根据鉴别寄主种类又分为木本指示植物检测法和草本指示植物检测法两种。对于草本植物，接种方法有汁液摩擦接种法，媒介昆虫（桃蚜）接种法；对于木本植物，则用嫁接接种法。

　　1. 汁液摩擦接种法

　　先在鉴别寄主叶片上用小型喷粉器轻轻喷洒一层金刚砂（细度 400 目），然后用已消毒的棉球蘸取待鉴定的马铃薯汁液（添加 1/2 汁液量的 pH 7.0 的磷酸缓冲液），在鉴别寄主叶片上沿叶脉顺序轻轻摩擦接种后，即时用无菌水冲掉接种叶片上的杂质，置于防虫网室内培养，待 2~3d 后可逐日观察症状反应，并做好文字、图片记录。

　　2. 昆虫媒介（桃蚜）接种法

　　接种用的桃蚜必须是无毒蚜，预先在白菜上饲育 4~5 代，即可得无毒桃蚜。

　　先将蚜虫用针挑至试管里饿 1~2h，然后放在马铃薯病株的叶片上饲毒（蚜虫口器刺吸叶片）。饲毒时间长短依鉴定的病毒种类不同而异，按昆虫不同传播方式分别对待，例如，马铃薯病毒 PVY 的蚜虫传毒为非持久性，时间只有 10~20min，而马铃薯卷叶病毒（PLRV）为蚜虫持久性传毒，饲毒时间长达 24~48h。饲毒后将带毒蚜虫放在无毒的鉴别寄主的叶片上放毒，放毒时间亦按照病毒种类而异。以后用杀虫剂灭蚜。经 5~7d 后逐日观察症状并做记录。

　　3. 嫁接接种法将

　　马铃薯病枝作为接穗嫁接到寄主植物上，利用作为砧木的寄主植物和作为接穗的马铃薯病枝之间细胞的有机结合，使病毒从接穗中进入砧木体内，然后观察砧木上新生的叶片发病症状反应。嫁接方法是用常规的劈接法。

　　不同宿主所用的指示植物也不同，例如甘薯是巴西牵牛，马铃薯是烟草，番茄是番杏。目前，侵染马铃薯的病毒有 40 种之多，只有少数病毒对马铃薯为害严重。这些对马铃薯的产量和品质造成严重影响的病毒类型，在指示植物上接种后，反应有很大差别（表 3-2）。

　　指示植物鉴定法简单易行，优点是反应灵敏，成本低，无须抗血清及贵重的设备和生化试剂，只需要很少的毒源材料，但工作量比较大，需要较大的温室培养供试材料，且比较耗时，不适合对大批量的脱毒苗进行检测。有时因气候或者栽培的原因，个别症状反应难以重复，难以区分病毒种类。

表 3-2　马铃薯几种主要病毒及类病毒在特定鉴别寄主上的症状（李芝芳等，2004）

病毒名称	接种方式	在特定鉴别寄主上的症状
PVX	汁液摩擦	千日红：接种 5~7d 后叶片出现紫红环枯斑 白花刺果曼陀罗：接种 10d 后系统花叶 指尖椒：接种 10~20d 后接种叶片出现褐坏死斑点，以后系统花叶 毛曼陀罗：接种 10d 后，接种叶片出现局部病斑及心叶花叶

（续表）

病毒名称	接种方式	在特定鉴别寄主上的症状
PVY	汁液摩擦（或桃蚜）	普通烟：接种初期明脉，后期有沿脉绿带症 洋酸浆：接种 10d 后，接种叶片出现黄褐色枯斑，以后系统落叶（16~18d） 枸杞：接种 10d 后接种叶片出现褐色环状枯斑，初侵染呈绿环斑
PVS	汁液摩擦	千日红：接种 14~25d 后，接种叶片出现橘红色小斑点，略微凸出的小斑点 昆诺瓦藜：接种 10d 后接种叶片出现局部黄色小斑点 德伯尼烟：初期明脉，以后系统绿块斑花叶
PVM	汁液摩擦	千日红：接种 15~20d 后，接种叶片沿叶脉周围出现紫红色斑点 毛曼陀罗：接种 10d 后，接种叶片出现失绿小圆斑至褐色枯斑，以后系统发病 豇豆：在子叶上接种 14~21d 后叶片上出现红色局部病斑 德伯尼烟：接种 10d 后接种叶片上出现红色局部病斑
PVA	汁液摩擦	直房丛生番茄：接种 10d 后接种叶片出现褐坏死斑，以后由下至上部叶片系统坏死 枸杞：接种 5~10d 后接种叶片出现不清晰局部病斑 马铃薯 A6：接种 3~5d 后接种叶片出现星状斑点 香料烟：接种初期微明脉
PAMV	汁液摩擦	千日红：接种后无症
（G 株系）	汁液摩擦	指尖椒：接种 10d 后接种叶片出现灰白色坏死斑，以后系统褐色坏死斑，心叶坏死严重 心叶烟：接种 15d 后系统明显白斑花叶症 洋酸浆：接种 15d 后出现系统黄白组织坏死或褐色坏死斑
PLRV	桃蚜	白花刺果曼陀罗：蚜虫接种后叶片明显失绿，呈脉间失绿症，叶片卷曲 洋酸浆：接种 20d 后，植株叶片卷曲，因病毒株系不同，其植株高度有明显差别
AMV	汁液摩擦	千日红：接种 7~10d 后叶片出现紫红环枯斑以后系统黄斑花叶症 洋酸浆：接种 15d 后系统黄斑花叶症 心叶烟：接种 7~10d 后，系统黄色斑驳，黄色组织变薄，呈轻皱状
TRV	汁液摩擦	千日红：接种 4~5d 后接种叶片出现红晕圈病斑，7d 呈红环枯斑，无系统症 白花刺果曼陀罗：接种后发病初期，后期呈褐色圆枯斑 心叶烟：接种 3~5d 后接种叶片出现褐圆枯斑 毛曼陀罗：接种 5~6d 后接种叶片出现褐环枯斑，以后茎上出现褐色坏死，甚至全株枯死
TMV	汁液摩擦	千日红：接种叶片发病初期失绿晕斑，后期呈红环枯斑无系统症状 心叶烟：接种叶片褐环小枯斑，无系统症 普通烟：接种叶片发病后干枯，后全株系统浓绿与淡绿相间皱缩花叶症

病毒名称	接种方式	在特定鉴别寄主上的症状
CMV	汁液摩擦	鲁特格尔斯番茄：接种 30d 后全株呈丝状叶片 毛曼陀罗：接种 30d 后系统叶片畸形，并呈浓绿疱斑花叶症
PSTVd	汁液摩擦	鲁特格尔斯番茄：成株在接种 20d 后，病株上部叶片变窄小而扭曲。番茄幼株接种后易矮化（27~30℃和强光 16h 以上条件下） 莨菪：接种 7~15d 后接种叶片出现褐坏死斑点（400lx 弱光下）

（二）电子显微技术

电子显微镜以电磁波为光源，利用短波电子流，因此分辨率达到 9.9×10^{-11} m（0.99Å），比光学显微镜要高 1 000 倍以上。但是电子束的穿透力低，样品厚度必须在 10~100nm 之间。所以电镜观察需要特殊的载网和支持膜，需要复杂的制样和切片过程。

1. 电镜负染法

电镜负染技术的原理是一些重金属离子能绕核蛋白体四周沉淀下来，形成一个黑暗的背景，而在核蛋白体内部不会沉积形成一个清晰的亮区，衬托出样品的形态和大小，因此人们习惯地称为负染色。通过此方法可以观察到病毒粒子形态。此方法的主要操作步骤是：把有支持膜的铜网直接放在新鲜组织叶片的浸渍液滴上孵育 5min，用滤纸吸干载网，放入 pH 值 7.0 的 2%磷钨酸染剂上漂浮 15min，干燥后即可放在电镜下观察病毒粒子形态。

负染色技术不仅快速简易，而且分辨率高，目前广泛应用于生物大分子、细菌、原生动物、亚细胞碎片、分离的细胞器、蛋白晶体的观察及免疫学和细胞化学的研究工作中，尤其是病毒的快速鉴定及其结构研究所必不可少的一项技术。

2. 超薄切片法（正染色技术）

将样品经固定、脱水、包埋、聚合和超薄切片和用染色剂染色，在电镜下观察。此方法是观察病毒在寄主细胞内分布以及细胞病变的主要方法。用来观察各种病毒引起的寄主细胞病变和内含体特征。

3. 免疫电镜法

免疫电镜技术是将免疫学和电镜技术结合，将免疫学中抗原抗体反应的特异性与电镜的高分辨能力和放大技术结合在一起，可以区别出形态相似的不同病毒。在超微结构和分子水平上研究病毒等病原物的形态、结构和性质。配合免疫金标记还可进行细胞内抗原的定位研究，从而将细胞亚显微结构与其功能、代谢、形态等各方面研究紧密结合起来。主要的操作步骤为：把有支持膜的铜网在病毒抗血清液滴上孵育 30min，用滤纸吸干后，放在新鲜组织叶片的浸渍液滴上孵育 30min，用 20 滴 0.01%磷酸缓冲液冲洗载网，吸干后，在 pH 值 7.0 的 2%磷钨酸染色剂上漂浮 15min，干燥后即可放在电镜下观察病毒粒子的形态。

朱光新等（1992）首次应用免疫电镜技术筛选出高纯度、高浓度的马铃薯毒源试管苗，为制作效价高、活性好的抗血清提供良好的抗原。论述了 PVX，TMV 和 PVY 3

种毒源在烟草寄主上繁殖时的拮抗关系，从而为马铃薯毒源繁殖和保存提供了科学依据。张仲凯等（1992）利用电镜负染色技术，对存在于寄主中的主要病原进行初步的分类和诊断。周淑芹等（1995）应用电镜技术鉴定试管保存的马铃薯毒源，经过多次切段繁殖，植株中病毒浓度和纯度的变化，为定期跟踪检测，明确病毒在试管内增殖、递减与植物体生长发育的关系，掌握试管植物体病毒含量的高峰期，根据高峰期的长短，确定毒源最佳的更新与利用时间提供了研究依据。朱光新等（2003）年又同时利用电子显微镜技术和血清学方法，对采自云南省马铃薯产区的2 000多份马铃薯病毒病样品及试管苗、微型薯样品进行了检测鉴定。检出了包括 PVX，PVY，PVM，PLRV 在内的 7 种马铃薯病毒。并利用电子显微技术和 TAS-ELISA 技术建立了脱病毒核心种苗的检测筛选技术体系。吴兴泉等（2005）为明确福建省马铃薯 S 病毒（PVS）的发生与分布情况，对福建省马铃薯主要种植区的 PVS 进行了鉴定和普查。在利用电镜技术和传统生物学方法鉴定的基础上，克隆了 PVS 外壳蛋白（*cp*）基因，依据 PVS 外壳蛋白氨基酸序列建立了 PVS 不同分离物的系统进化树。依据此序列，可准确鉴定 PVS，同时可分析不同分离物间的分子差异。

（三）酶联免疫吸附测定法检测（ELISA）

酶联免疫吸附测定（Enzyme Linked Immuno Sorbent Assay，ELISA）是一种免疫酶技术（图 3-1），它是 20 世纪 70 年代在荧光抗体和组织化学基础上发展起来的一种新的免疫测定方法。是在不影响酶活性和免疫球蛋白分子共价结合成酶标记抗体。酶标记抗体可直接或通过免疫桥与包被在固相支持物上待测定的抗原或抗体特异性的结合，再通过酶对底物作用产生有颜色或电子密度高的可溶性产物，借以显示出抗体的性质和数量。常用的支持物是聚苯乙烯塑料管或血凝滴定板。该方法利用了酶的放大作用，提高了免疫检测的灵敏度。优点是灵敏度高、特异性强，对人体基本无害，但价格昂贵，检测灵敏度在病毒量较少时会相对降低。

1977 年 Casper 首次用 ELISA 方法鉴定了 PLRV 病毒，后应用逐渐广泛。双抗夹心法（DAS-ELISA）在 ELISA 方法中应用最多，其又包括快速 DAS-ELISA 和常规 DAS-ELISA。后者操作程序依次为包被滴定板、样品制备和加样、加入酶标抗体、进行反应、读数。相对于常规 DAS-ELISA，快速 DAS-ELISA 在振摇状态下，缩短了抗体、抗原、酶标的孵育时间，操作更为简便，时间和材料更为节省，重复性好，结果可靠。仲乃琴（1998）曾用常规 DAS-ELISA 方法对 PVX、PVY 和 PLRV 进行了检测。刘卫平（1997）采用快速 DAS-ELISA 法对 PVX、PVY 进行了检测。白艳菊（2000）等改良了快速 DAS-ELISA 方法（图 3-1），在同一块板上几种酶同对应标记几种抗体，同时检测了 PVX、PVY、PVS、PVM 和 PLRV 5 种病毒，检测速度大大提高。常规 DAS-ELISA 方法的操作步骤如下。

1. 制样及点样

（1）取样 在无菌条件下，从瓶苗上剪下长 2cm 茎段，或可仅取植株中下部的叶片，放在研样袋内，在研样袋上将样品编好号，以便检测结果决定取舍。

（2）向研样袋内加样品缓冲液 加入液量依每个样品上样的孔数而定，例如每个样品准备上样一个样品孔时，可加入 0.4mL 样品缓冲液，研磨后可得到匀浆，转入离

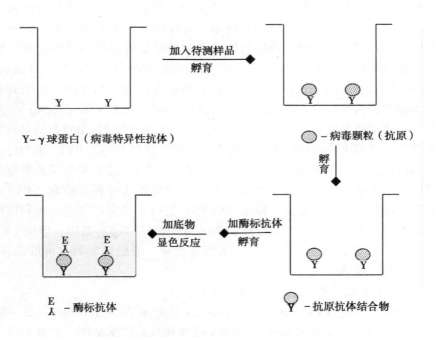

图 3-1 双抗体夹心法（DAS-ELISA）原理（张艳艳，2018）

心管内离心，取 200μL 上清液点样。

（3）向编好号的微量滴定板（已包被）的样品孔内，按样品编号、逐个加入提取的样品液 200μL，每一块微量滴定板上，可设两个阳性对照孔、两个阴性对照孔和两个空白对照孔。

2. 把加完样品的微量滴定板，在 37℃ 条件下孵育 2h，或在 4℃ 条件下过液，然后用自动洗板机洗涤酶联板 8 次。

3. 加酶标抗体

把酶标记抗体用样品缓冲液按 1：1 000 稀释，向每个样品孔中加入 200μL 稀释的酶标记抗体。将酶联板置于 37℃ 条件下孵育 2h，或在 4℃ 条件下过液。之后在自动洗板机上洗涤酶联板 8 次，以除掉未结合的酶标记抗体。

4. 加底物

将底物片加入配制好的底物缓冲液内溶解，之后将底物缓冲液加入酶联板的每个孔内，避光放置，等待显色反应。

5. 结果判定

（1）目测观察　显现颜色的深浅与病毒相对浓度呈正比。显现无色为阴性反应，记录为 "-"；显现黄色即为阳性反应，记录为 "+"，依颜色的逐渐加深记录为 "+" 和 "++"。

（2）用酶标仪测光密度值　样品孔的光密度值大于阴性对照孔光密度值的 2 倍、即判定为阳性反应（阴性对照孔的光密度值应≤0.1）。

（3）计算结果

$$I(\%) = \frac{m}{n} \times 100$$

式中：I 为马铃薯病毒检出率，%；m 为呈阳性反应样品数量；n 为实验室样品数量。

结果用两次重复的算术平均值表示，脱毒苗病毒检出率修约间隔为 1，并标明经舍进或未舍未进。

（四）往返双向聚丙烯酰胺凝胶电泳法（R-PAGE）检测类病毒（PSTVd）

目前，对马铃薯纺锤块茎类病毒（PSTVd）还没有治疗的方法，唯一的途径就是淘汰染病植株。因此，有效控制这种类病毒就需要一种快速、准确、灵敏、低价便于操作和判断并且对人无为害的检测方法。类病毒不具有外壳蛋白，不能用免疫学方法来检测它们，用指示植物检测，需要占用大面积温床，费力费时，而且灵敏度也不高。

20 世纪 80 年代初期，Morris（1977）建立了检测类病毒的聚丙烯酰胺凝胶电泳法，但灵敏度较低。之后，Schumacher（1978）和 Singh 利用类病毒核酸高温变性迁移率变慢这一特点，建立了反向聚丙烯酰胺凝胶电泳法，提高了鉴定类病毒的准确性。崔荣昌（1992）等用反向电泳法成功地检测了 PSTVd，与常规电泳法相比，反向电泳法进行两次电泳，第一向电泳由负极到正极，室温，非变性条件下电泳；第二向电泳是正极到负极，高温，变性条件下电泳。反向电泳法灵敏度和准确性都高于常规法。李学湛（2001）等对聚丙烯酰胺凝胶电泳技术进行了改进，不采取割胶的方式，只利用加热，同样取得了较好的效果。

往返双向聚丙烯酰胺凝胶电泳法（R-PAGE）的操作步骤如下。

1. 样品总核酸 RNA 的提取

取样品（脱毒苗、薯块的薯肉）0.5g 左右放入干燥的研钵中，加入液氮冷冻，再加入少许 SDS 粉（十二烷基磺酸钠）、皂土进行研磨。研碎后向小研钵中加入 1mL 核酸提取缓冲液，20μLβ-巯基乙醇，2mL 水饱和酚/氯仿（1∶1），研磨。

高速冷冻离心机 4℃、10 000r/min 离心 15min，用移液器将上层水相（样品粗提液）吸取 350μL 转移到另一清洁的离心管中，或冻存（-20℃）。

2. 核酸纯化

将上步获得的上清液的离心管去除，加 3 倍体积的冰乙醇（1mL），置于-20℃冰箱 1.5h 以上；用高速冷冻离心机 4℃、10 000r/min 离心 15min，弃上清，沉淀用 70%~75% 乙醇洗盐三次，弃掉洗液，沉淀真空干燥；加入 100μL 1×TAE 回融，放置冰箱内备用。

3. 电泳

（1）制备　5%聚丙烯酰胺，室温下凝固半个小时。

（2）上样　制备好的核酸试样在振荡器上混匀，用溴酚蓝和二甲苯蓝做示踪指示剂，上样量为 15μL/孔（总核酸），指示剂为 2μL/孔。

（3）预电泳　上样前，先将空白胶通电（电压 200V），预电泳 10~15min。

（4）正向电泳　电极缓冲液为 1×TBE，电压 200V，待二甲苯兰跑到距胶板底部 1cm 处停止电泳，将电泳槽中缓冲液倒掉。

（5）反向电泳（变性条件下进行）　电泳槽在 75℃的恒温箱中，放置 30min，再将预热75℃的1×TBE缓冲液加入槽内，变换电极进行电泳，电压200V，电泳电流为75mA，待指示剂接近点样孔时停止电泳。

（6）固定　把凝胶片放在置有400mL核酸固定液的培养皿中，轻轻振荡10min，固定0.5~1h，然后用50mL注射器吸净固定液。

（7）染色　向培养皿中加入400mL染色液，轻轻振荡10min，染色30~40min，然后吸出染色液（可重复使用）。

（8）洗板　用蒸馏水洗板3次，每次用水400mL，每次冲洗15s。

（9）显色　加入核酸显影液400mL，轻轻摇荡，直到核酸带显现清楚为止。

（10）增色　将胶板放在0.75%碳酸钠溶液中增色5min左右，吸掉增色液拍照。

4. 计算结果及判定

与阳性对照相同位置有谱带出现者为阳性。

$$马铃薯纺锤块茎类病毒（PSTVd）检出率（\%）=\frac{呈阳性反应样品数量}{实验室样品数量}\times100$$

结果用两次重复的算术平均值表示，修约间隔为1，并标明经舍进或未舍未进。阳性对照（PSTVd的RNA）泳道下方约1/4处应有拖后的黑色核酸带。

用全数值比较法，标准规定各级别种薯马铃薯纺锤块茎类病毒（PSTVd）允许率应为零，检出变大于零。或经舍弃为零者均不合格。

（五）聚合酶链式反应诊断技术（RT-PCR）

反转录-聚合酶链式反应（Reverse polymerase Chain Reaction，RT-PCR）的基本原理：以需要检测的病毒RNA为模板，反转录合成cDNA，使病毒核酸得以扩增，以便于检测。具体操作步骤如下：提取病毒RNA→设计合成引物→反转录合成cDNA→PCR扩增→用琼脂糖凝胶电泳对扩增产物进行检测。该方法不需要制备抗体，病毒量较ELISA方法也大大减少，仅需ELISA方法用量的1/1 000倍，灵敏度极高，国内外学者已用RT-PCR技术检测了马铃薯卷叶病毒、番茄斑萎病毒等主要病毒。

PCR与酶学、免疫学等相结合，产生了诸如免疫捕捉PCR技术、简并引物PCR技术、生物素引物模板PCR技术、多重PCR技术、PCR-ELISA定量分析技术、Real-time PCR技术等一系列改良的检测技术。可同时检测多种马铃薯病毒，且对纯化的RNA检测灵敏度大大提高，甚至可达到fg水平。

类病毒是没有外壳蛋白的裸露的闭合环状的RNA分子，RNA分子大小在246~399bp，马铃薯纺锤块茎类病毒（PSTVd）的序列在356~360bp之间。根据PSTVd序列设计特异性引物，进行扩增，扩增片段大小为359bp左右。采用反转录—聚合酶链式反应（reverse-transcription polymerase chain reaction，RT-PCR）方法检测马铃薯类病毒。其检测原理是，将类病毒的核酸RNA在反转录酶的作用下转录为cDNA，再以此cDNA为模板，在Taq DNA聚合酶的催化作用下进行PCR扩增，最后根据判断PCR产物中是否有目标特异性条带，从而达到鉴定类病毒的目的。主要操作步骤为如下。

1. 对照的设立

实验分别设立阳性对照、阴性对照和空白对照（即用等体积的DEPC水代替模板RNA做空白对照）。在检测过程中要同待测样品一同进行后续操作。

74

2. 样品制备

取马铃薯试管苗、块茎芽眼及周围组织或茎叶组织 0.05~0.1g，现用现取或 4℃ 条件下保存，最多存放 3d。

3. RNA 提取

用 RNA 提取试剂盒提取样品 RNA。

4. cDNA 的合成

在 200μL PCR 反应管中依次加入：引物 Pc（0.6μL），模板 RNA（1μL），dNTPs（1μL），无菌 ddH$_2$O（9.4μL），轻轻混匀，将该反应管在 65℃ 水中加热 5min，放在冰上 5min，低速离心（以 4 000r/min 离心 10s）。再加入：5×反转录反应缓冲液（4mL），0.1 M DTT（2μL）；2mol/L RNA 酶抑制剂（1μL）（40u/μL）。轻轻混匀，42℃ 孵育 2min，再加入 1μL 反转录酶（200u/μL），42℃ 孵育 50min，然后在 70℃ 下失活 15min。

5. 聚合酶链式反应（PCR）

将以上获得的产物 cDNA 进行 PCR 扩增。扩增程序：94℃ 2min，30 次扩增反应循环（94℃ 1min，55℃ 1min，72℃ 1min）；然后 72℃ 延伸 10min。

6. PCR 产物的电泳检测

将 100bp DNA 分子量标记取 10μL 点入第一孔，将 20μL PCR 产物与 20μL 加样缓冲液混合，注入到琼脂糖凝胶板的其他加样孔中。点好样后，盖上电泳仪，插好电极，在 5V/cm 电压条件下电泳 30~40min。电泳结束后，将胶板平放到凝胶成像系统内，扫描成像图片并保存。

7. 结果判定

RT-PCR 扩增产物大小应在 359bp 左右，用 100bp DNA 分子量标记比较判断 PCR 片段大小。如果检测结果的阴性样品和空白样品没有特异性条带，阳性样品有特异性条带时，则表明 RT-PCR 反应正确可靠。如果检测的阴性样品或空白样品出现特异性条带，或阳性样品没有特异性条带，说明在 RNA 样品制备或 RT-PCR 反应中的某个环节存在问题，需重新进行检测。待测样品在 359bp 有特异性条带，表明样品为阳性样品，含有马铃薯纺锤块茎类病毒（PSTVd）；若待测样品在 359bp 没有该特异性条带，表明该样品为阴性样品，不含有马铃薯纺锤块茎类病毒（PSTVd）。

三、脱毒苗繁殖

应用茎尖组织培养技术获得的、经检测确认不带马铃薯卷叶病毒（PLRV）、马铃薯 Y 病毒（PVY）、马铃薯 X 病毒（PVX）、马铃薯 S 病毒（PVS）、马铃薯 M 病毒（PVM）、马铃薯 A 病毒（PVA）等病毒和马铃薯纺锤块茎类病毒（PSTVd）的再生试管苗，即为脱毒苗。脱毒苗的繁殖包括基础苗繁殖和生产苗繁殖两个过程。脱毒苗培养应用的培养基为 MS 培养基（表 3-3）。

（一）基础苗繁殖

要求相对高温、弱光照、拉长节间距、降低木质化程度，以利于再次繁殖早出芽及快速生长，加快总体繁殖系数。适宜的培养温度为 25~27℃，光照强度 2 000~3 000lx，光照时间 10~14h，采用人工智能光照培养室培养。在每一代快繁中，切段底部（根部）的脱毒苗转入生产苗进行繁殖，其他各段仍作为基础苗再次扦插。

（二）生产苗繁殖

要求相对较低，强光照能使植株强壮、节间长、木质化程度高，这一结果利于移栽，成活率高。适宜的培养温度为 22~25℃，光照强度 3 000~4 000lx，光照时间 14~16h，在以自然光为主要光源的培养室内培养。20~25d 为一个周期，待试管苗长出第 5 片叶子时，株高大约 5cm 以上，即可打开瓶盖炼苗，进行下一步的移栽。

表 3-3　MS 培养基贮备液的配制　　　　　　　　　　　　（张艳艳，2018）

贮备液	成分	用量（mg/l）	每升培养基取用量（mL）
大量元素	硝酸铵（NH_4NO_3）	33 000	50
	硝酸钾（KNO_3）	38 000	
	磷酸二氢钾（KH_2PO_4）	3 400	
	硫酸镁（$MgSO_4 \cdot 7H_2O$）	7 400	
	氯化钙（$CaC_{l2} \cdot 2H_2O$）	8 800	
铁盐	硫酸亚铁（$FeSO_4 \cdot 7H_2O$）	5 570	5
	乙二胺四乙酸二钠（$Na_2 \cdot EDTA$）	7 450	
微量元素	碘化钾（KI）	166	5
	钼酸钠（$Na_2MoO_4 \cdot 2H_2O$）	50	
	硫酸铜（$CuSO_4 \cdot 5H_2O$）	5	
	氯化钴（$CoCl_2 \cdot 6H_2O$）	5	
	硫酸锰（$MnSO_4 \cdot 4H_2O$）	4 460	
	硫酸锌（$ZnSO_4 \cdot 7H_2O$）	1 720	
	硼酸（H_3BO_3）1 240		
有机物	盐酸硫胺素（VB_1）	20	5
	盐酸吡哆素（VB_6）	100	
	甘氨酸	400	
	烟酸	100	
	肌醇	20 000	
糖	蔗糖	30 000	
	琼脂	7	

注：在配制大量元素贮备液时，最后加氯化钙；在配制铁盐贮备液时，分别溶解 $FeSO_4 \cdot 7H_2O$ 和 $Na_2 \cdot EDTA$ 在各自的 450mL 蒸馏水中，适当加热并不停搅拌。然后将两种溶液混合在一起，pH 值到 5.5，最后加蒸馏水定容到 1 000mL。培养基 pH 值 5.8

第二节　脱毒种薯生产

一、脱毒种薯等级

脱毒种薯指从繁殖脱毒苗开始，经逐代繁殖增加种薯数量的种薯生产体系生产出来的符合质量标准的各级种薯。根据《马铃薯种薯》（GB 18133—2012）划分，马铃薯脱毒种薯分为四级：原原种、原种、一级种和二级种。

（一）原原种（G1）

利用组培苗在防虫网室和温室条件下生产出来的，不带马铃薯病毒、类病毒及其他马铃薯病虫害的，具有所选品种（品系）典型特征特性的种薯。一般情况下所生产的种薯较小，重量在10g以下，所以通常称之为微型薯，或称之为脱毒微型薯。

根据国标，脱毒原原种属于基础种薯，是用脱毒苗在容器内生产的微型薯（Microtuber）和在防虫网、温室条件下生产的符合质量标准的种薯或小薯（Minituber）。因此它们是不带任何病害的种薯，而且它们的纯度应当是100%。只有发现带任一病害的块茎或有一块杂薯均可认为是不合格。

微型薯生产是将无土栽培技术、植物组织培养技术、雾培技术和扦插快繁技术相结合，大规模、高标准生产马铃薯脱毒种薯的新技术。由于微型薯体积小，重量轻，便于运输，解决了马铃薯调种运输难的问题。因此，微型薯生产发展很快，已成为中国脱毒种薯生产的主要措施之一。目前，中国从事马铃薯脱毒种薯生产与销售的单位和企业200多家，其中年产千万粒微型薯或繁育种薯万亩以上的企业30多家，微型薯产能40亿粒，每年实际生产23亿粒左右；脱毒种薯普及率30%左右。陕西省现有从事马铃薯微型薯生产的企业与单位12家，每年生产微型薯1亿粒左右，脱毒种薯普及率25%~30%，榆林市脱毒种薯普及率最高，约为37%。其中陕西大地种业有限公司年生产微型薯3 000万粒，脱毒原种4 000~5 000t，为国家级农业产业化重点龙头企业。

（二）原种（G2）

用原原种作种薯，在良好的隔离环境中生产的，经质量检测不带检疫性病虫害，非检疫性限定有害生物和其他检测项目应符合表3-4、表3-5、表3-6的最低要求，用于生产一级种的种薯。

表 3-4　各级别种薯田间检查植株质量要求　　　　　　　　　　　（白艳菊等，2012）

项目	允许率[a]（%）			
	原原种	原种	一级种	二级种
混杂	0	1.0	5.0	5.0

（续表）

项目		允许率[a]（%）			
		原原种	原种	一级种	二级种
病毒	重花叶	0	0.5	2.0	5.0
	卷叶	0	0.2	2.0	5.0
	总病毒病[b]	0	1.0	5.0	10.0
青枯病		0	0	0.5	1.0
黑胫病		0	0.1	0.5	1.0

注：a 表示所检测项目阳性样品占检测样品总数的百分比；b 表示所有有病毒症状的植株

表 3-5　各级别种薯收获后检测质量要求　　　　　（白艳菊等，2012）

项目	允许率（%）			
	原原种	原种	一级种	二级种
总病毒病（PVY 和 PLRV）	0	1.0	5.0	10.0
青枯病	0	0	0.5	1.0

表 3-6　各级别种薯库房检查块茎质量要求　　　　　（白艳菊等，2012）

项目	允许率（个/100 个）	允许率（个/50kg）		
	原原种	原种	一级种	二级种
混杂	0	3	10	10
湿腐病	0	2	4	4
软腐病	0	1	2	2
晚疫病	0	2	3	3
干腐病	0	3	5	5
普通疮痂病[a]	2	10	20	25
黑痣病[a]	0	10	20	25
马铃薯块茎蛾	0	0	0	0
外部缺陷	1	5	10	15

注：a 病斑面积不超过块茎表面积的 1/5；b 允许率按重量百分比计算

（三）一级种（G3）

在相对隔离环境中，用原种作种薯生产的，经质量检测不带检疫性病虫害，非检疫性限定有害生物和其他检测项目应符合表 3-4、表 3-5、表 3-6 最低要求的，用于生产二级种的种薯。

（四）二级种（G4）

在相对隔离环境中，由一级种作种薯生产的，经质量检测不带检疫性病虫害，非检疫性限定有害生物和其他检测项目应符合表3-4、表3-5、表3-6最低要求的，用于生产商品薯的种薯。

（五）种薯批

来源相同、同一地块、同一品种、同一级别以及同一时期收获、质量基本一致的马铃薯植株或块茎作为一批。

二、脱毒种薯批量生产

（一）脱毒试管苗生产

1. 材料选择

母体材料应当根据脱毒材料的品种典型性进行选择，这关系到脱毒以后的脱毒苗是否保持原品种的特征特性；同时应选感病轻、带毒量少的健康植株作为脱毒的外植体材料，这样更容易获得脱毒株。若条件允许，选材应该进行大田选株，在植株生长期间在土壤肥力中等的地块，于现蕾至开花期，选择生长势强、无病症表现，具备原品种典型性状植株，做好标记；生育后期提前收获所标记植株的块茎。待获得块茎发芽后，取其芽通过表面消毒的方法转入到试管里，得到第一批茎尖组培苗。每个茎尖放入一个试管，成苗后，不断扩繁，每个茎尖为一个株系，单独扩繁。利用ELISA或指示植物鉴定等病毒检测方法，按株系进行病毒检测，并利用PAGE、NASH等方法进行复检，筛选出无PLRV、PVY、PVX、PVS、PVM、PVA和PSTVd的株系。所得到的组培苗，就是符合需要的脱毒组培苗。利用组织培养技术，很快可以得到进行原原种生产所需的苗数。若供试材料只有若干薯块，应当至少进行类病毒的检测，在排除了类病毒侵染的前提下对薯块进行催芽剥离。

2. 设计适宜的培养基

（1）培养基配制　基本培养基有许多种，其中MS培养基适合于多数双子叶植物，B_5培养基和N_6培养基适合于多数单子叶植物，White培养基适合于根的培养。设计特定植物的培养基首先应当选择适宜的基本培养基再根据实际情况对其中某些成分做小范围调整。MS培养基的适用范围较广，一般的植物的培养均能获得成功。针对不同植物种类、外植体类型和培养目标，需要确定生长调节剂的浓度和配比。确定方法是用不同种类的激素进行浓度和比例的配合实验。在比较好组合基础上进行微调整，从而设计出新的配方，经此反复摸索，选出一种最适宜培养基或较适宜培养基。

（2）器皿及培养基消毒　装培养基的器皿置于高压蒸汽灭菌锅121℃高压灭菌20min。做好的培养基分装到瓶子或者试管里面，拧紧盖子或塞好塞子，整齐码放在灭菌锅内，压力1.1kg/cm²、121℃高压灭菌20min，冷却后在无菌贮存室放置3~5d，无污染的培养基即可放到超净工作台上备用。放之前须用75%酒精擦拭瓶子的外表面。

3. 环境消毒及外植体材料准备

（1）环境消毒　组培室用甲醛溶液熏蒸后，用紫外线灯照射40min。工作人员用硫黄皂洗手，75%酒精擦拭消毒，操作用具置烘箱180℃消毒。

（2）催芽处理　块茎可通过自然方法萌芽或人工催芽（用1%硫脲+5mg/L赤霉素溶液均匀喷湿，结合适宜的温度打破休眠）。若时间条件充足，建议自然萌芽以获取健壮、容易操作的芽子。赤霉素催芽易获得细弱的芽，操作过程中难度大且容易折掉。

（3）病毒钝化　将马铃薯薯块在温度37℃，光照强度2 000lx，12h/d条件下处理28d后制取脱毒材料，用紫外线照射脱毒材料10min，或在培养基中加入病毒唑，使病毒失活钝化。

（4）材料消毒　待芽萌发至2~3cm时，选取粗壮的芽，用解剖刀切下，剥去外叶，自来水下冲洗40~60min，之后用75%酒精均匀喷湿静置10min后用无菌水冲洗一遍，再用体积比6%的次氯酸钠溶液浸泡10min，无菌水冲洗3~4次。再用无菌滤纸吸干水分备用。

4. 剥离茎尖和接种

茎尖剥离的整个过程都需要无菌操作，在超净工作台上进行。将消毒过的马铃薯芽放在40倍体视显微镜下，一手持镊子将其固定，另一手用解剖针将叶片一层一层剥掉，露出小丘样的顶端分生组织，之后用解剖针将顶端分生组织切下来，为了提高成活率，可带1~2个叶原基，接种到培养基上。用酒精灯烤干容器口和盖子并拧紧盖子，在瓶身上标明品种名称、接种序号、接种时间等信息。

剥茎尖时必须防止因超净台的气流和解剖镜上碘钨灯散发的热而使茎尖失水干枯，因而操作过程要快速，以减少茎尖在空气中暴露的时间。超净工作台上采用冷源灯（荧光灯）或玻璃纤维灯更好。在垫有无菌湿滤纸的培养皿内操作也可减少茎尖变干。解剖针使用前后必须蘸75%酒精，并在酒精灯外焰上灼烧，或者直接插入灭菌器内消毒10min，冷却后即可使用。

5. 茎尖培养

将接种外植体后的培养瓶置于20~25℃、光照强度2 000~2 500lx，每天光照16h，相对湿度70%的条件下培养。待茎尖长成明显的小茎、叶原基形成明显的小叶片时，转移到MS培养基中培养。大约90d后能长成完整植株。经笔者试验，不同的品种茎尖生长速度和成苗速度极为不同，如克新1号、荷兰15号和陕北红洋芋等品种茎尖接种后20d就可见小叶片展出，而夏波蒂和大多数彩色薯的茎尖成活率就偏低，即便成活了的茎尖长势也比较弱，相应的成苗率也就很低。

除了品种差别的因素外，在茎尖培养过程中往往出现茎尖生长缓慢，茎尖黄化、水渍化甚至死亡等现象，其产生原因主要与剥离茎尖的大小，切割位置，接种的角度和培养基中生长调节剂的配比，温度、光照等有关。需要具体摸索以避免死亡。

6. 试管苗生根与扩繁

待茎尖长至1~2cm高的无根苗时应及时转入生根培养基，生长10~30d生根。转接不及时容易造成无根苗营养供给不足而死亡。生根后的脱毒苗扩繁至足够的数量就可进行病毒和类病毒的检测，合格的苗就可移栽入网室内观察品种表现型与原供体品种是否一致。如若一致就可作为脱毒核心苗投入生产使用。

（二）脱毒原原种生产

原原种是生产其他级别种薯的基础种薯，生产中要求极为严格。马铃薯原原种的生产主要有4种方法。一是土栽培，将马铃薯植株种植在土壤中；二是雾培法，将营养液压缩成气雾状直接喷到作物的根系上，根系悬挂于容器的空间内部；三是试管法，利用试管生产微型薯，通过改变培养基的配方，诱导试管苗结出气生块茎；四是无土基质栽培，普遍采用草炭、蛭石、沙子为基质。目前，生产上采用最普遍的为无土基质栽培，下面将重点以无土基质栽培法为例，介绍马铃薯原原种的生产方法。

1. 无土基质栽培生产原原种

（1）炼苗 脱毒组培苗在室内转接后2~3周（苗高约5~10cm），可以从室内培养架取出放置在防虫温室或温室里，打开或半打开瓶（或管）口放置2~3d炼苗，炼苗温度20~25℃，相对湿度80%，之后从培养瓶（或试管）中取出移栽于育苗盘内或其他基质里，密度3cm×5cm，在温室内20℃左右条件下培育壮苗。

（2）隔离网室的建立

环境条件：选择四周无高大建筑物，水源、电源、交通便利，通风透光的地方建网室。周围2km内不能有马铃薯，其他茄科、十字花科作物和桃树。

建设要求：隔离网室用热镀锌钢管作支撑，高3~3.5m，宽6~10m。网室内地表及网室四周2m内，应建成水泥地面，网室周围10m范围内不能有其他可能成为马铃薯病虫害侵染源或可能成为蚜虫寄主的植物。严防网室内地表积水和网室外水流入。用于隔离的网纱孔径要达到60~80目。

（3）移栽前准备

基质：温室下覆聚乙烯薄膜，均匀喷洒高锰酸钾溶液。生产原原种以蛭石作为主要基质，铺基质前，先用甲拌磷（2 400 g/亩）、硫酸钾（20kg/亩）、磷酸二铵（30kg/亩）与基质充分混匀，移栽前一天，使基质充分吸水浸透。每茬薯收后基质必须严格蒸煮消毒，可以反复使用3~4年。为了严格控制土传病害发生，生产中基质一般每年一换。

消毒：工作人员进出棚必须更换鞋和工作服，并用硫黄皂净手。扦插工具每次使用前均应蒸煮消毒，不能蒸煮的用硫黄皂认真清洗后用75%酒精浸泡消毒。

掏苗：将经炼苗的脱毒试管苗用镊子轻轻取出，洗净根部残留的培养基，根部蘸取生根粉溶液，供移栽用。

（4）移栽 按株行距6cm×7cm栽入基质2~2.5cm深，栽后小水细喷，保持基质湿润。若当天气温较低，可在苗床加盖薄膜，以保温保水，提高成活率，7d揭去薄膜。初移栽的苗子拱棚外罩一层遮阳网，以防强光照使弱苗干枯失水，待苗缓过来可直立时撤去遮阳网。

（5）管理 ①拱棚盖膜：脱毒苗移栽好后，轻细均匀喷水，使基质充分饱和吸水。初期小拱棚内相对湿度保持在95%~100%，蛭石基质持水量达到饱和；移栽苗生长前期创造19~22℃的茎叶生长适温；生育后期调低温度至15~18℃，并设法扩大昼夜温差。②施肥：从小苗生根成活（插后7~10d）及时撤拱棚和遮阳网，根据苗情喷施0.2%~0.3%N：P：K=2：1：3的营养液4~6次（出拱棚后喷第一次肥浓度应减半，每 7~10d 喷一次）。③浇水：勤浇、细浇、少浇，保持基质湿润，持水量 50%~60%，收前 7~10d 停止浇水。④病虫害防治：定植 30d 后防治晚疫病，每隔 7d 喷施代森锰锌、甲基异硫磷、农用链霉素等药剂。⑤后期管理：当苗子生长 2 个月后，微型薯可长到 2~5g，这时就可以进行收获了。为保证收获的微型薯不易受到机械损失和便于长期存放，收获前逐渐减少水分和养分的供应，使植株逐渐枯黄至死亡后再收获。

（6）原原种收获　早熟品种在插后 60~65d，中熟品种 65~70d，晚熟品种在插后 75~80d 即可收获。收获时避免机械损伤和品种混杂。收后摊晾 4~7d，剔除烂薯、病薯，伤薯及杂物。

（7）原原种分级　原原种质量应符合国家标准《马铃薯种薯》（GB 18133—2012）的相关规定，马铃薯原原种应符合下列基本条件：

——同一品种；

——无主要病毒病（PVX、PVY、PVS、PVM、PVA、PLRV）；

——无纺锤块茎类病毒病（PSTVd）；

——无环腐病（*Clavibacter michiganensis* subspecies *sepedonicus*）；

——无青枯病（*Ralstonia solanacearum*）；

——无软腐病（*Erwinia carotovora* subspecies *atroseptica*，*Erwinia carotovora* subspecies *carotovora*，*Erwinia chrysanthemi*）；

——无晚疫病（*Phytophthora infestans*）；

——无干腐病（*Fusarium*）；

——无湿腐病（*Pythium ultimum*）；

——无品种混杂；

——无冻伤；

——无异常外来水分。按种薯个体重量大小依次分为 1g 以下、2~4 g、5~9g、10g 以上 4 个规格分级包装，拴挂标签，注明品种名称，薯粒规格，数量。

在符合基本要求的前提下，原原种分为特等、一等和二等，各相应等级符合下列规定。

特等：无疮痂病（*Streptomyces scabies*）和外部缺陷。

一等：疮痂病 ≤1.0%，外部缺陷 ≤0.5%，圆形、近圆形原原种横向直径超过 30mm 或小于 12.5mm 的，以及长圆形原原种横向直径超过 25mm 或小于 10mm 的 ≤1.0%。

二等：1.0<疮痂病 ≤2.0，0.5<外部缺陷 ≤1.0，圆形、近圆形原原种横向直径超过 30mm 或小于 12.5mm 的，以及长圆形原原种横向直径超过 25mm 或小于 10mm 的 ≤2.0%。

不合格：达不到以上基本要求中任一项，或疮痂病 ≥2.0%，或外部缺陷 ≥1.0%，或圆形、近圆形原原种横向直径超过 30mm 或小于 12.5mm 的，以及长圆形原原种横向直径超过 25mm 或小于 10mm 的 ≥3.0%。

（8）包装　原原种包装之前应该过筛分级，按照原原种的不同级别分类进行包装。原原种规格分为一级、二级、三级、四级、五级、六级、七级。圆形、近圆形原原种的规格要求（表3-7），长形原原种的规格要求（表3-8）。

表3-7　圆形、近圆形原原种的规格要求　　　　　　　　　　（高艳玲等，2012）

级别	大小（单位 mm）						
	一级	二级	三级	四级	五级	六级	七级
横向直径	≥30	≥25 <30	≥20 <25	≥17.5 <20	≥15 <17.5	≥12.5 <15	<12.5

表3-8　长形原原种的规格要求　　　　　　　　　　　　　（高艳玲等，2012）

级别	大小（单位 mm）						
	一级	二级	三级	四级	五级	六级	七级
横向直径	≥25	≥20 <25	≥17.5 <20	≥15 <17.5	≥12.5 <15	≥10 <12.5	<10

包装采用尼龙网袋包装，每袋2 000粒左右，按等级和收获期分品种装袋，作好标记，双标签，袋内袋外各一。

（9）贮藏　①贮藏方式：新收获的微型薯水分含量较高，需要在木框或塑料框内放置数天，减少部分水分，使表皮老化或使小的伤口自然愈合，此过程中应避免阳光直晒。收获后在通风干燥的种子库预贮15~20d后入窖。入窖后按品种、规格摆放。②贮藏条件：低温贮存5~8℃。相对湿度80%~90%。③贮藏（包装）量：晾干后的微型薯要按大小进行分级，例如小于1g、2~4g、5~9g、10g以上的，每种大小的微型薯分别装入尼龙纱袋中，每袋注明数量、大小规格、生产地点、收获时间等。装袋不超过网袋体积的2/3，平堆厚度为30cm左右。

（10）原原种质量控制　原原种是从脱毒试管苗的隔离栽培收获而来的，所以对试管苗的质量控制是对原原种源头上的质量保证。原原种的质量控制应包括试管苗生产质量控制，原原种生产过程中检测，收获后检测及出库前检测。

试管苗生产质量控制：一是生产条件检验：生产试管苗的硬件设施应当具备单独及相互隔离的配药室、灭菌室、接种室及培养室。配药室要通风干燥，灭菌室要保持地面洁净，不可堆放污染物品。培养室和接种室定期用消毒剂熏蒸、紫外灯照射；污染的组培材料不能随便就地清洗；定期清洗或更换超净台滤器，并进行带菌试验；地面、墙面、工作台要及时灭菌；保持培养室清洁，控制人员频繁出入培养室。二是培养期间检验：接种后的瓶苗若用作基础苗，须100%检测病害。种苗是生产原原种之前的最后一关，扩繁的数量很大，无法进行全部检测，所以为防止试管苗在接种过程中退化，感染病害，须定期抽取合适比例的样品进行检测，使其反映所生产种苗的基本质量状态。在检测参数选择上，由于核心苗和基础苗对病害已经进行了严格的检测，种苗繁育环节，可仅进行3种对马铃薯影响特别大的病毒，即PVX，PVY，PLRV。同时，为防止种苗在扩繁过程中品种特性的丢失和减弱，在生产过程中发现任一生物学特性为非病害、水肥和气候等原因表现异常，需进行品种纯度和真实性的分子生物学检测。

脱毒原原种生产过程中的质量控制：一是生产条件检验：用于原原种生产的网室和温室必须棚架结实。网纱、玻璃或塑料覆盖物必须完整无缺，入口必须设立缓冲门。网室和温室内的基质必须是不带病虫害的新基质，或经过严格消毒处理的旧基质。网室和温室周围一定范围内（例如10m以内）不能有其他可能成为马铃薯病虫害侵染源或可能成为蚜虫寄主的植物。生产过程中，无关人员一律不得入内。二是生产期间田间检验：原原种生产期间将进行2~3次田间检验。检测原原种的田间检验，10 000株以下随机取样2%，10 000株~100 000株1%，100 000株以上0.5%，按（表3-9）取样方法设点。检测时不得用手直接接触植株。在目测难以准确判断时，可采样进行室内检验（依据NY/T 212—2006农业行业标准）。

表3-9　原原种不同繁种田面积的检验点数和检验植株数　　　　（尹江等，2006）

面积（hm²）	检验点数和每点抽取植株数
≤0.1	随机抽样检验2个点，每点100株
0.11~1	随机抽样检验5个点，每点100株
1.1~5	随机抽样检验10个点，每点100株
≥5	随机抽样检验10个点，每点100株，超出5hm²的面积，划出另一个检验区，按本标准规定的不同面积的检验点，抽取株数进行检验

收获后检验：原原种收获后，按品种、大小分别包装在网纱袋中，保存在不受病虫害再次侵染的贮藏库中。每袋必须装有生产者收获时的标签，注明品种名、收获时间和粒数。合格的微型薯应当不破损、不带各种真菌、细菌、不带影响产量的主要病毒和类病毒。最好能取一定数量的微型薯，进行催芽处理，待芽长到2cm左右时，进行病毒和类病毒的检测，确保生产的脱毒原原种不带病毒和类病毒。

库房检测：原原种出库前应进行库房检测，根据每批次数量确定扦样点数（表3-10），随机扦样，每点取块茎500粒，依据GB 18133—2012《马铃薯种薯》。

表3-10　原原种块茎扦样量　　　　（白艳菊等，2012）

每批次总产量（万粒）	块茎取样点数（个）	检验样品量（粒）
≤50	5	2 500
>50，≤500	5~20（每增加30万粒增加1个检测点）	2 500~10 000
>500	20（每增加100万粒增加2个检测点）	>10 000

质量认证及溯源：要实现中国种薯的标准化、规范化生产，提高产品质量，就要建立质量认证体系建立质量合格认证试点，辐射带动认证体系的发展。同时要对上市的产品在包装上进行要求，推行产品分级包装上市，种薯包装内必须有质量认证标签，要标明产地和生产单位，建立产品质量追溯制度和体系。此外，对种薯生产单位建立产品"商标"授予工作。对上市的脱毒种薯在生产基地和市场上，要进行严格的检验，检验合格方可投入市场。

2. 土栽培生产原原种

对于易感病毒、退化较快，且商品性要求较高的专用加工品种，如夏波蒂、布尔班克和大西洋等品种，生产上为了加快脱毒种薯繁育速度，采用土栽法（大田移栽法）生产原原种直接用于商品薯生产，可以在短时期内大量生产出高质量、高级别的脱毒种薯。吴艳莉等（2007）、方玉川等（2009）以榆林市为例，对这项技术进行了详细介绍。

（1）假植试管苗　4月下旬至5月上旬，防治地下害虫后，将合格脱毒试管苗利用营养钵假植在防虫网棚内，浇足水后盖上小膜保护，网棚外加盖农膜和遮阳网，将温度严格控制在15~25℃。3d后放风，7~10d后撤去小膜，并根据苗长势，结合浇水进行叶面追肥。生长20d后开始炼苗，苗龄25~30d时移栽。

（2）试管苗移栽　平整大田土地，深耕20cm以上，施足底肥，亩施农家肥2 000kg，马铃薯专用肥（N-P-K-S=11-19-16-2）50kg，用辛硫磷防治地下害虫后待用。将营养钵中的马铃薯幼苗运到大田，按照85cm×18cm的株行距，连营养纸钵一起移栽进大田中。为确保脱毒苗成活，随即浇水，灌溉采用大型指针式喷灌。

（3）大田管理　当苗高13~15cm时中耕培土一次，15~20d后进行第二次培土，两次培土使垄高达到25cm以上。整个生长期间不能缺水。肥料结合喷灌通过叶面追肥施入大田，亩追施马铃薯专用肥（N-P-K=20-0-24）50kg、硫酸锰和硫酸锌各5kg、硫酸钾20kg，根据长势情况分批施入。7月中旬开始打药防治晚疫病、蚜虫等病虫害，每7d防治一次，杀菌剂可用大生、抑快净、阿米西达、易保、科佳、福帅得等药剂，杀虫可用阿克泰、康福多、功夫等药剂交叉使用。

（4）及时收获　有土栽培生产的原原种，由于株行距类似原种繁育，所以植株长势较旺，薯块一般150~250g。9月下旬提前杀秧，收获同原种繁育，随即包装入库。

3. 雾培生产原原种

雾培法又称气培或雾气培，对脱毒组培苗根部定期进行喷雾来生产微型薯。雾培栽培形式多样，成本低，产量高，其应用范围很广，易于管理，是一种新技术和前沿技术。据郝智勇（2017）介绍，雾培法生产微型薯不受气候条件和资源条件的限制，可以人为调节和控制马铃薯生长发育过程中的各种条件，缩短生产周期，提高收益。

（1）育苗　为使组培苗生长得更壮，更好地适应喷雾环境，在定植前要对组培苗进行"假植"，地点可选在温室中进行。先将组培苗从培养室取出放在常温下炼苗2~5d后，打开瓶口在空气中晾1d，洗净培养基将组培苗按株行距3cm×5cm，移栽到拌有珍珠岩、蛭石或沙子的营养土上。要求温度15~25℃，空气湿度70%~80%，日照时间15~20h，有利于组培苗发根，生长5~7周后，再移栽到苗床上。育苗期间的适宜温度为白天20~30℃，夜间13~18℃。根据具体情况，温度变幅可控制在白天20~32℃，夜间10~15℃，对幼苗生产无明显不良影响。

（2）定植及管理　定植时期一般选择阴天或晴天15时后进行。先向棚内喷水，使空气湿度达到饱和状态。将组培苗从营养土中起出，根部放在水中漂洗干净后，移至苗床板上，株行距均为20cm。移栽时注意根和茎不能折断。定植一周内要用遮阳网进行遮光，室内温度保持18~22℃，湿度保持70%~80%，提高组培苗的成活率。温湿度及光照管理营养生长阶段温度保持在 20~23℃，生殖生长阶段白天温度为 23~24℃，夜间温度为 10~14℃，结薯期间温度不能过高，温度高于 25℃，结薯小，且变形。湿度保持 70%~80%。光照时间不少于 13h，如果低于 13h，则需要用日光灯补充。由于组培苗是在良好的营养环境条件下生长的，又有适合的温湿度和光照条件，所以生长快，容易发生徒长。因此，当苗长到 50cm 时，要给苗做支架，使其直立，以防倒伏。生长室内的温湿度很适应一些病虫害的发生，定期喷施防治病虫害的药剂，以防病虫害的发生和蔓延。

（3）配制雾培营养液 雾培法生产马铃薯原原种需要适时适量的喷施营养液，因此营养液配方会对其生长发育产生影响。韩忠才等（2014）改变了 MS 培养基中大量元素的比例，对雾培生产马铃薯营养液进行了筛选，结果表明，配方 Ca（NO$_3$）2·4H$_2$O 718mg/L、NH$_4$NO$_3$ 296mg/L、KNO$_3$ 455mg/L、KH$_2$PO$_4$ 254mg/L、K$_2$SO$_4$ 257mg/L、MgSO$_4$·7H$_2$O 554mg/L 是最适合的营养液，匍匐茎数量多，结薯 45 粒/株，>6g 的微型薯比例高达 82.2%。孙海宏（2008）研究认为中早熟的马铃薯品种最适合的营养液是 3/4MS，产量最高，为 31.5~53.1 粒/株，烂薯率最低；晚熟品种宜采用 MS 营养液，产量可达 52.1 粒/株。王素梅等（2003）以 MS 培养基作为对照，对营养液配方进行了筛选，各营养液中微量元素含量与对照相同，最终研究表明，氮磷钾最适宜的比例为 2：1：3，磷、钾最适宜的含量分别为 373.9mg/L 和 1 238.7mg/L，钙最适宜的含量控制在 110.0~150.0mg/L。此配方对马铃薯根系生长最有利，块茎膨大速度快，产量高。

（4）采收与贮藏 雾培马铃薯采收要分次进行，每 7 天收 1 次，4~5g 的微型薯便符合采收标准。采收时动作要轻，不要拉断匍匐茎，影响下次采收。此方法采收的微型薯大小基本一致，商品性好，最高产量可达 50 粒/株以上。雾培法生产的微型薯含水量比较高，需要保存在合适的温湿度条件下，2~4℃、湿度为 80% 的冷库中最为合适，可以防止其皱缩或腐烂。

4. 试管薯生产原原种

试管薯通常直径 2~10mm，单粒重约为 200mg。试管薯具有试管苗的所有优点，而且体积小、重量轻，贮藏、运输方便，容易栽培管理，成活率高；但生产周期较长，限制因素多，无法规模化生产，一般只用于专项研究。张健（2012）、罗彩虹、孙伟势等（2014）对试管薯生产技术及利用试管薯生产原原种技术进行了阐述。

（1）试管薯母株培养 将健壮的基础苗剪去顶芽和基部（带 4~6 个节或叶片），用 MS 液体培养基，用浅层静止培养的方法培养母株，每瓶放 5~6 个茎段，3~4 周后每个茎段发育成一株具有 5~7 个节的健壮苗。培养室温度以白天 23~25℃，夜间 16~20℃ 为宜，光照时间 16h，光照 4 000lx 以上。培养瓶要选用透气性好的封口物，以利于气体交换，促进壮苗的形成，一般需要 20~25d。

（2）试管薯诱导 在无菌条件下，将原来的培养基倒掉，加入诱导结薯培养基，在光照下 16h 条件下培养 2d 以促进匍匐茎的形成，然后转入 20℃ 黑暗培养，3~4d 后便可以产生试管薯，40~45d 试管薯发育到 5mm 左右便可以收获。诱导结薯培养基为 MS 液体+BA5mg/L+CCC500mg/L+白糖 80g/L，pH 值为 5.8。

（3）试管薯收获贮藏 试管薯收获后要用清水多次冲洗，用滤纸吸去表面的水分，要于阴凉处阴干后再贮藏于透气的保鲜盒或保鲜袋中，置于冰箱4℃保存。

（4）试管薯播前准备及播种　播前要准备好温网室和基质，具体做法参考无土基质栽培生产原原种技术。试管薯播前要催芽，具体做法：将经过休眠期的试管薯置于26℃的温室，黑暗处理15d发芽。新收获的试管薯要用赤霉素浸泡处理，打破休眠期。播种时开2~3cm深的小沟，将催芽后的试管薯播入，株行距4cm×6cm，覆盖蛭石浇足水后盖上薄膜，隔2~3d浇一次水。

（5）田间管理及收获、分级、贮藏　试管薯播后7d开始出苗，逐渐去掉薄膜，加强管理。其具体管理技术以及微型薯的收获、分级、贮藏可参考无土基质栽培生产原原种技术。

（三）脱毒原种繁殖

1. 原种生产田的选择

原种田应选择肥力较好、土壤松软，给排水良好的地块，土壤pH值≤8.5。平均海拔1 200m以上，具有良好的自然隔离条件，要求3年以上没有种植过茄科农作物，1~2年没有种植过十字花科和块茎、块根类作物。

陕西省陕北地区属温带干旱半干旱大陆性季风气候，光照充足，昼夜温差大，气候干燥，雨热同季，四季分明，农业生产主要限制因素是干旱，其南部延安地区和榆林南部6县区平均海拔不足1 000m，夏季高温持续时间较长，农业灌溉条件差，不适宜原种繁殖；而北部6县区长城以北地区，地势平坦、地下水位高，适宜农业机械化生产，尤其榆阳、定边、靖边3县（区），平均海拔1 000~1 200m，气候冷凉、昼夜温差大，井灌农业发达，是陕西省最适宜脱毒种薯繁育的地区。陕南地区属亚热带大陆性季风气候，一年四季分明，雨量充沛，气体湿润，无霜期长，马铃薯生育期间病害发生严重，原则上不适宜繁育种薯，但海拔1 200m以上高山地区，通过适当晚播，也可繁育种薯，如安康市的平利、镇坪、岚皋、紫阳，汉中市的镇巴、宁强、略阳等县（区）。

2. 脱毒原种生产的种薯来源

脱毒原原种（微型薯）是生产脱毒原种的种薯来源。脱毒原原种可以是自己生产的，也可以是从其他生产单位购买的。但无论原原种的来源如何，都应当注意以下几个方面的问题。

（1）纯度　用于原种生产的原原种（微型薯），其纯度应当为100%，即不应当有任何混杂。由于微型薯块茎较小，一些品种间的微型薯差别很难判断。如果从其他生产单位购买原原种，一定要有质量保证的合同书。

（2）大小　一般说来，只要微型薯的大小在1g左右就能用于原种生产。即使这样，播种前也应当将微型薯的大小进行分级。因为大小差别较大的微型薯播种在一起，由于大微型薯的生长势较强，很可能会造成小微型薯出苗不好或长势较差。此外，大小分级后，还便于播种。因为一般微型薯较大时，播种的株行距可以适当地增加一些，而微型薯较小时，株行距可以适当地减少一些。

（3）休眠期　对同一个品种而言，其微型薯的休眠期要远远地超过正常大小的块茎。因此，在播种微型薯前，一定在留足其打破休眠的时间。一般微型薯自然打破休眠的时间应当在3个月左右。如果收获到播种的时间不能使其自然度过休眠期，则应当采取一些措施打破休眠。常用的方法有变温法和激素处理方法。

3. 播种

（1）种薯处理　播种前10~15d，将原原种出库，置于15~20℃条件下催芽，当种薯大部分芽眼出芽时，即可播种。播种前催芽，有利于种薯尽快结束休眠，确保全苗壮苗，促进早熟，提高产量。

（2）播种时期　一般当土壤10cm深处地温稳定达到7~8℃就可以播种。为了保证脱毒种薯质量，原种生产时提倡适当晚播。中早熟品种繁种时，陕北地区适宜5月中下旬播种，陕南地区适宜4月上中旬播种。晚熟品种繁种时，陕北地区适宜4月下旬至5月上旬播种，陕南地区适宜3月下旬至4月上旬播种。

（3）播种深度　播种深度受土壤质地、土壤温度、土壤含水量、种薯大小与生理年龄等因素的影响。当土壤温度低、土壤含水量较高时，应浅播，盖土厚度3~5cm。如果土壤温度较高、土壤含水量较低时，应适当深播，盖土厚度8~10cm。原原种一般个头较小，适宜浅播，但当原原种单粒超过10g，也可适当深播。老龄种薯应在土壤温度较高时播种，并比生理壮龄的种薯播得浅一些。土壤较黏时，播种深度应浅一些，而土壤沙性较强时，应适当深播一些。

（4）播种密度　播种密度取决于品种和施肥水平等因素。作为脱毒种薯生产，播种密度应当比商品薯生产大一些。一般说来，播种密度每亩应当在5 000株以上；早熟品种可达到6 000株/亩，晚熟品种可以降到4 000株/亩。同样的品种，如果在土壤肥力较高或施肥水平较高的条件下，可适当增加密度，反之，则应适当降低密度。具体的株距和行距，应根据品种特征特性和播种方式来确定。如果用机械播种和收获，则应考虑到播种机、中耕机和收获的作业宽度来决定其株距和行距。

（5）播种方式

人工播种：适合于农户小面积繁育马铃薯原种用。陕南秦巴山区因地形复杂，这种情况比较普遍；陕北南部丘陵区由于春季播种时，土壤墒情不好，为保墒一般不用畜力开沟播种，采用人工挖穴种植。

畜力播种：当马铃薯播种面积较大，地形复杂难以利用播种机械时，利用畜力开沟种植马铃薯是一种较好的选择。播种时可开沟将肥料与种子分开，然后再用犁起垄。

机械播种：陕北北部风沙区地势平坦、平均海拔高，是陕西省主要的繁种基地，利用机械播种是当地马铃薯生产的主要播种方式。根据播种机械的不同，每天播种面积不同，小型播种机械每天可播种20~30亩，中型机械每天播种50~80亩，大型机械每天可播种100~200亩。采用机械播种可以将开沟、下种、施肥、施除地下害虫农药、覆土、起垄一次完成。但一定要调整好播种的株、行距（播种密度），特别是行距必须均匀一致。播种机行走一定要直，否则在以后的中耕、打药、收获作业过程中易容伤苗、伤薯。

4. 隔离种植

原种田周围应具备良好的防虫、防病隔离条件。在无隔离设施的情况下，原种生产田应距离其他级别的马铃薯、茄科及十字花科作物和桃园5 000m以上。当原种田隔离条件较差时，应将种薯田设在其他寄主作物的上风头，最大限度地减少有翅蚜虫在种薯田降落的机会。

在同一块原种生产田内不得种植其他级别的马铃薯种薯，邻近的田块也不能种植茄科（如辣椒、茄子和番茄等）及开黄花的农作物（如油菜和向日葵等）。

5. 田间管理

（1）严格消毒　原种生产过程中，使用专用机械（牲畜）、工具（农具）进行施药、中耕、锄草、收获等一系列田间作业时，应采取严格的消毒措施。如果一个生产单位（种薯生产户）同时种植了不同级别的种薯和商品薯，田间作业要按高级向低级种薯田、商品薯田的顺序进行操作，操作人员严格消毒，避免病害的人为传播。生产过程中，一般不要让无关人员进入田块中，如果必须进入田间，如领导检查、检验人员抽检等，应当采取相应的防范措施，例如将汽车轮胎进行消毒，人员经过消毒池后再进入，或穿干净的鞋套和防护服等。

（2）灌溉　为了避免人员频繁进入原种田，原种生产时不提倡大水漫灌，多采用喷灌和滴灌。

喷灌：喷灌是把由水泵加压或自然落差形成的有压水通过压力管道送到田间，再经喷头喷射到空中，形成细小水滴，均匀地洒落在农田，达到灌溉的目的。喷灌明显的优点是灌水均匀，少占耕地，节省人力，对地形的适应性强；主要缺点是受风影响大，设备投资高。喷灌的方式较多，陕西北部采用的大都是中心支轴式喷灌，有一个固定的中心点，工作时像时钟一样运动，所以也称之为指针式喷灌。安装时将支管支撑在高 2~3m 的支架上，最长可达 400m，支架可以自己行走，支管的一端固定在水源处，整个支管就绕中心点绕行，像时针一样，边走边灌，可以使用低压喷头，灌溉质量好，自动化程度很高。

滴灌：滴灌较地面灌溉亩节水 40%~48%，提高肥料利用率 43%，增产 15%~25%，省工 6~10 个，节省占地 5%~10%，同时可减少地下水超采，保护生态环境，减少地面灌溉所造成的深层渗漏（包括肥料）所带来的环境污染问题。其优点一是不受地形地貌的影响，当土壤易渗漏、易产生径流，或地势不平整，其他灌溉形式无法采用时，非常适合采用此灌溉方法。二是在水源稀少和珍贵的地方，需要精确计算用水量时，就需要应用滴灌。因为滴灌可以减少蒸发、径流和水分下渗，灌溉更均匀，不会因为保证整块田充分灌溉而出现局部灌过头的现象。三是可以精确地施肥，可减少氮肥损失，提高养分利用率。还可以根据作物的需要，在最佳的时间施肥。四是通过合理设计和布置，可以将机械作业的行预留出来，保证这些行相对干燥，便于拖拉机在任何时候可以进入田间作业。因此可及时打除草剂、杀虫剂和杀菌剂。五是由于滴灌可减少马铃薯冠层的湿度，可降低马铃薯晚疫病发生的几率。与喷灌相比，可降低农药的开支，减少农化产品对环境的污染。滴灌也有缺点，如不利于机械化作业、田间铺设管道过多、播种前不能灌溉、容易造成次生盐渍化等。所以，在生产中要根据具体情况选择合适的灌溉方式。

（3）施肥　马铃薯生长需要十多种营养元素，其中 N、P、K 三种营养元素马铃薯生长发育需要量较多，一般生产 1 000kg 马铃薯块茎需要纯氮 5kg、纯磷 2kg、纯钾

11kg。另外，马铃薯生长还需要补充 S、Ca、Mg、Fe、Mn、Zn、B 等中量元素和微量元素。

施肥方法撒施或条施均可，但需掌握以下原则：施肥要均匀、不能有多有少或者漏施，在同一块地上肥力好的地方适当少施，肥力差的地方适当多施一些。地边地头都要施到肥料。用机械撒施肥，要按撒肥机的撒幅宽度的 50% 宽度重复行走，如撒肥机的撒幅宽度是 24m，那么拖拉机的往返行走宽度为 12m。这样有利于将不同比重的肥料撒施的更均匀。施肥时，要将肥料和芽块隔离开，避免因肥料烧芽造成缺苗。播种和中耕时 N、K 肥要施入 2/3，P、Mg 肥全部施入，剩余的 1/3 N、K 肥和 Mn、Zn 等微量元素在出苗 20d 后每间隔 7~10d，根据田间马铃薯长势分 3~4 批次用喷灌机喷施在田间植株叶面或用滴灌施入。生长期追肥目的是进一步补充植株的养分，延长叶片的功能期。N 肥的使用量要依据田间植株表现每次 1~1.5kg/亩为宜。

（4）中耕　待 2/3 马铃薯出苗时要进行中耕。中耕时要保持土壤湿润，如果土壤表层干燥，应该浇水后再进行中耕作业，以利于耕后保持垄型。中耕能杀死苗期的大部分杂草，后期杂草为害严重时，需人工除草，一般不提倡用化学药剂除草。

（5）去杂去劣　为了保证种薯质量，在生育期间，进行 2~3 次拔除劣株、杂株和可疑株（包括地下部分）。

6. 防病治虫

原种田一般从出苗后 3~4 周即开始喷杀菌剂，每周 1 次，直至收获。同时，应根据实际情况，施用杀虫剂以防治蚜虫和其他地上部分害虫的为害。因为害虫除了影响马铃薯植株的生长外，还会传播病毒，降低种薯质量，后者的为害更大。

（1）地上害虫防治　主要是蚜虫和 28 星瓢虫，为害叶片和叶柄。防治蚜虫可用 10% 吡虫啉可湿性粉剂 2 000~3 000 倍液，或 5% 抗蚜威可湿性粉剂 1 000~2 000 倍液喷雾防治，28 星瓢虫可用 45% 氯氰菊脂 500~600 倍液喷雾防治。

（2）地下害虫防治　主要是蝼蛄、蛴螬、地老虎和金针虫，取食块茎或咬断根部造成减产或植株死亡。每亩用杀地虎（10% 二嗪磷颗粒剂）0.5kg 或大地英雄（8% 克百威·烯唑醇颗粒剂）1kg，拌毒土或毒砂（20kg 左右）撒施，然后翻入土中；或在播种时进行穴施、沟施；或在作物生长期撒施于地表，然后用耙子混于土壤内即可。

（3）病害防治　马铃薯原种用微型薯作种，一般没有细菌性病害，田间为害主要是晚疫病、早疫病等叶片病害，杀菌剂可选用代森锰锌、烯酰吗啉、嘧菌脂、精甲霜灵、双炔酰菌胺、氟吡菌胺、霜脲氰、氟啶胺等药剂等。

7. 原种生产质量控制

（1）田间检查　采用目测检查，种薯每批次至少随机抽检 5~10 点，每点 100 株（表 3-11），目标不能确诊的非正常植株或器官组织应马上采集样本进行实验室检验。

表 3-11　每种薯批抽检点数　　　　　　　　　　　（白艳菊等，2012）

检测面积（亩）	检测点数（个）	检查总数（株）
≤15	5	500

（续表）

检测面积（亩）	检测点数（个）	检查总数（株）
>15，≤600	6~10（每增加150亩增加1个检测点）	600~1 000
>600	10（每增加600亩增加2个检测点）	>1 000

整个田间检验过程要求40d内完成。第一次检查在现蕾期至盛花期，第二次检查在收获前30d左右进行。

当第一次检查指标中任何一项超过允许率的5倍，则停止检查，该地块马铃薯不能作种薯生产与销售。

第一次检查任何一项指标超过允许率在5倍以内，可通过种植者拔除病株和混杂株降低比率，第二次检查为最终田间检查结果。

（2）块茎检验

收获后检测：种薯收获和入库期，根据原种检验面积在收获田间随机取样，或者在库房随机抽取一定数量的块茎用于实验室检测，抽样数量≤600亩取样200个，每增加150~600亩增加40个块茎。块茎处理：块茎打破休眠栽植，苗高15cm左右开始检测，病毒检测采用酶联免疫（ELISA）或逆转录聚合酶链式反应（RT-PCR）方法，类病毒采用往返电泳（R-PAGE）、RT-PCR或核酸斑点杂交（NASH）方法，细菌采用ELISA或聚合酶链式反应（PCR）方法。以上各病害检测也可以采用灵敏度高于推荐方法的检测技术。

库房检测：种薯出库前应进行库房检查。原种根据每批次总产量确定扦样点数（表3-12），每点扦样25kg，随机扦取样品应具有代表性，样品的检验结果代表被抽检批次。同批次原种存放不同库房，按不同批次处理，并注明质量溯源的衔接。

表3-12　原种块茎扦样量　　　　　　　　　　　　　（白艳菊等，2012）

每批次总产量（t）	块茎取样点数（个）	检验样品量（kg）
≤40	4	100
>40，≤1 000	5~10（每增加200t增加1个检测点）	125~250
>1 000	10（每增加1 000t增加2个检测点）	>250

采用目测检验，目测不能确诊的病害也可采用实验室检测技术，目测检验包括同时进行块茎表皮和必要情况下一定数量内部症状检验。

（四）脱毒一级、二级种薯繁殖

1. 脱毒一级、二级种薯生产的种薯来源

脱毒原种是生产脱毒一级种、二级种的种薯来源。可以是自己上一年生产的，也可以是从其他生产单位购买的。但应当特别注意品种的纯度、退化株率和种薯处理。

（1）纯度　购买时或播种前可以对块茎进行检验，根据块茎的形状、皮色、肉色、芽眼深浅等不同，判断同一批种薯的纯度是否达到原种的标准。根据国家脱毒马铃薯种薯质量标准，原种的纯度必须达到100%。

（2）退化株率　根据国家脱毒马铃薯种薯质量标准，原种田的植株病毒率不能高于0.1%。而对生产出来的一级种薯要求收获前退化株率不能超过0.25%，生产出来的一级种薯要求收获前退化株率不能超过1%。

（3）种薯处理　播前1个月左右，在15~20℃、散射光条件下将原种进行催壮，芽长约2cm时即可播种。如果原种薯块较大时，可进行切块后再种植。切块时尽量带顶芽，以充分利用其顶端优势。50g左右的块茎可自芽眼多的顶部纵切为二；大块茎由基部按芽眼螺旋切块，使切块成三角形，芽眼位于切块的中间，切块大小一般为20~30g，每个切块至少带1个芽眼。切块后，放于通风处1~2d，使伤口愈合后再催芽。在进行种薯切块时，须用酒精或高锰酸钾进行切刀消毒，最好有两把刀交替使用。切好的种薯要注意使伤口尽快愈合，防止切块腐烂，必要时进行药剂处理。

2. 脱毒一级、二级种薯的生产过程

（1）生产田的选择　一级、二级种薯生产田应距离商品马铃薯、茄科及十字花科作物和桃园500~1 000m的隔离距离。当一级、二级种薯田隔离条件较差时，应将种薯田设在其他寄主作物的上风头，最大限度地减少有翅蚜虫在种薯田降落的机会。

与原种生产相似，在一级种薯生产田内不得种植二级种薯或商品马铃薯，邻近的田块也不能种植商品马铃薯、其他茄科作物（如辣椒、茄子和西红柿等）及开黄花的农作物（如油菜和向日葵等）。

种薯田应选择肥力较好、土壤松软、给排水良好的地块。最好3年以上没有种植过茄科农作物。

（2）田间管理　一级、二级种薯生产过程中，使用专用机械（牲畜）、工具（农具）进行施药、中耕、锄草、收获等一系列田间作业时，应采取严格的消毒措施。如果一个生产单位（种薯生产户）同时种植了脱毒种薯和商品薯，田间作业要按一级向二级种薯田、商品薯田的顺序进行操作，操作人员严格消毒，避免病害的人为传播。生产过程中，一般不要让无关人员进入种薯生产田块中，如果必须进入田间，如领导检查、检验人员抽检等，应当采取相应的防范措施，例如将汽车轮胎进行消毒，人员经过消毒池后再进入，或穿干净的鞋套和防护服等。其他灌水、追肥、去杂去劣、防虫治病等田间管理措施可参考脱毒原种繁殖。

3. 脱毒合格种薯生产中的质量控制

（1）生产条件检验　生产者或专门的质量检验机构在一、二级种薯生产前应当派人进行实地考察，确认生产区隔离条件良好，如生产区在封闭的间耕地上。一、二级种薯生产田应距离其他马铃薯、茄科、十字花科作物生产地或桃园500~1 000m。所选地块必须前三年没有种植过马铃薯和其他茄科作物，土壤应不带为害马铃薯生长的线虫。如果有其他为害马铃薯的地下害虫，种植时应施用杀地下害虫的药剂。

如有可能，生产区应设立一些必要的隔离和消毒设施，如铁丝网和消毒池等。防止无关的人、畜进入生产区内。

（2）生产期间田间检验　按国家种薯质量控制标准，一、二级种薯生产期间需要进行二次田间检验，第一次在植株现蕾期，第二次在盛花期。检验人员进入田间检验时，必须穿戴一次性的保护服，不得用手直接接触田间植株。

三、获得马铃薯脱毒种薯途径

（一）购买马铃薯脱毒种薯

1. 选择适合品种

应根据自己的生产目的和所在的生态区域选择适合的品种。在大规模引进新品种前，必须进行引种试验。因为一个品种在别的地区表现良好，不等于在其他地区也会表现良好。此外，所选品种必须通过省级以上品种审定委员会审定的作物，未经审定的品种是不允许大面积推广的。因此，在选购马铃薯种薯时还应了解所要购买的品种是否已经通过审定。

2. 选用优质脱毒种薯

马铃薯在生长发育过程中很容易感染多种病毒而导致植株"退化"。采用退化植株的块茎做种薯出苗后植株即表现退化，不能正常生长，产量非常低。因此，目前生产中一般都要采用脱毒种薯。种薯脱毒与否，以及脱毒种薯质量如何，是影响产量的主要因素。如果大量调种，必须在生产季节到田间进行实地考察，看当地是否发生过晚疫病，田间是否有青枯病和环腐病的感病植株，确认种薯是否达到质量标准。

3. 选择可靠的种薯生产单位

目前马铃薯种薯市场十分混乱，鱼目混珠现象非常严重，因此购买不可靠的单位和个体农户生产种薯很容易上当。虽然有的也号称是脱毒种薯，但繁殖代数过高，导致种薯重新感染病毒而退化。这样的种薯不仅产量低，而且质量也不好。

4. 检查种薯的外观

主要是检查种薯是否带有晚疫病、青枯病、环腐病和黑痣病等病害的病斑。此外，还要检查种薯是否有严重的机械伤，挤压伤等。对可疑块茎可以用刀切开，检查内部是否表现某些病害的症状。晚疫病、青枯病、环腐病等病害在块茎内部均有明显的症状。其他一些生理性病害，如黑心病、空心、高温或低温受害症状均可通过切开块茎进行检查。病害的块茎内部症状可参考本书第七章。

（二）自繁马铃薯脱毒种薯

由于难以购买合适的脱毒种薯，一些地区的农民尝试自繁脱毒种薯，供自己生产用，即从可靠的种薯生产单位或科研单位购买一定数量的脱毒苗、原原种（微型薯）、原种，自己再扩繁一次，作为自己的生产用种。此法既可以节省购买脱毒种薯的费用，而且可以保证脱毒种薯的质量。

1. 基础种薯的质量

无论购买哪一级的基础种薯，都要考虑其质量是否可靠。以微型薯为例，目前国内生产微型薯的单位和个人不计其数，价格相差较大，但真正质量有保证的单位很少。因此购买微型薯时，一定要选择可靠的单位和个人，不能一味贪图价格便宜。

2. 自繁种薯的生产条件

在自繁种薯时，一定要有防止病毒再侵染的条件。不能将种薯生产田块与商品薯田块相邻。如有可能，最好将自繁种薯种植在隔离条件好的简易温室、网室或小拱棚中。

所选的田块，不能带有马铃薯土传性病害，如青枯病、环腐病和疮痂病等。生长过程中一定要注意防治蚜虫等为害植株的害虫，同时还要特别注意防治晚疫病。

3. 自繁种薯的数量

一般马铃薯商品薯生产每亩种薯需要量为150kg左右，如果用微型薯来生产这些种薯，则需要300粒（每粒微型薯生产块茎约0.5kg）。如果用原种生产，则需要原种15kg左右（繁殖系数按10计算）。

本章参考文献

白艳菊，李学湛.2000.应用DAS-ELISA法同时检测多种马铃薯病毒［J］.中国马铃薯，14（3）：143-145.

崔荣昌，李芝芳，李晓龙，等1992.马铃薯纺锤块茎类病毒的检测和防治［J］.植物保护学报（3）：263-268.

邓根生，宋建荣.2015.秦岭西段南北麓主要作物种植［M］.北京：中国农业科学技术出版社.

方玉川，白银兵，李增伟，等.2009.布尔班克马铃薯高产栽培技术［J］.中国马铃薯，23（3）：182-183.

古川仁朗，谢晓亮.1994.病毒的检测［J］.河北农林科技，4（12）：50-51.

韩黎明.2009.脱毒马铃薯种薯生产基本原理与关键技术［J］.金华职业技术学院学报，9（6）：71-74.

韩忠才，张胜利，孙静，等.2014.气雾栽培法生产脱毒马铃薯营养液配方的筛选［J］.中国马铃薯，28（6）：328-330.

郝艾芸，张建军，申集平.2007.马铃薯病毒病的种类及防治方法［J］.北方农业学报，（2）：62-63.

郝智勇.2017.马铃薯微型薯生产技术［J］.黑龙江农业科学（8）：142-144.

胡琼.2005.马铃薯A病毒病及其防治［J］.现代农业科技（5）：21.

黄萍，颜谦，丁映.2009.贵州省马铃薯S病毒的发生及防治［J］.贵州农业科学，37（8）：88-90.

黄晓梅.2011.植物组织培养［M］.北京：化学工业出版社.

金兆娟.2015.马铃薯脱毒薯种薯培养及其在生产中的应用［J］.农业开发与装备（9）：121.

李学湛，吕典秋，何云霞，等.2001.聚丙烯酰胺凝胶电泳方法检测马铃薯类病毒技术的改进［J］.中国马铃薯，15（4）：213-214.

李芝芳.2004,中国马铃薯主要病毒图鉴［M］.北京：中国农业出版社.

刘华，冯高.2000.化学因素对马铃薯病毒钝化的研究［J］.中国马铃薯，14（4）：202-204.

刘京宝，刘祥臣，王晨阳，等.2014.中国南北过渡带主要作物栽培［M］.北京：

中国农业科学技术出版社.

刘卫平.1997.快速 ELISA 法鉴定马铃薯病毒［J］.中国马铃薯,11(1):11-13.

卢雪宏,薛玉峰.2015.脱毒马铃薯种薯高产优质扩繁技术研究［J］.农业与技术(8):131.

卢艳丽,周洪友,等.2017.马铃薯茎尖脱毒方法优化及病毒检测［J］.作物杂志(1):161-167.

罗彩虹,孙伟势,徐艳.2014.马铃薯脱毒试管薯温室无土栽培生产微型薯技术［J］.陕西农业科学,60(2):113-114.

马秀芬,刘莉,张鹤龄,等.1996.中国流行的马铃薯纺锤块茎类病毒(PSTVd)株系鉴定及其对产量的影响［J］.内蒙古大学学报(自然科学版)(4):562-567.

聂峰杰,张丽,巩檑,等.2015.三种方法对马铃薯脱毒种薯病毒检测比较研究［J］.中国种业(4):39.

孙海宏.2008.马铃薯雾培微型薯营养液筛选试验［J］.中国种业(S1):80-81.

田波,裘维蕃主编.1985.类病毒［C］.植物病毒学［M］.北京:科学出版社.

王仁贵,刘丽华.1995.PSTV 与 PVY 的互作及其对马铃薯产量影响［J］.马铃薯杂志,9(4):218-222.

王素梅,王培伦,王秀峰,等.2003.营养液成分对雾培脱毒微型马铃薯产量的影响［J］.山东农业科学(4):32-34.

王晓明,金黎平,尹江.2005.马铃薯抗病毒病育种研究进展［J］.中国马铃薯,19(5):285-289.

王长科,张百忍,蒲正斌,等.2010.秦巴山区脱毒马铃薯冬播高产配套栽培技术［J］.陕西农业科学,56(4):218-219.

吴凌娟,张雅奎,董传民,等.2003.用指示植物分离鉴定马铃薯轻花叶病毒(PVX)的技术［J］中国马铃薯,17(2):82-83.

吴兴泉,陈士华,魏广彪,等.2005.福建马铃薯 S 病毒的分子鉴定及发生情况［J］.植物保护学报,32(2):133-137.

吴艳莉,薛志和,吕军,等.2007.脱毒试管苗移栽大田栽培技术［J］.中国马铃薯,21(4):244.

吴艳霞,徐永杰.2008.高纬度地区早熟脱毒马铃薯无公害栽培技术［J］.现代农业科技,(13):47.

谢开云,金黎平,屈冬玉.2006.脱毒马铃薯高产新技术［M］.北京:中国农业科学技术出版社.

邢宝龙,方玉川,张万萍,等.2017.中国高原地区马铃薯栽培［M］.北京:中国农业出版社.

杨洪祖,等.1991,中国农业百科全书作物卷［M］.北京:农业出版社.

张鹤龄,宋伯符,Salazar L F.1989.中国马铃薯病毒鉴定技术进展(英文)［J］.CZP Planing Conference on Virology,November.

张健 . 2012. 马铃薯试管薯生产技术 ［J］. 吉林蔬菜（4）：8.

张蓉 . 1997. 关于马铃薯种薯的病毒检测技术 ［J］. 宁夏农林科技（3）：36-37.

张仲凯，李云海，张小雷，等 . 1992. 马铃薯病毒病原种类电镜研究初报 ［J］. 马铃薯杂志，6（3）. 156-159.

中国科学院遗传研究所组织培养室三室五组 . 1976. 离体培养马铃薯茎顶端（或腋芽）生长点的初步研究 ［J］. 遗传学报，3（1）：51-55.

仲乃琴 . 1998. ELISA 技术检测马铃薯病毒的研究 ［J］. 甘肃农业大学学报（2）：178-181.

周淑芹，朱光新 . 1995. 应用电镜技术对试管保存马铃薯毒源效果的鉴定研究 ［J］. 黑龙江农业科学（3）：41-42.

朱光新，李芝芳，肖志敏 . 1992. 免疫电镜对马铃薯主要毒源的鉴定研究 ［J］. 植物病理学报，2（3）：222-379.

朱述钧，王春梅，等 . 2006. 抗植物病毒天然化合物研究进展 ［J］. 江苏农业学报，22（1）：86-90.

邹华芬，金辉，陈晨，等 . 2014. 不同钾肥水平对马铃薯原种繁育的影响 ［J］. 现代农业科技（15）：83-84.

CASPER P. 1977. Detection of potato leafroll virus in potato and in Physalis floridana by enzyme-linked immunosorbent assay（ELISA）［J］. Phytopathol Z（96）：97-107.

Cassels A C，R D Long. 1982. The elimination of potato virus X，S，Y and Minmeristem and explant cultures of potato in the presence of virazole ［J］. Potato Res（25）：165-173.

Chirkov S N，Olovnikov A M，Surguchyova N A，et al. 1984. Immunodiagnosis of plant viruses by a virobacterial agglutination test ［J］. Annals of Applied Biology，104（3）：477-483.

Faccioli G，Rubies-Autonell C，Resca R. 1988. Potato leafroll virus distribution in potato meristem tips and production of virus-free plant ［J］. Potato Research：511-520.

Heide Bittner，Schenk G，Schuster G et al. 1989. Elimination be chemotherapy of potato virus S from potato plants grown in vitro ［J］. Potato Research（32）：175-179.

HENSE T J，FRENCH R. 1993. The polymerase chain reaction and plant disease diagnosis ［J］. Annu Rev Phytopathol（31）：81-109.

joung y h，jeon j h，choi k h，et al. 1997. Detection of potato virus S using ELISA and RT-PCR technique ［J］. Korean J Plant Pathology，3（5）：317-322.

Kassanis，B. 1957. The use of tissue culture to produce virus free clones from infected potato varieties ［J］. Appl. Biology，459（3）：422-427.

Klein R E，Livingston C H. 1983. Eradication of potato viruses X and S from potato shoot tip cultures with ribavirin ［J］. Phytopathology（73）：1 049-1 050.

Kluge S，Gawrisch K，Nuhn P. 1987. Loss of infectivity of red clover mottle virus by lysolecithin. ［J］. Acta Virologica，31（2）：185-188.

Lopez-Delgado H, Mora-Herrera M E. 2004. Salicylic acid enhances heat tolerance and potato virus X (PVX) elimination during thermotherapy of potatomicroplants [J]. Amer J of Potato Research (81): 171-176.

Lozoya Saldana H, Madrigal Vargas A. 1985. Kinetin, thermotherapy, and tissue culture to eliminate potato virus (PVX) in potato [J]. American potato journal (62): 339-345.

Lozoya-Saldana H, AbelloJ F, Garcia de la R G. 1996. Electrotherapy and shoot tip culture eliminate potato virus X in potatoes [J]. American Potato Journal (73): 149-154.

Mellor F C, Stace-Smith. 1977. In applied and fundamental aspects of plant cell [A]. tissue and organ culture [C]. J. Reinert, Y. P. S. Bajai. Spring-Verlag Beidelberg, New York: 616-635.

Morris T J, Smith E M. 1977. Potato spindle tuber disease: Procedures for the rapid detection of viroid RNA and certifeication of disease-free potato tuber [J]. Phytopathology (67): 145-150.

Neil B, Kathy W, Sarah P, et al. 2002. The detection of tuber necrotic isolates of virus, and the accurate discrimination of PVYO, PVYC and PVYN strain using RT-PCR [J]. Journal of virological methods (102): 103-112.

Palukaitis P, Palukaitis P. 2012. Resistance to Viruses of Potato and their Vectors [J]. Plant Pathology Journal, 28 (3): 248-258.

Pnnazio V, Manuela V. 1978. Potato virus X eradication from potato meristem tips held at 30℃ [J]. Potato Research (21): 19-22.

Salazar F. 2000. 马铃薯病毒及其防治 [M]. 北京：中国农业科技出版社.

Schulze S, Kluge S. 2010. The Mode of Inhibition of TMV- and PVX-Induced RNA-Dependent RNA Polymerases by someAntiphytoviral Drugs [J]. Journal of Phytopathology, 141 (1): 77-85.

Schuster G, Huber S. 1991. Evidence for the Inhibition of Potato Virus X Replication at Two Stages Dependent on the Concentration of Ribavirin, 5-Azadihydrouracil as well as 1, 5-Diacetyl-5-azadihydrouracil [J]. Biochemie Und Physiologie Der Pflanzen, 187 (6): 429-438.

Singh M, Singh R P. 1996. Factors affecting detection of PVY in dormant tubers by reverse transcription polymerase chain reaction and nucleic acid spot hybridization, J Virol Methods (60): 47-57.

Singh R P, Boiteau G. 1987. Control of aphid bome diseases: nonpersistent viruses. Pages 30-53 in: Potato Pest Management in Parry, eds.Proc.Symp. Improving Potato Pest Protection (1): 27-29.

Wang B, Ma Y, et al. 2011. Potato viruses in China [J]. Crop Protection, 30 (9): 1 117-1 123.

第四章 陕北一熟区马铃薯栽培

陕北一熟区主要包括陕西省北部榆林和延安两市，辖25县（区、市），总面积8.1万km²，总人口602万人，马铃薯播种面积占全省的60%以上，是陕西省马铃薯的主产区，是全国马铃薯优生区之一，与北方内蒙古等地相比，具有生育期长，可栽培中、晚熟品种的优势；与南方省区比，具备土地广阔、土质疏松、土壤富含钾素、光照充足、雨热同季、昼夜温差大、海拔高、环境无污染等优势。农民有种植马铃薯的传统，生产出的马铃薯有薯块匀称、淀粉含量高、病害少、品质好等特点。多年来，马铃薯对陕北黄土高原丘陵沟壑区农业生产的发展，稳定提升粮食产量和增加农民收入发挥着重要作用。

第一节 常规栽培

一、选地整地

（一）陕西省榆林市、延安市马铃薯田分布的海拔范围

榆林市位于陕西省最北部，介于36°57′~39°35′N，107°28′~111°15′E，西邻甘肃省、宁夏回族自治区，北连内蒙古自治区，东隔黄河与山西省相望，南与陕西省延安市接壤。全市总面积43 578km²，共辖2区1市9县，地域辽阔，处于陕北黄土高原和毛乌素沙漠接壤的干旱半干旱地带。年平均无霜期134~169d，年平均气温7.9~11.3℃，年平均降水量316~513mm，年平均日照时数2 593.5~2 914.4h，四季分明、光照充足、气候干燥，雨热同季。

延安市位于陕西黄土高原丘陵沟壑区，介于35°21′~37°31′N，107°41′~110°31′E。北接榆林市，南连咸阳市、铜川市、渭南市，东隔黄河与山西省临汾市、吕梁市相望，西依子午岭与甘肃省庆阳市为邻。全市总面积37 037km²，共辖2区11县，属内陆干旱半干旱气候，年均无霜期170d，年平均气温7.7~10.6℃，年平均日照时数2 300~2 700h，年均降水量500mm左右，四季分明、光照充足、昼夜温差大。

（二）陕西省榆林市、延安市主要土壤类型

根据1979—1988年土壤普查资料及《延安土壤》《陕西省志·黄土高原志》记载，分布在陕北地区（延安、榆林）的土壤类型有黄绵土、黑垆土、栗钙土、灰钙土、褐土、紫色土、红土、风沙土、新积土、水稻土、潮土、沼泽土、盐土、石质土等，共14个土类，33个亚类，75个土属。其中榆林市有12个土类，23个亚类，38个土属，115个土种。风沙土分布面积最大，占土壤总面积的2/3以上，黄土性土壤次之，其他

10个土类分布面积均小，宜农土壤主要为水稻土、泥炭土、草甸土、淤土、黑垆土和部分潮土、风沙土、黄土性土等；延安市有11个土类，25个亚类，46个土属，204个土种，主要有黄绵土78.7%、褐土11.1%、红土5.7%、黑垆土2.5%、新积土1.3%、紫色土0.36%、风沙土0.07%、水稻土0.07%、潮土、沼泽土等。

（三）选地

马铃薯喜微酸性土壤，不耐盐碱，土壤pH值超过7.8的土块不适宜种植马铃薯。马铃薯母薯顶土能力相对较弱，块茎膨大需要疏松肥沃的土壤，所以应选择轻质壤土或者沙壤土，对根系和块茎生长有利，而且对淀粉积累具有良好的作用。黏重的土壤最不适宜，遇湿度大的情况时，易感晚疫病，烂薯率高，耐贮性降低。此外，所选地块最好能保证涝能排水、旱能灌溉。马铃薯在开花期需水最多，如果在这个时期缺水，不仅会造成减产，而且正在膨大的块茎也会停止生长，若旱涝交替出现，会造成马铃薯块茎的二次生长，降低商品性。故应选择地势平坦，土质疏松，有机质丰富，保水保肥，通透性好，排灌方便的地块栽培马铃薯。

（四）整地

陕北地区以春整地为主，南部地区也有秋整地习惯。

1. 冬前整地或秋整地

秋整地的过程主要是深耕细耙。在前茬作物收获后，应及时灭茬深耕。深耕为马铃薯的根系生长提供了足够的空间，有利于加强土壤的疏松和透气效果，消灭杂草，强化土壤的蓄水能力、抗旱能力以及保肥能力，促进微生物活动，冻死害虫等，有效地为马铃薯的根系生长以及薯块膨大创造出理想的生存环境。据调查，深耕30~33cm比13cm左右的可增产20%以上；深耕27cm充分细耙比耕深13cm细耙的增产15%左右（1992），耕深在一定范围内越深越好，具有显著的增产效益。当耕深超出一定范围时，可能会使土壤下层的生土翻耕起来，反而不利于农作物的生长，陕北地区在大田农事操作中，一般深耕30cm左右为最佳，同时保证土地的平整性和细碎性。深耕后，水地应浇水踏实，旱地要随耕随耙耱。深耕时基肥随即施入，基肥常用农家肥或农家肥混合化肥，达到待播状态。

2. 春整地

"春耕如翻饼，秋耕如掘井"，春耕深度较秋耕稍浅些，避免秋季深耕翻入土的杂草种子和虫卵又翻上来，以减轻杂草和虫害为害。秋雨多的地区，土壤黏重，不适合秋耕可在来年早春进行春耕，春耕在播种前10~15d进行，施用农家肥后旋耕一次，土壤墒情不足时开沟浇水，接墒后播种。

3. 深松

深松是随少耕、免耕而发展起来代替传统耕作，适用于旱地农业的保护性耕作法。它是利用深松铲来疏松土壤，加深耕层而不翻转土壤，改善耕层土壤的结构，从而减轻土壤侵蚀，提高土壤的蓄水保墒能力，有利于作物的生长和产量的提高。在土层薄或盐碱地，深松有以下特点：可以防止未熟化土壤、含盐分高的土壤被翻到表层，影响马铃薯出苗生长；不打乱土层，既能使土层上部保持一定的坚实度，减少多次耕翻对团粒结构的破坏，又可打破铧式犁形成的平板犁底层；用超深松犁，深松深度可达40cm以上，改良土壤效果优于深翻，深松可增加土壤透水速度和透水量，减轻土壤水分径流并可接纳大量降水，增加底墒，克服干旱。因此，在旱地保护性耕作体系中，深松愈来愈受到广泛重视。

二、选用良种

优良品种是马铃薯获得高产和高经济效益的关键。选用品种首先应考虑生育期，适应当地的栽培气候条件；其次要考虑品种的专用性和用途，根据市场需求，选择适宜的品种。同时，在品种选用上还应考虑当地的生产水平、栽培方式、自然灾害等因素。

（一）良种介绍

1. 陕北一熟区马铃薯良种的利用

陕北一熟区是全国马铃薯优生区之一，马铃薯栽培历史悠久，先后从黑龙江、青海、甘肃、河北、内蒙古等地引进马铃薯新品种80多个，通过比较试验从中筛选出10多个品种应用于生产，优化了品种结构，提高了马铃薯单产水平，加速了马铃薯产业发展步伐。陕北一熟区马铃薯品种利用概况见表4-1。

表4-1　陕北一熟区马铃薯品种利用概况　　　（郑太波整理，2018）

品种名称	选育单位	审定时间（年）	审定级别
费乌瑞它	荷兰 ZPC 公司	1980	农业部种子局引
LK99	甘肃省农业科学院马铃薯研究所	2008	甘肃省审
大西洋	美国农业部	1978	农业部引
克新1号	黑龙江省农业科学院克山分院	1984	国家认定
夏波蒂	加拿大福瑞克通农业试验站	1987	未经审，认定
虎头	河北省张家口地区坝上农业科学研究所	1979	陕西，河北审
沙杂15号	陕西省榆林地区农业科学研究所	1981	陕西省审
中薯18号	中国农业科学院蔬菜花卉研究所	2011	内蒙古审
青薯9号	青海省农林科学院生物技术研究所	2006	青海审
冀张薯8号	河北省高寒作物研究所	2006	国审
陇薯3号	甘肃省农业科学院粮食作物研究所	1995	甘肃省审
陇薯7号	甘肃省农业科学院马铃薯研究所	2008 2009	甘肃省审 国审
陇薯10号	甘肃省农业科学院马铃薯研究所	2012	甘肃审
晋薯14号	山西省农业科学院高寒区作物研究所	2004	山西审
青薯168	青海省农林科学院作物遗传育种研究所	1989	青海审
布尔班克	引自美国	2015	内蒙古审
晋薯16号	山西省农业科学院高寒区作物研究所	2006	山西省审

（续表）

品种名称	选育单位	审定时间（年）	审定级别
丽薯6号	云南省丽江市农业科学研究所	2008	云南省审
希森6号	国家马铃薯工程技术研究中心 山东乐陵希森马铃薯产业集团有限公司	2016	内蒙古审
冀张薯12号	河北省高寒作物研究所	2015	国审
庄薯3号	甘肃省庄浪县农业技术推广中心	2005 2011	甘肃省审 国审

2. 良种介绍

目前，陕北一熟区生产上主要应用的马铃薯品种有费乌瑞它、LK99、大西洋、克新1号、陇薯3号、夏波蒂、中薯18号、青薯9号、冀张薯8号、陇薯7号、陇薯10号、冀张薯12号等品种。

（1）费乌瑞它　1980年由农业部种子局从荷兰引进。早熟，生育期60~70d。株高65cm，株型直立，生长势中等，茎紫色、叶绿色，花紫色，块茎长筒形，淡黄皮淡黄肉，芽眼浅而少，适宜鲜食和出口。较抗晚疫病，抗环腐病，耐病毒病。一般单产可达2 000kg/亩，高产可达2 200kg/亩，适宜性广，黑龙江、辽宁、内蒙古、河北、北京、山东、江苏、广东、山西、陕西、青海、宁夏、甘肃等省（市、区）均有种植。是陕北地区马铃薯春提早地膜覆盖栽培的主推品种。

（2）LK99　甘肃省农业科学院马铃薯研究所选育，早熟，生育期80d。株高75cm，株型直立，生长势强，茎绿色，叶深绿色，花白色，块茎椭圆形，白皮白肉，芽眼浅而少，薯块美观而整齐，食味优。中抗晚疫病，较抗卷叶和花叶病毒病。一般单产可达2 000kg/亩，高产可达2 800kg/亩。陕北地区主要作为夏马铃薯和春提早地膜覆盖主栽品种进行栽植。

（3）大西洋　1978年由农业部和中国农业科学院引入中国。炸片专用型品种，虽未审定或认定，但是目前中国主要采用的炸片品种。中熟，生育期90d。株型直立，分枝数中等，株高50cm左右；茎基部紫褐色，茎秆粗壮，生长势较强；叶绿色，复叶肥大，叶缘平展；花冠浅紫色，块茎卵圆形或圆形，浅黄皮白肉，芽眼浅而少，块茎大小中等而整齐，结薯集中；块茎休眠期中等，耐贮藏。植株不抗晚疫病，对马铃薯轻花叶病毒 PVX 免疫、较抗卷叶病毒和网状坏死病毒、感束顶病、环腐病。一般单产可达1 500kg/亩，高产可达2 000kg/亩。该品种喜肥水，适应性广，建议在水肥条件较好的区域进行种植。

（4）克新1号　黑龙江农业科学院克山分院育成，1967年黑龙江省审定，1984年通过国审并在全国推广。中熟品种，生育期94d。株高90cm，生长势强，茎、叶绿色，花淡紫色，块茎扁椭圆形，白皮白肉，芽眼较浅、多，结薯浅而集中；块茎休眠期长，耐贮藏，抗旱、抗退化性强。较抗环腐病，中抗卷叶病毒，植株抗晚疫病中等，块茎抗性较好。一般单产可达1 800kg/亩，高产可达4 000kg/亩，是陕北地区秋马铃薯的主栽品种。

（5）陇薯3号　甘肃省农业科学院作物研究所育成，1995年通过甘肃省农作物品种审定委员会审定。中熟，生育期110d。株型半直立较紧凑，株高65~70cm；茎绿色、粗壮，叶深绿色，复叶大；花冠白色、天然不宜结实；块茎扁圆或椭圆形，皮稍粗，块大而整齐，黄皮黄肉，芽眼较浅并成淡紫红色，结薯集中而且较浅，单株结薯5~7个；块茎休眠期较长，耐贮藏；食用品质好。薯块淀粉含量高达20.09%~24.25%，是国内育成的第一个淀粉含量超过20%的马铃薯品种。植株抗晚疫病、花叶病和卷叶病毒病。产量高，多点生产试验示范平均单产2 793.2kg/亩，最高可达3 700kg/亩。是全国十大主栽马铃薯品种之一。

（6）夏波蒂　1980年加拿大福瑞克通农业试验站杂交育成，1987年引入中国试种，未经审定或认定。中熟，生育期95d。株型开展，株高80cm，茎绿色、粗壮，分枝数多；复叶较大，叶色浅绿，花冠浅紫色，花期长；块茎椭圆形，白皮白肉，芽眼浅，表皮光滑，薯块大而整齐，结薯集中。该品种不抗旱、不抗涝，田间不抗晚疫病、早疫病，易感马铃薯花叶病毒（PVX、PVY）、卷叶病毒和疮痂病。一般单产1 500kg/亩，高产可达3 000kg/亩。该品种适宜榆林北部肥沃疏松、有水浇条件的沙壤土种植。

（7）青薯9号　青海省农林科学院生物技术研究所选育，2006年通过青海省农作物品种审定委员会审定。中晚熟，生育期125d。植株耐旱、耐寒，株高95cm，生长势强，茎紫色、叶深绿色，花冠紫色，无天然结实。块茎椭圆形，红皮黄肉，芽眼浅、中等，单株结薯数8.6~12.8个，结薯集中，较整齐。抗晚疫病和环腐病。一般水肥条件下单产为2 000~3 000kg/亩，高产可达4 200kg/亩。建议陕北作为秋马铃薯主栽品种进行推广种植。

（8）冀张薯8号　河北省高寒作物研究所选育，2006年通过国家审定。中晚熟，生育期99d，属鲜薯食用型品种。株高72cm，生长势强，茎、叶绿色，花冠白色，花期长，天然结实中等；块茎椭圆形，淡黄皮、乳白肉，芽眼浅，中等，薯皮光滑。单株结薯数4.3个。中度感晚疫病，高抗PVX、PVY病毒病。一般亩产2 000kg左右，最高亩产可达5 000kg。适应性广，是全国主栽品种之一。是陕北地区较好的秋马铃薯栽培搭配品种。

（9）陇薯7号　甘肃省农业科学院马铃薯研究所2006年选育，2008年通过甘肃省审定，2009年农业部审定。晚熟，生育期125d。株型半直立，株高60cm，生长势强，分枝少，枝叶繁茂，茎、叶绿色，花冠白色，天然结实性较弱。块茎长椭圆形，黄皮黄肉，芽眼较浅，结薯集中，薯块干物质含量高，还原糖含量低，耐低温糖化。单株结薯数为6~8个。轻感晚疫病，中抗环腐病和病毒病。块茎品质：淀粉含量13.0%，干物质含量23.3%，还原糖含量0.25%，粗蛋白含量2.68%，维生素C含量18.6mg/100g鲜薯。一般单产为2 000kg/亩，高产可达4 500kg/亩。

（10）陇薯10号　甘肃省农业科学院马铃薯研究所选育，2012年通过甘肃省审定。晚熟，生育期130d。株高62cm，生长势中等，茎绿色、叶深绿色，花浅紫色，薯块长椭圆形，黄皮黄肉，芽眼少且极浅，结薯集中，单株结薯6~8个，大中薯重率80%，薯块休眠期长，耐贮藏；薯块干物质含量25.23%，淀粉含量18.75%，粗蛋白含量

2.68%，维生素 C 含量 20.31mg/100g，还原糖含量 0.177%，蒸煮食味优。抗晚疫病，抗环腐病和病毒病。一般单产为 1 500kg/亩，高产可达 3 000kg/亩。

（11）冀张薯 12 号 河北省高寒作物研究所选育，中晚熟鲜食品种，2011 年通过河北省审定命名，2015 年通过国家审定。生育期 96d 左右，株高 67cm，块茎椭圆形，薯皮薯肉均为淡黄色，薯块总淀粉含量 15.5%，维生素 C 含量 18.9mg/100g 鲜薯，粗蛋白含量 3.25%，还原糖含量 0.25%，干物质含量 19.2%。植株田间抗马铃薯 PVX、PVY、PVS、PLRV 病毒和晚疫病。一般亩产 2 000~3 000kg，高产可达 5 000kg 以上。近年来，在榆林市尤其是北部产区表现优异，推广面积逐渐上升。

（12）晋薯 14 号 山西省农业科学院高寒区作物研究所选育，2004 年通过山西省审定。中晚熟品种，从出苗到成熟 110d。株形直立，分枝较少，茎秆粗壮，叶片肥大，叶淡绿色，花冠白色，株高 75~90cm，天然结实少，薯形长圆形，黄皮白肉，芽眼深浅中等，结薯集中，单株结薯 4~5 个，薯块较大，大中薯率 90%。抗旱性较强，耐贮藏。经农业部蔬菜品质监督检验测试中心品质分析：粗蛋白含量 2.3%，维生素 C 含量 14.9mg/100g 鲜薯，淀粉含量 15.9%，干物质含量 22.8%，还原糖含量 0.46%。一般单产 1 800kg/亩，高产可达 3 000kg/亩。适宜山西、陕西等省马铃薯一季作区种植。

（13）晋薯 16 号 山西省农业科学院高寒区作物研究所选育，2006 年通过山西省农作物品种审定委员会审定命名。生育期 110d 左右，株型直立，株高 106cm 左右，茎粗 1.58cm，分枝数 3~6 个。叶形细长，叶片深绿色；花冠白色，天然结实少，浆果绿色有种子。薯形长圆，薯皮光滑，黄皮白肉，芽眼深浅中等。植株整齐，结薯集中，单株结薯 4~5 个，商品薯率达 95% 左右。块茎休眠期中等，耐贮藏。干物质含量 22.3%、淀粉含量 16.57%、还原糖含量 0.45%、维生素 C 含量 12.6mg/100g 鲜薯，粗蛋白含量 2.35%。植株抗晚疫病、环腐病和黑胫病。适宜干旱地区栽培，平均亩产 1 500kg 以上。

（14）布尔班克 美国品种，由农业部种子局引入中国。晚熟，生育期 120d 左右，茎秆粗壮、有淡紫色素分布、生长势强；叶绿色，花冠白色，花期短；块茎长圆形，顶部平，皮褐色肉白色，表皮网纹较重，芽眼少而浅；块茎大而整齐，结薯集中；块茎休眠期长，耐贮藏。鲜薯淀粉含量 17% 以上、还原糖含量低于 0.2%。植株不抗晚疫病、较抗马铃薯花叶病和疮痂病。该品种对栽培条件要求严格，不抗旱、不抗涝。在不良生长环境下，薯块易变畸形。产量因生产栽培条件而有较大差异。

（15）庄薯 3 号 甘肃省庄浪县农业技术推广中心选育，2005 年通过甘肃省审定，2011 年通过国家审定。晚熟品种，该品种高抗晚疫病，较抗病毒病。品质优良。淀粉含量 20.5%，粗蛋白含量 2.15%，维生素 C 含量 16.2mg/100g 鲜薯，还原糖含量 0.28%。2005—2010 年在甘肃、宁夏、青海 3 省（区）45 个县示范推广平均亩产 2 173.7kg/亩，较对照增产 26.7%。万亩示范区最高产量达 5 837kg/亩，平均单产 3 467.61kg/亩。适宜西北一季作区种植，是陕北地区秋马铃薯的搭配品种。

（二）按立地条件和用途选用适宜熟期类型的品种

1. 按立地条件选用品种

陕北一熟区无霜期较短，光温条件只能满足农作物一年一熟，应选择生育期较长的中、晚熟品种，还要求品种具有较长的休眠期、较好的贮藏性、较强的抗逆性和良好的丰产性。

（1）榆林地区选用品种　①南部丘陵沟壑区：包括清涧、佳县、绥德、米脂、吴堡等县区以及子洲县南部。该区域以坡地、梯田为主，土层深厚、土壤为黄绵土，主要推广地膜覆盖、节水灌溉、配方施肥等旱作农业栽培技术。适宜发展鲜食菜用型和高淀粉加工品种，应选择克新1号、冀张薯8号、陇薯3号、陇薯7号、青薯9号等。②西部白于山区：包括定边、靖边、横山三县区南部和子洲县北部。该区域以涧地、塬地为主，海拔高、气候冷凉、缺水严重，主要推广地膜覆盖、节水灌溉、配方施肥等旱作农业栽培技术。适宜发展鲜薯菜用品种和脱毒种薯繁育，主栽品种有克新1号、冀张薯8号、陇薯7号、青薯9号等。③北部风沙滩区：包括长城沿线的定边、靖边、横山北部和榆阳、神木、府谷等县区。该区域土地广阔，地势平坦，地下水资源较为丰富，土壤为沙壤土，非常适宜马铃薯的生长；适合推广地膜覆盖、双膜覆盖、节水灌溉、大垄栽培、配方施肥、机械化作业等高产栽培技术。适宜发展早熟菜用型品种和加工品种，应选择费乌瑞它、LK99、夏波蒂、布尔班克、克新1号、陇薯7号、冀张薯12号等。

（2）延安地区选用品种　①北部丘陵沟壑区：包括子长、安塞北部、志丹东部以及延川西部和延长北部等县区。该区域以坡地、梯田为主，土层深厚、土壤为黄绵土，主要推广地膜覆盖、节水灌溉、配方施肥等旱作农业栽培技术。适宜发展鲜食菜用型和高淀粉加工品种，应选择费乌瑞它、克新1号、中薯18号，冀张薯8号，陇薯7号、青薯9号等。②西北部白于山区：包括吴起全部和志丹西北部。该区域以涧地、塬地为主，海拔高、气候冷凉、缺水严重，土层深厚、土壤为黄绵土或沙壤土，主要推广地膜覆盖、节水灌溉、配方施肥及机械作业等农业栽培技术。适宜发展鲜薯菜用品种和脱毒种薯繁育，主栽品种有克新1号、冀张薯8号、青薯9号、陇薯10号等。③中部延河川道区：包括宝塔、甘泉、安塞南部和延长西南部以及宜川以北。该区域以川台地为主，土层深厚、土壤为黄绵土，主要推广地膜覆盖、间作套种、配方施肥等农业栽培技术。适宜发展鲜食菜用型和高淀粉加工品种，应选择费乌瑞它、LK99、克新1号、青薯9号等。④南部高原过渡区：包括黄龙、黄陵、富县、洛川以及宜川以南。该区域属陕西渭北旱塬与陕北黄土高原的过渡地带，以塬地和川地为主，土壤为侵蚀黑垆土和原黄绵土，耕地平坦，降雨适中，主要推广地膜覆盖、间作套种、配方施肥等农业栽培技术。适宜发展鲜食菜用型品种，应选择费乌瑞它、LK99、早大白等。

2. 按用途选用品种

根据鲜食、淀粉加工、油炸加工等生产需求的不同，选择适宜的优良品种进行种植。粮菜兼用时，选择淀粉含量较高，适口性好、无异味的品种，如克新1号、晋薯14号、冀张薯8号、陇薯10号、冀张薯12号等。淀粉加工用，要选择高淀粉品种，如陇薯3号、陇薯7号、青薯9号、庄薯3号等。油炸加工应选用薯形圆或长圆、白皮白肉、芽眼浅、薯皮光滑、干物质含量高、还原糖低的品种如夏波蒂、大西洋等。城郊地膜覆盖早收时应选费乌瑞它、LK99等早熟品种。

侯飞娜等（2015）对22个品种马铃薯全粉蛋白的营养品质进行了评价，发现夏波蒂和大西洋的营养价值较高，是适宜的全粉加工品种。樊世勇（2015）认为：陇薯5号、青薯168是优良的菜用马铃薯品种，陇薯8号干物质含量达到31.59%，淀粉含量 24.89%，是淀粉加工的优质原料，陇薯 7 号干物质含量 25.2%，还原糖含量 0.18%，耐贮藏，适合菜用和全粉加工，庄薯 3 号、天薯 10 号也是鲜食和淀粉加工的优质原料。大西洋、夏波蒂、中薯 16 号、陇薯 6 号等适宜加工薯片（张小燕等，2013）。马敏（2014）认为，在陕北，鲜薯食用品种应选择紫花白和冀张薯 8 号，淀粉加工品种选用陇薯 3 号，炸薯条选用夏波蒂，夏马铃薯种植时选择费乌瑞它和早大白等早熟品种。克新 1 号、陇薯 10 号、青薯 9 号作为高产优质品种适宜在陕北一熟区种植。

三、茬口选择

马铃薯属茄科作物，因而不能与辣椒、茄子、烟草、番茄等其他茄科作物连作，也不能与白菜、甘蓝等十字花科作物连作，因为它们与马铃薯有同源病害。以麦类（燕麦、荞麦）、谷类（谷子、糜子）和豆类作物（大豆、豌豆）作为前茬为好，因其没有与马铃薯互相传播的病害，田间杂草种类不同，病害轻，利于除草。葱、蒜、芹菜等蔬菜作物也是较好的轮作作物。或选用休闲地块，忌连作。轮作年限最好 3 年以上。

四、播种

（一）选用脱毒种薯

应选择具有本品种特征特性，外表光滑，色泽鲜艳，薯块均匀，无病、无伤、无畸形、无皱缩的脱毒种薯。合格的脱毒种薯包括原原种（G1）、原种（G2）、大田用种（G3）三级。种植者一定要按用途选择种薯级别，种薯要用正规的种薯生产企业的产品，质量应达到 GB 18133—2012 和 GB/T 29378—2012 的要求。

（二）种薯处理

因地域条件差异，可整薯播种或切块播种。

1. 种薯催芽

播前 20d 出窖，放置 15℃ 左右环境中，平摊开，适当遮阴，散射光下催芽，种薯不宜太厚，2~3 层即可，1 周后，每 2~3d 翻动 1 次，培养绿（紫）色短壮芽。催芽期间，不断淘汰病烂薯和畸形种薯，并注意观察天气变化，防止种薯冻伤。

2. 小整薯播种

小整薯一般都是幼龄薯和壮龄薯，生命力旺盛，抗逆性强，耐旱抗湿，病害少，长势好。整薯播种能避免因切刀交叉感染而发生病害，充分发挥顶芽优势，单株（穴）主茎数多，结薯数多，出苗整齐，苗全苗壮，增产潜力大。采用整薯播种首先要去除病薯、劣薯、表皮粗糙的老龄薯和畸形薯。由于小整薯成熟度不一致，休眠期不同，播前要做好催芽工作。

3. 切块及拌种

种薯的切块要在播种前 2~3d 进行，切块时要将顶芽一分为二，切块应为楔形，不要成条状或片状，每个切块应含有 1~2 个芽眼，平均单块重 30~50g，切块时注意切刀消毒。切好的薯块，用 3% 的高锰酸钾溶液加入一定的滑石粉均匀拌种，在切种前和切种时切出病薯均要用 75% 的酒精或 0.5% 的高锰酸钾水进行切刀消毒；随切随用药剂拌种，根据所防病虫害选择拌种药剂，一般情况下，采用甲基托布津+春雷霉素+克露+滑石粉＝1kg+50g+200g+20kg 拌 1 000kg 的马铃薯，可以防治马铃薯真菌和细菌性病害，拌种所用药剂与滑石粉一定要搅拌均匀，防止局部种薯发生药害。切好的种块放在阴凉通风处，经 2~3h 风凉后方可播种，忌随切随播种。

通过催芽拌种，能缩短出苗时间，减少播种后幼芽感染病源菌的机会，保证苗全、苗齐、苗壮。

（三）适期播种

适期播种是马铃薯获得高产的重要因素之一。由于各地气候有一定差异，农时季节不一样，土地状况也不尽相同。因此，马铃薯播种期不能强求一致，应根据具体情况确定。马铃薯播种过早或过迟都对生长不利，只有在适宜的播期播种，才有利于提高马铃薯的产量及经济效益。

1. 陕北一熟区播期对马铃薯生育期和产量的影响

（1）播期对马铃薯生长发育的影响　播期对马铃薯生育期有着明显的调节作用。播期每向后推迟 15d，全生育期平均缩短 12d。在陕北一熟制条件下，随着播期的推迟，生育期相应缩短。相差最大的是出苗期和开花期。产量也会因播期不适宜而受到相应影响，而其他生育阶段持续天数相差不大。这主要是前期温度相对较低，播种早的马铃薯发芽慢，生长速度放缓，成熟期较长。之后随着播种期的推迟，温度逐渐升高，出苗逐渐提前，生长加速，成熟期缩短。

（2）播期对马铃薯株高的影响　对马铃薯植株形态的影响由于播种和出苗迟早不同，不同播期处理的马铃薯植株的生长势也存在着较大差异，主要表现在株高上，说明播期愈早或愈晚，都对植株生长不利。特别是晚播，虽然后期降水较多，株高日增长量大，但是生育天数太短，限制了植株的生长。只有播期适宜，株高才能增大，才能为分枝数和叶片数的增加提供良好的空间支持，有利于光合源的扩大和光合有效面积的增大，为形成高产打下重要基础。

（3）播期对马铃薯叶面积指数的影响　叶面积指数是作物群体发育最重要的指标之一。叶片作为植物光合作用制造有机物的主要器官，叶面积指数大，利用光能就更充分，光合产物就高。叶面积指数与马铃薯产量存在很大的相关，马铃薯叶面积指数能否适时达到较合适的水平与能否获得高产是密不可分的。马铃薯叶面积指数在整个生育期的变化趋势为下开口抛物线形。开花期最大，分枝期最小。从不同播期来看，在各生育期，陕北黄土高原 4 月中下旬至 5 月初播种处理的叶面积指数最大，这也为产量的增加打下了坚实的基础。

（4）播期对马铃薯干物质积累的影响　陕北一熟区水分不足是影响马铃薯干物质积累的主要限制因子。早期植株长势弱直接影响后期生长发育，过早播种，马铃薯提前进入块茎膨大后期，地上部生长结束，而其余播期中植株仍可利用有效的温度和水分资源使地上干物重略有增加。播种至出苗阶段持续日数随播期推迟缩短，温度升高和降水增加是主要原因。超早播和早播生育期叶面积指数显著低于随后播期。播种过早，马铃薯生长前期气温偏低，苗期水分不足，不利于薯块萌芽，地上茎叶生长的关键时期处于干旱少雨，影响茎秆伸长和叶面积扩展。若推迟播期，气温升高，雨水充分，马铃薯出苗速率加快，生育中后期雨水充足，植株长势好，干物质积累快。

（5）播期对马铃薯块茎的影响 播期可以通过改变马铃薯不同生育阶段内温、水条件影响地上部同化物积累，从而间接影响地下块茎生长。过早播种，气温较低，水分不足，马铃薯地上部生长受阻，地下匍匐茎顶端膨大形成的薯数不多，单产不高；推迟播种，马铃薯地上部积累的光合同化产物可以满足地下块茎生长需求，薯数增加，虽然大薯率有下降趋势，但中小薯产量增加明显，总产量较高。

（6）播期对马铃薯产量的影响 马铃薯的产量和品质，不仅受到品种本身影响，还受到栽培技术和环境条件的影响，其中包括受气象条件影响的重要栽培措施——最佳播种期。各播期马铃薯的最终产物是块茎，块茎生长的好坏，直接影响着单位面积产量的形成。总体来看，各播期马铃薯块茎的增长过程基本一致。在生育期内均呈S形曲线生长动态。即在花序形成期以前，以地上茎叶生长为主，块茎鲜重增长则较慢；开花期以后，特别是到了盛花期，块茎鲜重累积速度明显增加。这个时期是地上部生长与地下部生长同时并进时期，地上部植株的高度已定型，茎叶的生长达到了最旺盛的时期，此时通过茎叶进行的光合产物大量地向地下部块茎运输，使块茎迅速膨大；到了生育期的后期，由于茎叶开始枯黄，叶功能减退，致使块茎鲜重日增量逐渐降低。

播期是影响产量的主要因素。以中熟品种为例，其5月中下旬至6月初播种的丰产性最好。对各播期不同生育期的气候条件进行比较表明，5月中下旬—6月初是陕北黄土高原半干旱区马铃薯的适宜播种时间。过早播种，气温较低，水分不足，马铃薯地上部生长受阻，地下匍匐茎顶端膨大形成的薯数不多，单产不高；推迟播种，马铃薯地上部积累的光合同化产物可以满足地下块茎生长需求，薯数增加，虽然大薯率有下降趋势，但中小薯产量增加明显，总产量较高。

2. 春播马铃薯的适宜播种日期

在气候变化的大背景下，根据气象资料，在一定范围内，适当提前或推后播期，以避开关键生育期高温。陕北一熟区春播马铃薯播期确定还应考虑以下几方面：一是地温。一般10cm地温稳定达到7~8℃时即可播种；二是晚霜来临的时间。陕北一熟区马铃薯春播出苗时要避免霜冻，因此当地晚霜结束前25~30d才是合适的播种期。播种过早出苗后温度不稳定，易形成梦生薯或遭受晚霜为害，播种过晚造成减产；三是降水。要使薯块形成期尽量避开高温干旱期，薯块膨大期与雨季吻合。陕北地区春旱频繁，4月、5月降水极少，一般6月开始降雨，7月、8月、9月是雨季；四是品种。早熟品种可以覆膜早播，晚熟品种或生产种薯要考虑到在早霜来临前是否能正常成熟。

（1）榆林地区马铃薯的适宜播期 ①南部丘陵沟壑区：属大陆性季风半干旱气候，平均海拔664m，年平均气温10℃，平均早霜10月上旬（绥德县，10月7日），晚霜4月中旬（绥德县，4月12日），无霜期170d左右。年均降水400~450mm，主要集中在7月、8月、9三个月，约占全年降水量的64%。春旱严重，适宜播种时期5月下旬到6月初，一般出苗后正值雨季，到早霜来临时有120d，能满足晚熟品种正常生长。②西部白于山区：属大陆性季风半干旱气候，平均海拔1 000~1 700m，年平均气温7.9℃，年均日照时数2 743.3h，无霜期130~140d。年均降水316.9mm，主要集中在7月、8月、9三个月，是榆林市人均耕地面积最多，海拔最高，无霜期最短，水资源最匮乏的地区。适宜播种时期5月中旬，可使得块茎膨大期正赶上雨季，待早霜来临时也可保证中晚熟品种正常成熟。③北部风沙滩区：属于温带半干旱大陆性季风气候，平均海拔1 200~1 500m，年平均气温8.3℃，年均日照时数2 739.9~2 914.2h，无霜期134~147d。年均降水316.4~445.0mm，该地区地势平坦、地下水资源较为丰富，灌溉条件较好，播种期不依赖降雨，4月上旬到5月下旬均可播种，一般夏马铃薯4月上旬播种，秋马铃薯5月上中旬播种，早熟到晚熟品种均可种植。

（2）延安地区马铃薯的适宜播期 ①北部丘陵沟壑区：属温带半干旱大陆性季风气候，平均海拔800m左右，年平均气温8.1~10.8℃，无霜期140~175d，降水量470~560mm，春旱较重，适宜播种时期5月下旬，到早霜来临时超过120d，能满足晚熟品种正常生长。②西北部白于山区：属温带半干旱大陆性季风气候，平均海拔1 000~1 800m，日照时数2 332~2 400.1h，年平均气温7.8~8.1℃，无霜期142~146d，降水量470mm，主要集中在7月、8月、9月三个月，适宜播种时期5月中下旬，可使得块茎膨大期正赶上雨季，待早霜来临时也可保证中晚熟品种正常成熟。③中部延河川道区：属于大陆性季风半湿润气候，平均海拔900m左右，日照时数2 400~2 566h，年平均气温8~10℃，无霜期148~170d，降水量500~550mm，适宜播种时期5月中下旬至6月上旬，错过块茎膨大期处于7月高温季节不宜结薯，也能保证晚熟品种正常成熟。④南部高原过渡区：属于温带大陆性季风半湿润气候，平均海拔650~1 200m，日照时数2 288~2 525h，年平均气温9~9.5℃，无霜期140~180d，降水量500~622mm，适宜播种时期4月中下旬，早熟品种在7月高温季节来临前就已收获。

（四）合理密植

合理的种植密度是控制马铃薯块茎大小和获得马铃薯优质高产的有效措施。马铃薯播种密度取决于品种、用途、播种方式、肥力水平等因素。早熟品种植株矮小、分枝少，播种密度大于晚熟品种；种薯生产为了提高种薯利用率，薯块要求较小，播种密度大于商品薯生产；炸条原料薯要求薯块大而整齐，播种密度要小于炸片和淀粉加工原料薯；洞地和川台地播种密度因植株长势旺盛要大于山坡地；单垄双行种植叶片分布比较合理，通风透光效果好，可以比单垄单行密度大一些，土壤肥力水平较高的地块可以比土壤肥力水平较差的地块适当增加密度。一般情况下，种薯生产的播种密度在5 000株/亩以上，早熟品种播种密度4 000~4 500株/亩，晚熟品种播种密度3 000~3 500株/亩，炸片原料薯播种密度4 000~4 500株/亩，炸条原料薯播种密度3 000~3 500株/亩，淀粉加工原料薯播种密度3 500~4 000株/亩。

金光辉等（2015）发现，马铃薯主茎数、结薯数、小薯率和产量随种植密度减小呈递减趋势，大中薯率呈递增趋势。余帮强（2012）试验表明：种植密度对马铃薯产量具有一定的影响，密度越大产量越高。但密度过高会降低单薯重，导致商品薯率下降，影响经济效益，所以适宜的密度为4 000株/亩。梁锦绣（2015）认为，适宜的马铃薯密度可提高马铃薯产量和水分利用效率，在宁南旱地马铃薯覆膜栽培条件下密度为4 000株/亩时，能有效减少土壤水分消耗，实现马铃薯高产。

（五）播种方法

马铃薯播种方法有开沟点种法、挖穴点种法和机器播种法三种。

1. 开沟点种法

在已春耕耙平整好的地上，先用犁开沟，沟深 10~15cm。随后按株距要求将备好的种薯点入沟中，种薯上面再施种肥，然后再开犁覆土。种完一行后，空一犁再点种，即所谓"隔犁播种"，行距约 50cm，依次类推，最后再耙糖覆盖。或按行距要求用犁开沟点种均可。这种方法的好处是省工省时，简便易行，速度快，质量好，播种深度一致，适于大面积推广应用。

2. 挖穴点种法

在已耕翻平好的地上，按株、行距要求先划行或打线，然后用铁锹按播种深度进行挖穴点种，再施种肥、覆土。这种播种方法的优点是行株距规格整齐，质量较好。不会倒乱上下土层，在墒情不足的情况下，采用挖穴点种有利于保墒出全苗，但是人工作业比较费工费力，只适于小面积采用。

3. 机器播种法

播种前先按要求调节好株行距，再用拖拉机作为牵引动力播种。机播的好处是速度快，行株距规格一致，播种深度均匀，出苗整齐，开沟、点种、覆土一次作业即可完成，省工省力，抗旱保墒。

马铃薯播种深度与出苗直接相关。播种深度根据土壤、种薯情况作相应调整。在陕北一熟区马铃薯播种方法主要是采用开沟条播和机器播种，挖穴点播只是偏远山区农户种植的方式。马铃薯正常播种深度一般 8~12cm，微型薯由于薯块较小，芽势较弱，播种适当浅一些；土壤湿度过大，地温较低或土壤质地过于黏重，播种也要相应浅一些；土壤质地松弛，保水性能较差的沙土播种应深一些。浅播有利于出苗，但不利于多结薯，结大薯，因此出苗后要增加培土次数，以满足结薯要求。

五、种植方式

（一）单作

单作指在同一块田地上种植一种作物的种植方式，也称为纯种、清种、净种。这种方式作物单一，群体结构单一，全田作物对环境条件要求一致，生育期比较一致，便于田间统一管理与机械化作业，是陕北一熟区马铃薯栽培的主要种植方式。一般有平作和垄作。

1. 平作

该方式适合小型机械操作，或在一些不适宜机械操作的地区，完全人力生产。采用深耕法，适当深种不仅能增加植株结薯层次，多结薯，结大薯，而且能促进植株根系向深层发育，多吸水肥，增强抗旱能力。采用犁开沟或挖穴点播，集中施肥即把腐熟的有机肥压在种薯上，再用犁覆土，种完一行再空翻一犁，第三犁再点播，这样的种植方式可克服过去因行距小、株距大而不利于通风透光的弊端，也可等行种植，并将少量的农家肥集中窝施。播种密度的大小应根据当地气候、土壤肥力状况和品种特性来确定。例如在高水肥的地块每亩密度 3 500~5 000株，丘陵沟壑区旱地密度 2 800~3 200株。苗高30cm 时进行深中耕、高培土，这样既能防止薯块露出地表被晒绿，还可防止积水过多造成块茎腐烂，促进根系发育，提高土壤微生物对有机质的分解，增加结薯量。

2. 垄作

马铃薯垄作栽培是以深松、起垄、深施肥和合理密植等技术组装集成的马铃薯综合栽培措施，比常规栽培增产15%以上，商品薯率提高20%以上。垄作的垄由高凸的垄台和低凹的垄沟组成，不易板结，有利于作物根系生长。垄作地表面积比平地增加约20%~30%，使土壤受光面积增大，吸热散热快；昼间土温可比平地增高约2~3℃，夜间散热快，土温低于平地。由于昼夜温差大，有利于光合产物的积累。垄台与垄沟的位差大，大雨后有利排水防涝，干旱时可顺沟灌溉以免受旱。因垄作的土壤含水量少于平作，有利薯块膨大。垄作还因地面呈波状起伏，垄台能阻风和降低风速；被风吹起的土粒落入邻近垄沟，可减少风蚀。植株基部培土较高，能促进根系生长，提高抗倒伏能力。有利集中施肥，可节约肥料。垄作对马铃薯有明显的增产效果。

垄的高低、垄距、垄向因土质、气候条件和地势等而异。垄距过大，不能合理密植；垄过小则不耐干旱、涝害，而且易被冲刷。垄向应考虑光照、耕作方便和有利排水、灌溉等要求，一般取南北向，垄向多与风向垂直，以减少风害。高坡地垄向与斜坡垂直和沿等高线作垄，可防止水土流失。垄的横断面近似等腰梯形，有大垄、小垄之别，大垄一般垄台高30~36cm，垄距80~100cm，应用较普遍；小垄一般垄台高18~24cm，垄距66~85cm，适合于地势高，水肥条件差的地区。

（1）垄作栽培方式

单垄单行栽培：单垄单行栽培是一种常见的栽培方式。该方式适合机械操作，适宜相对平坦的地形。但在不同的区域，种植时，垄的宽度，播种深度，播种密度是不相同的。在土地集中度高的地区，例如在榆林市北部，机械化应用程度高，实现了从种到收全程机械化，采用国际先进的电动圆形喷灌机、播种机、收获机、打药机、中耕机、杀秧机等机械，实现标准化、集约化栽培。这种生产方式，一个喷灌圈面积可达300~500亩。种植品种一般为夏波蒂、费乌瑞它等高产值的马铃薯品种，也可以用来繁殖种薯。耕地要深翻，深度35~40cm，深翻前，每亩施硫酸钾型马铃薯专用复合肥100kg左右。人工切种时切刀用75%酒精消毒，单块重35~40g，且均匀一致，去除病、烂薯；可选用甲基托布津、科博、农用链霉素等药剂配以滑石粉包衣拌种。4月底至5月初地温适宜即可播种，播种深度10~12cm，一般采用四行播种机，行距90cm，结合垄控制在85~95cm；株距因品种和土壤状况而定；不同品种，密度有所不同，一般中晚熟品种每亩3 000~3 500株，早熟品种每亩4 000株以上。即将出苗时中耕培土，中耕成垄后，使须根群和结薯层处在梯形垄的中下部，这样有利于根系充分吸收土壤养分和水分加速块茎的膨大生长，提高抗旱能力，且块茎不易出土变绿。叶面追肥结合灌溉施肥，喷灌机以100%速度喷水行走，肥料充分溶解通过根外追肥的方式均匀施入，实现了水肥一体化。收获前10d必须停水，确保收获时薯皮老化。这种栽培方式一般亩产量可达3 000kg以上。

宽垄双行栽培：该栽培方式，在各种生态区是一种常见的耕作方式，适合小型机械操作，适宜土地相对平坦的旱地、坝地等。不同的是各个地方采用的垄的宽度是不一样的。在榆林定边县和延安吴起县，一般在5月下旬播种，采用两行播种机种植，垄宽120cm，每垄2行。不同品种种植密度有所不同，一般每亩控制在2 500~3 500株。播种深度适当要深，一般 12~15cm 为宜，覆土不超过 15cm，中耕成垄。品种选用中晚熟品种克新 1 号、陇薯 3 号、冀张薯 8 号等，采用脱毒种薯。提倡小整薯播种，确需切种时切块一定要大，提高幼苗的抗旱能力。重施基肥，以有机肥和 N、P 肥为主；巧施追肥，以 N、K 肥和微量元素为主。及时中耕除草，加强病虫害防治。适时收获，收获前一周采用机械杀秧，通过预贮、晾晒，进行贮藏或销售。

（2）垄作栽培方法

①先整地后起垄：这种方法的优点是土壤松碎，播种或栽种方便。

②不整地直接起垄：这种方法的优点是垄土内粗外细，孔隙多，熟土在内，生土在外，有利于风化。

③山坡地等高起垄：优点是能增加土层深度，增强旱薄地蓄水保肥能力。

（3）起垄动力

①畜力起垄：先开沟播种，后覆土起垄，采用宽窄行种植，小行距 30cm，大行距 60~70cm，株距按需要确定。

②拖拉机起垄：大型播种机行距 90cm，株距 15~20cm，主要用于大型喷灌圈种植，播种、施肥、起垄一次完成。小型播种机大多是单垄双行种植，大行距 80~90cm，小行距 40~30cm，主要用于滴灌种植，播种、施肥、起垄、铺滴灌带、覆膜一次完成。

（二）间套作

间作是集约利用空间的种植方式。指在同一田地上于同一生长期内，分行或分带相间种植两种或两种以上作物的种植方式。间作与单作不同，间作是不同作物在田间构成人工复合群体，个体之间既有种内关系，又有种间关系。间作时，不论间作的作物有多少种，皆不增加复种面积。间作的作物播种期、收获期相同或不相同，但作物共处期长，其中至少有一种作物的共处期超过其全生育期的一半。

套作主要是一种集约利用时间的种植方式。指在前季作物生长后期的株行间播种或移栽后季作物的种植方式，也可称为套种。对比单作，它不仅能阶段性地充分利用空间，更重要的是能延长后季作物对生长季节的充分利用，提高复种指数，提高年总产量。

间作与套作都有作物共处期，不同的是前者作物的共处期长，后者作物的共处期短，每种作物的共处期都不超过其生育期的一半。套作应选配适当的作物组合，调节好作物田间配置，掌握好套种时间，解决不同作物在套作共生期间互相争夺日光、水分、养分等矛盾，促使后季作物幼苗生长良好。

马铃薯与其他作物间作套种时，如果栽培技术措施不当，必然会发生作物之间彼此争光和争水肥的矛盾。而这些矛盾之中，光是主要因素，只有通过栽培技术来使作物适应。所以间作套种的各项技术措施，首先应该围绕解决间套作物之间的争光矛盾进行考虑和设计。马铃薯间套作进行中的各项技术措施，必须根据当地气候条件、土壤条件、间套作物的生态条件，处理好间套作物群体中光、水、肥及土壤因素之间的关系，进行作物的合理搭配，以提高综合效益。

1. 间作套种原则

（1）间套作物合理搭配的原则　马铃薯与其他作物间作套种首先要考虑全年作物

的选定和前后茬以及季节的安排，还要参考当地的气象资料，如年降水量的分布及年温度变化情况。根据马铃薯结薯期喜低温的特性，选择与之相结合的最佳作物并安排最合理的栽培季节，以使这一搭配组合既最大限度地利用当地无霜期的光能又使两作物的共生期较短。例如，在延安中部延河川道作区，早熟地膜马铃薯的适宜生长期为4—6月，与其间套的作物最好是7—8月能生长的喜温作物。马铃薯与玉米的间套种是典型的模式，即3月下旬至4月上旬覆膜种早熟马铃薯，5月中旬套玉米。6月底至7月初收获地膜马铃薯，在玉米收获前可以套种萝卜，9月下旬至10月收获玉米。这样既延长了土地利用时间又实行了马铃薯与玉米的轮作。马铃薯生长旺季时，玉米正值苗期，不与马铃薯争光争肥。待马铃薯收获时，春玉米正开始拔节进入旺盛生长阶段。此时收获马铃薯正好给春玉米进行了行间松土。

（2）间套作物的空间布局要合理　间套作物的空间布局要使作物间争光的矛盾减到最小，使单位面积上的光能利用率达到最大限度。另外在空间配置上还要考虑马铃薯的培土，协调好两作物需水方面的要求，通过高矮搭配，使通风流畅，还要合理利用养分，便于收获。间套作物配置时，还要注意保证使间套作物的密度相当于纯作时的密度。另外应使间套的作物尽可能在无霜期内占满地面空间，形成一个能够充分利用光、热、水、肥、气的具有强大光合生产率的复合群体。

（3）充分发挥马铃薯早熟的优势　马铃薯在与其他作物间套种时，要充分发挥其早熟高产的生物学优势，此举关系到间套种的效益高低。在栽培措施上要采用以下措施：一是选用早熟、高产、株高较矮的品种；二是种薯处理，提前暖种晒种、催壮芽，促进生育进程；三是促早熟栽培，在催壮芽基础上，提早播种，地膜覆盖，促进早出苗，早发棵；四是中耕培土，适期合理灌溉。

2. 间作套种模式

马铃薯与粮、菜、果、药等作物均可进行间作套种，其间套模式种类繁多，各地群众也不断创新出新的模式。下面介绍几种陕北一熟区成功间套作模式。

（1）马铃薯间套玉米　一般采用双垄马铃薯与双垄玉米宽幅套种，幅宽一般采用140cm。马铃薯按行株距60cm×20cm播种两行，玉米按行株距40cm×30cm播种两行，玉米与马铃薯行距为20cm。马铃薯选用早熟品种费乌瑞它，提前做好种薯催芽处理，终霜前一个月及早播种，争取早出苗早收获。马铃薯苗齐后播种玉米。这种间套方式的优点是，马铃薯利用了玉米播种前的冷凉季节，玉米利用了不适于马铃薯生长的高温季节，延长了作物对光能利用的时间。

（2）马铃薯间套大豆　马铃薯与大豆的间套模式一般采用双垄马铃薯与双行大豆间套。总幅宽为160cm，内种两行大豆和两行马铃薯。马铃薯的行株距为50cm×20cm，大豆行株距为40cm×20cm，大豆与马铃薯的行距为35cm。这种模式有利于田间管理。在大豆苗期不需要浇水时，可在马铃薯垄间浇水，在大豆田行间进行中耕。这样可以解决在共同生长时期内，马铃薯结薯需水多，而大豆在苗期需勤中耕提高地温少浇水的矛盾。在品种选择上，马铃薯应选择早熟品种，播种前进行催芽处理，催壮芽，适时早播，尽量缩短与大豆的共同生长时间；大豆应选择株型紧凑直立性强的品种，如延安地区采用中黄30大豆品种较好。

（3）幼龄果园马铃薯间作栽培 苹果是陕北地区的农业支柱产业，但新栽植的果园1~3年内没有经济效益，利用幼龄果树树冠较小的特点，与马铃薯实行间作，可达到充分利用土、肥、水、光、热等资源，果树不减产，且多收一茬马铃薯。一般亩产马铃薯1 500kg，亩收入1 200元。其技术要点是：前茬选择禾谷类或豆类作物，结合秋耕亩施农家肥3 000~4 000kg，深耕整地。在保证果树1.5m营养带的前提下，采用宽窄行规格划行，宽行60cm，窄行30~40cm。覆膜时在宽行起高10~15cm，膜面50cm宽垄。选择早熟、高产、抗逆性强、适宜间作套种的品种，按规格切种和种薯处理，当地气温稳定在5~7℃为适宜播种期，川区一般于5月上旬播种，塬区于5月中下旬播种，利用打孔器呈"品"字形打孔播种，株距30~35cm，亩留苗3 000~3 500株。加强田间管理，防治病虫害。适期收获，及时清除废膜及马铃薯茎叶，以防污染土壤及病虫为害幼树。

3. 马铃薯间作套种技术的效益

马铃薯生育期短，喜冷凉，因此与其他作物共生期短，可以合理地利用土地资源、气候资源和人力资源，大幅度提高单位面积的产量，获得较好的经济效益、社会效益和生态效益，所以受到生产者的欢迎。尤其中国存在人口与土地两大问题的压力，利用马铃薯与其他作物进行间作套种这一种植模式，必将作为一种新的栽培制度纳入到中国的耕作制度之中。

马铃薯与粮、油、菜、果等作物间作套种，其他作物基本不减产，还可多收一季马铃薯，其效益是多方面的。马铃薯与其他作物间作套种一是提高光能利用率，单位面积上作物群体茎叶截获的太阳辐射用于光合生产，光合生产率的高低决定产量的高低。间作套种的作物茎叶群体分布合理，可以有效地提高太阳能的利用率，特别是间作套种使边际效应增大，有利于通风透光，因而可以提高单位面积的产量。二是马铃薯的根系分布较浅，与根系分布较深的粮棉作物间作套种，可分别利用不同土层的养分，充分发挥地力。三是间作套种可以减缓土壤冲刷，保持水土和减轻病虫害的为害。由于间作套种错开了农时，可以减轻劳力和肥料的压力。四是间作套种可以提高土地利用率，使陕北一作区变为一年二作从而有效地提高单位面积的产量，增加了经济效益。

间作套种不是陕北一熟区的主要种植方式，但可有条件地应用。例如范宏伟等（2015）试验表明，间套作可以充分利用生长季节，利用垄沟内空地套种豌豆，可以使一熟制地区一年一收成为一年两收，提高了光、热、水、肥和土地利用率。再如：延安市宝塔区南泥湾赛江南农民专业合作社种植220亩早熟地膜马铃薯（LK99）套种玉米（郑糯黄2号）栽培模式，亩产马铃薯鲜薯1 500kg，产玉米棒3 000穗，亩收入达3 600元；子长县千亩地膜马铃薯（费乌瑞它）套种玉米（郑单958）模式，亩产马铃薯2 245kg，产玉米624.5kg，亩产值达3 800元；国家大豆产业技术体系延安综合试验站在甘泉县开展马铃薯（费乌瑞它）套种大豆（中黄30）200亩，示范"新优品种、间作套种、垄作栽培、机械作业、病虫统防"五大技术，测产马铃薯亩产1 620kg，大豆140kg亩产，效益十分可观。

（三）轮作

轮作指在同一田块上有顺序地在季节间和年度间轮换种植不同作物或复种组合的种

植方式。马铃薯轮作方式很多，在不同地区根据当地作物有不同的轮作方式。如在陕北一熟区，轮作方式是年度间轮作，一般是马铃薯与玉米、大豆、谷子、糜子、荞麦等作物之间年度轮换种植。

倒茬也叫换茬，主要指不定期、不规则地轮作。轮作和倒茬有不同，但轮作和倒茬在轮换种植不同作物方面的意义是相同的。所以，习惯称轮作倒茬。

1. 马铃薯连作的弊端

马铃薯为茄科作物，不适宜连作。但在马铃薯一熟区，马铃薯连作现象比较普遍。尤其是在一些无霜期短的地区，马铃薯连作特别严重，因为在这些区域只能种植马铃薯、荞麦、燕麦、油菜等生育期较短的作物，其中马铃薯单位面积的产值最高，为了追求效益，使得不少农民连年种植马铃薯。另一个主要原因是农民并没有意识到长期连作会导致商品薯品质、产量下降。马铃薯连作主要存在以下弊端。

（1）土壤微生物群落不合理　在正常轮作种植情况下，土壤中有益菌、中性菌和有害菌三类微生物的数量及比例处于动态平衡之中，有害微生物虽有可能存在，但不会成为土壤中的优势种群，因此，不会影响作物正常生长。作物连作种植后，由于存在合适的寄主及适宜的生长环境，一些病原菌便迅速大量繁殖，最终成为土壤中的优势种群，进而影响作物生长，引发土传病害。秦越等（2015）研究表明，马铃薯连作使根际土壤中芽孢杆菌属等有益菌属的细菌减少，罗尔斯通菌属等致病菌属的细菌增加。连作导致马铃薯根际土壤细菌多样性水平降低，真菌多样性水平升高，根际土壤微生物多样性存在着明显差异，破坏了根际土壤微生物群落的平衡，使其根际土壤微生态环境恶化。

（2）土壤中酶活性降低　土壤酶活性为土壤生物学性质研究的重要内容。连作现象显著制约着酶活性。白艳茹等（2010）研究表明，马铃薯栽培中，土壤蔗糖酶和脲酶活性随着连作年限增加呈下降趋势，而土壤中性磷酸酶和过氧化氢酶活性在不同茬次间无显著差异。

（3）病虫害积累　同一种作物寄生的病虫害有相对的专一性。连作为病虫害提供了有利条件，实际中也观察到许多因连作导致病虫害爆发的实例，如马铃薯连作，导致土传病害发生严重，在榆林市定边县和延安市子长县，马铃薯连作导致疮痂病发生逐年加重；在内蒙古及河北坝上地区，随着马铃薯的轮作周期的缩短，粉痂病的发生越来越严重。

（4）作物营养不平衡　特别是某些营养匮乏。作物正常生长发育离不开营养物质。按照李比西矿物质营养理论，任何植物要完成生命过程，必须吸收16种矿物质元素，虽然需要量差异很大，但每一种营养元素同等重要。连作一方面会导致某些营养元素的匮乏，若这些匮乏营养元素得不到及时补充则会影响作物的健康生长，从而引发连作障碍；而另一些作物不需要的元素则会在土壤中过量积累，发生次生盐渍化等现象，同样会导致连作障碍的发生。连作马铃薯土壤中速效氮、磷、钾含量均下降，刘存寿（2009）研究表明，营养缺乏，特别是有机营养缺乏是马铃薯连作障碍形成的根本原因。

2. 马铃薯轮作的优点

马铃薯与水稻、麦类、玉米、大豆等禾谷类和豆类作物轮作比较好，主要有以下优点。

（1）改善土壤生物群落　可以改善土壤微生物群落、增加细菌和真菌数量、提高微生物活性，减少病害的发生。曹莉等（2013）试验表明，轮作豆科牧草可使土壤中好气性固氮菌数量最高增加 283.69%，脲酶活性最高增加 6.4 倍，碱性磷酸酶活性和过氧化氢酶活性均显著提高。

（2）保持、恢复及提高土壤肥力　马铃薯消耗土壤中的 K 元素较多，禾谷类作物需要消耗土壤中大量 N 素，豆类作物能固定空气中的游离 N 素，十字花科作物则能分泌有机酸。将这些作物与马铃薯轮作可以保持、恢复和提高土壤肥力。秦舒浩等（2014）试验结果是轮作天蓝苜蓿、陇东苜蓿、箭筈豌豆均能提高马铃薯 2 年以上连作田土壤的有效氮含量，提高 3 年以上连作田土壤有效磷含量。

（3）均衡利用土壤养分和水分　不同作物对土壤中的营养元素和水分吸收能力不同，如水稻、小麦等谷类作物吸收 N、P 多，吸收 Ca 少；豆类作物吸收 P、Ca 较多。这样不同的作物轮作能均衡利用各种养分，充分发挥土壤的增产潜力。深根作物与浅根作物轮作可利用不同层次土壤的养分和水分。杜守宇等（2016）报道，在半干旱区马铃薯与豆类作物换茬轮作，能恢复提高土壤的肥力和蓄水能力。据测定，豆茬比连作麦茬有机质增加 2.3g/kg，含氮增加 0.12g/kg，速效氮增加 12.5mg/kg，速效磷增加 1.77mg/kg，增加了土壤蓄水保墒能力，提高了水分有效利用率，春播前测定，0~200cm 土层内土壤贮水量比麦茬地多 12.6mm，比胡麻茬多 28.68mm，为马铃薯的生长发育创造了良好的土壤条件，玉米被安排为马铃薯的前作，玉米施肥量充足又是地膜栽培，留膜留茬过冬，早春清理残膜后，整地种植马铃薯，土壤含水量高，比秋耕地土壤含水量高 2.9 个百分点，而且杂草少，病虫害轻，同时也稳定了玉米面积。

（4）减少病虫草害　轮作可以改变病菌寄生主体，抑制病菌生长从而减轻为害。实行轮作，特别是水旱轮作可以改变杂草生态环境，起到抑制或消灭杂草滋生的作用。董爱书等（2009）研究表明，马铃薯与玉米和豆科作物轮作倒茬，可降低疮痂病、根结线虫病的发生几率，减少病虫草害的为害。

（5）合理利用农业资源　根据作物生理及生态特性，在轮作中合理搭配前后作物，茬口衔接紧密，既有利于充分利用土地和光、热、水等自然资源，又有利于合理均衡地使用农具、肥料、农药、水资源及资金等社会资源，还能错开农忙季节。

3. 轮作的产量效应

轮作倒茬能提高马铃薯 2 年以上连作田土壤有效 N 含量，显著提高 3 年以上连作田土壤速效 P 含量，可提高 3~4 年连作田土壤速效 K 含量。轮作倒茬豆科植物使不同连作年限马铃薯连作田土壤电导率（EC 值）显著下降，说明实施马铃薯与豆科植物轮作倒茬对防治马铃薯连作田土壤盐渍化有显著的效果。轮作倒茬豆科植物使连作田土壤脲酶、碱性磷酸酶和过氧化氢酶活性均显著提高。从第 2 年连作开始，轮作倒茬豆科植物对后茬马铃薯产量产生明显影响，第 3、4 年连作期间，倒茬对后茬马铃薯增产效果较显著。

合理的轮作倒茬有很高的生态效益和经济效益，能有效减轻病、虫的为害，也是综合防除杂草的重要途径。因不同作物栽培过程中所运用的不同农业措施，对田间杂草有不同的抑制和防除作用。还能均衡利用土壤养分，保证土壤养分的均衡利用，避免其片面消耗，调节土壤肥力，疏松土壤、改善土壤结构；另外，轮种根系伸长深度不同，深根作物可以利用由浅根作物溶脱而向下层移动的养分，并把深层土壤的养分吸收转移上来，残留在根系密集的耕作层。同时轮作倒茬可借根瘤菌的固氮作用，补充土壤氮素。

六、覆膜栽培

马铃薯覆膜栽培包括全膜覆盖栽培、膜侧沟播栽培和膜下滴灌栽培等方式（见本章第二节）。

七、田间管理

（一）按生育阶段管理

马铃薯的生长发育过程可分为发芽、幼苗、块茎形成、块茎膨大、淀粉积累和块茎成熟六个生育阶段。不同生育阶段生长发育中心、生育特点以及对环境条件的要求各不相同。

1. 发芽阶段

从种薯解除休眠，芽眼处开始萌芽、抽生芽条，直至幼苗出土为马铃薯的发芽阶段。该时期器官建成的中心是根系的形成和芽条的生长，同时伴随着叶、侧枝和花原基等的分化，为主茎的第一段生长。所以，该阶段是马铃薯发苗、扎根、结薯和壮株的基础，也是产量形成的基础，其生长的快慢与好坏，关系到马铃薯的保苗、稳产高产与优质。

在发芽阶段，种薯自身的营养和含水量就足够该阶段生长需求，但当土壤极端干燥时，种薯虽能萌发，幼芽和幼根却不能伸长，也不易顶土出苗。所以播种时要求土壤应保持适量的水分和具备良好的通气状态，以利芽条生长和根系发育。

本阶段影响生长发育的主要目标是温度。马铃薯块茎发芽的最适温度是18℃。块茎播种后，在土温不低于4℃时，即可萌动但不伸长，在5~7℃时，幼芽生长缓慢不易出土，12℃以上时，幼芽生长迅速而苗壮，超过36℃时，常造成烂种。所以，生产上应注意适期播种。该阶段管理要点以中耕、除草等措施提高地温、保墒，促进马铃薯根系纵深发展，增强根系对水肥的吸收能力。同时，及时查苗补苗，确保苗齐苗全，为丰产丰收打好基础。

2. 幼苗阶段

从马铃薯幼芽露出地面到顶端孕育花蕾、侧生枝叶开始发生的阶段。出苗到早熟品种（费乌瑞它）第6叶或中晚熟品种（克新1号）第7~8叶展平的时候，即完成一个叶序的生长，叫团棵，是主茎的第二段生长，为马铃薯的幼苗期。进入幼苗期后，仍以茎叶和根的生长为中心，但生长量不大，如茎叶干重只占一生总干重3%~4%。展叶速度很快，平均每两天增加一片新叶，同时，根系向纵深扩展。

在第二段生长时期，第三段的茎叶已分化完成，顶端孕育花蕾，侧生枝叶开始发生。匍匐茎在出苗后一周左右发生，开始现蕾时，匍匐茎数不再增加。最适温度是18~21℃，高于30℃或低于7℃茎叶就停止生长，在-1℃就会受冻，在-4℃则冻死。该时期是承上启下的时期，一生的同化系统和产品器官都在此期分化建立，是进一步繁殖生长、促进产量形成的基础。对水分十分敏感，要求有充足的N肥，适当的土壤湿度和良好的通气状况。该阶段以促根、壮苗为主，保证根系、叶片和块茎的协调分化与生长。因此，该阶段应早浇苗水和追肥，并加强中耕除草，以提温保墒，改善土壤通透状况，从而促使幼苗迅速生长。

3. 块茎形成阶段

当马铃薯主茎生长7~13片叶时，主茎生长点开始孕育花蕾，侧枝开始发生，匍匐茎顶端停止极性生长、开始膨大，即标志幼苗期的结束和块茎形成期开始。这一时期是马铃薯由单纯的营养生长转入营养生长和生殖生长同时并进的阶段，即由地上部茎叶生长为中心转入地上部茎叶生长与地下块茎形成同时并进的阶段。是马铃薯对营养物质的需求量骤然增多的阶段，也是决定马铃薯块茎多少的关键时期，这一时期的生长中心是块茎的形成。从孕蕾到初花，约需20~30d。该期保证充足的水肥供应，及时中耕培土，防止氮素过多，通过播期及其他栽培技术调节温度和日照，是夺取丰产的关键。

4. 块茎膨大阶段

当地上部主茎出现9~17片叶，花枝抽出并开始开花时，即标志块茎形成期的结束和块茎膨大期开始。此时马铃薯块茎的体积和重量迅速增长，在适宜条件下每窝每天可增20~30g，约为块茎形成期5~9倍。这一时期的生长期中心是块茎体积和重量的增长，是决定块茎大小的关键时期，对经济产量形成具有决定作用。膨大期的长短受气候条件、病害和品种的熟期等因素影响。此期地上部生长也很迅速，茎叶生长迅速达到高峰。据测定，马铃薯的最适叶面积指数为3.5~4.5。在茎叶高峰出现前，块茎与茎叶鲜重的增长呈正相关。该期是马铃薯一生中需肥需水最多的时期，达到一生中吸收肥、水的高峰。因此，充分满足该期对肥水的需要，是获得块茎高产的重要保证。该期的关键农艺措施在于尽力保持根、茎、叶不衰，有强盛的同化力以及加速同化产物向块茎运转和积累。有浇水条件的地方，应在开花期进行浇水，7~10d浇一次，促进块茎迅速膨大，不能浇的太晚，以免造成徒长，遇涝或降雨过多，应排水。无灌水条件的地方，应抓住降水时机，追施开花肥，开花肥以N、K肥为主。

5. 淀粉积累阶段

开花结果后，茎叶衰老至茎叶枯萎阶段，茎叶生长缓慢直至停止，植株下部叶片开始枯萎，进入块茎淀粉积累期，此期块茎体积不再增大，茎叶中贮藏的养分继续向块茎转移，淀粉不断积累，蛋白质、微量元素相应增加，糖分和纤维素逐渐减少。块茎重量迅速增加，周皮加厚，当茎叶完全枯萎，薯皮容易剥离，块茎充分成熟，逐渐转入休眠。此期特点是以淀粉积累为中心，淀粉积累一直继续到叶片全部枯死前。栽培上既要防茎叶早衰，也要防水分、N肥过多，造成贪青晚熟，降低产量与品质。此外，陕北一熟区，还要做好预防早霜的工作。

6. 块茎成熟阶段

在生产实践中，马铃薯没有绝对的成熟期。收获时期决定于生产目的和轮作中的要求，一般当植株地上部茎叶枯黄，块茎内淀粉积累充分，块茎尾部与连着的匍匐茎容易脱落不需用力拉即与连着的匍匐茎分开，块茎表皮韧性较大、皮层较厚、色泽正常时，即为成熟收获期。收获时要选择晴天进行，以防晚疫病菌等病害侵染块茎。留种田在收获前可提前杀秧，并提早收获，以减少病毒侵染块茎的机会。收获后在田间晾晒3～5d，剔除泥土、绿薯、霉烂薯、挑选无破损、无病害的健薯入窖。

（二）定苗和中耕

1. 定苗

马铃薯出齐后，要及时进行查苗，有缺苗的及时补苗，以保证全苗。播种时将多余的薯块密植于田间地头，用来补苗。补苗时，缺穴中如有病烂薯，要先将病薯和其周围土挖掉再补苗。土壤干旱时，应挖穴浇水且结合施用少量肥料后栽苗，以减少缓苗时间，尽快恢复生长。如果没有备用苗，可从田间定苗时选取多苗的穴，自其母薯块基部掰下多余的苗，进行移植补苗。补栽时，一定要深挖露出湿土，保证苗根与湿土相接。补栽时间一定要早，阴雨天前补栽效果更好，遇到干旱天，水栽苗成活率更高。定苗密度要做到：早熟品种密度大于晚熟品种，种薯生产密度大于商品薯生产，炸条原料薯密度要小于炸片和淀粉加工原料薯，洞地和川台地密度大于山坡地，单垄双行种植密度大于单垄单行，土壤肥力水平较高的地块可以适当增加密度。一般情况下，种薯生产留苗密度在5 000株/亩以上，早熟品种留苗密度4 000～4 500株/亩，晚熟品种留苗密度3 000～3 500株/亩，炸片原料薯留苗密度4 000～4 500株/亩，炸条原料薯留苗密度3 000～3 500株/亩，淀粉加工原料薯留苗密度3 500～4 000株/亩。

2. 中耕

中耕除草的好处很多，适时中耕除草可以防止"草荒"，减少土壤中水分、养分的消耗，促进薯苗生长；中耕可以疏松土壤，增强透气性，有利于根系的生长和土壤微生物的活动，促进土壤有机物分解，增加有效养分；在干旱情况下，浅中耕可以切断毛细管，减少水分蒸发，起到防旱保墒作用，土壤水分过多时，深中耕还可起到松土晾墒的作用；在块茎形成期和膨大期，深中耕、高培土，不但有利于块茎的形成膨大，而且还可以增加结薯层，避免块茎暴露地面见光变绿。总之，通过合理中耕，可以有效地改变马铃薯生长发育所必需的土、肥、水、气等条件，从而为高产打下良好的基础。"锄头上有水，锄头下有火""山药挖破蛋，一亩起一万"，充分说明中耕培土的重要作用。

马铃薯具有苗期短，生长发育快的特点。培育壮苗的管理特点是疏松土壤，提高地温，消灭杂草，防旱保墒。促进根系发育，增加结薯层次。所以，中耕培土是马铃薯田间管理的一项重要措施。结薯层主要分布在10～15cm深的土层里，疏松的土层有利于根系的生长发育和块茎的形成膨大。

中耕培土的时间、次数和方法，要根据各地的栽培制度、气候和土壤条件决定。陕北一熟区马铃薯一般中耕培土2～3次。春播马铃薯播种后生长时间长，容易形成地面板结和杂草丛生，所以出齐苗后就应及时进行第一次中耕除草，这时幼苗矮小，浅锄既可以松土灭草，又不至于压苗伤根。在春季干旱多风的陕北地区，土壤水分蒸发快，浅锄可以起到防旱保墒作用。现蕾期进行第二次中耕浅培土，以利匍匐茎的生长和形成。在植株封垄前进行第三次中耕兼高培土，以利增加结薯层次，多结薯、结大薯，防止块茎暴露地面晒绿，降低食用品质。最终使垄的高度达到 15~20cm，培成宽而高的大垄。对于马铃薯一季作区的干旱地，在刚进入雨季就开始培土；地膜覆盖马铃薯，出苗后要及时破膜放苗，并用土将破膜处封严，当苗高 10cm 左右时将膜揭掉，进行中耕培土。

（三）科学施肥

"有收无收在于水，收多收少在于肥"，肥料是作物的粮食。马铃薯正常的生产发育需要十余种营养元素，除 C、H、O 是通过叶子的光合作用从大气和水中得来的之外，其他营养元素 N、P、K、S、Ca、Mg、Fe、Cu、Mn、B、Zn、Mo、Cl 等都是通过根系从土壤中吸收来的，它们对于植物的生命活动都是不可缺少的，也不能互相代替，缺乏任何一种都会使生长失调，导致减产、品质下降。N、P、K 是需要量最大，也是土壤最容易缺乏的矿物质营养元素，必须以施肥方式经常加以补充。一般亩产 2 000kg 产量需要 N 素 10kg，P 素 4kg，K 素 23kg，Ca 素 6kg，Mg 素 2kg。

马铃薯施肥，一般以"有机肥为主，化肥为辅，重施基肥，早施追肥"为原则。

1. 重施有机肥

（1）有机肥料定义和作用 有机肥料是指含有有机物质，既能提供农作物多种无机养分和有机养分，又能培肥改良土壤的一类肥料。其特点有：原料来源广，数量大；养分全，含量低；肥效迟而长，须经微生物分解转化后才能为植物所吸收；改土培肥效果好。

有机肥料中的主要物质是有机质，施用有机肥料增加了土壤中的有机质含量。有机质可以改良土壤物理、化学和生物特性，熟化土壤，培肥地力。中国农村的"地靠粪养、苗靠粪长"的谚语，在一定程度上反映了施用有机肥料对于改良土壤的作用。施用有机肥料既增加了许多有机胶体，同时借助微生物的作用把许多有机物也分解转化成有机胶体，这就大大增加了土壤吸附表面，并且产生许多胶黏物质，使土壤颗粒胶结起来变成稳定的团粒结构，提高了土壤保水、保肥和透气的性能以及调节土壤温度的能力。

（2）有机肥料种类 包括农家肥、商品有机肥、腐殖酸类肥料。农家肥，将人畜粪便以及其他原料堆制而成，常见的有厩肥、堆肥、沼气肥、熏土和草木灰等。商品有机肥一般是生产厂家经过生物处理过的有机肥，其病虫害及杂草种子等经过了高温处理基本死亡，有机质含量高。腐殖酸类肥料是利用泥炭、褐煤、分化煤等原料加工而成。这类肥料一般含有机质和腐殖酸，N 的含量相对比 P、K 要高，能够改良土壤，培肥地力，增强作物抗旱能力以及刺激作物生长发育。

（3）有机肥料施用时期、用量和方法 有机肥、P 肥全部作基肥。N 肥总量的 60%~70% 作基肥，30%~40% 作追肥。K 肥总量的 70%~80% 作基肥，20%~30% 作追肥。P 肥最好和有机肥混合沤制后施用。基肥用量一般占总施肥量的 2/3 以上，一般为每亩 1 500~3 000kg。施用方法依有机肥的用量及质量而定，一般采取撒匀翻入，深耕整地时随即耕翻入土。P、K 化肥在播种时种薯间施入，或种薯行间空犁沟施入。

在农业方面，提高化肥利用率。在保证作物产量的前提下，增加有机肥料的施入量，实现减少化肥消耗量，逐步建立有机肥田，对于减少化肥生成过程中的 CO_2 排放和保护环境都具有重要的作用。

2. 辅助施用无机肥料

是指工厂制造或自然资源开采后经过加工的各种商品肥料，或是作为肥料用的工厂的副产品，是不包含有机物的各种矿质肥料的总称。在农作物生长发育所必不可缺少的 16 个元素中，C、H、O 三大素由大气中源源不断供给而不需要人为的多去施入。共占作物体干重的 95% 以上，而要人为大量施入和大量提供的无机物矿质元素约占植物总量的 4%~5%。

（1）氮、磷、钾"三要素" 约占 2.75%。马铃薯是喜肥的高产作物，要高产当然少不了 N、P、K 三要素养分。根据试验分析结果，每生产 1 000kg 块茎，需要吸收 N 素 5.5kg、P 素 2.2kg、K 素 10.2kg。可见马铃薯对三要素养分的需要量是非常高的，以 K 元素为主，N 素其次，P 素较少。追肥应根据马铃薯需肥规律和苗情进行，宜早不宜晚，宁少毋多。

——氮：需要量占 1.55%，是促进叶片生长的主要元素。缺 N 马铃薯植株生长缓慢且矮小。缺 N 症状首先出现在基部叶片，并逐渐向上部叶片扩展，叶面积小，淡绿色到黄绿色，叶片褪绿变黄先从叶缘开始，并逐渐向叶中心发展，中下部小叶边缘向上卷曲，有时呈火烧状，提早脱落。缺 N 马铃薯植株茎细长，分枝少，生长直立。

N 素分为铵态氮、硝态氮、酰胺态氮三种，性质有明显的区别，施入方法也不尽相同。

铵态氮：即 N 素以 NH_4^+ 或 NH_3 的形成存在，例如氨水、硫酸铵、碳酸氢铵、氯化铵。易被土壤吸附，流失较少，既可做基肥又可作追肥。

硝态氮：即 N 素以 NO_3-N 的形态存在，如硝酸钠、硝酸钙、硝酸铵。不能为土壤所吸附，施入土壤后，只能溶于土壤溶液中，随土壤水移动而移动，灌溉或降雨时容易淋失，一般只适宜作追肥，不适宜做基肥。

酰胺态氮：即 N 素以 $-CO-NH_2$ 的形态存在或水解后能生成酰胺基的 N 肥，如尿素，氰氨化钙。适宜于各种土壤和作物，既可作基肥，也可作追肥。

——磷：需要量占 0.2%，是保证结果、结籽使作物生长出好产品的主要元素。缺 P 马铃薯植株瘦小、僵立，严重时顶端停止生长，叶片、叶柄及小叶边缘稍有皱缩，下部叶片向上卷，叶缘焦枯，叶片较小，叶色暗绿，无光泽，老叶提前脱落，块茎有时产生一些锈棕色斑点，块茎品质变差。

有效磷（中性柠檬酸铵溶性磷）分为水溶性磷、枸溶性磷（也称为 EDTA 溶性磷）、难溶性磷 3 种。水溶性磷肥效快，适用于各种作物各种土壤，既可以作基肥，又可作追肥。枸溶性磷也称为弱酸溶性磷肥，适宜于中性或酸性土壤上施用，在石灰性土壤上施用效果较差，一般只作基肥。难溶性磷的溶解度低，只能溶于强酸，因此只在土壤酸度和作物根的作用下，才可逐渐溶解为作物吸收，但过程十分缓慢。

——钾：需要量占 1%，是保证作物茎秆生长的元素。施用 K 素，可以增强作物的抗倒伏性和抗旱性。马铃薯缺 K 时生长缓慢，缺 K 症状一般到块茎形成期才呈现出来，上部节间缩短，叶面积缩小。小叶排列紧密，与叶柄形成的夹角小，叶面粗糙、皱缩并向下卷曲。缺 K 早期叶尖和叶缘暗绿，以后变黄，再变成棕色，逐渐扩展到整个叶片；接着老叶的脉间褪绿，叶尖、叶缘坏死，下部老叶干枯脱落。严重缺 K 时植株呈"顶枯"状，茎弯曲变形，叶脉下陷，有时叶脉干枯，甚至整株干死。块茎内部带蓝色。

K 肥主要有硫酸钾、氯化钾、碳酸钾，其中硫酸钾和碳酸钾适用于各种作物和土壤，而氯化钾不宜在忌氯作物和盐渍土上施用。

（2）钙、镁、硫"三中素"　约含 0.8%。

——钙：需要量占 0.5%。是细胞壁的组成成分，主要作用是促使长根和抑制根病的发生。缺 Ca 马铃薯植株幼叶变小，叶边缘出现淡绿色条纹，叶片皱缩或扭曲，叶缘卷曲，其后枯死。茎节间缩短，严重时顶芽死亡，侧芽向外生长，呈簇生状。块茎的髓中有坏死斑点，易生畸形成串小块茎。

Ca 肥的主要品种是石灰，包括生石灰、熟石灰和石灰石粉；石膏及大多数磷肥，如钙镁磷肥、过磷酸钙等和部分 N 肥如硝酸钙、石灰氮。

——镁：需要量占 0.2%，Mg 元素是农作物生长发育的主要元素。缺 Mg，作物生长缓慢，就会出现小老苗现象。马铃薯轻度缺 Mg 时，症状表现为从中、下部节位上的叶片开始，叶脉间失绿而呈"人"字形，而叶脉仍呈绿色，叶簇增厚或叶脉间向外突出，厚而暗，叶片变脆。随着缺 Mg 程度的加大，从叶尖、叶缘开始，脉间失绿呈黄化或黄白化，严重时叶缘呈块状坏死、向上卷曲，甚至死亡脱落。

Mg 肥分水溶性 Mg 肥和微溶性 Mg 肥。前者包括硫酸镁、氯化镁、钾镁肥；后者主要有磷酸镁铵、钙镁磷肥、白云石和菱镁矿。不同类型土壤的含 Mg 量不同，因而施用 Mg 肥的效果各异。通常，酸性土壤、沼泽土和沙质土壤含 Mg 量较低，施用 Mg 肥效果较明显。

——硫：需要量占 0.1%，S 能促进叶绿素的形成；S 参与固氮过程，提高肥料利用率。缺 S 的马铃薯植株生长缓慢，叶片、叶脉普遍黄化，与缺 N 类似，但叶片并不提前干枯脱落，黄化首先出现在上部叶片上，缺 S 严重时，叶片上出现褐色斑点。

S 肥主要的种类有硫磺（即元素硫）和液态二氧化硫。它们施入土壤以后，经氧化硫细菌氧化后形成硫酸，其中的硫酸根离子即可被作物吸收利用。其他种类有石膏、硫铵、硫酸钾、过磷酸钙以及多硫化铵和硫磺包膜尿素等。

在田间，作物除从土壤和 S 肥中得到 S 外，还可通过叶面气孔从大气中直接吸收 SO_2（来源于煤、石油、柴草等的燃烧）；同时，大气中的 SO_2 也可通过扩散或随降水而进入土壤—植物体系中。在决定 S 肥施用量时须考虑这些因素。

（3）硼、锰、锌、铜、钼、铁、氯"七微素"　约占 0.03%。作物所需要的七微素用量极微，而且过量还会有毒害。虽然一般各占植物干重的 0.001%~0.00001%，但也缺乏不得。例如，缺 Fe 则叶绿素不能合成，影响光合作用，进而影响马铃薯产量；缺 B 马铃薯植株生长点及分枝尖端死亡，节间缩短，侧芽呈丛生状，根部短粗呈褐色，易死亡，块茎矮小而畸形，维管束变褐、死亡，表皮粗糙有裂痕。张文忠等（2015）试验表明，每生产 500kg 马铃薯块茎，需要 N 素 2.5kg、P 素 1kg、K 素 4.5kg。对 Ca、Zn、B、Cu、Mg 等微量元素也有一定需求。杜长玉等（2000）研究表明：不同微肥对马铃薯产量、产量性状、生育性状及生理指标的影响不同，但都有效果，其位次是 B、Cu、Zn、Mo、Mn，性状之间具有极显著的相关性和一致性。

（4）追肥的时期及用量　追肥要结合马铃薯生长时期进行合理施用。一般在开花期之前施用，早熟品种最好在苗期施用，中晚熟品种在现蕾期施用较好。主要追施 N 肥及 K 肥，补充 P 肥及微量元素肥料，开花后原则上不应追施 N 肥，否则施肥不当造成茎叶徒长，阻碍块茎形成、延迟发育，易产生小薯和畸形薯，干物质含量降低。追肥方法可沟施、穴施或叶面喷施，土壤追肥应结合中耕灌溉进行。

追肥量因土壤肥力、种植密度、品种类型等差异很大，要依具体情况而定。一般在第二次中耕后，灌第一水之前进行第一次追肥，每亩用尿素 10~15kg 对水浇施。早熟品种在苗高 10cm、中晚熟品种苗高 20cm 时开始追肥。生长后期若植株早衰可以喷施 0.3%~0.5%的磷酸二氢钾溶液 50kg，每 10~15d 喷一次，连喷 2~3 次。干旱严重时应减少化肥用量，以免烧根或损失肥效。

适当根外追肥：马铃薯对 Ca、Mg、S 等中、微量元素要求较大，为了提高品质，可结合病虫害防治进行根外追肥，亩用高乐叶面肥 200g400 倍液喷施，前期用高 N 型，以增加叶绿素含量，提高光合作用效率；后期距收获期 40d，采用高 K 型，每 7~10d 喷一次，以防早衰，加速淀粉的累积。马铃薯对 B、Zn 比较敏感，如果土壤缺 B 或缺 Zn，可以用 0.1%~0.3%的硼砂或硫酸锌根外喷施，一般每隔 7d 喷一次，连喷两次，每亩用溶液 50~70kg 即可。通过根外追肥可明显提高块茎产量，增进块茎的品质和耐贮性。

根据马铃薯需肥特点，农户可根据土地状况，包括土壤肥力、投入肥料的资金能力、灌溉等条件来确定使用肥料的种类、施入数量、施肥时间和施肥方法。本着经济有效、促早熟高产的目的，应确定以农家肥作底肥为主，化肥作追肥为辅的原则。化肥使用须 N、P、K 配合，前期追肥一般不宜单追尿素，特别是结薯之后不应盲目追 N，易造成浪费和相反效果。增施 P 肥促早熟高产，缺 K 地区施 K 肥增产相当明显。

3. 钾肥的作用

K 是作物生长必需元素，在维持细胞内物质正常代谢、酶活性增加、促进光合作用及其产物的运输和蛋白质合成等生理生化功能方面发挥着重要作用。易九红等（2010）介绍，K 对马铃薯营养生长有明显的促进作用。在苗期、发棵期、块茎形成期、块茎膨大期追 K，可提高净光合速率，增加叶绿素含量。结薯个数和大中薯比例增多，产量提高，可溶性淀粉含量增加。施 K 和补水对旱作马铃薯光合特性及产量有影响。陈光荣等（2009）采用裂区试验设计，以施 K 水平为主处理，补水时期为副处理，研究了补充供水和 K 素处理对马铃薯光合特性及产量的影响。结果表明：施 K 能明显增加马铃薯叶片气孔导度、蒸腾速率及光合速率（$P<0.05$），但施 K 提高叶片气孔导度、蒸腾速率、光合速率的程度还依赖于马铃薯受到土壤水分胁迫的程度。在施 K 量 10kg/亩、苗期补水的条件下，产量达到 2 421.66kg 亩，比不施 K、不补水处理产量提高了 32.24%。陈功楷等（2013）为了解施钾量与栽植密度对马铃薯产量及商品率的影响，在地膜覆盖条件下进行了不同钾肥量和密度试验，结果表明：在一定范围内，马铃薯产量与施钾量成正相关，马铃薯产量与栽植密度呈负相关；商品率达最高时的最优组合为

硫酸钾 35kg/亩，栽植密度为 4 200 株/亩，商品率最高达 68.4%。施钾可促进马铃薯生长，提高其经济产量和商品率。

4. 配方施肥

配方施肥是以土壤测试和肥料田间试验为基础，根据作物需肥规律、土壤供肥性能和肥料效应，在合理施用有机肥料的基础上，提出氮、磷、钾及中、微量元素等肥料的施用数量、施肥时期和施用方法。通俗地讲，就是在农业科技人员指导下科学施用配方肥。测土配方施肥技术的核心是调节和解决作物需肥与土壤供肥之间的矛盾。同时有针对性地补充作物所需的营养元素，作物缺什么元素就补充什么元素，需要多少补多少，实现各种养分平衡供应，满足作物的需要，达到提高肥料利用率和减少用量，提高作物产量，改善农产品品质，节省劳力，节支增收的目的。

马铃薯的高产稳产需要 N、P、K 三要素的合理配合施用，单纯施用其中的某一种或某两种都会造成肥效利用率低而造成浪费。所以测定土壤养分，根据地力确定适宜的肥料种类和施肥量能够提高产量和品质进而提高经济效益。马铃薯平衡施肥量确定，根据马铃薯全生育期所需要的养分量、土壤养分供应量及肥料利用率即可直接计算出马铃薯的施肥量，再把纯养分量转换成肥料的实物量，即可用于指导施肥。

平衡施肥对马铃薯产量和品质有影响。俞凤芳（2010）为了解平衡施肥对马铃薯的效果，就马铃薯产量和品质性状方面进行了平衡施肥和传统施肥的比较。结果表明，平衡施肥较传统施肥大薯率高，达 73.9%，产量高达 2 067.41kg/亩；平衡施肥较传统施肥马铃薯粗蛋白质和淀粉含量提高 14.13% 和 15.78%；且平衡施肥经济效益好。罗元堂（2013）在重庆市彭水县进行了马铃薯平衡施肥试验，结果初步表明，最佳施肥（N 20kg/亩，P_2O_5 8kg/亩，K_2O 16kg/亩）条件下，马铃薯单产为 1 917.78kg/亩，达到当地的高产水平，每千克养分生产马铃薯 18.4kg；在此基础上，继续增加 N 肥或 P 肥或 K 肥的用量，其产量都没有继续增加。足量的 P 肥和 K 肥对于提高马铃薯的商品性具有重要作用。在供试土壤条件下，要获得马铃薯高产必须施用足够的肥料。

（1）配方施肥模式 1　2008 年陕西省农业厅在榆林市靖边县东坑镇伊当湾等 18 个行政村建 30 000 亩夏马铃薯高产创建示范区。采用的施肥模式为：播前深翻土地，深度达 20～30cm，随即耙耱，保持土壤表面疏松、上下细碎一致。结合深耕每亩施优质农家肥 4 000～5 000kg，碳酸氢铵 50kg，磷酸二铵 40kg，作为基肥一次性施入。

现蕾期和开花期进行两次追肥，采用打孔追肥的方式，第一次每亩追施碳酸氢铵 25kg，第二次每亩追肥尿素 20kg、硫酸钾 10kg。7 月 23 日，经专家组现场测产，平均每亩产量 3 810kg，其中商品薯平均每亩产量 3 646kg。

（2）配方施肥模式 2　2009 年陕西省农业厅在延安市吴起县周湾、长城两镇建立 3 000 亩马铃薯高产示范基地。根据春季对示范基地土壤养分测定情况，为了实现 2 000 kg/亩的目标产量，采取"以地定产，以产定肥"合理配肥的措施，在春季深翻（30cm）前亩施优质农家肥（羊粪）3 000kg，播种时每亩施马铃薯专用肥（N∶P∶K=12∶19∶16）50kg 作基肥一次性施入。追肥：现蕾期和开花期进行两次追肥，采用挖窝点播的方式施入，第一次每亩追施马铃薯专用肥（N∶P∶K=20∶0∶24）15kg，硫酸镁 5kg，第二次每亩追施马铃薯专用肥（N∶P∶K=20∶0∶24）20kg，硫酸镁 5kg。

10月15日，经专家组实地测产，测得3 000亩示范田平均亩产达到2 731kg，其中，100亩核心攻关田平均亩产达到3 154kg。创延安马铃薯单产最高纪录。

5. 缓（控）释肥的应用

（1）缓/控释肥的概念及其标准

概念：缓/控释肥是20世纪40年代诞生的一个新名词，最初起源于美国，欧洲、日本相继开始了相关的研究，始终以肥料长效、高效为主线发展至今。在生物或化学作用下可分解的有机氮化合物（如脲甲醛）肥料通常被称为缓释肥，而对生物和化学作用等因素不敏感的包膜肥料通常被称为控释肥。

控释肥（slow and controlled-release fertilizer）是在传统肥料表面涂上一层特殊材料的膜，因此也称包膜肥料。根据作物不同阶段生长发育对养分的需求，而设计调控养分释放速度和释放量，使养分释放曲线与作物对养分的需求相吻合。

特点：缓释肥料（slowrelease fertilizers）简称SRFs，其特点是肥料施入土壤后，转变为植物有效态养分的释放速率比速溶性肥料小。控释肥（controlledre-leasefertilizers）简称CRFs，其特点是结合现代植物营养理论与控制释放的高新技术，并考虑作物营养需求规律，通过使用不同的包膜材料，控制肥料在土壤中的释放期与释放量，使其养分释放模式与作物生长发育的需肥要求相一致，是缓释肥料的高级形式。

标准：欧洲标准委员会（CEN）以肥料养分在水中的溶出率为标准，即在温度25℃时肥料中的有效养分在24h内的释放率不大于15%，28d内的养分释放率不超过75%，在规定时间内，养分释放率不低于75%。Trenkel综合了有关缓释和控释肥养分缓慢或控制释放的释放率和释放时间的研究，特别提出将专用控释肥的养分释放曲线与相应作物的养分吸收曲线相吻合作为标准之一。2007年10月1日起，中国首部缓控释肥料行业标准（标准编号为HG/ T 3931—2007）正式实施，通过同欧洲标准委员会评判缓/控释肥比较，其区别在于：初期养分释放率不大于15%，规定时间内，缓控释养分释放期的累积养分释放率不低于80%。

借鉴以往研究经验和近两年的研究结果，张德奇等（2010）认为应将"专用控释肥的养分释放曲线与相应作物的养分吸收曲线相同步"这一条作为评判缓/控释肥效果及生产的指标之一。

（2）缓/控释肥发展的必要性

作物高产高效的要求：作物在生长过程中，一般苗期个体小，需肥量少，生长中期为需肥高峰期，如小麦在拔节期，玉米在喇叭口期，马铃薯块茎膨大期。随着作物产量的持续提高，以往的"一炮轰"追肥方式已经满足不了高产的需要，尤其对于氮肥来说，养分释放快，且易流失，因此减少底肥氮的用量，提高追肥氮的用量的施肥方式在不同作物上均起到了增产的作用，越来越多的研究集中在了前氮后移技术方面，涉及较多的作物有小麦、玉米、水稻，且细化到叶龄等指标。而缓/控释肥则可以解决需肥高峰期的问题，根据作物需肥规律将养分释放与之达到最大吻合，可以满足作物全程对养分的需求。

生态环境及资源持续发展的要求：浅层地下水硝态氮的面源污染已受到广泛的关注，直接影响到人们的生活用水和身体健康，已有的研究表明硝态氮污染与施氮量过大和施氮方式不当造成硝态氮淋洗到地下等有一定关系。以往的施肥方式肥料利用率低下，不仅造成了资源极大浪费，也导致了环境污染，农业生产的持续性受到极大挑战。缓/控释肥为解决这一问题提供了较好的途径，通过缓释、控释技术减少了硝态氮的淋洗，提高了肥料利用率，是粮食高产、资源高效、环境友好的作物栽培技术。

简化栽培技术的迫切需求：随着社会经济的发展，农村劳动力外出务工成为农村的主要经济支柱，也造成了农村农业劳动力的严重不足，农业生产迫切要求减轻劳动力投入，易于机械化的简化、高产、高效的栽培技术。缓/控释肥技术通过一次施肥实现作物全程的需要，简化了操作程序，减少用工，起到了节本简化增效的作用。

（3）缓控施肥的应用

提高作物产量：缓/控释肥满足作物不同生长阶段肥料的需求，越来越多的研究表明，其通过提高作物生长后期供肥能力，促进作物生长，最终提高作物产量。王茹芳等（2011）在盆栽条件下通过对黏土—聚酯胶结肥和塑料—淀粉胶结肥研究，结果表明，施用两种类型肥料均能显著增加冬小麦产量，与对照（等氮磷钾养分）相比分别增产14.85%、27.48%。魏玉琴等（2015）通过包膜控释尿素对马铃薯生育期株高、主茎数、茎粗、叶面积指数、叶绿素含量、单株结薯数、单株产量、商品薯率和产量的影响研究。结果表明，与施用普通尿素相比，包膜控释尿素施用量为普通尿素的80%时，在所有调查指标方面均表现最好，且商品薯率达到87.3%，折合产量为2 646kg/亩，较不施N肥增产33.4%，较使用普通N肥增产8.7%。

提高肥料利用率，减少环境污染：据统计，中国每年生产、施用的氮肥量（以纯氮计算，下同）约为2 000万t，其肥料的当季利用率只有30%~50%，累计利用率为45%~60%，因氮肥利用率低造成直接经济损失折合人民币达239.4亿元。而在生产中，往往由于一次性施入氮肥过大，往往导致氮肥随水淋洗土壤深层，不被作物利用，且造成地下水污染。缓/控释肥通过促进马铃薯中后期生长发育，使氮和钾利用效率均得到提高。较普通肥料前期氮素淋洗量明显减少，减少由于肥料利用不当造成的环境污染。周瑞荣等（2010）为探索缓释肥在马铃薯上的施用用法、用量和对马铃薯产量的影响，使缓释肥得到推广应用，引进"施可丰"牌缓释肥料和氮肥抑制剂在马铃薯（威芋3号）上进行了试验研究。结果表明，施可丰牌缓释肥在一次性施肥的情况下，对马铃薯增产效果显著，并能较大幅度提高肥料利用率，施可丰牌缓释肥用量（按总养分量折算）在比常规施肥减少20%用肥量的情况下仍有5.6%的增产效果。

调节土壤养分及理化性状：缓/控释肥除了能提高肥料利用和提高作物产量之外，也调节了土壤供肥能力的时空变化。研究表明，施用包膜控释尿素比普通尿素能提高土壤全氮、碱解氮、硝态氮、铵态氮含量，且包膜控释尿素可增强土壤多酚氧化酶、磷酸酶、脲酶活性，这些酶活性与土壤养分之间具有极显著或显著的相关性。缓/控释肥很好的保证了土壤后期速效养分的供应，提高了马铃薯中后期土壤速效氮、速效磷的含量。由于一些包膜材料的本身特性和残留等问题，也改善土壤的物理化学性状，影响到土壤的孔隙度与孔隙大小的分配，增加土壤水分的有效性，改善土壤的保水、释水性能。史衍玺等（2002）研究结果表明，土壤中控释肥残膜含量在0.008范围内，控释肥残膜可明显降低土壤的透水性，提高土壤的田间持水量和保水性。

优化形态生理指标：缓/控释肥养分释放缓慢，与作物生长需肥基本一致，有利于作物的生长发育。也解决了生产上由于底肥过多，导致根系周围盐分浓度过高而引起烧苗。

（四）节水补充灌溉

1. 马铃薯的需水量和需水节律

马铃薯是需水量大而容易高产的作物。虽然较其他作物抗旱，但是对水分最为敏感，在整个生育期内需要大量水分。水分是马铃薯生长和产量形成的必要条件，土壤水分状况直接影响马铃薯地上部分的生长进而影响产量。马铃薯生长过程中要供给充足水分才能获高产。马铃薯植株每制造 1kg 干物质约消耗 708kg 水。在壤土上种植马铃薯，生产 1kg 干物质最低需水 666kg，最高 1 068kg。沙质土壤种马铃薯的需水量为 1 046~1 228kg。一般亩产 2 000kg 块茎，每亩需水量为 280t 左右，相当于生长期间 419mm 的降水量。

马铃薯不同生育阶段需水要求不同，灌溉标准通常为发芽期田间持水量 60%~65%，幼苗期田间持水量 65%~70%，块茎形成期田间持水量 75%~80%，块茎膨大期田间持水量 75%~80%，淀粉积累期田间持水量的 60%~70%。现蕾—开花期需水量达最高峰。浇水最好沟灌或小水勤浇，俗话说"水少是命，水多是病"，因此，灌水要匀，用水要省，进度要快。有条件喷灌时，效果更好。

2. 榆林和延安地区水资源和补给途径

（1）榆林水资源和补给途径

①榆林水资源现状

A. 降水量　榆林市属温带半干旱大陆性季风气候，年平均气温 10.7℃，极端高温 38.9℃，极端低温-24℃，气象灾害较多。全市多年平均降水量为 435.4mm，历年最高降水量为 849.6mm，最低降水量为 108.6mm；降水的地理差异较大，以吴堡降水量最大，由东南向西北递减，至横山已减少到 400mm 以下，定边仅有 316.4mm。全市降水季节分布很不均匀，主要集中在 7—9 月，占全年降水量的 63.0%。蒸发十分强烈，蒸发量在 2 000~2 500mm，是全年降水量的 4~5 倍，相对湿度为 50%，干燥度为 2.1。

B. 水资源的基本特征　榆林市是陕西省水资源最贫乏的地市之一。全市水资源总量 29.62 亿 m³，其中地表水资源量为 22.78 亿 m³，地下水资源量为 19.89 亿 m³，地表水与地下水重复量 13.05 亿 mm³。全市人均水资源占有量为 908.48m³，低于陕西省人均水平（1 473m³），比全国人均水平（2 300m³）更低。每公顷耕地面积水资源占有量为 4 966.3m³，也远低于全国平均水平。另外，榆林市水资源分布很不平衡，位于风沙区的北六县水资源比较丰富，土地面积占全市总土地面积的 78.00%，地表水资源量为 18.56 亿 m³，占全市地表水资源量的 81.47%；地下水资源量为 17.65 亿 m³ 占全市地下水资源量的 88.74%。而位于黄土丘陵沟壑区的南六县，土地面积占全市总土地面积的 22.00%，地表水资源量为 4.22 亿 m³，仅占全市地表水资源量的 18.53%，地下水资源量为 2.24 亿 m³，仅占全市地下水资源量的 11.26%。

C. 水资源开发利用现状　新中国成立后，榆林市水利建设取得了显著成绩，各类水库和蓄、引、提水工程，农用机井等相继建成，极大地改善了榆林市工农业生产条件。至 2004 年，全市已建成各类水库 77 座，总库容 9.94 亿 m³，其中中型以上水库 20 座，总库容 8.31 亿 m³，各类池塘 799 个，总容积 0.21 亿 m³，建成大小自流渠道 847 条，大小抽水站 2104 处。全市各类水利工程的总灌溉面积达 11.606 万 hm²。榆林市总用水量为 6.02 亿 m³，其中农业用水量为 4.55 亿 m³，占总用水量的 75.58%，所占比例最大，高于陕西省平均水平；工业用水量为 0.57 亿 m³，占总用水量的 9.47%，远低于陕西省平均水平；生态用水量为 0.02 亿 m³，占总用水量的 0.33%，高于陕西省平均水平；生活用水比例也低于陕西省平均值。

②水资源补给途径及措施

A. 以灌溉农田节水为首，加强农业节水　一是调整现有的农业种植结构，建立"适水型"农业种植结构。在基本满足榆林市对粮食、经济作物的市场需求的前提下，考虑到水资源季节分配及充分利用天然降水资源，当前在北部地区应压缩夏粮种植面积，扩大秋粮种植面积。一方面可以减少春季灌溉用水量，另一方面可以充分利用天然降水来满足作物生长发育的需要。在南部地区应压缩耗水量比较大的夏粮作物种植面积，扩大马铃薯等耐旱秋熟作物种植面积，可以整体提高降水资源的利用效率；二是严格控制灌溉用水，实施经济灌溉定额。将农田灌溉用水额控制在：农作物水浇地 ≤3 750m³/hm²、水稻田 ≤16 500m³/hm²、蔬菜水浇地 ≤12 000m³/hm² 以内，才可能使现有的农田灌溉定额得到较大幅度的下降，实行经济灌溉定额；三是采用先进灌溉技术，努力提高灌区水的利用效率。减少渠道灌溉为喷灌、滴灌，大力推广和发展以喷灌、滴灌为主的节水灌溉技术，建立起切实、有效的节水灌溉体系，是目前和今后解决水资源危机的重要途径之一；四是实施保护性种植技术，提高降水利用效率。榆林市现有农田土壤主要以沙壤土和黄绵土为主，保水、保肥能力较差。采用以地膜覆盖为主的保护性栽培技术可以大大降低地面水分蒸发，增强土壤保水、保肥能力。在南部丘陵沟壑区，推广沟垄种植和改变冬、春季田面裸露的定闲制为秋熟的冬闲制等保护性种植技术。通过兴修集雨窖、梯田、沟坝等工程措施，增加水源，提高水分利用效率。在北部风沙草滩区，推广以马铃薯、玉米、油葵为主的地膜高产栽培技术，适当发展衬膜水稻栽培技术。通过少耕、免耕和绿肥培育技术，减少风沙为害和地面水分蒸发，提高农田保水、保肥能力。

B. 发展井灌，合理开发利用地下水资源　榆林北部风沙区地域辽阔，滩地平坦，地下水资源丰富且埋藏浅，易于开采，有发展井灌的优越条件和良好基础。目前，全市地下水开采量为 2.28 亿 m³，仅占地下水资源量的 11.46%，还有很大的开采潜力。对于地下水资源十分丰富的北六县，如果井灌以地下水资源量的 20% 计，可开采利用 3.53 亿 m³，按照中国粮食平均水分生产率 0.8kg/m³ 计算，可生产粮食 28.24 万 t，相当于 2000 年榆林粮食总产量的 39.83%。但在发展井灌的过程中，要重视灌溉渠道的砌护，减少水分在输水过程中的渗漏损失。同时，应采用滴灌、喷灌等先进节水灌溉技术，推广地膜覆盖技术，减少地面水分蒸发，使水资源得到持续高效利用。

C. 发展集雨工程，高效利用天然降水　榆林市降水少，而且时空分布与作物需水规律不同步，仅能满足农作物生育期的下限需水，制约着粮食产量的提高。在当前旱地耕作技术条件下，粮食单位面积产量已经具备极限性，通过发展集雨工程技术，把天然

127

降雨富集并储存起来,进行资源化利用,既能解决农村生活用水问题,同时也可确保作物需水关键时期用水,从而达到对水资源调控利用的目的。尤其是地处黄土沟壑区的南六县,地貌复杂,地下水资源量仅为 2.24 亿 m^3,且开发利用难度较大,而年降水量达471.5mm,应当充分利用天然降水资源。具体途径是:一方面加强集雨工程技术的研究与推广,拦蓄地表径流,强化就地入渗,将雨水集蓄工程与节水灌溉技术和先进的农艺措施结合起来,充分提高天然降水的利用率。另一方面充分应用集雨工程技术,根据作物需水要求进行合理补灌,以达到增产的效果。

D. 改变工业用水方式,提高水资源重复利用率 榆林作为能源工业基地,随着石油化工、煤电化工等工业的进一步发展,工业需水量将急剧增加。因此,一方面工业企业要推行低耗水高效率的生产工艺,降低用水定额,这是工业节水的根本途径。2000年,榆林东部煤电化工基地需水量为 1.65 亿 m^3,中部煤、石油、天然气化工基地需水量为 4.41 亿 m^3,造成了工业用水的短缺。根据榆林市工业实际,应当使煤炭企业的用水定额控制在 $1.5\sim1.6m^3/t$,火力电厂的用水定额控制在 $25\sim40m^3/kW$,石油、天然气化工企业(以甲醇生产为例)用水定额控制在 $110m^3/t$ 以内,盐化工企业用水定额控制在 $30m^3/t$ 以内,从而大大降低工业用水量。另一方面要大力提高水资源利用效率。目前,榆林市的工业企业用水重复利用率平均只有 30% 左右,远低于全国平均水平(53%)。因此,必须采取经济和法律手段,将工业用水量、耗水量、水的重复利用率和万元产值耗水定额纳入企业技术经济指标体系,提高工业用水效率。

E. 严格控制水污染,促进污水资源化利用 随着榆林市经济的快速发展,尤其是能源重化工的发展,水体污染日趋严重。控制水体污染的主要途径:一是必须强化水资源执法力度,严格控制污水排放标准,加大水环境质量状况的监测,实施污染物排放总量控制,关闭高污染企业,逐步减少污染源和污染面积,使污水排放量最小化。二是要加强对城市污水的集中治理,在榆阳区、定边、靖边和神木等地尽快建立大型污水处理厂,以满足城市污水处理的需要,减少生活污水的排放。

(2)延安水资源和补给途径

①延安水资源现状

A. 延安降水量 延安属暖温带半湿润半干旱大陆性季风气候,境内梁峁沟谷纵横,地表支离破碎,起伏大,坡度陡。总土地面积 3.7 万 km^2,由南向北依次被北洛河、延河、清涧河三大支流分割为渭北旱塬、黄河沿岸残塬区和白于山区丘陵沟壑区。年平均气温 9.9℃,年平均最高气温 17.2℃,年平均最低气温 4.3℃,极端最高气温 38.3℃,极端最低气温-23.0℃。年降水总量 507.7mm,最多年降水量 774.0mm,最少年降水仅330.0mm,降水主要集中在 7—9 月,区内水资源总量 13.35 亿 m^3,可开发利用量 6.81亿 m^3,开发利用率 51%。

B. 延安市水资源的主要特点 一是水资源短缺,人均占有量低。全市人均水资源量仅为 649m^3,仅为全国人均占有量的 29.5%,全省人均占有量的 55%。二是水土流失严重。全市水土流失面积 28 773km^2,占总土地面积的 78%,多年平均土壤侵蚀模数9 000t/km^2,年入黄泥沙 2.58 亿 t。三是降水时空分布不均。多年年均降水量 550mm,南部 650mm 以上,北部不足 380mm。降水主要集中在 7—9 月,占到全年降水量的 70%

以上。四是洪涝灾害频繁。汛期降水多以暴雨形式出现，极易形成局部洪涝灾害，洪水峰高量小，陡涨陡落，含沙量大，难以蓄集利用。五是污染严重。由于石油、煤炭等矿产资源的大规模开发以及城镇废污水的大量排放，全市河流普遍受到不同程度的污染。

C. 水资源开发利用现状　2007 年全市总用水量 2.35 亿 m³，其中：工业用水 6 198 万 m³，农业用水 11 872万 m³，城乡居民生活用水 5 092万 m³，生态环境用水 334 万 m³。全市已累计建成各类供水工程 4.4 万余处（其中水窖、土井 4 万余处），水库 29 座，其中大型 1 座，中型 7 座，小型 21 座，总库容 4.85 亿 m³；池塘 220 座，蓄水能力 322 万 m³；引水渠道 584 处，抽水站 847 处，配套机电井 1 329眼，喷滴灌站 11 处。近年来，建成了王瑶水库向延安市供水工程，日供水能力可达 5 万 t。建成了红庄水库，增强了延安城区供水的调蓄能力和保障率。建成了洛川安生沟水库、甘泉岳屯水库，有力地改善了区域供水条件。特别是启动实施了黄河沿岸扶贫开发项目，着力改善农村安全饮水条件。

②水资源补给途径及措施

A. 积极兴建新的骨干水源工程　围绕林果、棚栽、草畜三大主导产业，采取井、窖、站、塘等多种形式，重点抓好以节水技术改造，管道输水，集雨节灌为主的节水灌溉，通过管道输水和 U 型渠道输水，实施喷、渗、滴等微灌技术，逐步建设节水型农业。全方位争取资金，加大水利建设项目的投资力度，尤其是有关工农业生产和人民生活用水的重大项目，避免低层次的重复建设。即结合区域条件、水资源状况和经济社会发展的用水需求，着力建设好南沟门水库、黄河调水工程、雨岔水库、红石峁水库、银川河水库等一批骨干供水水源工程，增强全市水资源调蓄能力。

B. 加大雨水收集，高效利用雨水资源　加快引黄工程建设步伐，解决延安城区和延川及永坪炼油厂的中远期发展供水问题，开发洛河川红砂岩地下水，解决吴起、志丹供水问题，建设红石峁水库和引黄工程解决子长县供水问题，建设封家河水库和引黄工程解决延长县供水问题，建设雨岔水库解决甘泉县供水问题，建设拓家河、郑家河及南沟门水库解决黄陵、洛川及杨舒工业园区供水问题。另外，加大雨水收集，高效利用雨水资源，政府应通过居民筹资，政府部分投资和非政府组织捐资等手段，为农民修建雨水收集设施，解决生活、部分灌溉问题，提高雨水资源利用率。

C. 因地制宜开发水资源　对高山、梁峁地区居住分散的群众，主要采取水窖、水窑的形式；对地下水埋藏较浅，水质水量有保证的川、沟道和残塬区，采取机井、土井的办法；对居住相对集中，地形条件好的渭北旱塬，采取多种形式开辟水源，建设集中供水工程的办法；对可以利用山泉、库坝供水的地方采取渠道、管道自流引水的方式。通过实施西部人饮解困，安全饮水项目、黄河沿岸、白于山区扶贫开发项目等项目解决农村人口的饮水安全问题。

D. 加强水源保护，防止水质污染　以城市和城镇供水水源保护为重点和突破口，划定保护区，编制和落实保护措施，制定保护管理办法，保障供水安全，对雨水、地表水和地下水统筹安排，近期利益和长远利益相结合进行综合开发，合理利用，特别要限制地下水的过量开采，建立生活饮用水水源保护区，加强水源地建设和保护。加强水土保持综合治理，保护自然植被，恢复植被，涵养水源；在水质污染方面，协调好水利和环保部门，依照相关法律规定，加大石油、煤炭等行业开发生产的污染防治力度，水质污染的检测和防治，严格控制工业污水的超标排污；加快城市、城镇污水处理系统建设，实现污水回收利用，抓好洛河、延河等主要河流的水质监测、河源区保护，保证水质安全和水量调度，建立全市地下水动态监测网，掌握地下水水量水质变化，防止地下水污染和枯竭。

E. 治理水土流失，改善水生态环境 延安地区属西北干旱地区，水土流失问题一直是限制农业生产发展的生态环境问题，因此，要坚决贯彻执行《水土保持法》《环境保护法》等有关法律法规，加强水土流失的治理和保护；以封禁和自然恢复为基调、以小流域综合治理为单元，从种草植树，兴修梯田，改善生态环境和农业生产条件入手，坚持治坡、治沟、小型水利（淤地坝）相结合，山、水、田、林、路综合配套的治理措施，进行水土流失治理，改善水生态环境。

F. 做好水资源综合配置，提高水资源利用效率 要按照总量控制，定额管理的总原则，尽快完成全市取水许可总量细化指标，以水量定规模，以水量定发展。做好水资源的配置，通过科学的方法，充分发挥各主要河流水资源效益，增强互补。在黄河调水工程实施后，延安中心城区要作好对红庄水库、王窑水库联合调度，保证常年一定的下泄流量，保障延河基流，改善城市景观，美化优化人居环境。

3. 节水补充灌溉的主要方式

节水补充灌溉方式一般有畦灌、沟灌、喷灌、滴灌、膜下滴灌等方式，可因地选用。

（1）畦灌 结合畦栽进行的，适用于密植及采用平畦栽种的蔬菜，马铃薯田较少采用。它的特点是操作简单，地温变化小，但灌水量大，灌后蒸发量大，容易破坏表层土壤的团粒结构造成土壤板结，土壤透气性较差，影响土壤中好气微生物的分解作用，故灌溉后需要结合中耕松土。畦灌在地温较高的夏季使用最多。

（2）沟灌 结合起垄栽培进行的。沟灌在蔬菜上适用范围很广，马铃薯栽培较少采用。沟灌的优点是侧向浸润土壤，土壤结构破坏小，表层疏松，水的利用率较高，不易发生积水沤根，照光面积大、地温升高快、变化也快，在温度较高的夏季不利于根系生长。

（3）喷灌 突出的优点是对地形的适应力强，机械化程度高，灌水均匀，灌溉水利用系数高，尤其适合于透水性强的土壤，并可调节空气湿度和温度。但基建投资高，而且受风的影响大。

（4）滴灌 当今世界上最先进的节水灌溉技术之一。它是利用滴灌系统设备，按照作物需水要求，通过低压管道系统与安装在末级管道上的滴头，将作物生长所需的水分和养分以较小的流量均匀、准确地直接输送到作物根部附近的土壤表面或土层中，使作物根部的土壤经常保持在最佳水、肥、气状态的灌水方法。

滴灌还可以通过自动化的方式进行管理，滴灌比喷灌更加具有节水增产的效果，并且还能够将肥效提升一倍以上，是目前干旱缺水地区最有效的一种节水灌溉方式，水的利用率可达95%。滴灌较喷灌具有更高的节水增产效果，同时可以结合施肥，提高肥效一倍以上。姚素梅等（2015）研究了在滴灌条件下土壤基质对马铃薯光合特性和产量的影响。结果为-40~-10kpa 土壤基质势处理的马铃薯叶片气孔导度提高。淀粉积累期对气孔导度的促进作用>块茎形成期和膨大期；叶片光合速率提高；叶片叶绿素相对量显著提高；产量提高。

（5）膜下滴灌 马铃薯膜下滴灌技术是针对中国干旱地区缺水少雨，集约化程度低的生产实际，在推广马铃薯地膜覆盖栽培技术和马铃薯喷灌技术的基础上，在马铃薯种植上提出并推广应用的又一新技术。王雯等（2015）试验了膜下滴灌、露地滴灌、交替隔沟灌、沟灌、漫灌 5 种方式对榆林沙区马铃薯生长和产量的影响。结果表明，膜下滴灌效果最好，叶片净光合速率、气孔导度和水分利用效率均高于其他处理。实践证明，膜下滴灌可以减少土壤水分蒸发，提高肥料利用率，降低田间马铃薯冠层空气湿度，降低晚疫病发生为害，提高水分利用率，比一般栽培增产 154.9%~185.9%。

（五）防病治虫除草

1. 病害防治

陕北黄土高原为害马铃薯的主要病害有病毒病、晚疫病、早疫病、干腐病、黑痣病、环腐病、黑胫病、疮痂病等（详见第七章第一节）。

2. 虫害防治

陕北黄土高原影响马铃薯生产的主要害虫有蚜虫、二十八星瓢虫、芫菁（斑蝥）、地老虎、金针虫、蛴螬、蝼蛄等（详见第七章第一节）。

3. 杂草防除

马铃薯田间杂草与作物争水、争肥、争阳光，导致马铃薯减产。

（1）杂草种类 陕北一熟区马铃薯田常见杂草有：灰绿藜、马齿苋、反枝苋、刺儿菜、苣荬菜、田旋花、马唐、牛筋草、狗尾草、稗草、野黍子、早熟禾、野燕麦、莎草、繁缕、看麦娘、芦苇草等。

（2）杂草主要防治措施

农业防治：3~5 年轮作，可降低寄生、伴生性杂草的密度，改变田间优势杂草群落，降低田间杂草数量。深翻 30cm 以上可以将杂草种子和多年生杂草深埋地下，抑制杂草种子发芽，使部分多年生杂草减少或长势衰退，达到除草的目的。

机械除草：机械除草主要利用翻、耙、耢等方式，消灭耕层杂草。

人工除草：面积较小的地块可以进行人工除草。人工除草结合松土和培土进行。苗出齐后，及时锄草，能提高地温，促进根系发育。发棵期植株已定型，为促使植株形成粗壮叶茂的丰产型植株，应锄第二遍，清除田间杂草，并进行高培土。

物理防治：铺设有色（黑色、绿色等）地膜，能够抑制杂草生长。

化学防治：化学防除杂草主要在播后苗前进行，安全有效。苗后除草剂作为一种补救措施，施药适时，效果也很好。一般在 7 叶前，植株 10cm 以下喷施，杂草越小效果越好。除草剂有乙草胺、氟乐灵、二甲戊灵、赛克津、精喹禾灵、嗪草酮、砜嘧磺隆等。

氟乐灵乳油 100~150g/亩对水 50kg 播前土壤处理，防除禾本科杂草。马铃薯播后苗前地表喷施除草剂，防除马铃薯田间杂草安全效果又好。张福远（2013）45%二甲戊灵乳油（田普）药后 45d 的除草效果仍在 90%以上，在高剂量时可抑制龙葵、苘麻、铁苋菜的生长，对马齿苋、繁缕特效。田普不易淋溶，施药后降雨、灌溉对土表药土层影响不大，不易光解，不易挥发，药效持久，持效期长达45~60d，药效稳定，正常情况下，一次施药可控制整个生长季节杂草。苏少泉（2009）砜嘧磺隆+嗪草酮（35g+280g/hm²）+甲酯化植物油是最佳配方，此方不仅可以扩大杀草谱，而且还有延缓杂草抗药性的产生，对马铃薯田的一年生禾本科和阔叶杂草有较好的防治效果。

八、收获和贮藏

（一）收获

1. 收获时期的确定

（1）充分成熟后收获　马铃薯在生理成熟期收获产量最高，这时期是收获的最佳时间。植株达到生理成熟时，茎叶中养分基本停止向块茎输送，叶色由绿逐渐变黄转枯萎；块茎脐部与着生的匍匐茎容易脱离，不需用力拉即与匍匐茎分开；块茎表皮韧性较大、皮层较厚、色泽正常。出现以上形状时，即可收获。不同的马铃薯有不同的生育期，也就有不同的成熟期，与马铃薯品种的特性有关。例如早熟品种出苗到收获的时间为50~70d，中早熟品种为70~90d，中晚熟品种为90~120d，晚熟品种为120d以上。

（2）根据市场价格收获　根据市场价格情况，有时可以提前收获。一般商品薯在成熟期收获产量最高，但生产上很多品种根据市场的需求会适当提前收获。例如，在城市郊区，在蔬菜紧张季节，特别是大批马铃薯尚未上市之前，新鲜马铃薯价格非常高，此时虽然马铃薯块茎产量尚未达到最高，但每千克的价格可能比大批量马铃薯上市时的价格高出很多，每亩的产值要远远高于马铃薯充分成熟时的产值，此时就是马铃薯最佳的收获时期。如生育期为80d的早熟品种，在60d内块茎已达到市场要求，即可根据市场需要进行早收，以提高经济效益。

（3）根据天气情况收获　主要是考虑水分和霜冻问题。在经常出现秋涝的地方，应提早在秋雨出现前收获，不一定要等到茎叶枯黄时再收获，可以确保产品的质量和数量。在秋季经常出现寒流或秋霜来得较早的地方，适当早收可以预防霜冻。另外，秋末早霜后未达生理成熟期的晚熟品种，因霜后叶枯茎干，应该及时收获；还有地势较洼，雨季来临时为了避免涝灾，必须提前早收；因轮作安排下茬作物插秧或播种，也需早收等。遇到这些情况，都应灵活掌握收获期，收获期应根据实际需要而定，但在收获时要选择晴天，避免在雨天收获，以免拖泥带水，既不便收获、运输，又容易因薯皮擦伤而导致病菌入侵，发生腐烂。

2. 陕北一熟区春播和夏播马铃薯的收获日期范围

（1）夏播马铃薯区　5月中下旬至6月初播种。如陕西省榆林市、延安市大部分县区。品种以中晚熟为主，生育期保证有100~120d，可在秋季9月下旬到10月底收获。

（2）春播马铃薯区　在大棚里铺膜播种马铃薯（3月中下旬至4月初播种）如榆林市榆阳区，延安市宝塔、安塞、甘泉等县区。品种以早熟为主，生育期保证有60~80d，可在6月中下旬到7月初收获，收获后还可种植一茬蔬菜。

3. 收获方法

马铃薯的收获质量直接关系到产量和安全。收获前的准备，收获过程的安排和收获后的处理，每个环节都应做好，以免因收获不当受到损失。收获方式可分为人工收获、畜力收获、机械收获等。

（1）人工收获　人工收获时多使用铁揪或撅头之类的简单工具，适合于种植面积较小的农户。一些城市的近郊，每户农民仅种植数亩马铃薯，可以用这种方法收获。由于是逐步上市，每天能出售多少就挖多少，人工收获也很方便。收获时，要特别小心，防止铁锹和撅头等工具将块茎切伤。

（2）畜力收获　当一个农户种植 10~100 亩马铃薯时，如果没有合适的收获机械，使用畜力进行收获就很有必要。但畜力收获时需要多人配合。利用畜力每天可以收获数亩至近 10 亩的马铃薯。收获时需要利用特殊的犁铧，使马铃薯能全部被翻出来，便于收捡。为了保证收获干净，收获时每隔一行翻起一行，等收捡完毕后，再从头翻起留下的一行。

畜力收获的质量与使用的犁铧形状、翻挖的深度及是否能准确按行翻挖有关。如果使用的犁铧不合适，可能将块茎挖伤较多，或者不能全部将块茎翻挖出来。如果翻挖深度不合适也会将块茎挖伤较多或者将块茎遗漏。如果不能准确按行翻挖，也会将部分块茎遗漏。

（3）机械收获　当马铃薯种植面积在数百亩或上千亩时，机械收获就非常必要。另外在种植面积较大的地区，即使每个农户的种植面积只有数十亩时，也可以通过农机服务的方式利用机械进行收获。根据机械的不同，收获面积每天数十亩或上百亩。在大的马铃薯种植农场，如果利用马铃薯联合收获机和利用散装运输机械，每天可以收获数百亩。

（二）贮藏

马铃薯贮藏的目的主要是保证食用、加工和种用的品质。马铃薯贮藏的一般要求是：食用商品薯的贮藏，应尽量减少水分损失和营养物质的消耗，避免见光使薯皮变绿，食味变劣，使块茎始终保持新鲜状态。加工用薯的贮藏，应防止淀粉糖化。种用马铃薯可见散射光，但不能见直射光，保持良好的出芽繁殖能力是主要目标。采用科学的方法进行管理，才能避免块茎腐烂、发芽和病害蔓延，保持其商品、加工和种用品质，降低期间的自然损耗。

陕北一熟区，各地常用贮藏的方式主要有常温贮藏、机械冷藏、气调贮藏、化学方法贮藏。

1. 常温贮藏

常温贮藏是指在构造相对简单的贮藏场所，利用环境条件中的温度随季节和昼夜不同时间变化的特点，通过人为措施使贮藏场所的贮藏条件达到接近产品要求的方式。常温贮藏可分为窖藏、堆藏、沟藏、通风库贮藏。

2. 机械冷藏

机械冷藏是指在有良好隔热性能的库房中，借助机械冷凝系统的作用，将库内的热传递到库外，使库内的温度降低并保持在有利于马铃薯长期贮藏范围内的一种贮藏方式。

机械冷藏的优点是不受外界环境条件的影响，可以迅速而均匀地降低库温，库内的温度、湿度和通风都可以根据贮藏对象的要求而调节控制。但是冷库是一种永久性的建筑，贮藏库和制冷机械设备需要较多的资金投入，运行成本较高，且贮藏库房运行要求有良好的管理技术。在某些情况下，需要长期储存，对质量有特殊要求和经济价值较高的情况下可以用制冷来贮藏马铃薯。

3. 气调贮藏

气调贮藏即调节气体成分贮藏，是当今最先进的果蔬保鲜贮藏方法之一。它指的是改变果蔬贮藏环境中的气体成分（通常是增加 CO_2 浓度和降低 O_2 浓度，以及根据需求调节其他气体成分浓度）来贮藏产品的一种方法。

气调贮藏是在气调库中完成的。长期使用的气调库，一般应建在马铃薯的主产区，同时还应有较强的技术力量、便利的交通和可靠的水电供排能力，库址必须远离污染源，以避免环境对贮藏的负效应。

4. 化学贮藏（抑芽剂的利用）

马铃薯渡过休眠期后很容易出芽，出现腐烂现象，大大降低加工价值。为了减少块茎在贮藏期间腐烂和萌芽，可通过化学试剂来抑制出芽，可以节约成本，减少损失。

一般常用于处理马铃薯的植物生长调节剂有以下几种。

（1）青鲜素（MH）　有抑制块茎萌芽生长的作用，又称"抑芽素"。在马铃薯收获前 2~3 周，用浓度 0.3%~0.5% 的药液喷洒植株，对防止块茎在贮藏期萌芽和延长贮藏期有良好的效果。

（2）萘乙酸甲酯（MENA）　MENA 的作用与 MH 相同，一般采用 3% 的浓度，在收获前 2 周喷洒植株，或在贮藏时用萘乙酸甲酯 150g，混拌细土 10~15kg 制成药土，再与 5 000kg 块茎混拌，也有良好的抑芽作用。施药时间大约在休眠的中期，过晚则会降低药效。

（3）苯诺米乐（Benonly）和噻苯咪唑（TBZ）　可采用 0.05% 的浓度的苯诺米乐（Benonly）和噻苯咪唑（TBZ）浸泡刚收获的块茎，有消毒防腐的作用。

（4）氨基丁烷（2-AB）　在贮藏中采用 2-AB 熏蒸块茎，可起到灭菌和减少腐烂的作用。

此外，其他植物生长调节剂有马来酰肼、壬醇、四氯硝基苯等。

九、马铃薯栽培技术的机械化现状和发展

（一）应用现状

马铃薯机械化栽培技术是一项集开沟、施肥、播种、覆土等作业于一体的综合机械化种植方式，具有抗旱抢墒、节省劳力、节肥、高效率、低成本等优点。近年来，中国马铃薯生产机械化水平显著提高，使得马铃薯生产逐步向规模化、标准化方向迈进。国产中小型马铃薯机具市场占有率逐年增加，成为主流。农业农村部的数据显示，目前，中国马铃薯综合机械化水平已超过 20%，马铃薯生产机耕水平 36.7%，机播、机收水平 10%，主要生产环节仍然以人工为主。2011 年，全国马铃薯耕整地、播种和收获的机械化水平分别只有 48%、19.6% 和 17.7%。近年来马铃薯机械化生产取得了长足的发展，尤以黑龙江、新疆和内蒙古等地发展较快，个别地区、企业的马铃薯机械化综合作

业率，已达到 80% 以上。

按照马铃薯生产的农艺过程，本地区马铃薯机械可分为播种机械、中耕机械、收获机械三大类。其中，播种机械、收获机械在马铃薯机械化生产过程中所占比例最大，也是马铃薯生产机械化的关键机具。采用的技术工艺一般流程为：机械深松（翻耕或旋耕）整地、施肥—机械开沟、起垄、播种—机械培土—机械中耕除草—机械植保—机械杀秧—机械收获。据山西省试验测定，与传统人畜力作业相比，在马铃薯机械化种植环节，可实现节本增效综合经济效益 30~150 元/亩；机械收获马铃薯环节节本增效 71~76 元/亩；马铃薯机械化种植、机械化收获两个作业环节可为马铃薯种植户节本增效 101~226 元/亩。同时，购机农户通过两个作业环节的作业可获取利润 33~39 元/亩。

然而，本地区的马铃薯机械化仍面临诸多考验。整体而言，本地区机械化程度比较滞后，由于陕北丘陵沟壑区的山地较多，各种地貌之间的差异性较大，而且马铃薯的种植区域也多为山地，地形坡度较大、道路崎岖不平，整体的生产种植规模不大，不利于机械化生产，机械化程度很低，作业方式落后，生产效率低。

机播、机收仍然是制约马铃薯全程机械化生产的薄弱环节，地区间机械化水平参差不齐，发展很不平衡。榆林榆阳、定边、靖边和延安吴起、志丹等部分平坦产区，播种、中耕、植保、收获等作业中，中、大型机具的使用率正在逐年提高，而大部分地区，仍以小农户分散经营为主，栽培模式多、杂；地块小、不规则；耕地分散、坡度大；农机作业转弯、转移等耗工多，机械基本无法作业。同时，国内机具型式上小型的多、大中型少；低端产品多，高新技术产品少，生产马铃薯机械的专业企业数量更少。不同区域、不同类型马铃薯机械化程度差异较大。陕西省除陕北现代农业园区马铃薯生产全程机械化水平达 90% 以上，陕北其他普通大田平均水平不足 30%；陕北丘陵沟壑区除耕整地基本为机械化外，其他生产环节主要靠人力和畜力作业。

存在问题：①机具生产供给能力不足。马铃薯生产机械研发水平低，生产批量小，机械系列化程度低，配套性差，低端产品多，高新技术产品少。②农民购买能力低。产区多为边远贫穷地区，农民收入水平低，购买能力弱。尽管政府部门将购机补贴比例提高至 50%，对农民仍然是杯水车薪。部分地区马铃薯生产机械未能列入政府规划，投入不足。③马铃薯生机具利用率低。农机化作业服务市场还处在初级阶段，马铃薯种植户以自己作业为主，没有形成较强的农机社会化服务市场。④马铃薯种植标准化程度低。不同地区马铃薯生产条件、种植方式不同，马铃薯规模种植、规范化生产水平较低，农机与农艺配套难，机具作业难度大。

（二）发展前景

农机与农艺的结合是发展本地区现代马铃薯产业的必然要求，马铃薯"艺机一体化"将在更高的技术层次和更宽的生产领域发挥其独特的作用。未来的马铃薯产业集约化水平将更加突出，现代农业机械装备必将推动农艺技术的不断创新和进步。从发展趋势看，马铃薯分段收获机具在一定时期内仍然是主要收获方式，马铃薯联合收获技术及配套机具的推广应用是马铃薯生产实现机械化、规模化、降低损耗和提高效益的必然要求。在生产模式上向联合作业方向发展，实现多功能作业，以降低作业成本和设备投入费用，增加马铃薯的生产效益。

今后，随着劳动力成本的逐年上升，适应丘陵山区的中小型机械机具将会逐步增加，应用面积进一步扩大。从发展趋势上看，一季作区采用机电、液压、气动等一体化技术以及大型、智能化、高速化机械的使用量将会逐年上升，作业的自动化程度和生产率将进一步提高，而传统的纯机械结构的播种、收获机械在中小规模种植户当中仍将有相当大的市场。

未来，马铃薯机械化生产将向智能化和精准化方向发展。自动控制技术、智能农业技术及物联网技术在农业机械上的应用将成为现实，即生产过程在信息化技术、3S 等遥感技术及系统的支撑下，按照智能化处方图确定的方案，按单元小区差异性，利用微机完成相关的监控、控制和调度等操作，实施精细投入和管理（包括无人驾驶耕整地、小型飞机喷药以及变量施肥、播种、灌溉、喷药等作业），从而获得最佳的农产品产量和品质。本地区的马铃薯产业也将因此受益，实现新的发展。

第二节　特色栽培

陕北一熟地区的榆林、延安等地，生态环境脆弱、降水量少、水资源缺乏、土壤肥力低下，马铃薯耐旱耐瘠薄，是当地传统优势农作物之一。在陕北一熟地区，采用传统的马铃薯平作栽培技术，水肥利用率不高，单产水平较低。近年来，在马铃薯生产中采用地膜覆盖、秸秆覆盖、垄沟栽培、膜下滴灌等特殊栽培方式，有利于减少土壤肥力流失、提高马铃薯的水分利用率，单产水平得到提高。

一、常规垄作覆膜栽培

（一）地膜覆盖

陕北一熟地区气候冷凉，马铃薯是当地特色作物之一，种植区域广泛，同时由于其生育期较短，成为陕北地区的主要粮食作物和重要经济来源之一。地膜覆盖栽培具有保温、保水、保肥、改善土壤理化性质，提高土壤肥力，抑制杂草生长，减轻病虫害等作用。陕北一熟区地域广阔，农业自然环境条件差异较大，所以采用地膜覆盖栽培的目的也不同，在早春播种时覆膜主要是为了增温，晚春或夏季覆膜主要是为了集雨和减少地面蒸发。

1. 以增温为主的地膜覆盖栽培

（1）应用地区和条件　适宜在陕北一熟区低海拔、有灌溉条件、土壤肥力较好的川地、坝地、滩地等土层深厚、土壤疏松、通透性好的轻质壤土或沙壤土，土壤 pH 值≤8.5 的农田应用。采用该项技术忌连作，也不宜与其他茄科作物和根茎类作物轮作，前茬作物以禾本科、豆科为宜。

（2）规格和模式

①单膜覆盖栽培技术

品种选择：该项技术以提高地温、提早鲜薯上市为目的，所以要选择费乌瑞它、LK99 等优质、早熟品种。

种薯处理：选择脱毒一级种薯。出窖后，剔除病、虫、烂薯，选好的种薯平铺10cm一层，置于18~20℃暖室催芽暗光处理12d，待芽基催至0.5~0.7cm时，转到室外背风向阳处，晒种炼芽。小于50g小薯稍削薯尾，小整薯直播；大于50g以上块茎切种，刀具酒精消毒，单块重35~45g，带1~2个芽。切块后的种薯，按1:1:25:2 500的比例，将波尔·锰锌、甲基托布津、滑石粉和种薯进行混合拌种。

整地施肥：播前深翻土地，深度达20~30cm，随即耙耱，保持土壤表面疏松、上下细碎一致。结合深耕每亩施优质农家肥3 000kg，碳酸氢铵50kg，磷酸二铵40kg，作为基肥一次性施入。

覆膜播种：选用800mm×0.01mm的地膜，可采用110cm带型，70:40规格（垄底70cm，垄沟40cm）覆膜。3月下旬到4月上旬播种，每垄种植2行，按起垄、覆膜、打孔、点籽、覆土的顺序入种，株距27cm，播种深度为8~10cm，密度4 500株/亩左右。

田间管理：现蕾期和开花期进行两次中耕除草，同时追施尿素20kg/亩、硫酸钾10kg/亩。早熟品种薯块向光性很强，结合中耕必须培土，以防薯块露青头。

病虫防治：蚜虫和二十八星瓢虫等害虫用10%吡虫啉或45%氯氰菊脂防治1~2次。马铃薯早、晚疫病，可喷洒45%薯瘟消、53%金雷多米尔、75%百菌清和66.8%霉多克等药剂防治。

及时收获：7月上中旬，待大部分植株开始枯黄时，表明块茎停止膨大，植株达到成熟阶段，即可分批收获，分级整理上市。马铃薯收获后可再种植一季白菜或萝卜等生育期较短的蔬菜。

②双膜覆盖栽培技术：陕北一熟地区无霜期较短，光热条件难以保证农作物一年两熟，所以通过拱棚栽培，马铃薯收获后，再种植一茬番茄、辣椒等果类蔬菜，可有效增加种植户收入。

扣棚：2月底到3月上旬扣棚，大棚为组装式钢管大棚，一般高2.2~2.5m，宽8~12m，长50~60m，便于小型机械操作。3月中旬开始起垄播种，一垄一沟宽1.2m，垄底宽80cm，垄沟50cm，垄高12~15cm，每垄种2行，垄上行距40cm，株距28cm，播种深度为8~10cm，每亩保苗4 000株左右。播后每亩用33%施"田普"除草剂150~200mL对水40kg均匀喷在垄面上，然后用规格900mm×0.005mm的地膜进行覆盖。

整地施肥、品种选择及种薯处理：具体操作可参照单膜覆盖栽培技术。及时放苗与水肥管理。

及时放苗：播种后温度较低，要加强闭棚保温促进出苗，出苗期晴天中午温度过高时适当通风，防止烧芽，出苗后及时破膜放苗培土。放苗时间以早晨11时前和下午4时后为宜。放苗破孔不宜太大，随即用湿土封住孔口保墒。

病虫害防治：可参照单膜覆盖栽培技术的病虫害防治办法。

及时收获：6月下旬正是陕北马铃薯鲜薯供应断档期，对已长大薯块的适时采收，分级整理上市，高价出售。

（3）效益分析

①单膜覆盖栽培：据李善才等（2009）在陕西省靖边县研究，收获季节恰逢当地

马铃薯供应淡季，售价较普通栽培马铃薯每千克高出 0.5~0.6 元，且收获后还可种植一茬大白菜或萝卜，两茬收入每亩可达 5 000~6 000 元，较当地普通马铃薯栽培增收 1 倍以上。据杜文才等（2012）在子长县杨家园则镇试验研究，2.4 亩地膜马铃薯 7 月 6 日收获 4 320kg，赶上陕北马铃薯供应淡季，马铃薯批发价为 3 元/kg，且收获后可种植一茬水萝卜，两茬每亩收入达 6 400 元，是当地普通马铃薯收入的 1.5 倍。

②双膜覆盖栽培：据常勇、刘怀华等（2011）研究，在榆林采用马铃薯双膜覆盖栽培，马铃薯收获后再栽培一茬番茄或辣椒，每亩产值达到 1 万元以上，取得了较好的经济效益。

2. 以集雨及减少蒸发为主的地膜覆盖栽培

陕北一熟区生态比较脆弱，年降水量少，水资源缺乏，水土流失严重，土壤肥力低下都制约着该区域马铃薯产业的发展。地膜覆盖有着良好的集雨、抑蒸等作用，所以在陕北的干旱地区进行地膜覆盖，主要是为了集中无效降雨、减少地面蒸发。

（1）应用地区和条件 适宜在陕北黄土高原地区梯田、涧地、坝地等旱平地应用。以地形平坦（<15°）、土层深厚、土壤疏松、通透性好的轻质壤土或沙壤土，土壤 pH 值≤8.5 为宜。采用该项技术忌连作，也不宜与其他茄科作物和根茎类作物轮作，前茬作物以禾本科、豆科为好。

（2）规格和模式

①起垄覆盖栽培

品种选择：选用优质高产、抗旱性好、抗病性强的品种，如克新 1 号、冀张薯 8 号、青薯 9 号、庄薯 3 号、陇薯 7 号、晋薯 16 号等。种薯级别为脱毒原种或一级种，用量 120kg/亩。

种薯处理：种薯出窖后，剔除病、虫、烂薯，选好的种薯平铺 10cm 一层，置于 18~20℃暖室催芽暗光处理 12d，待芽基催至 0.5~0.7cm 时，转到室外背风向阳处，晒种炼芽。小于 50g 小薯稍削薯尾，小整薯直播；大于 50g 以上块茎切种，刀具酒精消毒，单块重 35~45g，带 1~2 个芽。切块后的种薯，按 1：1：25：2 500 的比例，将波尔·锰锌、甲基托布津、滑石粉和种薯进行混合拌种。

选地施肥：深翻整地前每亩施农家肥 1 500~2 000kg，尿素 20kg，磷酸二铵 25kg，硫酸钾 10kg，作为基肥一次性施入。加混 3% 辛硫磷颗粒剂 1kg 防治地下害虫，与肥料搅拌均匀撒入地中，耕翻深度 30cm 左右。可以根据地力情况调整施肥量。

规格覆膜播种：带型 1.3m 左右为宜，选择 1 100mm×0.01mm 的地膜，覆膜时宽度及种植深度可调整，同时在膜中间打一排小孔，以利于集蓄雨水。种植与覆膜利用机械同步进行，种植深度为膜下 8~10cm，每垄两行，垄上行距 40cm，株距 40~42cm，每亩留苗 2 500 株左右。

苗期管理：播种后遇雨，在播种孔上易形成板结，应及时破除板结，以利出苗；出苗时若幼苗与播种孔错位，应及时放苗；出苗不齐的应及时补种。苗期要在播种沟内深锄，疏松土壤，减少养分和水分消耗。

养分管理：地膜覆盖种植的马铃薯生长期间无须追肥，根据苗情如确需要追肥，可进行叶面喷施速效性肥料，如可用 0.5% 的尿素溶液或 0.3% 的磷酸二氢钾叶面追肥。

病虫害防治：马铃薯二十八星瓢虫、蚜虫等虫害可选用 2.5%溴氰菊酯乳油、4.5%的高效氯氰菊脂乳油、50%抗蚜威可湿性粉剂、10%吡虫啉可湿性粉剂进行喷雾防治；马铃薯早疫病、晚疫病、黑胫病等病害可选用 70%丙森辛可湿性粉剂、80%代森锰锌可湿性粉剂、50%烯酰吗啉可湿性粉剂、25%嘧菌酯悬浮剂、70%甲基托布津可湿性粉剂等交替使用防治。

及时收获：茎叶变杏黄色，表明秧蔓进入木质化阶段，块茎停止膨大，即可收获。收获选择晴天收获，剔除病、杂、烂薯，注意通风贮藏。

②膜侧栽培：马铃薯品种选择、种薯处理、选地施肥、苗期管理、追肥、病虫害防治和收获等技术措施，均与垄上覆膜栽培管理相同，但是在覆膜及播种方面与垄上覆膜有区别。利用机械起垄覆膜，选用宽幅 1 100~1 200mm、厚度 0.01mm 的地膜，垄面宽 0.8~1m 为宜，垄距 1.5m 左右。覆膜后随即按 2m 间距压一土带，防止大风揭膜。5 月中下旬播种，在地膜两侧打孔播种，株距 32cm 左右，亩留苗 2 700~2 800 株。

③马铃薯黑膜覆盖栽培：黑色地膜具备和白色地膜一样的作用，有提高地温，保温、保墒、防止土壤板结的特点，而且几乎不透光。被覆盖的田块，由于地面缺少阳光照射而使杂草艰难生长，所以近年来被广泛用在马铃薯栽培中。

选地施肥：宜选禾谷类和豆类作物等茬口，且 3 年内未种植马铃薯及其他茄科作物和胡萝卜、甜菜等耗钾量大的作物。土壤质地以沙壤土为最佳。要求土地平整。对选择好的地块进行深耕，深度控制在 25~30cm，耙细整平。一般施腐熟农家肥 2 000kg/亩、尿素 20~25kg/亩、过磷酸钙 50kg/亩、硫酸钾 30~40kg/亩。

起垄覆膜：采用宽垄双行侧播栽培，垄宽 60cm，垄高 15~18cm，起垄、覆膜要求连续作业，防止土壤水分散失。用 40%辛硫磷乳油 0.5kg/亩加细沙土 30kg 拌成毒土撒施防治地下害虫。起垄覆膜前用 50%乙草胺乳油 500 倍液进行垄面喷施。选用宽 1 200 mm、厚 0.008~0.01mm 的黑色地膜全地面覆盖。每隔 2~3m 横压土带，防止大风揭膜。覆膜 7d 后在垄侧内每隔 50cm 打一个直径 5mm 的渗水孔，方便降雨入渗。

良种选用及处理：选用克新 1 号、庄薯 3 号、陇薯 7 号、青薯 9 号等高产、抗旱品种的一级种以上脱毒种薯。薯块出库后剔除病、虫、烂薯，播前 1~2d 晒种，切种时切刀要用酒精进行消毒，切块以 25~50g 大小为宜，用稀土旱地宝 100mL 对水 5kg 浸种，浸泡 20min 后捞出放在阴凉处晾干待播。

适期播种：播期以 4 月中、下旬为宜。在大垄上按"品"字形破垄点播，深度为 15~20cm，种植密度按土壤肥力状况、降水条件、品种特性确定。年降水量 300~350mm 地区以 2 500~3 000 株/亩为宜，年降水量 350~450mm 地区以 3 000~3 500 株/亩为宜，年降水量 450mm 以上地区以 3 500~4 000 株/亩为宜。

追肥：主要采用叶面追肥，块茎膨大期用 0.1%~0.3%的硫酸锌、0.5%磷酸二氢钾 50~70kg+少量尿素水溶液进行叶面喷施，一般每隔 7d 喷施 1 次，共喷 2~3 次。

病虫害防治：防治措施可参照起垄覆膜栽培方式。

机械收获：当马铃薯植株大部分茎叶由绿变黄，块茎停止膨大时就及时收获。收获前 1~2d 用割秧机进行机械杀秧，或 8~10d 前用药物进行机械喷雾化学杀秧。选择晴好天气收获，用马铃薯收获机将马铃薯从地下挖起，经筛土铺在地上，然后人工捡拾装袋。薯块收获后不能淋雨、曝晒和受冻，经预贮后入库贮藏。

（3）效益分析

①垄上覆膜栽培：据李善才、方玉川等（2008）在榆林市定边县砖井镇黄湾村研究，采用旱地马铃薯地膜覆盖栽培技术，在遭遇50年一遇特大旱灾的情况下，平均亩产仍达到1 632kg，较普通露地马铃薯增产30.56%。另据刘小平等（2012）在陕西省延安市南泥湾示范，青薯9号采用地膜覆盖栽培技术，每亩较露地增产鲜薯360kg，增加收入422元。

②膜侧栽培：靖边县农业技术推广中心2012年在该县在周河、五里湾、大路沟等乡镇推广马铃薯膜侧栽培技术2万亩，平均亩产达到2 280kg，较对照（普通露地栽培）增产1 080kg，增收946元。王红梅等（2012）试验证明，马铃薯双垄全膜覆盖沟播栽培技术可以提高种植密度，是集覆盖抑制蒸发、垄面集流、垄沟种植为一体的旱作节水农业技术，可以使土壤水分和地积温增加，增产显著。

③马铃薯黑膜覆盖栽培：据兰小龙、孙成军等（2015）在宁夏回族自治区固原市原州区研究，采用黑膜覆盖栽培技术，较露地马铃薯栽培，每亩可增产鲜薯339.5kg，增幅16.5%；每亩增收325元，增幅31.0%。

（二）马铃薯膜下滴灌栽培技术

陕北一熟区水资源缺乏且蒸发量大，一般的水源条件无法满足传统的灌溉方式。但通过膜下滴灌栽培，可以节水、节肥、减少地面蒸发，并实现水肥一体化精准利用。周之珉等（2011）和修淑英等（2016）分别介绍了马铃薯膜下滴灌栽培技术，表明马铃薯膜下滴灌是地膜覆盖栽培技术和滴灌技术的有机结合，同时具有地膜覆盖和滴灌的优点，具有增温保墒、促进微生物活动和养分分解、改善土壤物理性状、促进作物生长发育、防除杂草、减少虫害等作用。

1. 适宜区域

陕北一熟区有一定的灌溉条件，地形平坦（<15°）、土层深厚、土壤疏松、通透性好的轻质壤土或沙壤土，土壤pH值≤8.5，适宜采用此项技术。忌连作，也不宜与茄科作物和根茎类作物轮作，前茬作物以禾本科、豆科为宜。

2. 栽培技术要点

（1）耕翻整地　深耕土壤35~40cm，耕翻时亩施优质农家肥1 500~2 000kg，亩施马铃薯复合肥（12-19-16）60kg，每亩撒施辛硫磷颗粒剂2kg，耕后用旋耕机整地，达到地平土碎，无墒沟。

（2）选用良种　采用克新1号、冀张薯8号、青薯9号、陇薯7号等高产品种。选用高级别脱毒种薯（脱毒一级种以上），每亩留苗3 300~4 500株，亩用种量140~180kg。

（3）种薯处理　播种前10~15d，放在18~20℃的室内，3~5d翻动一次，10d左右长出1cm左右粗状紫色芽后即可切块播种。切块大小为35~40g，并要保证有1~2个以上健全的芽眼；切块时要用0.5%的高锰酸钾水溶液或75%的酒精进行切刀消毒，两把刀交替使用，及时淘汰病烂薯。51~100g种薯，纵向一切两半；100~150g种薯，纵斜切法一切三开；150g以上的种薯，从尾部依芽眼螺旋排列纵斜向顶斜切成立体三角形的若干小块。切块后的种薯，按 1∶1∶25∶2 500 的比例，将波尔·锰锌、甲基托布津、滑石粉和种薯进行混合拌种，拌种后及时播种。

（4）播种　应用机械播种可实现铺滴灌带、覆膜、起垄一次成型。地膜宽 1.1m，机械覆膜点播，覆膜后起垄占地 0.7m 宽。播种深度一般沙壤土为 20cm，黏土为 15cm。每亩 3 500～3 800 株，即大行距 130cm，小行距 30cm，株距 22～24cm。一般在 4 月下旬至 5 月上旬播种。

（5）田间管理　播后要防止牲畜践踏，大风破膜、揭膜。出苗前 10d 左右要用中耕机及时进行覆土，以防烧苗。出苗期要观察放苗。

第 1 次滴灌：播后根据土壤墒情，须滴灌补水，土壤湿润深度应控制在 15cm 以内，避免浇水过多而降低地温影响出苗，造成种薯腐烂。第一次滴灌时，须严查各滴灌带连接是否可靠。

第 2 次滴灌：出苗前，及时滴灌出苗水，使土壤湿润深度保持在 375px 左右，土壤相对湿度保持在 60%～65%。

第 3 次滴灌：出苗后 15～20d，植株需水量开始增大，应进行第 3 次滴灌，使土壤相对湿度保持在 65%～75%，土壤湿润深度为 750px，结合浇水进行追肥，每亩追施尿素 3kg。每次施肥时，先浇 1～2h 清水，然后开通施肥灌进行追肥，施完肥后再浇 1～2h 清水。

中期滴灌：在现蕾期、盛花期，根据土壤墒情进行滴灌 2～3 次，结合浇水进行追肥，每次每亩追施尿素 3kg，硝酸钾 3～5kg。保持土壤湿润深度 40～50cm，每次施肥时，先浇 1～2h 清水，然后开通施肥灌进行追肥，施完肥后再浇 1～2h 清水。

中后期滴灌：在块茎形成期至淀粉积累期，应根据土壤墒情和天气情况及时进行灌溉。始终保持土壤湿润深度 40～50cm，土壤水分状况为田间最大持水量的 75%～80%。可采用短时且频繁的灌溉。

后期滴灌：终花期后，滴灌间隔的时间拉长，保持土壤湿润深度达 30cm，土壤相对湿度保持在 65%～70%。黏重的土壤收获前 10～15d 停水。沙性土收获前一周停水。以确保土壤松软，便于收获。

叶面施肥：在块茎膨大期、淀粉积累期用磷酸二氢钾各喷雾一次，用量 100g/亩；在现蕾期、开花期、末花期各喷施多元微肥 1 次，每次用量 200g/亩。

（6）病害防治　早晚疫病防治从现蕾期开始持续到收获前期，在植株封垄之前一周左右或初花期喷第一次药。原则上间隔时间 7～10d，发现晚疫病中心病株，气温低于 25℃、相对湿度高于 90%，应及时缩短间隔至 3～4d，防治保护性药剂有大生 M-45、进富、安泰生、达科宁、阿米西达及瑞凡，内吸性药剂有金雷、克露、霜脲锰锌、抑快净、银法利等。几种药剂轮换使用，防止产生抗药性。

（7）杀秧、收获　杀秧前要及时拆除田间滴灌管和横向滴灌支管。可用杀秧机机械杀秧。机械杀秧或植株完全枯死一周后，选择晴天进行收获。尽量减少破皮、受伤，保证薯块外观光滑，提高商品性。收获后薯块在黑暗下贮藏以免变绿，影响食用和商品性。

（8）注意事项　确保全苗、壮苗。播种后要防止牲畜践踏，大风破膜、揭膜，出苗期要观察放苗，出苗孔用土压好膜，防止窜风。播种后如土壤异常干旱，须及时滴灌补水，土壤湿润深度应控制在15cm以内，避免浇水过多而降低地温影响出苗，造成种薯腐烂。第一次滴灌时，须严查各滴灌带连接是否可靠、如有漏水部位须及时处理。出苗后20~25d，块茎开始形成，应使土壤相对湿度保持在65%~75%，土壤湿润深度为500px。块茎形成期至淀粉积累期应根据土壤墒情和天气情况及时进行灌溉。始终保持土壤湿润深度40~50cm，土壤水分状况为田间最大持水量的75%~80%。可采用短时且频繁的灌溉。终花期后，滴灌间隔的时间拉长，保持土壤湿润深度达30cm，土壤相对湿度保持在65%~70%。较为黏重的土壤收获前10~15d停水，沙性土收获前一周停水，以确保土壤松软，便于收获。

3. 效益分析

据2013年榆林市农业科学研究院试验示范，表明马铃薯膜下滴灌增产幅度65.4%~104.8%，亩增产330~620kg，亩增加经济效益300~580元。

二、双垄覆膜沟播膜侧栽培

双垄覆膜沟播膜侧栽培技术是黄土高原地区旱作农业的一项突破性创新成果新技术。杨祁峰等（2007）、贺峰（2008）、王成刚等（2008）均研究表明该技术集覆盖抑蒸、膜面集雨、垄沟种植技术为一体，最大限度地保蓄自然降水，使地面蒸发降低至最低，特别是10mm以下的降雨集中渗于作物根部，被作物有效利用，实现集雨、保墒、增产。

（一）应用地区和条件

该项技术可在黄土高原地区甘肃、宁夏、陕西、山西等地的梯田、洞地、坝地等旱平地推广种植。地块宜选择地势较为平坦、土壤肥沃、土层较厚、土质疏松、保水保肥能力强、坡度在15°以下的土地，前茬以豆类、小麦茬口为佳。

（二）规格和模式

1. 双垄覆盖沟播膜侧栽培技术优点

主要表现在以下方面：双垄全地面覆盖地膜，充分接纳马铃薯生长期间的全部降雨，特别是春季5mm左右的微量降雨，通过膜面汇集到垄沟内，有效解决旱作区因春旱严重影响播种的问题，保证马铃薯正常出苗。

全膜覆盖能最大限度地保蓄马铃薯生长期间的全部降雨，减少土壤水分的无效蒸发，保证马铃薯生育期内的水分供应。

全膜覆盖能够提高地温，使有效积温增加，延长马铃薯生育期，有利中晚熟品种发挥生产潜力，具有明显增产效果。

技术操作简单，不需要大型农机具，农民易接受，便于大面积推广。

2. 栽培技术要点

（1）整地施肥　在秋季前茬作物收获后及时深耕灭茬，耕深达到25~30cm，耕后及时耙糖；秋季整地质量好的地块，春季尽量不耕翻，可以直接起垄覆膜，秋季整地质量差的地块，浅耕后覆膜，平整地表，做到无根茬、无坷垃、地面平整。一般亩施农家肥1 500~2 000kg、尿素20~30kg、过磷酸钙30~40kg、硫酸钾30kg，也可直接使用马铃薯专用肥（12-19-16）60kg。秋季整地时一次性深施肥，也可在春季深翻起垄时撒施。地下害虫为害严重的地块，整地起垄时，每亩用2kg辛硫磷颗粒剂撒施。

（2）起垄　距地边25cm处先划出第一个大垄和一个小垄，小垄40cm，大垄70cm，大小垄总宽110cm。平地开沟起垄需要按作物种植走向，缓坡地开沟起垄需要沿等高线，马铃薯大垄宽70cm、高15~20cm，小垄宽50cm、高10~15cm。覆膜用120cm的地膜全地面覆盖，两幅膜相接处在小垄中间，用相邻的垄沟内的表土压实，每隔2m横压土腰，覆膜后一周左右，地膜紧贴垄面或在降雨后，在垄沟内每隔50cm打孔，使垄沟内的集水能及时渗入土内。为保冬春的墒，起垄覆膜时间可提早，一般在3月下旬解冻后就可进行，也可在上年秋季进行秋覆膜，但冬季要注意保护好地膜。

（3）选用优质高产、抗旱性好、抗病性强的品种　如中熟品种克新1号和中薯18号，晚熟品种冀张薯8号、青薯9号、庄薯3号、陇薯7号等。种薯级别为脱毒原种或一级种，亩用种量120kg。播种前去除病、烂、伤薯，选好后，将马铃薯种薯在平坦的土质场上摊开，晒种2~3d，忌在水泥地上晒种。种薯切块不宜过小，切块重量不低于30g，每块带有2个以上的芽眼。切块时如发现病薯、烂薯立即扔掉，并用75%酒精或高锰酸钾溶液进行切刀消毒，以防切刀传染病菌。

（4）播种　当气温稳定超过10℃时为适宜播期，各地可结合当地气候特点确定播种时间，一般在4月中下旬。马铃薯按确定的株距在70cm的大垄两侧用自制马铃薯点播器破膜点播，播种深度18~20cm，点播后及时封口。按照土壤肥力状况、降雨条件和品种特性确定种植密度。年降水量300~350mm的地区以3 000~3 500株为宜，株距为35~40cm；年降水量350~450mm的地区以3 500~4 000株为宜，株距为30~35cm；年降水量450mm以上地区以4 000~4 500株为宜，株距为27~30cm。肥力较高，墒情好的地块可适当加大种植密度。

（5）苗期管理　苗期管理的重点是在保证全苗的基础上，促进根系发育、培育壮苗，达到苗早、苗足、苗齐、苗壮的"四苗"要求。发现缺苗断垄要及时移栽，在缺苗处补苗后，浇少量水，然后用细湿土封住孔眼。幼苗达到4~5片叶时，即可定苗，每穴留苗1株，除去病、弱、杂苗，保留生长整齐一致的壮苗。注意防治马铃薯蚜虫。

（6）中期管理　中期管理的重点是促进叶面积增大，注意防治马铃薯晚疫病、早疫病、青枯病、环腐病、黑胫病等。虫害有蚜虫等。

（7）后期管理　后期管理的重点是防早衰、防病虫。要保护叶片，提高光合强度，延长光合时间，马铃薯对B、Zn等微量元素比较敏感，在开花和结薯期亩用0.1%~0.3%的硼砂和硫酸锌、0.5%的磷酸二氢钾、尿素的水溶液进行叶面喷施，一般每隔7d喷1次，共喷2~3次，亩用溶液50~70kg即可。

（三）效益分析

1. 生态效益

地膜覆盖作为一种保墒调温的农艺措施，具有控制土壤蒸发、调节地温、提高养分有效性及利用效率、保护土壤结构、抑制杂草生长和杀死土壤中一些病原菌等作用。在旱作雨养农业区，不需采用坐水点播和等墒播种即可保证作物正常出苗和苗期生长。总之，丰水季节存入土壤的水分可以在作物生长关键期发挥作用，使自然降水变成时空可用的现实水资源，也是该地抗旱、保苗的有效措施。

2. 经济效益

郭忠富等（2012）研究表明，在宁夏固原市原州区采用双垄覆盖沟播膜侧栽培产量高于半膜覆盖栽培，平均增产14.2%，尤以秋季全膜和顶凌全膜的全膜覆盖增产效果显著，增产达到21.9%~22.7%。

郭正昆等（2008）在甘肃省榆中县研究表明，双垄覆盖沟播膜侧栽培既有效地提高了耕层土壤含水量，使马铃薯出苗早、壮、全，生长发育良好，也改善了马铃薯的农艺性状，增产效果明显，较常规覆膜栽培、露地栽培分别增产29.36%、65.03%。

杨泽粟等（2014）介绍，在黄土高原旱作区，采用本项技术，在马铃薯生育前期降雨较少的年型，土垄由于较小的蒸腾作用可保证马铃薯承受较小的水分胁迫；而前期降雨较多的年型，覆膜垄和全膜双垄沟则可凭借较大的蒸腾作用发挥较大的增产效果。

本章参考文献

包开花，蒙美莲，陈有君，等．2015．覆膜方式和保水剂对旱作马铃薯土壤水热效应及出苗的影响［J］．作物杂志（4）：102-108．

曹莉，秦舒浩，张俊莲，等．2013．轮作豆科牧草对连作马铃薯田土壤微生物菌群及酶活性的影响［J］．草业学报，22（3）：139-145．

陈功楷，权伟，朱建军．2013．不同钾肥量与密度对马铃薯产量及商品率的影响［J］．中国农学通报，29（6）：166-169．

陈光荣，高也铭，张晓艳，等．2009．施钾和补水对旱作马铃薯光合特性及产量的影响［J］．甘肃农业大学学报（1）：74-78．

陈勇，杨政河，周伟，等．2006．榆林市水资源及其可持续开发利用研究［J］．西北农林科技大学学报（自然科学版）（12）：142-146．

杜长玉，高明旭，刘全贵，等．2000．不同微肥在马铃薯上应用效果的研究［J］．内蒙古农业科技（1）：20-21．

杜守宇．2012．马铃薯合理轮作［J］．蔬菜（3）：26．

范宏伟，曾永武，李宏．2015．马铃薯垄作覆膜套种豌豆高效栽培技术［J］．现代农业科技（13）：105．

付业春，顾尚敬，陈春艳，等．2012．不同播种深度对马铃薯产量及其外构成因素的影响［J］．中国马铃薯，26（5）：281-283．

海月英．2013．豌豆间套种马铃薯栽培技术［J］．内蒙古农业科技（6）：107．

侯慧芝，王娟，张绪成，等．2015．半干旱区全膜覆盖垄上微沟种植对土壤水热及马铃薯产量的影响［J］．作物学报，41（10）：1 582-1 590．

黄飞．2015．喷灌马铃薯高产栽培技术［J］．现代农业（2）：46-47．

亢福仁．2005．榆林市水资源可持续开发和利用研究［J］．干旱地区农业研究（5）：191-195．

李萍，张永成，田丰.2012.马铃薯蚕豆间套作系统的生理生态研究进展与效益分析［J］.安徽农业科学，40（27）：13 313-13 314.

李倩，刘景辉，张磊，等.2013.适当保水剂施用和覆盖促进旱作马铃薯生长发育和产量提高［J］.农业工程学报，29（7）：83-90.

李保伦.2010.播期对马铃薯产量的影响研究［J］.中国园艺文摘（6）：41.

李建军，刘世海，惠娜娜，等.2011.双垄全膜马铃薯套种豌豆对马铃薯生育期及病害的影响［J］.植物保护，37（2）：133-135.

李雪光，田洪刚.2013.不同播期对马铃薯性状及产量的影响［J］.农技服务，30（6）：568.

林妍，狄文伟.2015.钾肥对马铃薯营养元素吸收的影响［J］.新农业（21）：16-18.

刘世菊.2015.早熟马铃薯与夏秋大白菜轮作经济效益高［J］.农业开发与装备（12）：129-129.

马敏.2014.陕北马铃薯水地高产栽培技术［J］.农民致福之友（20）：169.

牟丽明，谢军红，杨习清.2014.黄土高原半干旱区马铃薯保护性耕作技术的筛选［J］.中国马铃薯，28（6）：335-339.

秦军红，陈有军，周长艳，等.2013.膜下滴灌灌溉频率对马铃薯生长、产量及水分利用率的影响［J］.中国生态农业学报，21（7）：824-830.

秦舒浩，曹莉，张俊莲，等.2014.轮作豆科植物对马铃薯连作田土壤速效养分及理化性质的影响［J］.作物学报，40（8）：1 452-1 458.

任稳江，任亮，刘士学.2015.黄土高原旱地马铃薯田土壤水分动态变化及供需研究［J］.中国马铃薯，29（6）：355-361.

桑得福.1999.高海拔地区马铃薯全生育期地膜覆盖栽培技术［J］.中国马铃薯，13（1）：38-39.

司凤香，贾丽华.2007.马铃薯不同生育阶段与栽培的关系［J］.吉林农业（9）：18-19.

宋树慧，何梦麟，任少勇，等.2014.不同前茬对马铃薯产量、品质和病害发生的影响［J］.作物杂志（2）：123-126.

宋玉芝，王连喜，李剑萍.2009.气候变化对黄土高原马铃薯生产的影响［J］.安徽农业科学，37（3）：1 018-1 019.

田英，黄志刚，于秀芹.2011.马铃薯需水规律试验研究［J］.现代农业科技（8）：91-92.

王东，李健，秦舒浩，等.2015.沟垄覆膜连作种植对马铃薯产量及土壤理化性质的影响［J］.西北农业学报，24（6）：62-66.

王乐，张红玲.2013.干旱区马铃薯田间滴灌限额灌溉技术研究［J］.节水灌溉（8）：10-12.

王雯，张雄.2015.不同灌溉方式对榆林沙区马铃薯生长和产量的影响［J］.干旱地区农业研究，33（4）：153-159.

王凤新，康跃虎，刘士平 . 2005. 滴灌条件下马铃薯耗水规律及需水量的研究 ［J］.
干旱地区农业研究，23（1）：9-15.

王国兴，徐福来，王渭玲，等 . 2013. 氮磷钾及有机肥对马铃薯生长发育和干物质
积累的影响 ［J］. 干旱地区农业研究，31（3）：106-111.

王红梅，刘世明 . 2012. 马铃薯双垄全膜覆盖沟播技术及密度试验 ［J］. 内蒙古农
业科技（3）：34-35.

王文祥，达布希拉图，周平，等 . 2017. 海拔高度对马铃薯地方品种形态结构及解
剖结构的影响 ［J］. 中国马铃薯，31（2）：77-85.

魏玉琴，姜振宏，陈富，等 . 2014. 包膜控释尿素对马铃薯生长发育及产量的影响
［J］. 中国马铃薯，28（4）：219-221.

吴炫柯，韦剑锋 . 2013. 不同播期对马铃薯生长发育和开花盛期农艺性状的影响
［J］. 作物杂志（4）：27-31.

武朝宝，任罡，李金玉 . 2009. 马铃薯需水量与灌溉制度试验研究 ［J］. 灌溉排水
学报，28（3）：93-95.

肖国举，仇正跻，张峰举，等 . 2015. 增温对西北半干旱区马铃薯产量和品质的影
响 ［J］. 生态学报，35（3）：830-836.

谢伟松 . 2014. 马铃薯播前良种选择及种薯准备 ［J］. 农业开发与装备（5）：115.

薛俊武，任穗江，严昌荣 . 2014. 覆膜和垄作对黄土高原马铃薯产量及水分利用效
率的影响 ［J］. 中国农业气象，35（1）：74-79.

杨泽粟，张强，赵鸿 . 2014. 黄土高原旱作区马铃薯叶片和土壤水势对垄沟微集雨
的响应特征 ［J］. 中国沙漠，34（4）：1 055-1 063.

姚素梅，杨雪芹，吴大付 . 2015. 滴灌条件下土壤基质对马铃薯光合特性和产量的
影响 ［J］. 灌溉排水学报，34（7）：73-77.

易九红，刘爱玉，王云，等 . 2010. 钾对马铃薯生长发育及产量、品质影响的研究
进展 ［J］. 作物研究，24（1）：60-64.

余帮强，张国辉，王收良，等 . 2012. 不同种植方式与密度对马铃薯产量及品质的
影响 ［J］. 现代农业科技（3）：169，172.

张凯，王润元，李巧珍，等 . 2012. 播期对陇中黄土高原半干旱区马铃薯生长发育
及产量的影响 ［J］. 生态学杂志，31（9）：2 261-2 268.

张朝巍，董博，郭天文，等 . 2011. 施肥与保水剂对半干旱区马铃薯增产效应的研
究 ［J］. 干旱地区农业研究，29（6）：152-156.

张德奇 . 2010. 缓/控释肥的研究应用现状及展望 ［J］. 耕作与栽培（3）：46-49.

张海 . 2015. 不同施肥处理对马铃薯性状及产量的影 ［J］. 现代农业科技
（14）：63.

张建成，闫海燕，刘慧，等 . 2014. 榆林风沙滩区秋马铃薯高产栽培技术 ［J］. 南
方农业（21）：19-20.

张明娜，刘春全 . 2015. 马铃薯复种油葵两茬生产技术 ［J］. 新农业（7）：16-17.

张文忠 . 2015. 马铃薯的生长习性及需肥特点 ［J］. 农业与技术，35（22）：28.

赵年武，郭连云，赵恒和.2015.高寒半干旱地区马铃薯生育期气候因子变化规律及其影响［J］.干旱气象，33（6）：1 024-1 030.

周瑞荣.2010.缓释肥料在马铃薯上的应用效果［J］.西南农业学报（5）：1 763-1 768.

朱江，艾训儒，易咏梅，等.2012.不同海拔梯度上地膜覆盖和不同肥力水平对马铃薯的影响［J］.湖北民促学院学报（自科版）（3）：330-334.

祝红福.2008.包膜型缓/控释肥的研究现状及应用前景［J］.化肥设计（3）：61-64.

第五章 商洛二熟区马铃薯栽培

第一节 自然条件、熟制和马铃薯生产概况

一、自然条件

(一) 地势地形

商洛市位于陕西省东南部，33°2′30″~34°24′40″N，108°34′20~111°1′25″E，总面积19 851km²。东与河南省南阳市、灵宝市、卢氏县、西峡县、淅川县交界；东南与湖北省郧县、郧西县相邻；西和西南与安康市宁陕县、旬阳县接壤；北和西北与渭南市的潼关县、华州区、华阴县及西安市的蓝田县、长安区毗连。

商洛地形地貌结构复杂，素有"八山一水一分田"之称。境内有秦岭、蟒岭、流岭、鹃岭、新开岭和郧岭六大山脉，绵延起伏。岭谷相间排列。地势西北高，东南低，由西北向东南伸展，呈掌状分布。海拔最高点位于柞水县北秦岭主脊牛背梁（2 802.1 m），最低点位于商南县梳洗楼附近的丹江谷地（215.4m）。

地貌的多样性是商洛市的特点，总体可分为河谷川原地貌、低山丘陵地貌和中山地貌三种类型，分别占全市总土地面积的 11.9%、34.6%和 53.5%。具有明显的掌状岭谷地貌特征，沟大、沟多、沟深、土薄、石多。

1. 河谷川原地貌

河谷川原习惯上称为"川道"。本地貌区包括洛河、丹江、银花河、乾佑河等主要河流及其支流两侧的河滩地，高、低阶地，各山谷间的沟台地，以及沟谷出口处的洪积扇，海拔多在 850m 以下，相对高度<100m，地面坡度<7°。该区一般地势较平缓、开阔，是商洛市基本农田的主要分布区。面积为 2 295.9km²，占全市总面积的 11.9%。

2. 低山丘陵地貌

低山丘陵在商洛统称为"浅山区"，是河谷川原与中山之间的过渡区。海拔 850~1 200m，坡度在 10°~25°，面积为 6 713.9km²，占全市总面积的 34.6%。低山丘陵分 4个地貌单元。

(1) 红色砂页岩低山丘陵 属堆积构造地貌，分布于商州至丹凤龙驹寨一线商丹盆地北侧，商南县富水至五里铺一线，洛南县城东景村、古城以南，山阳县城东过风楼、高坝一带，漫川盆地，商州红土岭至大荆腰市盆地。绝对高度 800~1 200m，坡度25°以下，在利用上，大多被辟为农田，有些被作为果园。

(2) 变质岩低山丘陵 该地貌山岭较平缓，常呈浑圆馒头状的山脊，侵蚀强度强

于前者。绝对高度1 000~1 200m，基岩组成为变质片岩、片麻岩，夹有泥质板岩和薄层灰岩，主要分布于洛河两岸、三要、古城、景村与灵口、黄坪之间，丹凤武关、商南清油河、富水一线的两侧。河谷坡度上缓下陡，上面坡段坡度≤25°，下部陡坡一般>35°。

（3）灰岩低山丘陵　具有较为平缓的山脊和山坡，绝对高度1 000m左右，是以灰岩为主夹有各种片岩、碎屑岩所组成的低山丘陵，山间多呈峡谷，谷坡下部陡峻，上部平缓且较宽阔。主要分布于商南县的湘河、梳洗楼、赵川一带。该区的沟谷上部间断分布着较厚的风化土层，大多被垦为山坡耕地，具有一定的生产潜力。

（4）花岗岩及基性岩低山丘陵　山脊和山坡亦较平缓，河谷为"V"形及"U"形，峡谷不常见。缓坡处有一定厚度的风化残积层，以粗砂碎砾为主，黏土少见。箱形谷地较开阔，系长期淤积而成。主要分布于洛南县城以南，蟒岭以北，商州黑山，商南县北部等地区。

3. 中山地貌

中山地貌在商洛占有很大的比重，面积为10 283.2km²，占全市总面积的53.5%，是主要山坡地分布区。该地貌单元最高峰牛背梁，海拔2 802.1m，相对高度为500~1 200m，坡度较大，一般为20°~50°。本区农业生产用地零星分在1 200~1 500m；1 500m以上的山地，基本为林业用地。农用地中，大部分坡度>25°。中山地貌区可分为下列三个类型。

（1）变质岩中山　主要分布于洛河流域的保安、麻坪、蟒岭南部，流岭、大小鹊岭、柞水东部等地。本区的坡式梯田，其坡度多在7°以下，高者达20°；部分轮歇地，坡度均在25°以上。

（2）石灰岩中山　主要分布于巡检、灵口、黑龙口的西北部、西照川以北和镇安东、南部等地区。农田分布不集中，坡度大，大多在25°以上。

（3）花岗岩中山　主要分布于柞水东部、黑山以北秦岭主脊。农业用地面积很小，且多处于沟道台地、槽洼等处，坡度陡，旱涝之年几乎无收成。

（二）气候

1. 气候总体特点

商洛位于秦岭南麓，属于中国南北过渡地带，也是暖温带向亚热带过渡地带。南部属北亚热带气候，北部属暖温带气候。全市冬无严寒、夏无酷暑，冬春多旱，夏秋多雨、温暖湿润、四季分明。

商洛市常年平均气温7.8~13.9℃，年平均降水量696.8~830.1mm，年平均日照时数1 848.1~2 055.8h。根据商洛市气象局《商洛市2012年气象评价》统计数据，2012年全市平均气温11.2~13.8℃，极端最高气温37.8℃（6月13日丹凤县），极端最低气温-14.8℃（12月30日洛南县）；全市总降水量525.3~652.0mm，与历年相比偏少12%~28%；全市日照时数1 736.6~2 196.8h，与历年相比除镇安县、洛南县偏多43.3h、245.9h外，其余偏少33.1~211.9h。根据商洛市气象局《商洛市2016年气候影响评价分析》统计数据，2016年全市平均气温12.4~15.0℃，极端最高气温37.3℃（6月22日山阳县），极端最低气温-17.4℃（1月25日柞水县）；全市总降水量

149

582.4~821.6mm，与历年相比除柞水县偏多5.8%外，其余地方偏少4.7%~19.3%；全市日照时数1 784.4~2 078.2h，与历年相比除镇安县、柞水县和丹凤县偏少41.4~150.5h外，其余均偏多25.8~259.3h。

2. 灾害性天气

由于山大沟深，谷壑纵横，峰峦叠嶂，地形复杂，垂直高度差异较大，具有明显的山地立体气候特点，各地光、热、水气候资源和气象灾害都有明显的差异，分布极不平衡。气象灾害有干旱、暴雨、连阴雨、冰雹、霜冻、大风、寒潮降温等。

（1）干旱 商洛市干旱有冬旱、春旱、冬春连旱和伏旱4种类型。冬旱常常发生在11月至翌年1月间，表现为降雨降雪稀少，土壤墒情差，空气干燥，一般都伴随暖冬大气候现象，受影响最大的作物是冬小麦；春旱2月下旬至4月下旬，发生概率20%~30%，常常表现为春季风大，有降雨过程但降水量很小或不降雨，影响较大的是马铃薯、玉米等作物的播种和小麦的返青拔节；冬春连旱指（11月至翌年4月）冬季降雨降雪少，春季降雨也少，发生概率10%~20%，遇到这样的气候，冬小麦返青拔节受阻，马铃薯播种难以进行，夏粮会大幅度减产；伏旱，指7月中旬至8月中旬，10~15d不降雨就会产生旱象，伏旱经常制约春夏玉米产量的形成。

（2）暴雨、冰雹 暴雨、冰雹在商洛发生经常以局部突发为特点，多发生在春末至夏中，常常伴有短时间大风，会导致夏秋农作物倒伏，叶片破碎，引起减产。

（3）连阴雨 也叫华西秋雨（当地群众称之为40d老淋雨）。发生时段在秋末至白露、寒露期间，即8月下旬至10中旬，发生概率70%~80%，易造成江河涨水，滑坡、泥石流、洪灾等灾害。个别年份，秋雨过后，刮西风降温，易造成秋封现象。

（4）大风寒潮冷害 也叫倒春寒，多见于仲春至春末，此时气温已回暖有一段时间，小麦已进入拔节、穗分化阶段，低热区的马铃薯也处在出苗期，北方强冷空气横扫过来，气温突降到5℃以下，对小麦、春播马铃薯、果树及设施农业造成低温冷害。这种气候现象发生概率较大，可达80%~90%。而且，发生的时间越晚对农业生产为害越大。

（三）水资源

商洛市境内沟壑纵横，河流密布，共有大小河流及支流72 500多条。其中流长10km以上的约240条，集水面积100km² 以上的67条，主要河流有洛河、丹江、金钱河、乾佑河、旬河，另有5条独流出境河流，即蓝桥河、许家河、滔河、黑漆河、新庙河，分属长江、黄河两大水系。属黄河流域的有洛河、兰桥河，流域面积2 882.8km²，占河流总面积的15%；其余河流均属长江流域，流域面积16 700.9km²，占流域面积总量的85%。

另外，20世纪50—70年代，在国家"兴修水利大搞农田基本建设"号召下，商洛各地建设了许多小水库、池塘、旱塬水窖等水利设施，可作为补充灌溉水源。

（四）土壤

商洛土壤成土母质多，地形变化多端，致使土壤类型分布比较复杂。全市土壤划分为潮土、新积土、褐土、黄褐土、水稻土、黄棕壤、棕壤、紫色土、山地草甸土9个土类、19个亚类、49个土属、174个土种，其中农耕地占有8个土类、16个亚类、36个土属。各土类占全市土壤面积情况为，潮土 0.92 万 hm²，占土壤的 0.49%；新积土 8.79 万 hm²，占土壤的 4.7%；褐土20.55 万 hm²，占土壤的 11.1%；黄褐土5.89 hm²，占土壤的 3.3%；黄棕壤94.84 万 hm²，占土壤的50.6%；棕壤49.76 万 hm²，占土壤的26.6%；水稻土 0.68 万 hm²，占土壤的 0.36%；紫色土5.17 万 hm²，占土壤的 2.8%；山地草甸土2 536.2hm²，占土壤的 0.14%。

1. 土壤区域分布

（1）河谷川原地貌　主要分布着新积土、潮土、水稻土、紫色土。新积土、潮土一般分布于各大小河流两侧的河漫滩地及河谷阶地上。其沉积物地质年代近，地势较低平，未受到地下水影响的为新积土，受地下水影响的为潮土，如在灌水条件较好，地下水位高，种植水稻的，分布有水稻土。山谷出口及山麓较平缓的山坡和沟台地，多系洪积物，为洪积型新积土。在母岩的影响下，本区域出现的岩性土，有紫色土等。

（2）低山丘陵地貌　主要分布着褐土和黄褐土。褐土是商洛重要的地带性土壤之一，其东起丹凤县铁峪铺，西至商州区黑龙口，南起丹凤县丹江河，南至商州区南部的殿岭，北至洛南县境。黄褐土分为下蜀黄土质黄褐土和黄土质黄褐土两个亚类，下蜀黄土质黄褐土主要分布于商南、山阳、镇安、柞水和丹凤县南部的沿河高阶地上，其所处地带降水丰富，淋溶作用强烈，土体中下部富含黏粒。黄土质黄褐土分布于洛南县四十里梁塬，其土壤结构坚实，结构体表面有大量的铁、锰胶膜淀积。

（3）中山地貌　主要分布黄棕壤和棕壤。黄棕壤多处于海拔较低的山坡地带，沿海拔向上分布着棕壤土壤。

2. 土壤垂直分布规律

土壤的垂直分布是土壤随山势的增高而发生的演变。商洛市土壤的垂直地带性分布因所处地理位置及海拔高度的不同而出现两种情况。

（1）南部地区　河谷川原地貌主要分布着新积土、潮土、水稻土，位于海拔 800m 以下；基带土壤为黄褐土，分布于海拔 800~900m；900~1 300m，主要分布着各种基岩风化物上发育的黄棕壤及始成黄棕壤；1 300~1 500m 左右，为始成黄棕壤向棕壤的过渡带，始成黄棕壤与始成棕壤交错分布；1 500m 以上，主要分布棕壤。

（2）北部地区　河谷川原地貌主要分布着新积土、潮土，位于海拔 800m 以下；基带土壤为淋溶褐土，位于海拔 800~850m；800~1 200m，主要分布着各种基岩风化物上发育的始成褐土；1 200~1 400m，为始成褐土向棕壤过渡带，交替出现始成褐土与始成棕壤；1 400m 以上，则主要分布着山地棕壤。

3. 第二次土壤普查养分状况

据商洛市第二次土壤普查资料显示，全市占耕地面积 31.56% 的土壤有机质、42.11% 的土壤全氮、55.25% 的土壤碱解氮、30.1% 的土壤速效磷、23.78% 的土壤速效钾处于较低水平；在分析的微量元素有效养分含量中，Cu、Fe 较为丰富，而 B、Mn、Zn 则普遍缺乏。

二、熟制和作物种类

(一) 农田分布的海拔范围

商洛市农田面积220多万亩，分布海拔范围在215.4~1 500m，海拔1 500m以上主要为林业用地。按照地貌特点分为河谷川道地、浅山河谷川塬地、中高山区坡塬台地。河谷川道地主要在海拔800m以下，该区一般地势开阔较平缓，是基本农田的优质分布区；浅山河谷川塬地海拔在800~1 200m，坡度在10°~25°之间，是基本农田的主要分布区；中高山区坡塬台地海拔在1 200~1 500m之间。其中，后两类农田是马铃薯生产的主要区域，占到全市马铃薯总面积和总产量的95%以上。2000—2014年，随着城镇化建设快速推进，铁路、高速公路建设、移民搬迁、工业园建设等大量占用农耕地，全市常用耕地面积14年共减少19.6万亩，而且减少的大多数是河谷川道地基本农田，人均耕地面积由2000年人均0.93亩下降到人均0.79亩，其中旱地占比86.6%（赵晓峰，2015）。

(二) 二熟制条件下的作物种类及与马铃薯的接茬关系

在海拔800m以下的河谷川道地，种植的作物种类比较多，常见的有小麦、玉米、蔬菜、甘薯、豆类、油菜、高粱及谷子等。马铃薯与上述作物的接茬关系主要有下列类型：蒜苗→冬春马铃薯→玉米（轮、套作）；小麦→玉米→秋播马铃薯（套作）；马铃薯→夏播豆类（年内轮作）；马铃薯→甘薯（套作）。

在海拔800~1 000m浅山河谷川塬地，主要作物有马铃薯、甘薯、豆类、玉米、小麦等。马铃薯常与玉米、大豆、四季豆、甘薯进行间套作，其中以马铃薯与玉米套作最为普遍，套作行比与带型详见第一章。

在海拔1 000~1 500m中高山区坡塬台地，作物种类主要是马铃薯、甘薯、玉米和豆类。这一区域，马铃薯经常采用地膜覆盖栽培，3月中旬播种，4月下旬至5月初套作玉米；马铃薯→四季豆→玉米三间套，马铃薯3月中下旬露地播种或地膜播种，4月下旬先后播种四季豆和玉米；马铃薯套作大豆，和套作玉米类似，只是大豆播种一般推迟到立夏前后；马铃薯纯种→休闲。

三、马铃薯生产概况

马铃薯是商洛市的传统优势农作物，在20世纪80—90年代以前，商洛马铃薯的播种面积徘徊在30万~40万亩，推广的主栽品种较少，仅有克新1号、克新3号等品种，马铃薯脱毒技术尚未推广应用，品种退化严重，单产水平较低，平均鲜薯产量700kg/亩，年总产30万t（鲜薯）。进入21世纪以来，马铃薯新品种先后引进了夏波蒂、早大白、荷兰14号、荷兰15号、虎头、中薯3号、中薯5号、大西洋、兴佳2号等。并且在陕西省马铃薯产业技术体系的带动下，马铃薯脱毒技术应用有了较大程度的普及，马铃薯单产水平显著提高。脱毒马铃薯的较大增产潜力，激发了广大农民种植马铃薯的积极性。为了增加农民收入，商洛市政府于2007年实施了"压麦扩薯"种植业结构调整战略，大量人力、物力和技术的投入，快速推动了商洛马铃薯播种面积和单产的稳步提高。目前，全市马铃薯播种面积60万亩左右，平均单产达到1 260kg/亩，总产鲜薯75万t左右。马铃薯已成为商洛山区群众增加收入的主要来源之一。

马铃薯的种植区域：按地貌类型分河谷川原区、低山丘陵区和中山区，在三个地貌类型中，以河谷川原区和中山区种植为主，其中河谷川原区种植面积占马铃薯种植总面积的60％以上。按土壤类型分，马铃薯种植以新积土为主，约占种植面积的60％；黄棕壤次之，约占30％；棕壤最少，占10％左右。

四、马铃薯品种更新换代与种植的主要带型

（一）马铃薯品种更新换代

商洛马铃薯品种更新换代，按照年代变更依次有如下品种：20世纪50年代主要栽培长江、巫峡等品种；20世纪60—70年代主要栽培本省育成的安农5号、安薯56号、安农8号等品种；20世纪80—90年代主要栽培从国内引进的克新1号、克新3号、中薯3号、中薯5号、秦芋30号等品种。2000年后主要栽培克新1号、克新3号、早大白、大西洋、费乌瑞它、虎头、青薯9号、陇薯11号、冀张薯12号、中薯13号、希森3号、兴佳2号、夏波蒂等品种。

（二）马铃薯套作方式

1. 2：2带型

春播马铃薯与玉米套种，双套双为160~170cm带型，马铃薯、玉米各播种2行。马铃薯带宽为80~85cm，开沟起垄，垄面呈瓦背状，一般垄高10~15cm，垄面宽55~60cm，播深8~12cm。马铃薯种植采用地膜覆盖栽培，每亩密度3 000~3 500株。该模式的特点是采用160~170cm对开带为规范带型，有利于实现马铃薯和玉米均衡增产，土地利用率高。缺点是重点作物不突出，马铃薯收获后套种秋菜，带型有点窄，玉米叶片对秋菜生长有不利影响。

2. 2：1带型

春播马铃薯与玉米套种，双套单为110cm带型，种植2行马铃薯、1行玉米。马铃薯带宽为80cm，开沟起垄，垄面呈瓦背状，一般垄高10~15cm，垄面宽55~60cm，播深8~12cm。马铃薯种植采用地膜覆盖栽培，每亩密度4 000~4 300株。该模式的特点是带型变窄，马铃薯种植密度增加，单产提高，突出了马铃薯高产高效作物特点，玉米密度、单产略有下降，但总体经济效益较高。

3. 1：1带型

春播马铃薯与玉米套种，一般采用80cm对开带型，种植马铃薯、玉米各1行。马铃薯带宽40cm，开沟起垄，垄面呈瓦背状，一般垄高10~15cm，垄面宽30cm。马铃薯株距26~30cm，播深8~12cm，每亩密度2 800~3 200株。该模式的特点是带型窄，马铃薯密度小，部分高寒区群众习惯采用此模式。

第二节　马铃薯栽培技术

一、选地整地

前茬作物收获后，适时（一般于秋播结束后至上冻前，11月至12月初）合墒深翻

整地，经过冻垡杀灭害虫及虫卵。播前再深翻一次，清除残茬，耙糖平整。并结合深翻整地，施入腐熟农家肥，酌情用辛硫磷颗粒剂 1.5~2kg/亩，拌细土 10kg/亩，防治地下害虫蛴螬（土蚕）为害块茎。

春播田块，秋作收获后，冬前要进行深翻蓄墒，早春整地保墒。

地膜覆盖马铃薯宜选择气候冷凉，昼夜温差大，土壤深厚的沙质土壤，还要选择冷空气不易聚集或经过的田块，可以减轻或避免晚霜为害。

马铃薯结薯是在地面之下，只要土壤中的水分、养分、空气和温度等合适，马铃薯根系就会发达，植株就能健壮生长，就能多结薯、结大薯。整地是改善土壤条件最有效的措施。

整地的过程主要是深耕（深翻）和耙压（耙糖、镇压）。用块茎播种后须根大多分布在 30~40cm 深的土层中，深耕不仅使土壤疏松，提高土温，给根系的发展和块茎的膨大创造良好的条件，而且可以增强土壤的蓄水和渗水力，有利于北方前期抗旱后期抗涝。深耕还能促进土壤微生物的活动和繁殖，加速有机质分解，促进土壤中有效养分的增加，防止肥料的流失。深耕最好在秋末冬初进行，因为耕地越早，越有利于土壤熟化和冻垡，使之可以接纳冬春雨雪，有利于保墒，并能冻死害虫。特别是高寒一季作区，农户种植马铃薯的土地面积大，基本都采取平地垄作方式，头年秋季深耕松土显得更为重要。在春旱严重的地区，无论是春耕还是秋翻，都应做到随翻随耙糖，做到地平、土细、土质松软、上实下虚，以起到保墒的作用。在春雨多、土壤湿度大的地方，除深耕和耙糖外，还要起垄，以便散墒和提高地温。

二、选用良种

商洛栽培的马铃薯以生育期在 70~90d 的早熟和中早熟品种比较适宜。近年栽培的马铃薯品种主要有早大白、兴佳 2 号、克新 1 号、安农 5 号、中薯 3 号、中薯 5 号、荷兰 15 号、大西洋、夏波蒂等。

（一）夏波蒂

加拿大品种，以 BakeKing 为母本，F58050 为父本经杂交选育而成。1987 年由河北省围场满族蒙古族自治县农业局从美国引入中国，是目前用于油炸薯条的主要品种。

属中熟品种，生育期 90d 左右。株型直立，分枝较多，株型直立，高 50cm。叶片大而多，茎、叶黄绿色，花冠浅紫色间有白色，花期较短。薯形长椭圆，白皮白肉，表皮光滑，芽眼极浅且突出，储藏性好。结薯较晚，结薯集中，大中薯率 80%~85%。薯块大，薯的顶端朝上生长，很容易顶破土层露出地面，从而造成青头现象，故适于大垄栽培，方便培土。干物质含量 19.5%，淀粉含量 17.3%，还原糖含量 0.02%，非常适于炸条、烤片和水煮，是马铃薯薯条加工的理想品种。植株不抗旱，不抗涝，喜通气好的土壤，喜肥；退化速度快，易感晚疫病、早疫病和疮痂病，产量水平随生产条件变幅的大小而变化。一般亩产 1 700kg，最高可达 3 000kg 以上。

适宜商洛市高寒区，干旱、半干旱、有水浇条件的地区栽培。

（二）早大白

由辽宁省本溪市马铃薯研究所以五里白为母本、74-128 为父本选育而成。1992 年通过辽宁省农作物品种审定委员会审定，1998 年通过国家农作物品种审定委员会审定。品种登记号为国审薯 980001。

属极早熟品种，生育天数 60~65d。植株直立，繁茂性中等，株高 50cm 左右。茎叶绿色，侧小叶 5 对，顶小叶卵形。花冠白色，花药橙黄色，可天然结实，但结实性偏弱。薯块扁圆形，白皮白肉，表皮光滑，芽眼深度中等，休眠期中等，耐贮性一般。结薯集中，单株结薯 3~5 个，大中薯率高达 90% 以上。块茎干物质含量 21.9%，淀粉含量 11%~13%，还原糖含量 1.2%，粗蛋白质含量 2.13%，维生素 C 含量 12.9mg/100g 鲜薯，品质好，适口性好。苗期喜温抗旱，耐病毒病，较抗环腐病和疮痂病，感晚疫病。一般亩产 1 500kg，在高水肥地栽培产量可达 4 000kg 以上。

该品种适应性较广，商品性好，上市早，便于倒茬，适宜在商洛市中温低热区种植。

（三）克新 1 号

由黑龙江省农业科学院马铃薯研究所以 374-128 为母本、Epoka 为父本经有性杂交于 1963 年选育而成。1967 年通过黑龙江省农作物品种审定委员会审定，1984 年通过国家农作物品种审定委员会审定。1987 年获国家发明二等奖。

属中熟品种，生育天数 83d 左右。株型开展，分枝数中等。株高 50cm 左右，茎粗壮，绿色，生长势强。叶片绿色，茸毛中等，复叶肥大，侧小叶 4 对，排列疏密中等。花序总梗绿色，花柄节无色，幼芽基部圆形、紫色，顶部钝形。花冠淡紫色，有外重瓣，花药黄绿色，花粉不育，雌蕊败育，不能天然结实和作杂交亲本。块茎椭圆形或圆形，淡黄皮、白肉，表皮光滑，块大而整齐，芽眼深度中等，休眠期长，耐贮藏。结薯早而集中，块茎膨大快，大中薯率 73.1%。干物质含量 18.1%，淀粉含量 13%，还原糖含量 0.52%，粗蛋白含量 0.65%，维生素 C 含量 14.4mg/100g 鲜薯。食用品质中等。植株抗晚疫病，块茎感病，高抗环腐病、卷叶病毒 PLRV 和 Y 病毒，对马铃薯纺锤块茎类病毒有耐病性，耐束顶病，较耐涝。一般亩产 2 000kg，高产者可达 3 000kg。

该品种抗旱性强，适宜商洛市大部地区种植，特别是干旱地区。

（四）安农 5 号

由陕西省安康市农业科学研究所选育。1979 年通过陕西省农作物品种审定委员会审定。

属早熟品种，生育天数 70d 左右。株型开展，分枝较少，株高 60cm。茎浅紫褐色，复叶大，叶绿色，生长势强。花冠淡紫色，能天然结果，浆果绿色。块茎长椭圆形，红皮黄肉，表皮光滑，芽眼较浅，休眠期短，耐贮藏。结薯较集中，块茎中等，大中薯率 78%。干物质含量 17%~22%，淀粉含量 12%~18%，粗蛋白质含量 2.88%，维生素 C 含量 8.5mg/100g 鲜薯，还原糖含量 0.5%，食用品质好，适宜鲜食。植株较抗晚疫病，抗环腐病和卷叶病毒病，轻感花叶病毒病。一般亩产 1 500kg，高产可达 2 500kg。

该品种抗旱，耐瘠薄，适宜商洛市中温低热区种植。

（五）中薯 3 号

由中国农业科学院蔬菜花卉研究所育成。1994 年通过北京市农作物品种审定委员会审定。2005 年通过国家农作物品种审定委员会审定，审定编号：国审薯 2005005。

属中早熟品种，生育天数 80d 左右。株型直立，株高 60cm 左右，分枝少，茎粗壮、绿色。复叶大，小叶绿色，茸毛少，侧小叶 4 对，叶缘波状，叶色浅绿，生长势较强。花冠白色，花药橙色，雌蕊柱头 3 裂，能天然结实。匍匐茎短，结薯集中，单株结薯数 4~5 个，薯块大小中等、整齐，大中薯率可达 90%。薯块椭圆形，顶部圆形，皮肉均为淡黄色，表皮光滑，芽眼浅而少，休眠期短。干物质含量 20%，淀粉含量 12%~14%，粗蛋白质含量 1.82%，还原糖含量 0.3%，维生素 C 含量 20mg/100g 鲜薯，食味好，适合作鲜薯食用。植株田间表现抗马铃薯重花叶病（PVY），较抗轻花叶病毒病（PVX）和卷叶病毒病，不感疮痂病，退化慢，不抗晚疫病。一般每亩产 1 500~2 000kg，高产可达 2 500kg。

该品种适应性较强，较抗瘠薄和干旱，休眠期短，适宜商洛市中温低热区种植。

（六）中薯 5 号

由中国农科院蔬菜花卉研究所于 1998 年育成，为中薯 3 号天然结实后代。2001 年通过北京市农作物品种审定委员会审定，2004 年通过国家农作物品种审定委员会审定，审定编号：国审薯 2004002。

属早熟品种，生育天数 65d 左右。株型直立，株高 50cm 左右，分枝数少，生长势较强。茎绿色，复叶大小中等，叶深绿色，叶缘平展。花冠白色，天然结实性中等，有种子；块茎略扁长圆形、圆形，皮肉均为淡黄色，表皮光滑，芽眼极浅，休眠期短。结薯集中，大而整齐，大中薯率 70% 左右。干物质含量 18.84%、淀粉含量 10.44%、还原糖含量 0.51%、粗蛋白质含量 1.84%、维生素 C 含量 26.3mg/100g 鲜薯；炒食品质优，炸片色泽浅。抗重花叶病毒病 PVY，中抗轻花叶病毒病 PVX、卷叶病毒病 PLRV，较抗晚疫病，不抗疮痂病。一般亩产 2 000kg 左右。

适宜商洛市中温低热区种植。

（七）荷兰 15 号

来源于荷兰，以 ZPC50-3535 作母本，ZPC5-3 做父本杂交选育而成。1981 年由农业部种子局从荷兰引入，原名为 FAVORITA（费乌瑞它），山东省农业科学院蔬菜花卉所引入山东栽培，取名"鲁引 1 号"；1989 年天津市农业科学院蔬菜花卉所引入，取名"津引 8 号"，又名"荷兰薯""晋引薯 8 号"。

属中早熟品种，生育天数 76d。植株直立，株型扩散，株高 50cm，茎粗壮，紫褐色，分枝少，生长势强。复叶大，下垂，侧小叶 3~5 对，排列较稀，叶色浅绿，茸毛中等，叶缘有轻微波状。花序梗绿色，花柄节有色，花冠蓝紫色，瓣尖无色，花冠大，雄蕊橙黄色，柱头 2 裂，花中等长，子房断面无色。花粉量较多，天然结实性强。浆果大、深绿色，有种子。块茎长椭圆形，顶部圆形，皮淡黄色，肉鲜黄色，表皮光滑，芽眼少而浅，休眠期短，较耐贮藏。结薯集中 4~5 个，块茎膨大快，大中薯率 69%。干物质含量 17.7%，淀粉含量 13.6%，还原糖含量 0.03%，粗蛋白质含量 1.67%，维生素 C 含量 13.6mg/100g 鲜薯，品质好，适宜炸片加工。植株易感晚疫病，块茎中感病，不抗环腐病和青枯病，抗 Y 病毒和卷叶病毒，对 A 病毒和癌肿病免疫。一般单产 1 900kg/亩，高产可达 3 000kg/亩。

适宜商洛市中温低热区种植。

（八）大西洋

来源于美国，由 B5141-6（Lenape）作母本，旺西（Wauseon）作父本杂交选育而成。1978 年由农业部和中国农业科学院引入中国。

属中早熟品种，生育天数 77d。株形直立，分枝数中等，株高 50cm 左右，茎基部紫褐色，茎秆粗壮，生长势较强。叶亮绿色，复叶肥大，叶缘平展。花冠淡紫色，雄蕊黄色，花粉育性差，可天然结实。块茎卵圆形或圆形，顶部平，淡黄皮白肉，表皮有轻微网纹，芽眼浅而少，块茎休眠期中等，耐贮藏。结薯集中，薯块大小中等而整齐，大中薯率 67%。干物质含量 23%，淀粉含量 17.9%，还原糖含量 0.15%，蒸食品质好，是目前主要的炸片品种。该品种免疫马铃薯普通花叶病毒（PVX），较抗卷叶病毒病和网状坏死病毒，易感晚疫病、束顶病、环腐病。在干旱季节，薯肉有时会产生褐色斑点。一般亩产 1 500kg，高产可达 3 000kg。

该品种喜肥水，适应性较广，适宜商洛市中温低热区种植。

（九）兴佳 2 号

由黑龙江省大兴安岭地区农林科学研究院以 gloria 为母本，21-36-27-31 为父本，通过有性杂交选育而成。2015 年通过黑龙江省农作物品种审定委员会审定。

属中熟品种，生育期 90d 左右。株型直立，株高 70cm 左右，分枝较多，茎绿色，茎横断面三棱形，叶深绿色。花冠白色，花药黄色，子房断面无色。块茎椭圆形，皮淡黄色，肉浅黄色，表皮光滑，芽眼浅。结薯集中，单株结薯 3~5 个，大中薯率达 86%；干物质含量 19.8%，淀粉含量 12%~15%，还原糖含量 0.57%，粗蛋白质含量 1.10%~2.13%，维生素 C 含量 11.18~14.34mg/100g 鲜薯。抗晚疫病，抗 PVX、PVY 病毒，较耐寒。

该品种适宜商洛市大部分地区种植。

（十）青薯 9 号

青海省农林科学院生物技术研究所从国际马铃薯中心引进杂交组合（387521.3APHRODⅠTE）材料 C92.140-05 中选出优良单株 ZT，后经系统选育而成。2006 年通过青海省农作物品种审定委员会审定；2011 年通过国家农作物品种审定委员会审定。

中晚熟品种，生育期 115d。株型直立，株高 89.3cm 左右，分枝多，生长势强。茎绿色带褐色，叶深绿色，复叶大。花冠紫色，开花繁茂性中等，天然结实少。薯块椭圆形，薯皮红色，有网纹，薯肉黄色，芽眼少且浅。结薯集中，单株主茎数 2.9 个，结薯数 5.2 个。耐贮性好，休眠期 40~50d。块茎干物质含量 23.6%，淀粉含量 11.5%，维生素 C 含量 18.6mg/100g 鲜薯，还原糖含量 0.19%。植株中抗马铃薯 X 病毒，抗马铃薯 Y 病毒，抗晚疫病。

该品种适宜商洛市大部分地区种植。

三、种薯播前处理

（一）选用脱毒种薯

根据种植目的，因地制宜、合理选择适于本地区种植的马铃薯品种。脱毒种薯具有较大的增产潜力。因此，生产中要选择高代脱毒种薯可获得较高的产量。

目前，商洛市主栽的马铃薯脱毒品种有夏波蒂、早大白、克新1号、中薯3号、中薯5号、荷兰15号、大西洋、兴佳2号等。

（二）切块标准

在播种前20d左右，选择色鲜、光滑、大小适中、符合该品种特征的薯块做种，剔除有病虫害、畸形、龟裂、尖头的劣薯。一般在播种前3~4d进行切块。切块前晒种2~3d，选用中等大小的种薯，每个种薯以50~100g为宜，每亩需种薯120kg左右。切块不宜太小，一般不能低于20g，以免母薯水分、养分不足，影响幼苗发育，且切块过小不抗旱，容易导致芽干缺苗。50g以上块茎要切种，每个切块以25~30g为宜，至少带1~2个芽眼。切块时应尽量切成小立方块，多带薯肉，不要切成小薄片、小块或挖芽眼。

30g的小种薯可小整薯直播；50g左右的种薯可从顶部到尾部纵切成2块；70~90g的种薯切成3块，方法是先从基部切下带2个芽眼的1块，剩余部分纵切为2块；100g左右的种薯可纵切为4块，这样有利于增加带顶芽的块数。对于大薯块来说，可以从种薯的尾部开始，按芽眼排列顺序螺旋形向顶部斜切，最后将顶部一分为二，以免将来出苗密集；如果想利用顶端优势增产时，可以将种薯从中部横切一刀，将顶半部留做种用切块，下部可留作他用。

（三）消毒

切种时准备两把切种刀具，每切一块种薯换一次刀具，换下的刀具浸到事先准备好的消毒液（75%酒精）中，以防切种刀具传病。当切到病薯、坏烂薯块时应将其销毁，同时应将切刀消毒，否则会传播病菌。其消毒方法是用火烧烤切刀，或用75%酒精反复擦洗切刀，或用0.2%高锰酸钾浸泡切刀20~30min后再用。

（四）切块后管理

薯块切好后先将其平摊在温度17~18℃、相对湿度80%~85%的条件下晾干伤口，需3~4d，使之产生木栓层，这样可避免催芽过程中烂薯。切记不可长时间堆放切好的种块，以防止高温引起烂种。在晾切块时，不能在过于干燥的环境中进行，以免薯块失水过多。

薯块切好可不催芽，每100kg种薯用甲霜灵锰锌200g，块茎膨大素5g，加水3~4kg进行拌种，以10~15cm厚度平铺于房内晾干，第二天即可播种，但不催芽出苗慢。

（五）催芽

对切好后的薯块进行催芽，不但出苗早，植株生长健壮，还可保证一次全苗，提高产量。常用的催芽方法如下。

1. 苗床催芽

在温室北墙根处、塑料大棚内的走道头上（远离棚门一端）用2~3层砖墙砌一方池，大小视种薯数量而定，也可利用现有的苗床。如果地面过干，应先喷洒少量水使之略显潮湿，然后铺1层薯块，再铺撒1层经日光消毒或药物消毒的湿沙或湿锯末，这样可连铺3~5层薯块，最后上面盖草苫或麻袋保湿。

2. 室内催芽

种薯数量不多时，可直接在房屋或温室内催芽。可将薯块装在筐内或编织袋内，也可按 10~15cm 厚将其摊在地面上，然后将筐、编织袋或薯堆用湿麻袋或湿草苫盖严。

3. 化学催芽

切好的薯块放在 1~1.5ppm "九二〇" 水溶液浸种 3~5min（1g10% 九二〇用酒精溶解后加水 65~100kg 左右，可浸薯块 2 000kg）。浸种晾干后上床催芽，催芽时可选室内、温床、温室、塑料膜覆盖等方法。

催芽温度应保持在 12~15℃，最高不超过 18℃，在芽长 2cm 左右时，将带芽薯块置于室内散射光下使芽变绿，即可播种。如发现烂薯，应及时将其挑出，同时将周边其他薯块也都扒出来晾晒一下，然后再催芽。

4. 短壮芽培育

短壮芽栽培技术曾是商洛防止种薯退化，解决川道地区就地留种的一项有效技术措施。带短壮芽的小整薯播种后，出苗早，植株生长健壮，一般比无芽种薯增产 40% 以上。在马铃薯就地留种困难地区，选用 1 200m 以上高海拔地区生产的种薯，挑除病薯和烂薯，选择大小一致，每千克 40 个（单块 25g）左右，薯形端正，色泽鲜艳，具有该品种典型特征特性的薯块，晾干水汽（一般摊放 10~15d 即可）。选择室内透光性好，光线强，四周密闭的场地，打扫干净，用生石灰喷撒消毒。将种薯单层摆放于室内，芽眼向上直立靠放。控制好室内的透光情况，如果室内光线不足，可采用日光灯或白炽灯补充光源。保持室内 68% 的相对湿度，湿度太小，种薯萎缩时，可适当喷洒少量清水，提高室内湿度。

催芽温度应保持在 8~15℃，最高不超过 18℃。短壮芽培育，要防止芽薯在 −1~2℃ 时发生冻害，应即时采取取暖措施，使室内温度保持在 6℃ 以上。经过一个冬季的催芽，芽长 2cm 左右，即可播种。播种时应剔除烂薯和芽不够壮的小薯。

四、播种

（一）起垄

旱平地、坡原地、下湿地和沟槽地适宜起垄栽培。地块整好后，播前深翻 30cm 起垄，垄宽 80cm，垄沟距 20~30cm，垄高 21cm，垄面宽 70cm，每垄种植 2 行，适于用 80cm 幅宽地膜覆盖。将底肥施入垄中，打碎垄面土块，轻度进行镇压，要求垄面平整，无坷垃，无残茬。

（二）适期早播

在商洛地区，马铃薯播种有春播和冬播两个时期。

高寒山区春播时间在 3 月中旬至 4 月上旬，中温区于 2 月中、下旬播种，低热区春播时间一般从 1 月中旬至 2 月中旬；冬播马铃薯主要在低热区，播种时间在 12 月下旬至翌年 1 月上中旬，一般采取单膜或多膜覆盖。

在二熟制条件下，播季和播期的选择依马铃薯的前、后茬衔接关系而定。马铃薯根系生长的起始温度为 4~5℃，低温条件下播种，有利于马铃薯先长根后长茎叶。因此，马铃薯可适当早播。

适时播种是提高马铃薯产量的一项重要措施，播种过早或过迟都会对马铃薯产量造成较大减产。

过早播种，气温较低，经过播前处理的种薯，体温已达到6℃左右，幼芽已经开始萌动或开始伸长，当地温低于芽块体温，不仅限制了种薯继续发芽，有时还会出现梦生薯。而且，马铃薯出苗缓慢，易形成烂薯而导致缺苗断垄。低温限制了马铃薯主茎伸长和茎叶扩展，马铃薯地上部生长受阻，影响根系养分吸收，地下匍匐茎顶端膨大分化形成的薯数不多，从而使产量不高。还有，过早播种，出苗后易受到晚霜为害，二次发苗会推迟马铃薯发育进程。

适时播种，气温升高，雨水充分，马铃薯生育期缩短，播种至出苗阶段持续日数也缩短，马铃薯出苗速度加快，生育中后期雨水充足，马铃薯地上部积累的光合同化产物可以满足地下块茎生长需求，植株分枝数增多，植株生长强壮，薯块数量增加，虽然地上部分光合作用积累的同化产物不足以使所有分化形成的薯块发展成大薯，但中小薯产量增加明显，从而使产量提高。

播种过晚，使得马铃薯生育期缩短，地上部积累的光合同化产物总量减少，对产量影响较大。当地温超过25℃时，地下块茎生长趋于停止，对薯块的生长不利，特别是当地温超过30℃时，容易引起块茎次生生长，形成畸形小薯（群众称背娃娃）。

一般催过芽的种薯在当地正常晚霜前25~30d，以当地10cm地温稳定通过5℃，达到6~7℃时进行播种为宜。地膜马铃薯的适宜播期川道为2月上、中旬，山区在2月中、下旬，最迟不能超过3月上旬；多膜覆盖马铃薯播期可大幅提前。双膜覆盖播期为1月下旬，三膜覆盖为1月上旬播种，设施好的可提前到12月上旬。播期应避过低温、大风、雨、雪天气，以防种薯受冻。

（三）播种方式

马铃薯为中耕作物，因块茎在地表下膨大形成，喜疏松，透气良好的土壤，所以比较适合于垄作栽培。垄作可以提高地温，促使早熟，虽不抗旱，但能防涝。垄作便于除草和中耕培土，也便于集中施肥，便于灌溉。垄体高出地面，经铲地和中耕松土，有利于气体交换，为块茎的膨大提供良好的环境条件。商洛市大部分马铃薯栽培区都采用垄作栽培形式，但部分干旱沙土地区，为了春季保墒，加之沙土地容易排水，也会采用平播方式。

以下具体介绍垄作栽培。

垄作栽培的播种方式是多种多样的，各地有各地的特点，各种方法各具有优缺点，使用中应与当地当时条件结合，以有利于保苗和后期管理为主要考虑。根据播种时薯块在土层中所处的位置，大体上可以把播种方法分成三大类。

1. 垄上播

即把种薯播在地平面以上或是与地表面相平，适合春季土壤冷凉黏重的地块和秋季涝灾频繁出现的地区。因薯位高，可防止结薯期涝害引起的烂薯问题。为了防止春季翻地重新起垄跑墒，春旱地多使用原垄垄上播，以利于保墒出苗。

常用的垄上播种的方法是原垄开沟播种，即用小锄在原垄顶上开成沟，深浅可根据土壤墒情确定。一般在15cm左右，不能太浅太窄，把小整薯播在浅沟中，同时把有机肥也顺沟施入，最后顺原垄沟覆土，把土覆到垄顶上合成原垄，镇压一遍。垄上播的特点是垄体高，种薯在上，覆土薄、土温高，能促使早出苗、苗齐、苗壮。但因覆土薄、垄体面大，蒸发快，故不抗旱，若遇到严重的春旱往往会导致缺苗断垄。为防止出现这种现象，最好的办法就是采用整薯播种。这种播种方法不宜过多施入种肥。

2. 垄下播

即把种薯种在地平面以下。常用的垄下播种方法如下。

（1）点老沟播种法　即在原垄沟中点播种薯，施有机肥，然后用犁破开原垄合成新垄，最后镇压一遍。这种方法省工省时，点种、施肥、合垄、覆土可同时进行，播种速度快，利于争取农时。劳动力不足时，多用这种粗放种植方法。但所选地块的垄沟应该干净，前作为小根茬作物，最好是秋起垄，或经播前清理的地块。如果前茬为休闲荒地，采用原垄沟播种，由于落地草籽被深埋，常引起草荒，影响产量，加大收获难度。

（2）原垄引墒播种　类似上法，但先在原垄沟中趟一犁，趟出暄土，露出湿土，然后把小整薯播在上面，施入有机肥，再破开原垄合成新垄以覆土，最后镇压。此法是对传统点老沟办法的改进，有的地方采用犁后和两侧加深松装置，拓宽和加深耕松面积，具有明显的增产效果。

3. 平播后起垄

在上年秋翻秋耙平整的地块上，一般可采用平播后起垄的播种方式。平播的主要目的是利用春季田间良好的墒情，减少耕作时土壤多次翻动跑墒。播种起垄和出苗后起垄方式具体做法如下：按设计行距开沟，小块地多为人力开沟，要使用划行器或拉绳定距。开沟深度一般不超过10cm，播小整薯，施有机肥和种肥于沟内，人工或机械覆土。随翻随起垄，在两沟之间起犁，向两沟内覆土，因覆土不能过厚，所合成新垄为小垄，随后进行镇压。不起垄的，开播种沟可稍深些，播种施肥后覆土，随后进行镇压；待出苗后起垄的，出苗后进行第一次中耕起垄。

（四）覆盖地膜

高寒区或墒情较差的年份多采用先覆膜后播种方法。在中温低热区或墒情较好的年份，多采用先播种后覆膜的方法。

1. 先播种后覆膜

播种期以当地地温稳定在6~7℃，一般温暖区在2月上中旬，温凉区在2月下中旬到3月上旬。按照不同间套作类型起垄，垄上开沟播种马铃薯，肥料施入种薯间，然后覆土10cm，整平垄面。播后立即覆膜，膜紧贴垄面，两边用土压实，垄面每隔3m压一土腰带，防风揭膜。播种后20~30d左右，注意观察出苗情况，当薯芽露出地表长出1~2片叶，即可破膜放苗。注意放苗后要用细土将苗周围地膜压严压实，防止大风揭膜，利于保温保墒。为防止冻害，按照"放大不放小，放绿不放黄"的原则，适时放苗，对于小、黄苗，可适当推迟放苗时间。应坚持晴天早晨放苗，阴天可全天放苗。

2. 先覆膜后播种

覆膜期以当地地温稳定通过3~5℃，一般温暖区在1月中旬，温凉区在2月上旬。在墒情较好时，按照不同间套作类型起垄，肥料施于垄底，垄起好后，立即覆膜，膜紧贴垄面，两边用土压实，垄面每隔3m压一土腰带，防风揭膜。覆膜一周后待地温回升至6~8℃时，用专用播种器破膜播种。播后在种穴上覆土，注意盖严所破膜孔即可。

3. 先覆膜后播种和先播种后覆膜优缺点及应用条件

先覆膜后播种，优点是可以趁墒早覆膜，膜下土壤墒情较足，能够保证足墒播种，提前覆膜也可及早提高地温，有利于早播早出苗，且出苗后省去放苗工序，减少对套种作物的踩踏。缺点是需要专用的播种器，播种深度稍浅，且雨水过多的情况下，播种穴表层容易板结，需及时破除。

而先播种后覆膜，优点是播种深度能够保证，种、肥易于隔离，不会造成肥料烧芽，播种、覆膜一次完成，便于操作。但最大的缺点是如果墒情不足，覆膜后易造成膜下缺墒，不利根系下扎，上层烧芽，出苗率明显降低，遇到这种情况需人工造墒播种；且出苗时需要多次放苗封膜，如不及时放苗也容易烧苗。

（五）合理密植

不同种植密度对马铃薯生育期有一定的影响，随密度的增加马铃薯的现蕾期、开花期和成熟期等都有一定的推迟，平均株高、平均主茎数呈现递增趋势，而平均主茎粗呈现下降趋势。一般马铃薯栽植密度以4 000株/亩，产量最高。但马铃薯的最佳栽植密度也受品种、用途、栽植方式、土壤肥力水平等因素的影响。

一般早熟品种播种密度每亩4 500~5 000株，晚熟品种播种密度每亩3 500~4 000株，炸片原料薯生产的播种密度每亩4 500株左右，炸条用原料薯播种密度3 500~4 000株/亩，种薯生产的播种密度5 000株/亩以上。

同样的品种，在土壤肥力较高或施肥水平较高的条件下，可适当增加播种密度，反之，则应当适当降低播种密度。具体的株距和行距，应根据品种特征特性和播种方式来确定。

商洛市马铃薯套种面积较大，不同产量水平、不同栽培方式下的栽植密度也各有不同。

1. 平均亩产2 000~2 500kg水平

（1）2行马铃薯—2行玉米套种田　采用160~170cm对开带，马铃薯带80~85cm，带上种植2行马铃薯，株距30~33cm，每亩种植密度2 400~2 700株。

（2）2行马铃薯—1行玉米套种田　采用110cm对开带，株距28~30cm，带上种植2行马铃薯，每亩种植密度4 000~4 300株。

（3）纯种田　采用100cm对开带，带上种植2行马铃薯，株距24~27cm，每亩种植密度5 000~5 500株。

2. 平均亩产1 500~2 000kg水平

（1）2行马铃薯—2行玉米套种田　采用160~170cm对开带，马铃薯带80~85cm，带上种植2行马铃薯，株距32~35cm，每亩种植密度2 300~2 500株。

（2）2行马铃薯—1行玉米套种田　采用110cm对开带，带上种植2行马铃薯，株距29~33cm，每亩种植密度3 700~4 200株。

（3）纯种田　采用100cm对开带，带上种植2行马铃薯，株距27~30cm，每亩种植密度4 500~5 000株。

五、种植方式

（一）单作

单作指在同一块田地上种植一种作物的种植方式，也称为纯种、清种、净种。与间作相反，在同一块土地上，一个完整的植物生育期内只种同一种作物，这种方式作物单一，群体结构单一，全田作物对环境条件要求一致，生育比较一致，便于田间统一管理与作业。

单作不是商洛农作物主要种植方式，是由商洛"八山一水一分田"的土地资源决定的。为了提高土地利用率，在单位面积土地上生产出更多的食物是商洛人祖祖辈辈的理念追求。所以，纷繁复杂的作物间作套种成为商洛农业农耕的特点。单作一般常见于低海拔热资源较为丰富的区域，各地常见的作物前后茬搭配类型有马铃薯与夏玉米轮作、夏玉米与大豆轮作、小麦与玉米轮作、小麦与大豆轮作、小麦与甘薯轮作、少量有小麦与水稻轮作等。

马铃薯属于茄科作物，忌连作，不能与茄子、烟草、辣椒等茄科作物连作，适宜与禾本科、豆科等作物轮作。前茬以玉米、大豆、谷子、板蓝根、花生等作物为主。

商洛耕地面积少，以小田块和坡地居多，土壤瘠薄，而马铃薯具有耐贫瘠的特点，较适应本地种植。在传统观念的束缚下，认为马铃薯是蔬菜，不是主粮，不能与小麦、玉米争地，只能种植在坡地。通常与大豆、谷子、板蓝根等轮作，秋季收获后备耕，第二年纯种马铃薯。为了改善土壤的理化性质，增加土壤的有机质含量，常在马铃薯收获后，种植紫云英、苜蓿、草木樨、毛苕子等绿肥作物，8月中下旬至9月初深翻入土，为下茬作物提供养分。

（二）间套作

1. 实施条件

间作套种是指在同一土地上按照不同比例种植不同种类农作物的种植方式。间作套种是运用群落的空间结构原理，充分利用光能、空间和时间资源提高农作物产量。间套作适应于一年两熟不能完成或不能稳定完成，而一熟又有富余的地方。间套作模式要合理选择间套作物，要求间套作的作物与马铃薯之间不冲突，以充分利用土地、光、热资源；既要考虑季节、茬口的安排，又要考虑两种作物的共处期长短。间套作模式要合理安排好田间布局、空间布局，使作物之间相互遮阴程度减少到最低，而单位面积上的光能利用率达到最高；有利于马铃薯的培土；减少作物之间用水冲突；保证田间通风良好；合理利用水分，方便收获。

马铃薯间套作在商洛主要分布在海拔 800~1 200m 的中高山区，以中熟、早熟品种为主。在川道地区可适时早播，并采用地膜保护栽培，使马铃薯在5月中下旬或6月上中旬收获，提早上市，填补市场空白，提高经济效益。许多春茬作物在马铃薯收获时仍处于苗期，为了充分利用土地资源和光热资源，提高土地产出率，采用马铃薯与其他作物间套作是一种非常好的增产措施。

马铃薯生育期短、耐低温，与其他作物进行间套作，变一年一熟为一年二熟或多熟，从而大大增加单位面积的经济效益。间套作作物之间播种和收获时间不同，因而可以提早播种期，延迟收获期，延长土地及光能的利用。间套作模式还能延缓病虫害发生，减轻为害程度。据调查，马铃薯与玉米间套作时，马铃薯块茎的地下害虫咬食率下降76%左右。

间作套种模式应合理利用马铃薯的品种优势，选择早熟、高产、株型矮、分枝少的马铃薯品种，商洛间套品种以早大白、荷兰15号、中薯5号、荷兰14号、兴佳2号等早熟品种为主，也可选择克新1号等中熟品种。

2. 间套作模式

（1）地膜玉米—马铃薯模式　该模式采用2行地膜玉米1行露地马铃薯。这种模式以玉米为主，带宽150cm，玉米株距35cm，马铃薯株距26cm。马铃薯3月下旬至4月上旬播种，以克新1号为主，亩播种1700株，平均亩产1400kg，亩产值1400元；玉米4月中下旬播种，品种以豫玉22，正大12为主，亩株数2500株，亩产量550~600kg，亩产值990~1080元。折粮食亩总产量830~880kg，亩总产值2400~2500元左右。分别比当地传统小麦—大豆种植模式，亩产量250kg、亩产值660元（小麦亩产150kg，产值300元；大豆100kg产值360元）。亩增产580~630kg、增值1740~1840元，增幅232%~252%和264%~279%。例如，柞水县红岩寺盘龙寺村五组南郑，常年种植该模式2.5亩，据农技部门实际调查测产，平均亩产马铃薯1450kg，玉米600kg，马铃薯亩产值2160元（700kg做种薯，每千克1.8元，产值1260元；另外750kg做商品薯，每千克1.2元，产值900元），玉米亩产值1080元，两项合计亩总产值3240元，仅此一项，该户年收入8100元。

一些地方也有2行地膜玉米—2行马铃薯、2行地膜玉米—2行地膜马铃薯等种植方式。其中2行地膜玉米—2行马铃薯，采用160~170cm对开带，据在商州区杨斜镇秦先村、月亮湾村和牧护关镇秦关村调查，该模式种植面积达11240亩，其中套秋菜（白菜、白萝卜或胡萝卜）面积达3800亩。马铃薯亩密度1900株，亩产1000kg，产值1000元；玉米亩密度2800株，亩产500kg，产值900元；秋菜胡萝卜平均亩产1100kg，产值1760元；白萝卜亩产2000kg，产值2000元；白菜亩产2000kg，产值2000元，该模式平均亩产值4000元左右。

（2）春播地膜马铃薯—春玉米—秋菜模式　该模式采用160~170cm对开带，2行春播地膜马铃薯—2行春玉米。这种模式的特点是有利于实现作物均衡增产。马铃薯春播川道在2月上中旬，浅山在2月中下旬进行，种植2行马铃薯，地膜覆盖。玉米4月上、中旬播种2行。6月上旬马铃薯收获后整地，7月可在空行种植2行白菜、白萝卜，或栽植2行中晚熟甘蓝、菜花等，还可8月中旬在玉米行间种植大蒜4~5行。据多点调查，地膜马铃薯—春玉米—萝卜（大白菜）套种模式，马铃薯平均亩产2080kg，折粮416kg，产值1664元；玉米亩产460kg，产值828元；萝卜（大白菜）亩产2500kg，产值1500元；全年折粮，亩产876kg，增产蔬菜2500kg，亩总产值3992元，比原来小麦—玉米—大豆种植模式，亩产粮800kg（其中小麦300kg，玉米450kg，大豆50kg），亩增收粮食76kg，增幅9.5%；比传统模式亩产值1125元，增加产值2867元，增幅254.84%。

商州、山阳部分地区采用2行春播地膜马铃薯—1行春玉米—秋菜种植模式。马铃薯亩密度3 500株，亩产2 800kg，产值2 800元；玉米亩密度2 200株，亩产500kg，产值900元；胡萝卜平均亩产1 000kg，产值1 600元；白萝卜亩产2 000kg，产值2 000元；大白菜亩产2 000kg，产值2 000元，该模式平均亩产值5 700元。

（3）冬播地膜马铃薯—夏玉米模式　采用90cm带型，12月中下旬种植2行冬播地膜马铃薯，品种选用早大白，密度5 000株/亩左右，5月上旬收获后及时整地种植夏玉米。马铃薯平均亩产1 800kg，由于上市早，每千克2.4元，产值4 400元；夏玉米亩产450kg，产值810元，亩总产值5 210元。比传统小麦—夏玉米模式，亩产值1 070元（小麦250kg，产值350元；玉米400kg，产值720元），亩增值4 140元，增幅386.9%。镇安县回龙镇和平村3组李顺平常年种植该模式1.2亩，据调查，平均亩产马铃薯1 850kg，由于管理好，4月初开始上市，平均售价每千克2.6元，亩产值4 810元，夏玉米亩产400kg，产值720元，亩总产值5 530元。

（4）露地马铃薯—春玉米—秋菜模式　采用160~170cm对开带，2行露地马铃薯—2行春玉米。马铃薯2月中下旬播种，玉米4月上、中旬播种；6月中下旬马铃薯收获后整地，7月在空行种植胡萝卜或白萝卜。据多点调查，露地马铃薯—春玉米—萝卜套种模式，马铃薯平均亩产1 300kg，产值1 170元（每千克0.9元）；玉米亩产440kg，产值792元（每千克1.8元）；萝卜亩产2 200kg，产值1 320元；全年亩总产值3 282元。比小麦—玉米—大豆种植模式亩产值1 200元（其中小麦300kg、210元；玉米450kg、810元；大豆50kg、180元），亩增产2 082元，增幅172.5%。

商州、山阳部分地区采用2行春播马铃薯—1行春玉米—秋菜种植模式，据商州区在沙河子镇南村、林沟村调查，马铃薯亩密度3 400株，亩产1 400kg，产值1 040元；玉米亩密度2 100株，亩产400kg，产值720元；胡萝卜平均亩产1 600kg，产值2 560元；白萝卜亩产2 800kg，产值2 800元；大白菜2 800kg，产值2 800元，该模式平均亩产值4 480元。

（三）轮作

轮作指在同一块田地上有顺序地在季节间和年度间轮换种植不同作物或复种组合的种植方式。是用地养地相结合的一种生物学措施。合理轮作可以均衡地利用土壤养分，改善土壤的理化性状。调节土壤肥力，增加作物产量，提高质量，改善品质。

1. 不宜与马铃薯轮作的作物

马铃薯不宜与茄科作物（茄子、辣椒、番茄、烟草等）和十字花科作物（白菜、甘蓝等）进行轮作；也不宜与甘薯、胡萝卜、甜菜、山药等块根、块茎类作物轮作。

2. 适宜与马铃薯轮作的作物

马铃薯可与禾谷类、豆类、棉花等作物进行轮作倒茬；蔬菜类可与洋葱、大蒜、芹菜等非茄科蔬菜轮作，以减轻病害发生。

3. 马铃薯—春玉米—大白菜分行轮作垄沟种植

采用133cm的带型，地膜马铃薯占83cm，起垄沟播马铃薯2行，行距50cm，株距23~25cm，密度为3 800~4 500株/亩。春玉米占50cm，沟播2行，行距33cm，株距30~35cm，密度2 800~3 300株/亩。马铃薯收获后在83cm的空带上穴播2行大白菜，行距50cm，株距22~25cm，密度4 000~4 600株/亩。可产马铃薯1 800kg/亩，玉米

550kg/亩，大白菜6 000kg/亩，平均收入3 660元/亩，比传统模式净增1 460元/亩。

4. 马铃薯—春玉米—胡萝卜分行轮作垄沟种植

带型同上，马铃薯收获后在83cm的空带上种植5行胡萝卜，行距20cm，株距10cm，密度2.5万株/亩。产马铃薯3 600kg/亩，玉米400kg/亩，胡萝卜2 000kg/亩，平均收入3 800元/亩，比传统模式净增2 000元/亩。

六、田间管理

（一）测土配方，按需施肥

1. 马铃薯需肥特性

马铃薯是高产喜肥作物，对肥料的反应十分敏感。根据马铃薯测土配方施肥肥料效应试验得到的技术参数，每生产100kg马铃薯块茎，需吸收氮（N）0.43kg、磷（P_2O_5）0.23kg、钾（K_2O）0.53kg，氮、磷、钾的比例为1：0.53：1.23。

马铃薯的各个生育时期，因生长发育阶段的不同，所需营养物质的种类和数量不同。从发芽至幼苗期，由于块茎中含有丰富的营养物质，所以吸收养分较少，占全生育期的25%左右；块茎形成期至块茎膨大期，由于茎叶大量生长和块茎迅速形成，所以吸收养分较多，约占全生育期的50%以上，淀粉积累期吸收养分又减少了，占全生育期的25%左右。因此，施足基肥，在块茎形成期适时追肥对马铃薯增产具有重要的作用。

2. 施肥原则

坚持"增施农家肥，控氮稳磷增钾补微"的施肥原则。

3. 制订马铃薯高产高效施肥技术指导方案

以近几年实施的测土配方施肥项目为基础，结合马铃薯生长发育规律和商洛市马铃薯生产实际，特制订了"马铃薯高产高效施肥指导方案"（表5-1），以指导农民群众科学合理施肥。

表5-1　马铃薯高产高效施肥指导方案　　　　　（李拴曹，2018）

（单位：kg/亩）

目标产量	亩施肥（纯量）		推荐施肥方案		
			农家肥	化　肥	
				方案一	方案二
>2 000	N	10~12	2 000~2 500	尿素 17.5~20kg	马铃薯配方肥 80~100kg
	P_2O_5	6~8		磷酸二铵 13~18kg	
	K_2O	10~12		硫酸钾 20~24kg	
1 500~2 000	N	8~10	1 500~2 000	尿素 13~17kg	马铃薯配方肥 65~80kg
	P_2O_5	5~6		磷酸二铵 12~14kg	
	K_2O	9~10		硫酸钾 18~20kg	

（续表）

目标产量	亩施肥（纯量）		推荐施肥方案		
			农家肥	化　肥	
				方案一	方案二
1 000~1 500	N	7~8	1 000~1 500	尿素 12~14kg	马铃薯配方肥 60~70kg
	P₂O₅	4~5		磷酸二铵 9~12kg	
	K₂O	8~9		硫酸钾 16~18kg	
<1 000	N	5~7	1 000~1 500	尿素 9~12kg	马铃薯配方肥 50kg
	P₂O₅	3~4		磷酸二铵 7~9kg	
	K₂O	7~8		硫酸钾 14~16kg	

注：尿素（N）46%、磷酸二铵（N-P₂O₅-K₂O）为 16-44-0，硫酸钾（K₂O）为 50%，马铃薯专用配方肥 N-P₂O₅-K₂O 为 12-6-12 或 14-6-15

4. 马铃薯不同目标产量高产高效施肥技术

（1）目标产量>2 000kg/亩

施肥方案：每亩施农家肥 2 000~2 500kg、纯 N 10~12kg、P₂O₅ 6~8kg、K₂O 10~12kg。

施肥方法一：每亩施农家肥 2 000~2 500kg、尿素 17.5~20kg、磷酸二铵 13~18kg、硫酸钾 20~24kg。

施肥方法二：每亩施农家肥 2 000~2 500kg、马铃薯专用配方肥 80~100kg。

（2）目标产量 1 500~2 000kg/亩

施肥方案：每亩施农家肥 1 500~2 000kg、纯 N 8~10kg、P₂O₅ 5~6kg、K₂O 9~10kg。

施肥方案一：每亩施农家肥 1 500~2 000kg、尿素 13~17kg、磷酸二铵 12~14kg、硫酸钾 18~20kg。

施肥方案二：每亩施农家肥 1 500~2 000kg、马铃薯专用配方肥 65~80kg。

（3）目标产量 1 000~1 500kg/亩

施肥方案：每亩施农家肥 1 000~1 500kg、纯 N 7~8kg、P₂O₅ 4~5kg、K₂O8~9kg。

施肥方案一：每亩施农家肥 1 000~1 500kg、尿素 12~14kg、磷酸二铵 9~12kg、硫酸钾 16~18kg。

施肥方案二：每亩施农家肥 1 000~1 500kg、马铃薯专用配方肥 60~70kg。

（4）目标产量<1 000kg/亩

施肥方案：每亩施农家肥 1 000~1 500kg、纯 N 5~7kg、P₂O₅ 3~4kg、K₂O 7~8kg。

施肥方案一：每亩施农家肥 1 000~1 500kg、尿素 9~12kg、磷酸二铵 7~9kg、硫酸钾 14~16kg。

施肥方案二：每亩施农家肥 1 000~1 500kg、马铃薯专用配方肥 50kg。

5. 肥料运筹及施肥方法

一般在马铃薯播种时将农家肥和 N、P、K 化肥作基肥，开沟或挖窝一次施入，农家肥施于种薯上，化肥施于两种薯之间，种薯与化肥间距 10cm 以上。根据马铃薯生长发育情况，可在马铃薯现蕾期到块茎膨大期距植株 8~10cm 处用木棍打孔施肥，每亩追施尿素 4~5kg；在马铃薯现蕾后，叶面喷施 0.2% 的磷酸二氢钾溶液 2 次，防止早衰。

（二）防病治虫除草（详见第七章）

1. 防治原则

坚持"预防为主，综合防治"原则，综合应用农业、物理、生物防治等绿色防控措施，辅助使用化学农药。

2. 农业防治

因地制宜选用抗、耐病优良品种和高代脱毒种薯，合理布局，实行轮作倒茬、中耕除草、清洁田园，降低病虫源基数。

3. 物理防治

安装太阳能杀虫灯诱杀蛴螬、地老虎等地下害虫成虫，每 60 亩安装 1 台。

4. 生物防治

提倡"健身栽培法"，采用轮作倒茬、适期播种、合理密植、增施有机肥、钾肥，提高作物抗病性，选择对天敌杀伤力小的高效低毒低残留农药，减少化学农药使用量，保护利用自然天敌。

5. 化学药剂防治

（1）病毒病　以应用脱毒种薯种植为主，如有轻度发病，每亩用 20% 病毒 A 可湿性粉剂 50g 或 1.5% 植病灵乳油 80~100mL，加入 99% 磷酸二氢钾 100g 对水 40kg 喷雾。在苗期注意传毒媒介蚜虫的防治。

（2）晚疫病　当发现晚疫病中心病株，及时连根拔除发病植株，带出田间烧毁或深埋，并对病株周围 50m 范围内喷施药剂，封锁中心传染源。发病初期每亩用 58% 甲霜灵·锰锌可湿性粉剂 80~100g，或 72% 霜脲·锰锌可湿性粉剂 50g，或 69% 烯酰·锰锌可湿性粉剂 50g，对水 40kg 叶面喷防，间隔 7~10d，交替用药，连喷 2~3 次。如喷药后 6h 内遇雨，应重喷。

（3）蚜虫　每亩用 50% 抗蚜威可湿性粉剂 15g，或 10% 吡虫啉可湿性粉剂 30g，或 4.5% 高效氯氰菊酯乳油 25mL，对水 40kg 喷雾防治。

（4）二十八星瓢虫　在幼虫孵化期或低龄幼虫期，抓住防治时期，每亩用 4.5% 高效氯氰菊酯乳油 25mL，或 1.8% 阿维菌素乳油 30mL，对水 40kg 喷雾防治。

6. "一喷三防"技术

马铃薯"一喷三防"技术是在马铃薯现蕾后，若早疫病、晚疫病、二十八星瓢虫等病虫害混合发生，采取杀菌剂、杀虫剂、微肥混合喷施，一次施药兼治多种病虫害，降低防控成本，达到防病、防虫、防早衰的目的。"一喷三防"技术统防统治，杀虫剂每亩可选用 4.5% 高效氯氰菊酯乳油 25mL、10% 吡虫啉可湿性粉剂 30g 等，杀菌剂每亩可用 72% 霜脲·锰锌可湿性粉剂 50g，或 58% 甲霜灵·锰锌可湿性粉剂 80~100g，或 69% 烯酰·锰锌可湿性粉剂 50g，或 43% 戊唑醇悬浮剂 10mL，加入 99% 磷酸二氢钾 100g，对水 40kg 混合喷雾，安全间隔期 15d 以上。

七、适时收获和贮藏

（一）收获的标准和时期

当马铃薯植株茎叶开始褪绿，基部叶片开始枯黄脱落、块茎达到生理成熟时收获。也可根据马铃薯的生长情况，市场需求和块茎用途选择适宜的收获期，不需要等到完全生理成熟才收获。收获宜选择在晴天进行，要尽量减少机械损伤，以提高薯块商品率。收获后要放在阴暗通风的地方，摊薄晾干，避免阳光直射使薯块变绿，影响品质。

马铃薯采收期应根据鲜薯、加工薯和种薯生产的特点，来确定其合理的采收期。食用鲜薯收获期的确定需要考虑产量和产值的关系，一般来说，马铃薯生理成熟期的产量虽高，但产值不一定最高。市场的规律是以少、鲜为贵，早收获的马铃薯价格高，因此，要根据市场价格确定适宜的收获期。对同一品种来说，晚收的马铃薯产量高，在马铃薯块茎膨大期，如果温、湿度适宜，每亩马铃薯每天要增加鲜薯产量 40~50kg。因此，收获时期根据市场的价格，衡量早收获 10d 的产值是否高于晚收获 10d 产量增加的产值，以确定效益最高的收获期；加工薯生产要求块茎达到正常生理成熟期才能收获，对同一品种而言，马铃薯生理成熟时产量最高，干物质含量最高，还原糖含量最低，此时是最佳的收获期；种薯生产要求保证种薯的种性与品质，因此收获时要考虑天气和病害对种薯的影响。根据天气预报，早杀秧，早收获，还要考虑有翅蚜的迁飞预报，及早收获，减少感病和烂薯的几率。

马铃薯采收期还要根据品种特点、自然特点和栽培模式来确定其合理的采收期。不同马铃薯品种的生育期差别很大，因此，采收期的确定首先要考虑不同品种的生育特点，这样才能保证马铃薯最佳的产量性状。自然特点也严重影响马铃薯的收获期，经常发生涝害的地方，应在雨季来临之前收获，保证产品质量与数量。雨水少、土壤疏松的地方，可适当晚收，秋霜来临早的地方，早收获可以预防霜冻。由于马铃薯的栽培模式不同，催大芽、地膜覆盖、多重覆膜的早熟马铃薯可根据市场价格和块茎大小收获，马铃薯套种其他作物时应根据套种的作物生长需要及时收获，避免影响套种作物的正常生长。

（二）收获方法

马铃薯收获前，应压秧、杀秧、检修农机具等。①压秧。收获地上部分茎叶未枯萎时，可采用压秧方法，在收获前一周用木棍或木碾子将植株压倒，使植株轻微受伤，以使茎叶中的营养物质迅速回流到块茎中，起到催熟增产的作用。如果土壤湿度过大，不宜碾压，以免造成土壤板结，不利于收获。②杀秧。如收获前遇到连阴雨，或者土壤湿度过大而植株又未枯死时，则应在收获前 10d 把薯秧全部割除并运出田间，或用马铃薯秸秆粉碎机粉碎薯秧，或者用灭生性除草剂等喷洒植株灭秧，以利于土壤水分的蒸发，促进薯皮木栓化，便于收获。③适当晚收。当薯块被霜害冻死后，不要立即收获，根据天气情况，延长 10d 左右，薯皮木栓化后再收获。④农机具检修。收获前，全面检修机械或木犁等用具，准备足够的筐篓或其他盛装工具，入窖前的临时预贮场所等。

马铃薯的收获方法因种植地状况、种植规模、机械化水平和经济条件而不同。可用拉犁、人力挖掘和机械化收获。不论采用那一种收获方式，第一，要注意正确使用工具，减少薯块损伤；第二，要收获彻底，大小薯一块收，不能将小薯遗漏在土壤中；第三，收获时要先收获种薯再收获商品薯，如果品种不一样，要分别收获，避免混杂；第四，商品薯和加工薯，在收获和运输过程中应注意遮光，避免长时间暴露阳光下使薯皮变绿，失去食用和加工价值。

（三）分级和贮藏方法

按照不同品种，不同用途（种薯、鲜薯、加工薯）分别收获。马铃薯薯块收获后，可在田间就地晾晒，散发部分水分以便贮藏和运输。先装种薯，再装鲜薯和加工薯。收获后的马铃薯要进行预贮 7~10d，去除表面泥土再进行挑选。筛选种薯时，去除带病虫害、损伤、腐烂、不完整、薯皮开裂、受冻、畸形、杂薯等；筛选鲜薯和加工薯时，去除青头、发芽、带病、腐烂、损伤、受冻、畸形薯等。

1. 脱毒种薯分级

随着中国经济、国际贸易和技术合作的发展，中国已制定了国家马铃薯脱毒种薯质量标准，并使之与国际标准接轨，该标准已于 2012 年颁布实施《马铃薯种薯》（GB18133—2012）。脱毒种薯分为基础种薯和合格种薯，有关脱毒种薯分级、质量要求等，详见本书第三章。

2. 商品薯分级

商品薯按照用途主要分为鲜食型、薯片加工型、薯条加工型、全粉加工型、淀粉加工型。商品薯等级分为 3 个级别：一级、二级、三级。

（1）鲜食型　根据《马铃薯商品薯分级与检验规程》（GB T 31784—2015），鲜食型商品薯分级指标见表 5-2。

表 5-2　鲜食型商品薯分级指标　　　　　　　　　（张若芳等，2015）

检测项目		一级	二级	三级
质量		150g 以上≥95%	100g 以上≥93%	75g 以上≥90%
腐烂（%）		≤0.5	≤3	≤5
杂质（%）		≤2	≤3	≤5
缺陷	机械损伤（%）	≤5	≤10	≤15
	青皮（%）	≤1	≤3	≤5
	发芽（%）	0	≤1	≤3
	畸形（%）	≤10	≤15	≤20
	疮痂病（%）	≤2	≤5	≤10
	黑痣病（%）	≤3	≤5	≤10
	虫伤（%）	≤1	≤3	≤5
	总缺陷（%）	≤12	≤18	≤25

注：①烂薯：由于软腐病、湿腐病、晚疫病、青枯病、干腐病、冻伤等造成的腐烂；②疮痂病：病斑占块茎表面的 20%以上或病斑深度达 2mm 时为病薯；③黑痣病：病斑占块茎表面积的 20%以上时为病薯；④发芽指标不适用于休眠期短的品种；⑤本表中质量不适用于品种特性结薯小的马铃薯品种

（2）薯片加工型 根据《马铃薯商品薯分级与检验规程》（GB T 31784—2015），薯片加工型商品薯基本要求：圆形或卵圆形、芽眼浅；还原糖含量<0.2%；蔗糖含量<0.15mg/g。薯片加工型商品薯分级指标见表2。

表 5-3 薯片加工型商品薯分级指标 （张若芳等，2015）

检测项目		一级	二级	三级
大小不合格率（%）		≤3	≤5	≤10
腐烂（%）		≤1	≤2	≤3
杂质（%）		≤2	≤3	≤5
品种混杂（%）		0	≤1	≤3
缺陷	机械损伤（%）	≤5	≤10	≤15
	青皮（%）	≤1	≤3	≤5
	空心（%）	≤2	≤5	≤8
	内部变色（%）	0	≤3	≤5
	畸形（%）	≤3	≤5	≤10
	虫伤（%）	≤1	≤3	≤5
	疮痂病（%）	≤2	≤5	≤10
	总缺陷（%）	≤7	≤12	≤17
油炸次品率（%）		≤10	≤20	≤30
干物质含量（%）		21.00~24.00	20.00~20.99	19.00~19.99

注：①大小不合格率：指块茎的最短直径不在4.5~9.5cm范围内的块茎所占百分率；②腐烂：由于软腐病、湿腐病、晚疫病、青枯病、干腐病、冻伤等造成的腐烂；③疮痂病：病斑占块茎表面积的20%以上或病斑深度达2mm时为病薯；④油炸次品率：通过油炸表现出异色、斑点的薯片质量占总炸片质量的百分率

（3）薯条加工型 基本要求：长形或长椭圆形、芽眼浅；还原糖含量<0.25%；蔗糖含量<0.15cm/g。

根据《马铃薯商品薯分级与检验规程》（GB T 31784—2015），薯条加工型商品薯分级指标见表5-4。

表 5-4 薯条加工型商品薯分级指标 （张若芳等，2015）

检测项目	一级	二级	三级
大小不合格率（%）	≤3	≤5	≤10
腐烂（%）	≤1	≤2	≤3
杂质（%）	≤2	≤3	≤5
品种混杂（%）	0	≤1	≤3

（续表）

检测项目		一级	二级	三级
缺陷	机械损伤（%）	≤5	≤10	≤15
	青皮（%）	≤1	≤3	≤5
	空心（%）	≤2	≤5	≤10
	内部变色（%）	0	≤3	≤5
	畸形（%）	≤3	≤5	≤10
	虫伤（%）	≤1	≤3	≤5
	疮痂病（%）	≤2	≤5	≤10
	总缺陷（%）	≤7	≤12	≤17
炸条颜色不合格率（%）		0	≤10	≤20
干物含量（%）		21.00~23.00	20.00~20.99	18.50~19.99

注：①大小不合格率：茎轴长度不在 7.5~17.5cm 范围内的块茎所占百分率；②腐烂：由于软腐病、湿腐病、晚疫病、青枯病、干腐病、冻伤等造成的腐烂；③疮痂病：病斑占块茎表面积的 20% 以上或病斑深度达 2mm 时为病薯；④炸条颜色不合格率：根据色板对比，炸条颜色≥3 级为不合格，不合格薯条质量占炸条质量的百分率

（4）全粉加工型　基本要求：块茎还原糖≤0.3%；块茎芽眼浅；块茎最小直径≥4cm。

根据《马铃薯商品薯分级与检验规程》（GB T 31784—2015），全粉加工型商品薯分级指标见表 5-5。

表 5-5　全粉加工型商品薯分级指标　　　　　　　　　　　（张若芳等，2015）

检测项目		一级	二级	三级
腐烂（%）		≤1	≤2	≤3
杂质（%）		≤3	≤4	≤6
品种混杂（%）		≤5	≤8	≤10
缺陷	机械损伤（%）	≤5	≤10	≤15
	青皮（%）	≤1	≤3	≤5
	空心（%）	≤3	≤6	≤10
	内部变色（%）	0	≤3	≤5
	畸形（%）	≤3	≤5	≤10
	虫伤（%）	≤3	≤5	≤10
	疮痂病（%）	≤2	≤5	≤10
	总缺陷（%）	≤8	≤13	≤18

（续表）

检测项目	一级	二级	三级
干物质含量（%）	≥21.00	≥19.00	≥16.00

注：①腐烂：由于软腐病、湿腐病、晚疫病、青枯病、干腐病、冻伤等造成的腐烂；②疮痂病：病斑占块茎表面积的 20% 以上或病斑深度达 2mm 时为病薯

（5）淀粉加工型　根据《马铃薯商品薯分级与检验规程》（GB T 31784—2015），淀粉加工型商品薯分级指标见表 5-6。

表 5-6　淀粉加工型商品薯指标　　　　　　　　　　　　　　　（张若芳等，2015）

检测项目		一级	二级	三级
腐烂（%）		≤1	≤3	≤5
杂质（%）		≤3	≤4	≤6
缺陷	机械伤（%）	≤7	≤12	≤17
	虫伤（%）	≤3	≤5	≤10
淀粉含量（%）		≥16.00	≥13.00	≥10.00

注：腐烂是由于软腐病、湿腐病、晚疫病、青枯病、干腐病、冻伤等造成的腐烂

3. 贮藏方法

因为各地的气候条件不同、马铃薯的种植特点以及收获后需要的贮藏期不同，贮藏方法各异。

（1）散装贮藏　散装贮藏是马铃薯长期贮藏的最常用的方式。马铃薯与空气充分接触，有利于马铃薯呼吸，贮藏量较大，易于贮藏期间防腐处理，管理过程方便。自然通风贮藏的马铃薯堆的高度不能超过 2.0m，以避免贮藏堆中的温度不一致。农户贮藏窖中马铃薯堆的高度不宜超过窖高度的 2/3，并且堆的高度控制在 1.5m 以内为宜。带有制冷装置的强制通风贮藏库内薯堆的高度为 3.5~4m 较为合适。

（2）箱式贮藏　箱装贮藏适宜种薯分类贮藏，易于贮藏管理的防腐处理，便于搬运，互相不挤压，适宜机械恒温库贮藏；库房建筑可采用工业建筑，其对墙体的测压为零；箱式贮藏更能体现出在物流方面的优越性。箱式贮藏一般常用的包装箱有瓦楞纸箱、木条箱、竹箱和铁箱等，其中，木条箱是马铃薯种薯最理想的包装箱。

（3）袋装贮藏　袋装贮藏的贮藏量相对较少，便于搬运，但贮藏过程中施药不方便，袋内通风不良。一般常用的包装袋有网袋、编织袋、麻袋等，是大型马铃薯贮藏库较为常用的形式。大型库垛长一般是 8~10m，便于观察，倒翻薯垛也方便，省时省工，出库方便，但袋内薯块热量散失困难，通风不良易造成薯块发芽或腐烂。

（4）其他贮藏

沟（埋）藏：沟藏又称埋藏，马铃薯怕热、怕冷、怕受伤，收获后的马铃薯应放在遮阴通风处 10d 左右，待表面薯皮干燥后进行埋藏。一般挖宽 1.2m，深 1.4~2.0m 的坑，长度不限，底部垫沙，马铃薯上面覆盖 5~10cm 的干沙，再盖 20cm 的土，沟内

每隔 1m 左右放置一个通风管，通风管高出地面 10cm 左右。严冬季节增加盖土厚度，并将通风管堵塞，防止雨雪侵入。

棚窖贮藏：棚窖贮藏具有省工、省料、出入方便的优点，缺点是保温性能差，适宜建在地下水位低，土质坚实的地方。建窖时，选在背风向阳，地势较高的地方。根据入土深浅分为半地下式和地下式两种类型。较温暖的地区或地下水位较高的地方多采用半地下式，一般入土深 1.0~1.5m，地上堆土墙高 1.1~1.5m；寒冷地区多采用地下式贮藏。一般挖深 2.5~3.0m、宽 1.6~2.0m。

土窑窖贮藏：土窑窖是一种适于丘陵山区的贮藏方式，利于山坡、崖头建造。建窖时，窖门高 1.6m、宽 0.8m，窖身宽 2.0m，窖高 2.5~3.0m，窖地面下倾 15°，长度自定，窖顶部插一根直径 20~30cm 通气管。

拱形窖贮藏：拱形窖用砖砌成，四周和顶部盖土，坚实耐用，保温性好。可建造地下式、半地下式、窖式，结构由贮藏室、通风孔、窖门组成。规格分为大、中、小三种形式。

夹板式贮藏：马铃薯夹板贮藏费用低，适应性广。薯堆底层堆宽 1~3 m，高度通常为宽度的 1/3~1/2，长度自定，马铃薯放置好后，覆盖 20~30cm 左右的土层防止冻害。

室内贮藏：室内贮藏是利用闲置的房子改建的贮藏马铃薯的场所。可将马铃薯装在筐内或网袋内放置，贮藏初期开窗通风，避免窗户透光，冬季增加保温设施，四周密封，避免冻伤，冻害。

散射光种薯贮藏：散射光可以用于多种不同种薯贮藏体系。在阳光的照射下，块茎的幼芽就不会继续快速伸长；否则块茎在窖内严重发芽，有的薯芽长到 1m 左右，严重影响种薯的质量。据试验：种薯发芽后掰第一次薯芽减产 6%，掰第二次薯芽减产 7%~17%，掰第三次薯芽减产 30% 左右。因而种薯在贮藏期间最好不让其过早发芽。散射光照射有利于种薯薯皮愈合，抑制种薯表面多种病菌，减缓幼芽生长。

利用抑芽剂贮藏：抑芽剂用于马铃薯的贮运保鲜，可以有效提高马铃薯的质量和商品价值，明显延长马铃薯的贮藏时间和马铃薯加工生产时间，对提升马铃薯的产业水平具有重要的促进作用。常用的马铃薯抑芽剂有氯苯胺灵（CIPC），其施用方法有熏蒸、粉施、喷雾和洗薯 4 种，以熏蒸抑芽效果最好，可长达 9 个月。熏蒸的适应浓度范围为 0.5%~1%，一次熏蒸的时间在 48h 左右，洗薯块的适宜浓度范围为 1%。切忌将马铃薯抑芽剂用于种薯和在种薯贮藏窖内进行抑芽处理，以防止影响种薯的发芽，给生产造成损失。

4. 根据马铃薯用途分别贮藏

（1）种薯贮藏　种薯贮藏要做到"一干六无"，即薯皮干燥、无冰块、无烂薯、无伤口、无冻伤、无泥土及其他杂质。种薯贮藏初期应以降温散热，通风换气为主，最适温度应在 4℃；贮藏中期应防冻保暖，温度控制在 1~3℃；贮藏末期应注意通风，温度控制在 4℃。贮藏期间湿度应控制在 80%~90%。

（2）菜用鲜薯贮藏　在贮藏期间减少有机营养物质的消耗，避免见光使薯皮变绿，贮藏温度在 2~4℃低温下，湿度保持在 85%~90%。贮藏期间，经常检查，及时去除病薯、烂薯，减少贮藏损失。

（3）薯片加工原料薯贮藏　贮藏温度控制在 10~12℃，每天降 0.2℃ 为宜，湿度保持在 85%~95%，贮藏期间不腐烂、不发芽、不变色，无病虫，无鼠害。干物质保持在 20%~25%，还原糖不增加，保持在 0.3% 以下。

（4）薯条加工原料薯贮藏　贮藏温度控制在 7~8℃ 左右，湿度应在 85%~92%，干物质含量不降低，应保持在 19.6% 以上，还原糖不增加，保持在 0.2% 以下。在贮藏超过 3 个月以上的情况下，可将原料薯预先贮藏在 3~5℃，在加工前 10~15d，升到 13~15℃。

（5）淀粉加工原料薯贮藏　贮藏条件与其他马铃薯贮藏基本相同，避免出现低温、缩水及通风不良导致的黑心，贮藏期间预防薯块腐烂，从而影响到产品的品质和产量。

在马铃薯的贮藏过程中，很多环节都影响到马铃薯的特性，只有把握好每个贮藏环节才做到马铃薯的安全贮藏，从而确保贮藏后不同用途薯块的特性。

八、设施栽培

设施栽培马铃薯目的是提早收获马铃薯，早上市，卖上好价钱，助推农民脱贫致富。利用拱棚双膜或三膜栽培马铃薯，使春季马铃薯的收获期提早到 4 月底 5 月初，较正常收获期早 30d 左右。此时，正是马铃薯市场鲜薯淡季，南方的马铃薯是在 2—3 月收获，北方的马铃薯 8—9 月才能收获。一般来说，4 月市场新鲜马铃薯供应不足，满足不了广大消费者的需求，在马铃薯市场供应不足的淡季，马铃薯收获越早效益越好，因此，在二熟制区域通过拱棚设施栽培，提早收获的马铃薯产值较一般露地栽培的马铃薯高 1~3 倍，效益可观。

（一）应用地区和条件

设施栽培主要适用于二作区鲜薯生产，由于设施栽培比地膜栽培有收获更早的栽培优势，可以提早上市取得较好的经济效益，但是，设施栽培投资相对较大，栽培技术高，发展面积不如地膜覆盖栽培。

设施栽培地应选择在交通便利、通信发达，干部群众对设施农业积极性高的乡（村、组），栽培地应避开山口、风口并远离污染源。种植马铃薯的地块要求地势平坦、肥沃，旱能浇，涝能排，有机质含量高，土壤耕作层深厚、疏松，以沙壤土为最佳。

（二）大棚的建造和规格

适合马铃薯栽培的大、中、小棚规格是：大棚，一般宽 8~10m、棚高 1.8~2.2m、棚长 30~50m，棚体采用钢架或竹木结构，设 3~5 行立柱，用 10~12 丝薄膜覆盖。中棚，棚宽 3.0~6.0m、棚高 1.2~1.6m、棚长 50~80m，棚体多为竹木结构，设 1~3 行立柱，用 8~12 丝薄膜覆盖。小棚，一般宽 3.0m 左右、棚高 0.8~1.2m、棚长 50~80m，棚体为竹木结构，设 1 行立柱或不设立柱，用 8 丝薄膜覆盖。

大棚走向以南北走向较好，棚内温度均匀；东西走向时，南面受光多，北面受光少，棚内温度南高北低，植株长势不均匀。由于春季北风、西北风、东南风多，南北向大棚顺风向，棚体受压力小；东西向大棚刮北风或南风时，对棚体压力大、风大时棚体易被破坏，造成损失。

（三）双膜覆盖技术要点

1. 茬口安排

设施栽培马铃薯的前茬以甘蓝、大白菜、萝卜、大豆、玉米等作物较好。应避免连作或与其他茄科植物如番茄、辣椒、茄子、烟草等轮作。

2. 深耕整地

设施栽培马铃薯的地块要深耕，一般深耕不能浅于25cm。整地要深浅一致，不漏耕，增加土壤保墒能力，以利于根系顺利伸展，同时还可以增加土壤的透气性，促进肥料分解，满足根系对养分的需求。在前茬作物收获后，应及时灭茬合墒深耕。

3. 种薯选择

选用品种以早熟脱毒种薯为主，如荷兰15号、中薯3号、中薯4号、中薯5号、早大白等早熟品种。播种前，精选种薯，选择薯型规整、符合品种特征、薯皮光滑、色彩鲜艳、大小适中无损伤的薯块做种薯。大于50g种薯要进行切块，每个切块30~50g，切出的切块大小均匀一致则出苗整齐健壮。

4. 种薯催芽

设施栽培马铃薯应催大芽提早播种。一般在12月中下旬至1月上旬催芽播种，可在播前20d催芽。催芽可利用温室或比较温暖的室内，在避光条件下，按照薯块上、中、下部顺序，把切块分级催芽，芽床适宜温度为15~18℃，低于10℃易烂种，高于25℃虽然出芽快，但是薯芽细弱。苗床应用高锰酸钾或春雷霉素消毒，基质以手握成团落地散碎为宜。

（1）室内催芽　块茎切好后按照1:1的比例与湿润的细沙混掺均匀，摊开，厚度25~30cm，长度因场所而定，上面和四周盖上6~8cm的细沙。另一种方法，先铺一层细沙，再放一层马铃薯（5~7cm），然后，铺一层细沙（厚度以不见马铃薯为宜），依次一层切块一层细沙，可放3~4层，待薯芽长到2~3cm左右时，取出播种。

（2）培育壮芽　当薯芽长到1.5~2cm时，将薯块取出移至温度10~15℃，有散射光的室内或冬暖大棚内摊晾炼芽，直到幼芽变绿为止。

（3）培育短壮芽　将薯块放在有散射光照射的室内或冬暖大棚内，让其发芽，当薯芽长到2~3cm左右时播种。这样培育的薯芽健壮，不易感病。

（4）用赤霉素（九二〇）催芽　切块种薯用0.3~0.5mg/L水溶液浸种30min，捞出晾干后催芽；整薯用5mg/L水溶液浸种5min，捞出后立即埋入沙床催芽。浸种后发芽、出苗快而整齐，但是幼苗稍黄，10d以后可恢复正常。

5. 合理密植

二熟制区，春季拱棚栽培马铃薯，采用宽窄行种植，其栽培技术和地膜覆盖马铃薯种植一样。有些地方还采用双膜覆盖，播种后先盖地膜，再扣拱棚。100cm一宽垄，每垄播种双行，株距20cm，每亩6 667株；株距25cm，每亩5 336株。或者是80cm一宽垄，每垄种两行，行距20cm左右，株距25~30cm，亩定植5 500~6 000株。以节约用地和充分利用拱棚。

6. 适时播种

当气温稳定通过3℃以上，10cm地温稳定在0℃以上时即可播种，一般在1月下旬至2月上旬,要选择无大风、无寒流的晴天播种,以9时到16时为宜,并于当天扣棚。

7. 播种方法

定植开沟,沟深20cm,沟宽20cm,浇水造墒,待水渗干后,按每亩100~200g地虫克星(或地虫克绝)防地下害虫。再按株距20cm放入薯块,放薯块的方式为三角形。每亩施硫酸钾型复合肥50kg、饼肥或马铃薯专用有机肥200kg,化肥施在薯块空间里,不能接触到薯块,然后盖土起垄,垄顶至薯块土层厚15~18cm,用耙钉拉平,然后喷施除草剂金都尔或乙草胺或施田补,最后盖地膜、扣棚即可。

8. 建棚和扣棚

生产上可选用2垄、4垄、6垄、8垄拱棚栽培,但以4垄拱棚为好。4垄棚即以4垄为一拱棚,拱杆长2.5~3m,竹竿搭梢对接,拱高1m左右,棚宽3~3.2m,可选用4m宽的农膜覆盖。播种覆膜结束后及时扣棚,注意用土将棚四周农膜压紧压实,每隔1.5m用铁丝或压膜线加固棚膜,防止大风揭棚。

9. 田间管理

(1)破膜放苗 定植后10~15d薯苗破土顶膜,这时应及时人工破膜放苗,放苗后用土盖严苗周围薄膜,以增温度保湿度,利于苗齐苗壮。

(2)及时通风 马铃薯与其他作物一样,进行光合作用必须有充足的CO_2。拱棚马铃薯出苗不通风,CO_2供应不足,影响光合作用,株植生长不良,叶子发黄,因此需要及时通风。拱棚马铃薯幼苗时期,应由棚的侧面通风,可以防止冷风直接吹到马铃薯幼苗上,以减少通风口处对马铃薯植株的伤害。具体做法是:在大棚钢架或竹木结构棚架外,先把1~1.5m高的农膜固定在棚架侧面中部,下边开沟用土压实,称为底膜;棚架上面扣顶膜,下拉底膜,中部露出通风空隙,其通风空隙可根据苗的生长情况、气温、风力随时调节,拱棚马铃薯栽培还有顺风和逆风两种通风方式。前期气温低,一般都顺风、通风,即在上风头和下风头开通风口;后期温度回升,一般采用双向通风,即上风头和下风头都通风,使空气能够对流,利于降低棚内温度。另外,还要轮换通风,锻炼植株逐渐适应外部环境的能力,气温高时,以便将膜全部揭掉。

(3)温光调节 3月中下午气温达到20℃以上时,每天9时打开棚两端通风,将棚温控制在白天22~28℃、夜间12~14℃的范围内。进入4月可视气温高低,由半揭棚膜到全揭棚膜,由白天揭晚上盖到撤棚以防高温伤害。在撤棚全揭膜前,最好浇1次透水,等温度升上来后再全揭膜。禁止全揭膜后立即浇水,降低地温,影响植株生长。生育期间要经常用软布擦拭棚面上的灰尘,用竹竿轻轻振落棚膜上的水滴,以保持最大采光。

(4)防止低温冷害 拱棚马铃薯的播种期早于大田马铃薯30d左右,早春气温变化大,应随时注意天气变化,气温在2~5℃,马铃薯不会受冻害,但气温降到-2~-1℃,则易受冻害,应及时采取防冻措施。浇水可减少低温冷害的影响,对短时期的-3~-2℃低温防冻效果明显;必要时夜晚可在棚外加盖草毡等覆盖物进行保温。马铃薯受冻后可采取及时浇水、控制棚温过高(棚温上升到15℃时应及时通风,棚温不宜超过25℃)、喷生长激素(冻害严重的植株及早喷施赤霉素等恢复生长)、喷药防病等

177

措施来补救。

（5）肥水管理　拱棚马铃薯由于拱棚升温快土壤水分蒸发量大，一般要求足墒播种。出苗前不需要浇水，如干旱需要浇水时，要防止大水漫垄；马铃薯出苗后，及时浇水助长。以后根据土壤墒情适时浇水，保持土壤见湿见干，田间不能出现干旱现象，待苗高 15~20cm 喷施叶面肥。在马铃薯整个生长期间，喷 3 次叶面肥，一般在浇水前两天喷施叶面肥。浇水应在晴天中午进行，尽量避开雨天浇水，以防棚内湿度过大，导致晚疫病的发生和流行，晚上可在棚内点燃百菌清烟雾剂，进行防病。

10. 适时收获，提早上市

收获前 5~7d 停止浇水，以便提高马铃薯表皮的光洁度，收获时应大小分开，防止脱皮、碰伤和机械创伤，保证产品质量。

11. 效益分析

设施栽培马铃薯亩产可达 3 000kg 左右，按市场价 2.0 元/kg 计算，亩产值 6 000元左右，除去种子 450 元、化肥 400 元、农药 100 元、水电费 100 元、耕地费 200 元、人工播种收获费 1 500~2 000元，每亩净收入 2 700~3 200元。

九、机械化现状和发展

（一）机械化现状

商洛地处秦岭山区，耕地面积有限，适宜机械化耕作的地块本来就不多，加之土地承包经营后，大块地也变成了窄田块，而商洛地区马铃薯多数种植在山地、坡塬地，因此实现机械化耕作难度大。

仅有的马铃薯机械化种植限于有大块地的专业合作社，虽有一定规模，但数量有限，占马铃薯种植总面积不到 1%。

马铃薯生产主要是以家庭为单位的小农经营管理模式，种植面积小，产出以满足自己的需求为主，剩余的小部分才上市交易，农户无意愿投资购买机械。

在国家马铃薯主粮化战略的推动下，政府投入了一定的资金，购买了耕作收获机械和无人植保机，在马铃薯主产区开展了马铃薯机械化播种、收获及田间病虫害统一防治的示范，给广大农户特别是农村种植大户和农场经营者一个应用现代科技武装传统农业的导向和指引。

（二）商洛马铃薯耕作机械化发展的方向选择

加大政府投资，引进、研发适应山地马铃薯全程机械化耕作的小型机械，减轻劳动强度提高劳动效率，吸引有志者投身到马铃薯产业中来。

积极推动农村"三变"改革，整合土地、人力、产业政策等生产要素，为马铃薯机械化生产破除制度障碍，发展适度规模经营，让投身马铃薯产业的生产者有利可图。

以推进马铃薯主粮化战略实施为契机，加大马铃薯产业科技投入，加快马铃薯产业链布局建设，突破马铃薯深加工瓶颈，促进马铃薯机械化程度进一步提高。

本章参考文献

陈兰英，李良英，瞿晓苍 . 2014. 商洛大棚马铃薯双膜覆盖栽培技术 ［J］. 陕西农业科学，60（4）：122-123.

陈兰英，瞿晓苍 . 2011. 陕西省商洛市马铃薯早播高效栽培技术 ［J］. 北京农业（1）：37-38.

陈先丽，张艳，汪德义 . 2007. 马铃薯冬播地膜覆盖栽培技术研究 ［J］. 陕西农业科学（6）：48-49.

崔杏春，靳福，李武高 . 2010. 马铃薯良种繁育与高效栽培技术 ［M］. 北京：化学工业出版社 .

崔杏春，李武高 . 2011. 马铃薯良种繁育与高效栽培技术 ［M］. 北京：化学工业出版社 .

郭康厚，李建设，吴从书 . 2002. 商洛地区马铃薯引种试验总结 ［J］. 园艺与种苗，22（2）：81-82.

李拴曹，李存玲 . 2015. 商洛市马铃薯生态栽培浅析 ［J］. 陕西农业科学，61（10）：80-81.

李拴曹，王向东，刘峥 . 2011. 冬播马铃薯高产栽培关键技术 ［J］. 西北园艺：蔬菜专刊（2）25-26.

连勇 . 2011. 马铃薯脱毒种薯生产技术 ［M］. 北京：中国农业科技出版社 .

刘京宝，刘祥臣，王晨阳，等 . 2014. 中国南北过渡带主要作物栽培 ［M］. 北京：中国农业科学技术出版社 .

刘全虎，陈辉 . 2002. 马铃薯—春玉米—大白菜分带轮作垄沟种植技术 ［J］. 耕作与栽培（5）：6，27.

刘全虎，郭康厚，吴亚锋，等 . 2006. 商洛市加工型马铃薯品种试验 ［J］. 中国马铃薯，20（5）：274-276.

刘全虎，李建设，李书民 . 2000. 马铃薯—春玉米—胡萝卜分带轮作垄沟种植技术 ［J］. 陕西农业科学（3）：41-42.

农业部优质农产品开发服务中心 . 2017. 马铃薯优质高产高效生产关键技术 ［M］. 北京：中国农业科学技术出版社 .

瞿晓苍 . 2012. 商洛市马铃薯高产栽培技术 ［J］. 科学种养（9）：15.

沈姣姣 . 2012. 播种期对农牧交错带马铃薯生长发育和产量形成及水分利用效率的影响 ［J］. 干旱地区农业研究，30（2）：137-144.

王喜玲 . 2011. 马铃薯起垄覆膜冬播栽培技术研究 ［J］. 农技服务，28（11）：1 556.

谢开云，何卫，曲纲，等 . 2011. 马铃薯贮藏技术 ［M］. 北京：金盾出版社 .

谢开云，何卫 . 2011. 马铃薯三代种薯体系与质量控制 ［M］. 北京：金盾出版社 .

杨海龙, 赵永健 . 2010. 地膜马铃薯冬播栽培技术 [J]. 陕西农业科学, 56 (1):
    269-270.

余天勇, 刘继瑞, 陈益菊, 等 . 2012. 陕南冬播地膜马铃薯中晚熟组不同品种产量
    和效益比较试验报告 [J]. 陕西农业科学, 58 (6): 119-120.

张丽莉, 魏峭嵘 . 2016. 马铃薯高效栽培 [M]. 北京: 机械工业出版社 .

第六章 秦巴山区马铃薯栽培

第一节 安康盆地马铃薯栽培

一、自然条件

(一)地形地势和农田分布

安康盆地位于 31°42′~33°49′N、108°01′~110°01′E 之间,南依大巴山北坡,北靠秦岭主脊,汉江由西向东穿境而过,东西宽约 200km,南北长约 240km,是秦巴山地的重要组成部分和北亚热带季风地区的一部分,也是陕西省水、热资源最为丰富的地区,兼具南北衔接、东西过渡的地带性特点。全市总面积 23 529 km²,占陕西省土地面积 11.4%。

安康盆地常年耕地总面积 500 万亩,人均 1.7 亩;基本农田面积 465 万亩,人均基本农田 1.6 亩。土地面积中,大巴山约占 60%,秦岭约占 40%;山地约占 92.5%,丘陵约占 5.7%,川道平坝占 1.8%。农田(山地)在 1 200~1 800m 以上的高山,由于退耕还林及城镇化建设的先后推进,此区域的山区群众陆续迁至城市、乡镇或新村集中区落居,农田(耕地)逐渐成了林地,大量农田荒废,耕地面积不断缩减,目前该海拔区是山地药材、高山绿茶的种植开发区;1 000m 左右的中、浅山区,是农田(旱地)的主要分布区,栽植的粮食作物以马铃薯、玉米、小杂粮等为主,经济作物以茶叶、魔芋等为主;700m 以下的浅山丘陵、平川区是农田(水田)主要分布区,栽植作物以水稻、甘薯、油菜、果蔬等为主。

(二)气候条件

安康市属亚热带大陆性季风气候,气候湿润温和,四季分明,雨量充沛,无霜期长。其特点是冬季寒冷少雨,夏季多雨多有伏旱,春暖干燥,秋凉湿润并多连阴雨。多年平均气温 15~17℃,1 月平均气温 3~4℃,极端最低气温 -16.4℃(1991 年 12 月 28 日宁陕县);7 月平均气温 22~26℃,极端最高气温 42.6℃(1962 年 7 月 14 日白河县)。最低月均气温 3.5℃(1977 年 1 月),最高月均气温 26.9℃(1967 年 8 月)。全市平均气温年较差 22~24.8℃,最大日较差 36.8℃(1969 年 4 月镇坪县)。垂直地域性气候明显,气温的地理分布差异大。川道丘陵区一般为 15~16℃,秦巴中高山区为 12~13℃。生长期年平均 290d,无霜期年平均 253d,最长达 280d,最短为 210d。年平均日照时数为 1 610h,年总辐射 106 千卡/cm²。0℃ 以上持续期 320d(一般为 2 月 10 日至次年 12 月 20 日)。年平均降水量 1 050mm,年平均降雨日数为

94d，最多达 145d（1974 年），最少为 68d（1972 年）。极端年最大雨量 1 240mm（2003 年），极端年最少雨量 450mm（1966 年）。降雨集中在每年 6 月至 9 月，7 月最多。

（三）土壤条件

全市土壤以黄棕壤为主。根据 1985 年土壤普查结果，全市共有 7 个土类、15 个亚类、34 个土属、164 个土种。七个土类分别为潮土、水稻土、黄棕壤、棕壤、暗棕壤、山地草甸土、紫色土。主要土类养分状况如下。

1. 潮土

耕层厚 23cm，pH 值 7.3。有机质 1.7%，全氮 0.11%；全磷 0.189%；全钾 2.49%；速效磷 17kg/L，速效钾 124kg/L。

2. 水稻土

耕层平均 17cm，pH 值 6.1~6.7。有机质 1.89%~2.14%；全氮 0.128%~0.135%；全磷 0.129%~0.154%；全钾 2.31%~2.415%；速效磷 8.9~9kg/L；速效钾 121~133kg/L。

3. 黄棕壤

占全市面积 73.46%。pH 值 6.1~6.7。有机质 1.5%~1.84%；全氮 0.11%~0.124%；全磷 0.149%~0.193%；全钾 1.75%~2.57%；速效磷 8.3%~8.9kg/L；速效钾 111~134kg/L。

4. 紫色土

耕层 16~17cm，pH 值 7.7~8.5。有机质 1.19%；全氮 0.093%；全磷 0.137%；全钾 2.11%；速效磷 5.3kg/L；速效钾 92kg/L。

5. 棕壤

耕层 19cm，pH 值 6.5。有机质 3.18%；全氮 0.165%；全磷 0.199%；速效磷 15.3kg/L；速效钾 199kg/L。

6. 暗棕壤

主要分布海拔 2 300m 以上的山地。pH 值 6.0。林区有机质难分解。

7. 山地草甸土

是积水的蝶形洼地。主要分布在高山寒冷气候的平利千家坪、宁陕平河梁、秦岭梁和岚皋界梁。pH 值 7.6~8.3。有机质 1.524%~1.88%；全氮 0.431%~0.047%；全磷 0.21%~0.133%；全钾 3.36%~0.46%。

二、种植制度和马铃薯生产地位

（一）熟制

安康属亚热带大陆性季风气候，气候湿润温和，实施二熟制向多熟制过渡的种植制度。

安康为传统农业地区，以玉米、小麦、油菜、水稻生产为主，兼有豆类、薯类及其他小杂粮。马铃薯种植历史悠久，面积较大，常年种植在 80 万亩左右，向来为中高山区人民的主要粮食作物，也是川道地区人们喜爱的蔬菜作物，在分区上属于西南单双季混作区。海拔800m以上的中高山区多为春播，一年一作，海拔800m以下的浅丘川道区多为秋、冬播，一年一作，冬播马铃薯一般在12月下旬至1月中旬播种，一般采用地膜覆盖栽培。

在熟制上，多采用冬麦（油菜）—玉米（薯类）、冬麦（油菜）—水稻二熟制，兼有玉米、薯类一熟制。

（二）农作物种类和马铃薯生产地位

据《安康农作物概况》记载（2013年8月6日），安康地区农作物种类有粮食作物、油料作物、经济作物及其他作物四大类。

1. 粮食作物

安康地区粮食作物生产以玉米、小麦、薯类和水稻为主，并列为安康地区四大粮食作物。分夏秋两季收获，秋粮作物主要有玉米、水稻、甘薯、大豆等，其中玉米地位突出，常年播种面积占秋粮的一半以上，产量占全年粮食总产的三分之一；夏粮作物主要是小麦和马铃薯，种植面积和产量分别占夏粮的50%左右。

按海拔高度，玉米分布在海拔1 800m以下地区，大面积在1 200m以下的中高低山和丘陵川道区；小麦分布在海拔1 300m以下地区，主要集中在700m以下的浅山丘陵区；薯类中的马铃薯，分布在海拔1 800m以下地区，以700~1 300m的中高山区为主；甘薯主要种植在600m左右的浅山丘陵地带；水稻种植在海拔1 200m以下地区，主要分布在800m以下的川道丘陵低山区，以汉水沿岸及其支流月河两侧谷地最为集中。按地理区域，秦岭南坡海拔800m以上中高山区，包括宁陕县以及汉阴、汉滨、旬阳等县（区）部分地区，夏粮以马铃薯、麦类为大宗作物，秋粮以玉米、豆类为主，稻谷、甘薯次之；海拔300~800m的低山浅山丘陵区，包括石泉、汉阴、汉滨、旬阳等县（区）部分地区，夏粮以小麦、马铃薯为主，秋粮以稻谷、甘薯、豆类为主；月河流域川道区，包括石泉县、汉阴县、汉滨区部分地区，夏粮以小麦为主，秋粮以稻谷、甘薯为主，玉米、豆类次之。巴山北坡海拔900m以下低山区，包括除宁陕县以外的其余9个县（区）的部分地区，夏粮以小麦、马铃薯为主，秋粮以玉米为主；海拔900m以上中高山区，包括紫阳县、岚皋县、平利县和镇坪县部分地区，夏粮以马铃薯为主，有"一季洋芋半年粮"之说，秋粮以玉米、豆类为主。

2. 油料作物

安康地区油料作物以油菜、芝麻、花生为主。油料作物多分布在川道、丘陵和浅山地区。油菜以汉滨、汉阴、石泉、平利等县（区）的河谷两侧种植面积最大，旬阳县、白河县川道地区次之。山地种植极少。芝麻是安康秋季油料作物的主要品种，历年种植面积居全省各地市之首，是陕西省主产区，主要分布在汉滨区、旬阳县的低山丘陵区。花生种植面积次于芝麻，单产亦高于芝麻，主要分布在河谷川道两侧，以汉滨、汉阴、石泉等县（区）居多。

3. 经济作物

安康地区经济作物品种主要有蔬菜、苎麻、烟叶、棉花、中药材等。

各类蔬菜作物安康地区都有种植，以瓜类、豆类和萝卜、白菜等大路菜为主。

（三）马铃薯的接茬关系

马铃薯不耐连作，连作地蛴螬、蝼蛄等地下害虫为害猖獗，青枯病等病菌在土壤里都能存活，而土壤是其传播的主要途径之一，所以连作地病害发病率明显高于轮作地。马铃薯是一种需钾量较大的作物，连作地钾等营养元素严重缺乏，影响马铃薯块茎的膨大。马铃薯属茄科作物，因而不能与辣椒、茄子、烟草、番茄等其他茄科作物连作，也不能与白菜、甘蓝等十字花科作物连作，因为它们与马铃薯有同源病害，还不宜与甘薯、胡萝卜、甜菜等块根类作物轮种。轮种年限最少在三年以上，在蔬菜区可与大葱、大蒜、芹菜等非茄科蔬菜轮作，马铃薯与水稻、麦类、玉米、大豆等作物轮作比较好，既利于减少病害的发生，也利于减少杂草生长。

根据安康市统计局数字，2017年，安康全市马铃薯种植面积85.27万亩，单产975kg/亩，总产鲜薯83.14万t。

三、马铃薯栽培技术

（一）播种季节

安康盆地气候属北温带与南亚热带交汇的过渡地带。农作物播种季节可以春播、夏播和秋播。在马铃薯种植中，由于马铃薯不同的生长发育阶段对温度的要求不同：0℃以下茎叶受冻；2~4℃适宜块茎贮藏；4℃块茎休眠后萌动，7~8℃幼芽发育，17~21℃适宜茎叶生长发育，26℃最适宜花的生长，薯块生长与膨大以地温16~20℃最适宜，30℃左右停止生长。温度高茎叶生长旺盛，气温达30℃以上时，由于呼吸作用加强，地下部分与地上部分生长失调，营养物质消耗快而不易积累，茎叶徒长，致使匍匐茎不断伸长而尖端不膨大，推迟结薯期，长小薯，甚至尖端伸出地面变为地上茎。

由于马铃薯是一种喜冷凉不耐高温，对温度反应特别敏感的作物。因此，安康盆地海拔800m以上的中、高山区约有60%的播种面积适宜在2月至3月春播（其中有10%左右的特高山区可延迟至春末播种）；而在海拔800m以下的浅山、丘陵、平川区约有40%的种植面积适宜在12月中旬至翌年1月中旬冬播和当年8月下旬至9月中旬以经过休眠萌动发芽的种薯秋播。

（二）播前整地

1. 地块选择

种植马铃薯地块应是2~3年以上前茬不种马铃薯、烟草、番茄、茄子、辣椒等茄科作物的轮作地为佳。

同时需土层深厚，土壤肥沃疏松，富含有机质，中性或微酸性的平地或25°左右的缓坡地。

2. 深耕整地

马铃薯根系发达，穿透力差，深耕可使土壤疏松透气及蓄水、保肥，打造适宜马铃薯生长的优越条件。

安康盆地中高山主要实行马铃薯、玉米、蔬菜（萝卜、大白菜）间套作。两熟有余，三熟不足。在立冬前后深耕翻地一次，春播前浅耕打地一次。而在浅山、丘陵、平川二熟或三熟制区域，冬播（春收马铃薯）和秋播（冬收马铃薯）马铃薯整地是在前茬作物收获后速即耕地翻地，播时即种，不存在土地休闲或晒地。

3. 整地标准

在土层深厚的地块，在前作收获后，就要及时进行深耕细耙。深耕以 30cm 左右为好。深耕可以改变土壤的物理性状，使表土层深厚疏松，为根系的发展和块茎的膨大创造良好条件；翻耕深度保证到 30cm，这样可使土壤疏松透气，提高土壤蓄水、保肥、抗旱能力。

为了使植株生长茁壮，易于多结薯，结大薯。有条件的地方最好在深耕前地面撒施有机肥（土肥、圈粪），耕翻入土内，能使土壤中水、肥、气、热条件得到更好改善和协调；促使土壤微生物的活动和繁殖，加速分解有机质，促使土壤中有效养分增加；还可以减轻甚至消灭借土壤传播的病、虫、杂草为害。

在安康 800m 以上的中高山区马铃薯常以窄垄（行距 50~60cm、株距 27~30cm）及宽垄（行距 70~80cm、株距 30~33.3cm）起垄露地或地膜栽培。而浅山、丘陵、平川区，马铃薯则以做厢挖窝平作覆膜栽培模式常见，其播种格式是按薄膜宽窄度及地块长短而确定做厢宽窄度，一般以 1.5m 或 2m 宽度做厢后挖窝平作覆膜。而起垄覆膜栽培模式，是在深耕细作的基础上做垄，垄宽 1.0m，垄沟宽 30cm，垄沟深 15~20cm，将垄沟内的表土均匀撒在两边垄面，垄面宽 75cm。一垄双行，播前在垄面开双行沟条播，双行沟之间行距 33.3cm，株距 27~30cm，错窝摆放，每亩 5 000~4 000株。播种深度以 10cm 为宜，覆土 5cm，然后用规格 80cm 或 100cm 宽的地膜覆盖压实。

（三）选用良种

1. 选用适宜熟期类型的品种

（1）根据播季选用品种　在当前国内推广应用的马铃薯品种，按从出苗至成熟的天数多少，可以分为极早熟品种（60d 以内），早熟品种（61~70d），中早熟品种（71~85d），中熟品种（86~105d），中晚熟品种（106~120d）和晚熟品种（120d以上）。

安康属中纬度秦岭南麓盆地（包含有汉中、商洛大部区域），马铃薯在分区上属西南垂直分布一二作混合区，种植历史悠久，面积较大，常年种植在 80 万亩以上。本区域的中高山马铃薯一直是山区人民的主要粮食作物；而在浅山、丘陵、平川区也是人们喜爱的鲜食蔬菜。中高山区每年 2 月中旬至 3 月春播，一年一作，多以中熟、中晚熟品种露地垄作栽培为主；浅山、丘陵、平川区冬播一作，秋播一作，以大棚地膜（双膜）及露地地膜（单膜）栽培为主。春马铃薯为上年 12 月中旬至翌年 1 月上、中旬冬播；秋播以（4—5 月）春收马铃薯（30~50g）的整薯留用为种薯或以中高山初夏收获休眠期短的早熟马铃薯在 8 月下旬至 9 月上中旬播种。冬播春收的单膜、双膜马铃薯或秋播冬收的大棚马铃薯主要为鲜食菜用，生长时间短，种植品种以早熟、中早熟品种为主。根据播期选择适宜马铃薯品种，具体选择何种类型品种还要结合栽培用途适时进行调整。

安康的中高山一作区（春播区），年降水量 1 000mm 左右，种植马铃薯地块均为

30°左右的山地，地块小，坡度较大，土地瘠薄，肥力差，单产较低。本区域（6—9月）因降雨充沛，相对湿度大，是马铃薯晚疫病高发区。故在品种选择上，一定要重点考虑晚疫病抗性问题，应选用高抗、高产、质优的中熟或中晚熟型品种作栽培。其适宜品种有安康市农业科学研究所近年来育成的国审品种秦芋 30 号，秦芋 31 号，秦芋 32 号、0402-9（定名秦芋 33 号待登记）及外引的鄂马铃薯 5 号、HB0462-16、青薯 2 号、青薯 9 号、丽薯 11 号、陇薯 7 号等。

浅山、丘陵、平川二作区（冬、秋播区），种植马铃薯地块均为 20°以下的缓平地或平地。适宜种植马铃薯的土壤肥力均匀，产量稳定。种植品种以抗晚疫病（或能避病）、高产、质优、商品薯率高、薯型好、芽眼浅的早熟、中早熟型品种。适宜本海拔区域栽培的品种有费乌瑞它、早大白、文胜 4 号、安农 5 号、安薯 56 号、0302-4（安康市农业科学研究所近年新育成品系）等。

（2）根据海拔选用品种　安康盆地的中高山一作区，海拔为 800~1 800m，年降水量 1 000mm 左右，种植马铃薯地块均为 30°左右的山地，地块小，坡度较大，土地瘠薄，肥力差，单产较低。本区域（6—9月）因降雨充沛，相对湿度大，是马铃薯晚疫病高发区。故在品种选择上，一定要重点考虑晚疫病抗性问题，应选用高抗、高产、质优的中熟或中晚熟品种作栽培。其适宜品种有安康市农业科学研究所近年来育成的国审品种秦芋 30 号，秦芋 31 号，秦芋 32 号、0402-9 及外引的鄂马铃薯 5 号、HB0462-16、青薯 2 号、青薯 9 号、丽薯 11 号、陇薯 3 号、陇薯 7 号等。

浅山、丘陵、平川二作区，海拔 700~300m，种植马铃薯地块均为 20°左右的缓平地或平地。适宜种植马铃薯的土壤肥力均匀，产量稳定。种植品种以抗晚疫病（或能避病）、高产、质优、商品薯率高、薯型好、芽眼浅的早熟、中早熟种。适宜本海拔区域栽培的品种有费乌瑞它、早大白、文胜 4 号、安农 5 号、安薯 56 号及近年安康市农业科学研究所育成的新品系 0302-4、0402-9 等。

2. 良种简介

安康市农业科学研究所于 20 世纪 60 年代初就开展马铃薯新品种引育研究工作。经多年的不断努力，先后选育了文胜 4 号（175 号）、安农 5 号等系列品种（系）23 个，选育出国审新品种安薯 56 号、秦芋 30 号、秦芋 31 号、秦芋 32 号 4 个。其中"秦芋 30 号"曾被列入国家 863 计划管理品种。目前这些新品种正在陕西南部及西南马铃薯主产区大面积应用，不但对解决山区人民温饱问题起到了重要作用，也为马铃薯产业发展、推动产业扶贫作出了重要贡献。近年来该所又致力于富硒早熟菜用型马铃薯新品种选育、脱毒种薯雾培快繁及高产栽培技术研究，建立安康盆地适宜的品种搭配模式、优质的脱毒种薯繁育体系和高产栽培技术体系。现将安康盆地推广应用的自育优良品种（系）8 个及外引品种 7 个分别介绍于表 6-1。

（四）播种

1. 种薯处理

（1）整薯　小整薯是指重 25~50g 的小薯块。用小整薯作种可以省种、省工，减轻运输压力和费用。整薯播种母薯营养充足，具有顶芽优势。整薯外面有一层完整的表皮，能防止块茎内水分的蒸发和养分的损失。一个块茎就是一个小水库、营养库，可供萌芽生长利用，因此，能抗旱，霜冻后能较快恢复生长，保苗率高，并能防止以种薯带病传染的环腐病、黑胫病、青枯病和病毒病。避免了切刀传菌及病菌和健薯切面接触，以及切面与土壤接触传菌、传毒的机会，保证苗全苗壮。

①自育品种：

表 6-1　安康市农业科学研究所自育马铃薯品种　　　　　　　　（蒲正斌整理，2018）

品种名称	品种来源	特征特性	抗性	产量及适宜种植区域	品质	选育单位
文胜 4 号（系谱号 1966－175 号）	于 1966 年由"长薯 4 号"（"疫不加"自交后代）的天然实生种子后代选育	中熟品种，生育期 85d 左右。株高约 64cm，茎绿色，叶深绿色，花白色，天然结实少，匍匐茎短，薯块大小中等、整齐，长扁圆形，黄皮白肉，表皮光滑，芽眼多中等深，块茎休眠期短，耐贮藏	植株中感晚疫病，块茎抗病、抗环腐病、疮痂病，较抗青枯病，易感黑胫病，轻感花叶病，抗卷叶病毒，耐束顶病，抗旱	一般产量 1 250～1 500 kg/亩，高产可达 4 000kg/亩。适宜在中国西南、西北及中原一带种植	鲜食型品种，蒸食品质中等，干物质含量 22.15%，淀粉含量 12.14%～16.9%，还原糖含量 0.95%，粗蛋白质含量 2.28%，维生素 C 含量 10.6 mg/100g 鲜薯	陕西省安康市农业科学研究所
安农 5 号（系谱号 67-20）	于 1966 年由"哈交 25 号"的天然实生种子后代选育	中早熟品种，生育期 75～80d。株高 63cm 左右，茎淡紫色，叶绿色，花淡紫色，匍匐茎中等长，薯块大小中等、整齐，长椭圆形，红皮黄肉，表皮光滑，芽眼多而浅，块茎休眠期短，耐贮藏	植株中感晚疫病，块茎高抗晚疫病，抗环腐病，感黑胫病，较抗疮痂病及青枯病，轻感花叶病毒，抗卷叶病毒，耐束顶病，抗旱、耐瘠薄	一般产量 1 500 kg/亩，高产可达 2 500kg/亩。适宜在陕西南部及中国西南大部分区域种植	鲜食兼加工品种，蒸食品质优，干物质含量 24.5%，淀粉含量 11.9%～18.6%，还原糖含量 0.52%，粗蛋白质含量 2.28%，维生素 C 含量 8.5mg/100g 鲜薯	陕西省安康市农业科学研究所
国审品种：安薯 56 号（系谱号 790056）	于 1978 年以品种"文胜 4 号"作母本，与"克新 2 号"作父本杂交获得杂交实生种子，1979 年培育实生苗，从中以单株株系培育而成	中早熟品种，生育期 80d 左右。株高 42～65.5cm，茎淡紫色，叶深绿色，花紫色，匍匐茎短，薯块大小上等、整齐，圆形，淡黄皮白肉，表皮略麻，芽眼多中等深，块茎休眠期短，耐贮藏	植株高抗晚疫病，块茎较抗晚疫病，抗环腐病，感黑胫病，较抗疮痂病及青枯病，抗花叶病毒，抗卷叶病毒，耐束顶病，耐涝、耐旱、耐瘠薄	一般产量 1 500 kg/亩，高产可达 2 950kg/亩。适宜在中国大部分区域种植	鲜食兼加工型品种，蒸食干面、香甜，淀粉含量 17.66%，粗蛋白质含量 2.54%，粗脂肪含量 0.27%，维生素 C 含量 21.36 mg/100g 鲜薯	陕西省安康市农业科学研究所

（续表）

品种名称	品种来源	特征特性	抗性	产量及适宜种植区域	品质	选育单位
国审品种：秦芋30号（省审安薯58号，系谱号922－30）	于1991年以BOKA（波友1号）作母本，4081无性优系（米拉/卡塔丁）作父本杂交，1992年以该组合实生种子培育实生苗，从中以单株株系筛选而成	中晚熟品种，生育期85～90d。株高32.6～78.0cm，茎绿色，叶绿色，花白色，天然结实少，匍匐茎短，薯块大小中等、整齐，扁圆形，淡黄皮黄肉，表皮光滑，芽眼多而浅，块茎休眠期长，耐贮藏	植株高抗晚疫病，块茎抗病、抗环腐病、疮痂病，抗青枯病，轻感花叶病，高抗卷叶病毒，耐束顶病，耐涝、耐旱	一般产量1 283～1 547kg/亩，高产可达2 528～2 543 kg/亩。适宜在中国西南及中原地区大面积种植	鲜食兼加工型品种。蒸食品干面、甜香，淀粉含量17.57%，还原糖含量0.19%，粗蛋白质含量2.25%，维生素C含量15.67mg/100g鲜薯	西安市康农学研究所陕西省
国审品种：秦芋31号（系谱号康971-12）	于1996年以云94-51×89-1有性杂交，1997年实生苗培育系统选育而成	中晚熟品种，生育期85～90d。株高75.0cm左右，茎绿色，叶绿色，花白色，天然结实极少，匍匐茎短，薯块大、整齐，扁圆形，淡黄皮白肉，表皮略麻，芽眼较浅，块茎休眠期长，贮藏性较差	植株抗晚疫病，块茎抗晚疫病，抗环腐病、疮痂病，抗青枯病，抗花叶病毒，抗卷叶病毒，耐束顶病	一般产量1 238～1 770kg/亩，高产可达2 052kg/亩。适宜在中国西南地区大面积种植	鲜食型品种。蒸食品质较优，干物质含量18.5%，淀粉含量11.8%，还原糖含量0.29%，粗蛋白质含量2.1%，维生素C含量14.2mg/100g鲜薯	西安市康农学研究所陕西省
国审品种：秦芋32号（系谱号0102-5）	2000年以秦芋30号/89－1（高原3号/文胜4号）有性杂交，2001年实生苗培育，株系选育而成	中熟品种，生育期80d左右。株高55.5～63.5cm，茎绿色，叶绿色，花白色，天然结实极少，匍匐茎短，薯块大小中等、整齐，扁圆形，淡黄皮黄肉，表皮光滑，芽眼较浅，块茎休眠期较长，耐涝、耐旱、耐贮藏	植株抗晚疫病，块茎抗晚疫病，抗环腐病、疮痂病，抗青枯病，轻感花叶病，抗卷叶病毒，耐束顶病	一般产量1 473.5～1 724.4kg/亩，高产可达2 500kg/亩以上。适宜在中国西南区种植	鲜食、菜用型品种。蒸食品质较优，干物质含量18.5%，淀粉含量11.8%，还原糖含量0.29%，粗蛋白质含量2.1%，维生素C含量14.2mg/100g鲜薯	西安市康农学研究所陕西省
待申请国家登记品种：秦芋33号（代号：0402-9）	2003年以秦芋30号（母本）×晋90-7-23（父本）有性杂交，2004年实生苗培育选育而成	中熟品种，生育期80d左右。株高58.9cm，茎绿带褐色，叶深绿色，花冠白色，主茎数1.6个，匍匐茎短，薯块椭圆，皮光滑乳白色，肉白色，芽眼浅，块茎休眠期短，耐贮藏	植株中抗晚疫病，块茎抗晚疫病，抗环腐病、疮痂病，花叶发病20%，病指5.0%。田间无卷叶病、无环腐病、青枯病表现	一般产量1 638～1 976kg/亩，高产可达2 100kg/亩以上。宜在低海拔套种及川道区作菜用型品种栽培应用	鲜食、菜用型品种。维生素C含量13.03mg/100g鲜薯，干物质含量18.53%，淀粉含量11.41%，还原糖含量0.21%，粗蛋白质含量2.43%	西安市康农学研究所陕西省

（续表）

品种名称	品种来源	特征特性	抗性	产量及适宜种植区域	品质	选育单位
待省登记品系：0302-4	2002年以秦芋30号（母本）×合作88（父本）有性杂交，2003年实生苗培育，株系选育而成，	早熟品种，生育期75d，茎绿色，叶绿色，花冠白色，花繁茂性中等，无结实。株高51.3cm，主茎数2.3个，匍匐茎短，薯块扁圆，皮淡黄光滑，肉白色，芽眼较浅	花叶发病37.5%，病指10%。晚疫病：发病25%，病指6.3%；田间无早疫病。无卷叶病毒、环腐病、青枯病表现	一般产量2 408.5 kg/亩，高产可达3 560.6 kg/亩。宜在低海拔套种及川道区作菜用型品种栽培应用	干物质含量20.00%，淀粉含量9.57%，还原糖含量0.25%，粗蛋白含量1.93%	安康市农业科学研究所

②外引品种（7个）：

表6-2 安康市外引种植马铃薯品种介绍

（蒲正斌整理，2018）

品种名称	品种来源	特征特性	抗性	产量及适宜种植区域	品质	选育单位
费乌瑞它（又名：荷兰7号、15号）	荷兰ZPC公司用"ZPC50-35"作母本，"ZPC55-37"作父本杂交育成	特早熟品种，生育期65d。株型直立，株高60cm左右，茎紫褐色，叶绿色，花冠紫色，易天然结果。种植密度4 000~5 000株/亩。块茎长椭圆形，皮色淡黄，肉色深黄，表皮光滑，芽眼少而浅，匍匐茎短，休眠期短	抗马铃薯Y病毒和卷叶病毒，对A病毒和癌肿病免疫，易感晚疫病，不抗环腐病和青枯病	一般产量1 100~1 700kg/亩，高产可达3 000 kg/亩。全国均可种植	蔬菜型品种。蒸食品质较差，淀粉含量12%~14%，还原糖含量0.5%，粗蛋白含量1.6%，维生素C含量13.6mg/100g鲜薯	荷兰ZPC公司选育，1980年由农业部从荷兰引入中国
早大白	采用五里白作母本，72-128作父本进行杂交选育而成	早熟品种，从出苗到成熟70d左右。植株直立，株高50cm左右，茎、叶绿色，花冠白色，繁茂性中等，无天然结实，单株结薯3~5个。种植密度5 000~6 000株/亩。薯块扁圆形，白皮白肉，表皮光滑，薯块圆扁，结薯集中，芽眼中等深，休眠期中等	对病毒病抗性较强，较抗环腐病和痖痂病，感晚疫病	一般每亩2 000 kg，高产可达4 000 kg以上。适宜在中国大部分区域种植	鲜食、菜用型品种。蒸食品质中下，干物质含量21.9%，淀粉含量11%~13%，还原糖含量1.2%，粗蛋白质含量2.13%，维生素C含量12.9mg/100g鲜薯	辽宁省本溪市业农科学研究所

（续表）

品种名称	品种来源	特征特性	抗性	产量及适宜种植区域	品质	选育单位
米拉	1952年民主德国用"卡皮拉"（Capella）作母本，"B.R.A.9089"作父本杂交系选育成。1956年引入中国，是西南山区的主载品种	中晚熟品种，生育期95d。株型扩散，株高60cm左右，茎绿色带紫褐色斑纹，叶绿色，花冠白色，花药橙黄色，有天然结实，每亩种植3 500~4 000株。块茎长椭圆，黄皮黄肉，表皮较粗糙，芽眼中等深，结薯分散，休眠期长，耐贮藏	轻感马铃薯花叶和卷叶病毒，抗晚疫病和癌肿病	一般每亩1 500 kg，高产可达2 500kg以上。适宜在中国西南区大面积栽培	鲜食兼加工品种。蒸食品质优，淀粉含量17%~19%，还原糖含量0.25%，粗蛋白质含量2.28%，维生素C含量14.4mg/100g鲜薯	从德国引入中国
国审品种：鄂马铃薯5号（系谱号：T962-52）	以393143-12作母本，NS51-5作父本杂交，系统选育而成	中晚熟品种，生育期85d左右。株高62cm，茎叶绿色，叶片较小，花白色，天然结实中等，匍匐茎短，薯块大小中等、整齐，长扁圆形，淡黄皮白肉，表皮光滑，芽眼多而浅，块茎休眠期长，耐涝、耐旱、耐贮藏	植株抗晚疫病，块茎抗晚疫病，抗环腐病、疮痂病，抗青枯病，高抗花叶病毒，抗卷叶病毒，耐束顶病	一般产量1 568~2 718 kg/亩，高产可达2 600 kg/亩以上。适宜在中国西南区大面积栽培，是目前西南的主推品种	鲜食兼加工品种。蒸食品质较优，干物质含量22.7%，淀粉含量14.5%，还原糖含量0.22%，粗蛋白含量1.88%，维生素C含量16.6mg/100g鲜薯	湖北恩施土家族苗族自治州农业科学院南方马铃薯研究中心
国审品种：青薯2号（原代号：92-3-28）	用高原4号作母本，与国外引进的米拉作父本杂交，经系选而成	中晚熟品种，生育期95d左右。株型直立株高77.7~98.3cm，茎绿带褐色，叶浓绿色，花紫色，天然结实少，块茎扁圆形，白皮白肉，表皮较光滑，芽眼较浅，匍匐茎短，耐贮藏	高抗花叶和卷叶病毒、环腐病和黑胫病，抗晚疫病	一般产量2 706 kg/亩，高产可达4 192 kg/亩。适宜在中国西北及西南部分区域栽培	淀粉型加工品种。蒸食品质优，淀粉含量22.83%~22.86%，还原糖含量0.62%，粗蛋白质含量1.66%，维生素C含量14.4 mg/100g鲜薯	青海省农林科学院作物研究所

（续表）

品种名称	品种来源	特征特性	抗性	产量及适宜种植区域	品质	选育单位
国审品种：青薯9号（原代号：CPC2001-05）	从国际马铃薯中心（CIP）引进杂交组合（387521.3xA-PHRODITE）材料 C92.140-05 中选出的优良单株 ZT，后经系统选育而成	晚熟品种，生育期100d 左右。株高86.6~107.4cm。幼芽顶部尖形、呈紫色，中部绿色，基部圆形，叶深绿色，较大，茸毛较多，叶缘平展，薯块椭圆形，表皮红色，有网纹，薯肉黄色；芽眼较浅，匍匐茎短，耐贮藏	植株耐旱，耐寒。抗晚疫病，抗环腐病	一般条件下亩产量 2 250~3 000 kg/亩；高产情况下 3 000~4 200 kg/亩	鲜食兼加工品种。块茎淀粉含量19.76%，还原糖含量 0.253%，干物质含量 25.72%，维生素 C 含量23.03mg/100g 鲜薯	青海省农林科学院生物技术研究所
国审品种：陇薯7号（代号：2009006）	庄薯3号×菲多利杂交选育而成	属中晚熟品种，生育期90d 左右。株高47.6~55.4cm，茎深绿色，叶深绿色。块茎椭圆形，黄皮黄肉，薯皮光滑，芽眼浅	植株抗马铃薯X病毒病、中抗马铃薯Y病毒病，轻感晚疫病	一般条件下亩产2 740~2 900 kg/亩；高产情况下能达到 3 400kg/亩	鲜食品种，食味鉴定为优，还原糖含量0.071%~0.11%，粗蛋白质含量1.94%~2.71%，干物质含量 18.1%~19.4%，淀粉含量12.2%~14.6%	甘肃省农业科学院马铃薯研究所

（2）切块

①精选种薯：在选用良种的基础上，选择薯形规整，具有本品种典型特征特性，薯皮光滑、色泽鲜明，重量为 30~50g 左右的健康种薯作种。选择种薯时，要严格去除病、烂、畸形薯。

②切块：种薯切块种植，能促进块茎内外氧气交换，打破休眠，提早发芽和出苗。但切块时，易通过刀切传病，引起烂种、缺苗或增加田间发病率，加快品种退化。切块过大，用种量大，一般以切成 20~30g 为宜。切块时要纵切，使每一个切块都带有顶端优势的芽眼。须切成多块的，从基部开始螺旋式向上切，每块 1~2 个芽眼。播前 1~2d 开始切块。切块应在晴天进行，薯块切好后拌适量的草木灰，刀口向上放于太阳下晒种 1h 以上，尽快形成愈伤组织，这样能够有效防止播后烂种缺苗。

2. 催芽

（1）整薯催芽　是指播种前 20d 内，将未萌动发芽种薯在室内升温催芽。当催出的幼芽有 3~4cm 时，将其顶（头）部向上，尾部向下转摊在干燥、透风、透光的地板上使薯块长出的芽见光变绿，形成短粗坚实不易碰掉的绿色芽。

（2）小整薯短壮芽　马铃薯春播整薯短壮芽是指选择 25~45g 的整薯，顶（头）部向上，尾部向下，排列在干燥、有光的房屋里度过休眠后萌发形成的绿色短壮芽整薯。

壮芽是在低温、适温、干燥、见光、透气的房屋里，将冬前结束休眠发芽的薯块顶部朝上一个靠一个摆放，使薯块长出的芽见光变绿，形成短粗坚实不易碰掉的绿色芽。

3. 其他处理

（1）中、高山区短壮芽夏播留种　是指在安康中高山用春播种薯留存少部分，单个摊放在干燥、透风、透光的木板上，形成绿色短壮芽在7月下旬至8月上旬播种，于10月霜降前后收获。作为种薯的一种保种留种栽培技术。

（2）整薯育芽移栽　在平地上做成长8~12m，宽1.4 m，深14~16cm的浅窖。在窖内平铺5cm左右湿润细沙，将50g以上薯块芽眼朝上，一个靠一个排放后，上面又覆盖6cm厚细沙。然后用竹棍搭成70~80cm高的弧形拱棚用薄膜盖上育芽。当芽长到1~2片小叶时开始搬芽移栽。搬芽后的薯块放回原处，用细沙盖上继续育芽移栽；这样重复到第三次或第四次育出的芽可连同母薯移栽至大田。这是一种极为省种的高产栽培。特别是脱毒种薯扩繁最实用。

4. 适期播种

（1）播种时期

①春播：海拔800m以上的中、高山区适宜在2月中下旬至3月春播。

②冬播：800m以下地区冬播马铃薯一般在12月中下旬至下年1月上旬播种。

（2）播期对马铃薯产量的影响　据1995—1996年安康市农业科学研究所镇坪试验站对马铃薯"安薯56号"品种的不同海拔和播种期的试验表明：不同播期对马铃薯的产量、生物性状、经济性状均有影响。随着海拔的升高，小区产量升高，出苗率、主茎数、单株薯块数有增加趋势；播期对产量有较大影响，5个（立春、雨水、惊蛰、清明、谷雨）播期中，以第3播期（惊蛰）小区平均产量最高，株高、出苗率、主茎数、商品薯均以第3播期最高，随播期的推迟生育期依次缩短。

在安康低海拔地区，春马铃薯露地栽培适宜播期为1月下旬至2月中旬；在800m及以上地区，马铃薯适宜播期为2月中旬至3月中下旬。其主要原因是：马铃薯在地面下10cm地温4℃块茎休眠后萌动，7~8℃幼芽发育，17~21℃适宜茎叶生长发育，15~20℃最适宜块茎生长。安康地处北温带与南亚热带交会处，马铃薯播种期容易受低温霜冻为害，春季干旱少雨，马铃薯出苗难，播种过早，发芽出苗提前，容易受低温霜冻为害；播种过晚，发芽、出苗晚，生育期短，薯块小，产量低，效益差。因此，安康春植马铃薯播期不能过早；冬植春马铃薯播期不宜过晚。

5. 播种方式

（1）垄作　安康山区土层薄，限制了马铃薯根系和块茎的生长发育，同一品种块茎的大小比北方小。除生长期差异外，主要原因是北方土层厚，土质好（沙壤），因此平作少，多垄作。垄作具有出苗早，薯块大，产量高，病害轻，烂薯少等优点。坡度在25°以下的缓平地、平地均适宜垄作栽培。垄作分为单行垄作栽培技术和双行垄作栽培技术。

（2）地膜覆盖

单膜覆盖：适宜安康中、低山及浅丘、平川区栽培。

地膜栽培可达到"三早""三高""五有利"。三早即早出苗、早收获、早上市；"三高"一是高产，比未覆膜增产35%~76%；二是商品薯高，比未覆膜的大中薯增加

27%～36%；三是高效，以亩增产 400～500kg，单价 2 元/kg 计，亩增产值 800～1 000 元；"五有利"一是早结薯、早收获，避过或减轻晚疫病或二十八星瓢虫为害；二是覆膜雨水多时可顺沟排出膜上的雨水，膜内不积水，以减少烂薯；三是覆膜提前了马铃薯生育期，利于低海拔地区种植中晚熟品种，也可缩短与间套种作物的共生期；四是覆膜生育期缩短，提前收获，利于安排后茬作物，提高复种指数；五是利于改善地面小气候，增加马铃薯下部叶片的光合作用。

地膜覆盖栽培要因地制宜睏种催芽。是把种薯放在温暖条件下促使早发芽，利于早出苗，通过选芽播种还利于苗全苗壮，但要因地制宜；适时播种。最佳播种期是播种出苗后晚霜刚过，因为早播出苗早，容易遭受晚霜为害，一般在土壤 10cm 深地温达 4℃时开始播种；地膜马铃薯并不进行锄草，播种深度以 16cm 左右为宜；播种密度由地膜宽度决定，1m 宽的地膜，双行垄作，垄面宽 70cm，小行距 30～33.3cm，大行距 50～60cm，垄作两侧土壤厚度不少于 20～15cm。早熟品种株距 25～27cm，中晚熟品种株距 27～33.3cm；畦面要平展　表土耙平无坷拉，无残茬，以防戳破地膜。

双膜覆盖：即拱棚+地膜覆盖。适宜平川区早上市马铃薯栽培。

适时播种催芽：一般在未覆盖地膜的大田播种之前 15～20d 进行播种催芽，经 30～45d 薯芽长至 2cm 左右即可移栽。为育成短粗芽温度宜控制在 18℃左右，最高不超过 22℃，最低不低于 5℃。湿度以手握床土成团掉在地上散开为佳。

精细整地施足底肥：冬前施入圈肥然后深翻地，熟化土壤，冻死地下害虫。播种前敲碎土块整好地，并作高 15～20cm，宽 130cm（以地膜宽度为准）的畦面，畦与畦之间留够 40cm 的畦沟。开沟深 16cm 播种，在种薯与种薯之间施入人畜粪、饼肥或复合肥，一般每亩地施用腐熟的鸡、羊圈粪 1 000kg，或饼肥 100kg，人畜粪 1 500kg，复合肥 50～70kg。

适时移栽合理密植：一般在未覆膜的大田薯出苗之前 60～70d，苗床薯芽长到 2cm 左右，选择健壮薯芽移栽，行距 40～50cm；切块播种，每个切块留两个芽，行距 17～20cm；整薯播种，每个薯块留 3～4 个芽，行距 25～30cm。密度可根据地力及施肥水平决定，按肥宜稀，瘦宜密的原则调整。

双膜覆盖的田间管理：薯芽移栽后喷施除草剂，再覆盖地膜，在地膜上用竹棍或竹片拱成弧形小拱棚，覆盖塑料薄膜，然后将四周密封，待薯苗初生叶展平后，从一边揭去塑料薄膜，对地膜用烟头烧孔或用刀片割孔放苗，再盖上塑料薄膜。这期间如有大雪覆盖时，要及时扫除积雪，防止压塌薄膜损害幼苗。当气温稳定在 15℃左右时，塑料薄膜要日揭夜盖，以防日间高温烧苗，夜间低温冻害。夜间温度回升后揭去塑料薄膜，留作下年使用。

双膜覆盖的优越性：根据江苏省通州市农业局试验，双膜栽培比起单膜栽培有三大好处：一是高产、商品率高、避霜冻。即双膜栽培比单膜栽培增产 20%～30%，大中薯率显著提高，食用价值高，避免霜冻害。单膜栽培虽提早出苗，但掌握不好，早出苗易遭受冻害。一旦遇上晚霜，苗秧嫩芽会被冻伤或冻死，待重新萌发新叶，适宜结薯期短，产量降低，减产幅度可达 30%～50%，大中薯很少，食用价值低。二是早收获，早上市，经济效益显著提高。可比单膜栽培的提早 7d 收获上市，解决春季新鲜蔬菜品种短缺，提高产值增加经济收入。如通州市常年早上市（4月下旬）的马铃薯售价3~4元/kg，中间上市的2元/kg左右，最后上市的只有1元/kg左右。三是收获期提早，为下茬作物高产提供了充足的生长发育时间。

6. 种植密度

安康山区很多土地耕层厚10cm左右，土层浅，很难通过培育大薯和增加垂直结薯量来增加产量。增加种植密度，扩大水平面结薯量是提高马铃薯单产的关键途径。常规种植密度3 500~4 000株/亩，单产水平约942kg/亩，提高密度是提高产量的主要技术措施。

（五）种植方式

1. 单作

以垄作为例。

有单行垄作栽培和双行垄作栽培。其方法是：在深耕细作的基础上做垄，单行垄作行距55~65cm，株距27~30cm，播种深度8~10cm；双行垄作垄高20~25cm，沟宽15cm，垄宽75~85cm（包括垄沟），垄面与播种的薯块距离15~20cm，垄面播种小行距33cm，株距27~30cm（开沟错窝摆放）；播种深度8~10cm，覆土4~5cm。

2. 间套作

（1）马铃薯与玉米间作

①早熟马铃薯品种与玉米2：2间作：双行马铃薯（带宽70cm）和双行玉米（带宽80cm），每一播幅为150cm宽。马铃薯播种小行距30cm，株距20~25cm；玉米播种小行距40cm，株距27~33cm。

②中晚熟马铃薯品种与玉米2：2间作：双行马铃薯（带宽80cm）和双行玉米（带宽90cm），每一播幅为170cm宽。马铃薯播种小行距33cm，株距27~30cm；玉米播种小行距45cm，株距30~33cm。

（2）马铃薯与甘薯套作　单行马铃薯与单行甘薯相距50cm，双行与双行之间相距100cm，马铃薯株距27cm，亩5 000株，甘薯株距33cm，亩4 040株。马铃薯前期培土成垄，甘薯在垄中间平地栽植，待马铃薯收获时把马铃薯的垄变成平地，把甘薯的平栽变成垄作。

（六）田间管理

1. 查苗定苗和中耕

（1）放苗　安康浅丘、平川区露地种植马铃薯约3月10日出苗，地膜栽培可提前到2月25日至3月5日，双膜栽培可提前到2月15日左右出苗。因此出苗前后要勤看，发现有50%种薯出土展开二叶后要及时划膜放苗。用土覆盖苗根部压严地膜。双膜栽培棚内，气温超过20℃要及时揭棚，通风降温。4月初气温稳定在10℃以上后完全揭去拱棚，让其自然生长。要掌握好放苗时间，过早由于倒春寒容易使幼苗受冻，过迟强光下容易烧苗，具体时间应以本地晚霜期结束为准。

（2）查苗补苗　春季马铃薯苗出齐后，要及时进行查苗，有缺苗的及时补苗，以保证全苗。补苗的方法是：播种时将多余的薯块密植于田间地头，用来补苗。补苗时，缺穴中如有病烂薯，要先将病薯和其周围土挖掉，再带母薯栽植补苗。土壤干旱时，应挖窝浇水且结合施用少量肥料后栽苗，以减少缓苗时间，尽快恢复生长。如果没有备用苗，可从田间出苗的垄行间，选取多苗的穴，自其母薯块基部掰下多余的苗，进行移植补苗。

（3）中耕除草培土　地膜马铃薯为充分发挥地膜的作用，苗期一般不揭膜不中耕，现蕾时进行中耕。中耕前将残余的地膜去掉，再于株行间中耕松土。结合中耕给植株培土，培土厚度不超过 10cm，以增厚结薯层，避免薯块外露，降低品质。

2. 施肥

（1）肥料种类和作用　"有收无收在于水，收多收少在于肥"。肥料不足就会降低产量。施肥是调节土壤养分，保持养分平衡的重要手段。马铃薯需 K 肥最多，其次是 N 肥，需 P 肥最少。马铃薯施用大量有机肥作基肥常常是丰产的基础，虽单施化肥也能获得丰产，但常会引起土壤性质变坏，使产量逐渐降低。只有在大量施用有机肥的基础上，增施化肥才是最有效的持久增产措施。

①氮肥：N 肥能使马铃薯植株长高和叶面积增大。适当施用 N 肥，能促进马铃薯枝叶繁茂，叶色深绿，有利于光合作用。但施用 N 肥过量就会引起植株徒长、贪青晚熟、结薯期延迟，降低产量；还易受病害侵袭，造成更大的产量损失。相反，如果 N 肥不足，则马铃薯植株生长不良；茎矮而细小，叶片小，叶色淡绿，分枝少，植株下部叶片变黄。如果不通过施 N 肥进行校正，整个植株将变黄而且生长弱而不正常，产量很低。植株对 N 肥反应的程度与 N 素缺乏水平有关。早期发现植株缺 N 可及时追肥，变低产为高产。但施用 N 肥过多不但投资大，还会造成茎叶陡长，产量低。

②磷肥：P 肥虽然在马铃薯生长过程中需要量较少，但却是马铃薯植株健康发育不可缺少的重要肥料。P 肥能促进马铃薯根系发育，P 肥充足时幼苗发育健壮，还有促进早熟、增进块茎品质和提高耐贮性的作用。

P 肥不足时马铃薯植株生长发育缓慢，小叶纺锤状，有的叶片发皱或叶片成杯状，比正常叶片颜色深一些，茎秆矮小。

③钾肥：缺 K 时马铃薯植株节间缩短，发育迟缓，叶片变小，叶缘向下弯曲，植株下部叶片早枯。早期症状是深色或蓝绿色的光滑叶片。然后老叶变成青铜色和坏色斑（表面类似早疫病）而且早衰。根系不发达，匍匐茎缩短，块茎小、产量低、品质差、块茎表面，尤其是在顶部有下陷的坏死斑。

④有机肥：农家肥中含有大量的有机质，营养元素含量比较全面，特别是马铃薯所必需的 K 肥含量丰富。增施农家肥对马铃薯的生长发育及提高农田生态效益都非常重要，还可以以肥调水，提高旱作农田的水分利用率，使有限的降水生产出更多的鲜薯。

（2）平衡施肥　平衡施肥是综合运用现代农业科技成果，根据作物需肥规律，土壤供肥性能与肥料效应。在农家肥为基础的条件下，生产前提出 N、P、K 肥和微肥的适用量和施用方法的施肥技术。目的在于使马铃薯单产水平，在原有水平的基础上有所提高，还能增强抗病力，改善块茎品质，增加大中薯个数，提高商品率，淀粉含量增加，投肥合理，养分配比平衡，产出高，投入低，施肥效益明显增加。

平衡施肥技术要因地定产，按产配肥，科学施肥。平衡施肥按精密程度分类 优化配方平衡和粗配方平衡。优化配方平衡施肥需要化验土壤和肥料的成分及含量，进行配肥平衡试验，适用范围小。而粗配方只是在对肥料用量与产量进行宏观控制。准确度虽然差但适用范围大。

（3）施用方法

①施肥的种类和比例要适当：马铃薯在生长过程中形成大量的茎叶和块茎，因此，需要的营养物质较多。肥料三要素中，以 K 的需要量最多，N 次之，P 较少。浅丘、川道冬播马铃薯生育期较短，对肥料的需求比较集中，因此施足底肥对马铃薯的增产起着重要的作用。马铃薯的底肥应占总用肥量的 3/5 或 2/3。底肥以腐熟的堆厩肥和人畜粪等有机肥为主，再配合化学 N、P、K 肥。一般亩施有机肥 1 000~1 500kg，尿素 15kg，过磷酸钙 100kg（或磷酸二铵 30~40kg），草木灰 100~150kg（或硫酸钾 15~20kg，忌用氯化钾肥），肥料可结合整地撒施或结合播种窝施或条施。

马铃薯从播种到出苗时间较长，出苗后，要及早用清粪水加少量 N 素化肥追施芽苗肥，以促进幼苗迅速生长。现蕾期结合培土，视苗情追施一次结薯肥，以 K 肥为主，配合 N 肥，施肥量视植株长势长相而定。若底肥充足，叶色浓绿时一般不需要追肥。开花以后，一般不再施肥，若后期表现脱肥早衰现象，可用 P、K 或结合微量元素进行叶面喷施。

②根据品种施肥：早熟品种生育期短，在温度升高不适宜块茎膨大时已经成熟，茎叶不易陡长，N 肥用量略高些；中晚熟品种冬播，全生育期长，N 肥容易流失或淋失消耗，N 肥用量适当增加，防止早衰。脱毒原种、秋收薯、高山或北方来的种薯生活力强，生长旺盛，生育期长，N 肥用量可略低些，以防生育期延迟，贪青晚熟，降低产量。

③按肥料种类施肥：不同种类的肥料有不同用法。P 肥在土壤中移动性小，不宜作追肥，宜作底肥集中施于播种沟、穴中，加入一定量 N 肥后和农家肥拌匀作底肥效果好。尿素不易被土壤吸附，移动性大，作追肥效果好，也可作底肥；碳铵易挥发，也易被土壤吸附，宜作底肥深施，追肥也要深施。硝铵，移动性大，用于坡地作追肥，效果高于其他任何 N 肥；磷酸二铵，N 少 P 多，宜与 2~3 倍的 N 肥混合作底肥；磷酸二氢钾，易作种肥和叶面喷肥。

（4）施肥时期　播种时施基肥，幼苗齐苗后 15d 内，幼苗长到 6~7 片顶叶平时追施。在株旁打孔施入，弱苗多施，壮苗少施或不施，宜在降雨前后施肥，干旱不宜施肥以防烧根伤苗。N 肥吸收早，在块茎迅速膨大时期需肥达高峰。亩生产鲜薯 3 000kg 以上需亩施纯 N 7~10kg，必须施足底肥，苗期早补追肥，才能促使前期生长旺盛，使茎粗叶大色深的丰产长相，早日形成。

3. 补充灌溉

安康盆地水资源丰富，年平均天然降水在 900mm 以上，汉江水系河流众多，还有径流和地下水，农田一般不需灌溉，但马铃薯生长期间如遇干旱，也需进行短时间的补充灌溉。

主要通过修建蓄水池蓄水，开设排水沟渠排水的方式补充灌溉。平川区大棚早春马铃薯常以滴灌或喷灌设施，根据棚内需水情况给与补水灌溉。

降水量的年内分配极其不均匀，大部分降水量集中在 5—10 月，约占全年降水量的

50%以上。降水量的年际变化自南而北增大，最大年降水量与最小年降水量之比为2.1~3.1。这种年际变化大、年内分配不均的特点，是造成安康洪涝与干旱的基本原因，也是水土流失的主要因素之一。

4. 防病治虫除草

（1）马铃薯主要病害 马铃薯的病害较多，常见的病害有晚疫病、病毒病、青枯病、环腐病、疮痂病、癌肿病等。

①晚疫病：马铃薯晚疫病在安康地区发生较普遍，尤其是在现蕾前后及开花期多雨年份栽培不抗病的品种，病害容易流行成灾，茎叶可在几天之内全田枯死，成为马铃薯不同年份间不稳产的一个重要因素。近年来随着抗晚疫病品种的推广，这种病害在生产上大有减轻，但随着品种的退化，抗病品种也会转为感病品种，且多数早熟品种上不具备抗晚疫病特性，还需注意防治。

病害症状：晚疫病能侵染马铃薯的地上茎叶及地下的块茎和匍匐茎。块茎被害后，表面有淡褐色微凹陷的不规则形病斑，其薯肉呈深度不同的褐色症状。如感病患部被杂菌侵染后，则变为干腐或湿腐病，多发生在窖藏期间。

植株受害初期是叶片边缘呈水浸状，叶背有白霉，空气干燥时，病斑发展较慢，使叶片卷缩而干燥。

病原菌与侵染途径：晚疫病属卵菌性病害。靠游动孢子和孢子囊发芽入侵绿色部位的表皮。最易从叶背侵入。对块茎的侵入是通过伤口，皮孔或芽眼外面的鳞片，靠近地面的块茎容易受随雨水渗透在土中的孢子囊和游动孢子的侵染。

晚疫病菌的孢子囊和游动孢子都需要在水里萌发。温度10~13℃，大气相对湿度达到85%以上最易发病。

晚疫病病菌靠种薯和空气传播。带病种薯播入田间以后，在苗期湿度适宜时首先发病而成为中心病株，在后期田间气候适宜时病菌大量繁殖，通过田间气流传染至周围植株，迅速波及全田患病，植株很快枯死，农民叫烂青。

防治措施：一是选用抗晚疫病品种。二是精选种薯，淘汰病薯，减少发病来源。三是喷药防治：晚疫病多在雨水较多时节和植株花期前后发生，是秦巴山区的主要病害，因此，要注意及早用代森锰锌、瑞毒霉、甲霜灵锰锌等药剂进行防治，每亩用药0.1kg，对水50kg，叶面喷雾。

②青枯病：在南方大部分地区都可发生青枯病，黄河以南，长江流域诸省（区）青枯病最重。发病重的地块产量损失达80%左右，已成为毁灭性病害。

病害症状：块茎染病一般只从匍匐茎与薯块相连处的脐部开始，脐部颜色稍变褐，块茎表皮颜色无明显变化，严重时芽眼部逐渐变暗，中后期脐部和芽眼两者均可自然溢出乳白色菌脓，薯块横断面维管束呈黑褐色点状排列成环，后期薯块内部呈空洞变褐，若用手挤压受害部分薯肉和皮层不分离，这是和环腐病症状的最大区别。潜伏病菌的薯块在贮藏期腐烂。

植株维管束被病菌繁殖阻塞，导致青色萎蔫，有蒸煮萎蔫，也有植株中的一枝或一叶开始萎蔫，3~5d后达全株死亡。也有整株中1枝、2枝维持一段时间正常生长的现象。

病原菌与传播途径：病原菌是杆状有鞭毛的细菌，一般有鞭毛 3~7 根，着生在细胞的一端或两端，革兰氏染色阴性，主要通过带病块茎、土壤和寄生植物传病，通过切薯刀传病，也可通过健、病株根系接触传染，还通过田间管理及收获过程中的农具传染，人的鞋上黏附的土壤传病，流水传菌等多种途径传病。但种薯传病是最主要的。特别是潜伏在病薯中的细菌，病薯在低温条件下不表现症状，在温度适宜时才出现症状。当气温 20℃ 以上和日均地温在 14℃ 以上时，田间植株可出现症状。细菌繁殖最适宜的温度为 30℃，高温高湿最适宜病害发展。病菌一般分布在 0~80cm 土层中，可存活 14 个月以上。

防治措施：青枯病目前靠药剂也很难控制，主要防治方法是通过合理轮作、选用抗病品种以及用小整薯作种等措施进行防治。

③环腐病：北方环腐病发生较普遍，发病严重的地块可减产 30%~60%，贮藏期病薯造成块茎大量腐烂。

病害症状：典型病薯表皮变色不显，刀切后沿维管束环变乳黄色病腐症状（农民叫烂圈圈），用手挤压有乳黄色菌液，病重的薯块外皮暗褐色，粗裂，维管束变色腐烂，皮层和髓部分离，这种病薯多系早期染病又被软腐细菌感染所致，病轻的病薯维管束只要部分变色，或仅在尾部稍有病变，病薯外皮发软，只见尾部皱缩凹陷，病很轻微的病薯，用肉眼看不出病状，薯选容易漏掉，成为下一年传病的主要来源。病株地上茎和地下匍匐茎，切开后维管束也可见到乳黄色症状，染病较轻的或有的品种则变色不明显。

病薯播种后，染病严重的薯块不出苗，造成缺苗，染病轻的病薯出苗迟缓，茎尖缩短矮生，叶缘卷曲，并有褐色斑驳，不能结薯，即使结少量小薯也会全部腐烂；感病轻的病薯能正常出苗生长，但到开花以后顶部叶片变小，叶缘内卷，1~2 个茎或侧枝枯萎，抑或部分复叶萎蔫下垂以致黄化枯死。

病原菌与传播途径：病原菌是一种不能运动的无鞭毛杆状细菌，病菌最适合温度为 20~30℃，当地温超过 31℃ 时病菌生长受到抑制。病菌在土壤中存活期很短，主要在块茎内存活，从伤口入侵，病菌主要靠种薯和切薯的刀传播。据国内经验，切一刀病薯，再切健薯时可以传染 40 刀，使 80 块健薯受病，病健薯切块混合后能造成很高的发病率。所以要特别注意避免切薯刀扩大传染。

④病毒病：为害马铃薯的病毒主要有 5~6 种，类病毒 1 种。

X 病毒：X 病毒是引起花叶病的主要病毒。X 病毒可使小叶的叶脉间叶肉组织出现黄绿相间的嵌斑，一般患病植株减产 10% 左右，对 X 病毒敏感的重病株可减产 50% 左右。主要是接触传毒。

A 病毒：A 病毒也会造成花叶病，主要在叶脉间出现不规则的深绿和浅绿相间病斑，叶面粗缩，叶肉绿色部分色深，叶脉下陷。严重时叶缘呈波状。接触或蚜虫均可传毒。A 病毒和 X 病毒复合侵染时可减产 60%，叶片明显皱缩。

S 病毒：S 病毒属潜隐花叶类型，典型表现是叶脉下陷，叶面多皱纹或呈波状。对 S 病毒敏感的品种叶片呈古铜色。患病植株可减产 10%~15%，并且块茎变小。与 X 病毒复合侵染时可减产 11%~38%。主要是接触传毒。

M病毒：是卷叶嵌斑花叶症状。患病叶片叶端叶脉间呈花叶状，叶片变形，小叶尖部不扭曲，叶缘呈波状茎的顶部小叶卷曲，一般减产10%～20%。主要是接触传毒。

Y病毒：是重花叶病毒和垂叶条斑坏死症状。患病植株叶脉、叶柄和茎上都可出现黑褐色组织坏死的条斑，复叶易脱落，可减产80%。主要是接触和蚜虫传毒。

卷叶病毒病：卷叶病毒的典型症状是植株下部的叶片卷曲，叶组织变脆发硬，病重时叶片卷成筒状。患病块茎内部常出现网状褐色坏死斑驳。因品种不同减产不等，一般减产40%～70%。主要是蚜虫传毒。

纺锤块茎类病毒：也称尖头病。表现束顶，患病植株分枝较少，复叶向上与茎呈锐角，顶部比较明显。块茎呈纺锤形，有时出现裂口。弱病系减产20%～35%，强病系可减产60%。接触和昆虫均可传毒。

防治方法：一是利用茎尖脱毒生产种薯，建立良种繁殖体系，有计划地更换感病种薯。二是筛选无类病毒的植株进行快繁，纳入良种繁育体系，淘汰感染类病毒的种薯。三是因地制宜地进行留种和保种措施，防止蚜虫传毒和各种条件下的机械传毒。四是利用分离小或经济性状基本一致的种子生产块茎作为种薯。

（2）马铃薯田主要害虫　安康地区马铃薯的害虫主要有瓢虫、蛴螬、蚜虫、蝼蛄等。

①马铃薯二十八星瓢虫：主要为害马铃薯，还为害茄子、豆类等20多农作物，成虫和幼虫均能为害，严重时能把马铃薯叶片的叶肉吃光，植株不能正常生长，造成严重减产。

形态和生活习性：成虫成半球形，赤褐色，鞘翅上有28个黑斑，故名二十八星瓢虫。卵为黄色，纺锤形。幼虫为黄色，头小肚大，各节生有黑色分叉的刺毛。蛹椭圆形，淡黄色，背面有稀疏的细毛。

马铃薯瓢虫一年发生1~2代，以成虫群居潜伏在地附近的草丛里和山石缝里越冬，第二年5月上旬出现，中旬开始产卵，下旬至6月上旬为害最盛，在6月上中旬可见到各个虫态同时存在。成虫有假死性（受惊后缩头卷足装死）。成虫于叶背面产卵，每次产卵20~30粒。1个雌虫可产卵300~400粒，孵化的幼虫专食叶肉。被害叶片只留有网状叶脉，叶子很快枯黄。幼虫4岁后食量增大，为害最重。

防治方法：一是捕杀成虫并结合采卵；5月上中旬，利用成虫的假死性，于10时以前及14时以后，用盆装水，上面加数点煤油，一手端盆，一手拍打植株，成虫假死落入油面被杀死。产卵盛期捏碎卵块及孵化的幼虫，也能减轻为害。二是从叶背面喷洒50%敌敌畏乳油500倍液，或90%晶体敌百虫，每500g药加水500~800kg喷雾，或每亩用50%甲胺磷乳油，或用40%乐果乳油100g对水40kg，每10d防1次，共防2次。

②地下害虫：地下害虫常造成马铃薯缺苗断垄，根茎部食害一部分后，地上部分形成类似环腐病株的害状，块茎蛀食成孔洞，影响膨大，降低产量和品质，病菌随之入侵，扩大病害传染，并造成块茎腐烂。在安康盆地，马铃薯为害较普遍的地下害虫有以下几种。

A. 小地老虎　成虫体长16~23mm，翅展42~54mm。体暗褐色。前翅前缘黑褐色，并具有6个灰色小点，在臀状纹外侧凹陷处有一尖端向外的黑色楔形斑，与外缘线上两个尖端向内的黑色楔斑相对。卵馒头形,直径约 0.5mm,表面有纵横隆线,黄色。幼虫背线明显,体表极粗糙,密布黑色颗粒。蛹长 18~24mm,赤褐色有光泽。

B. 大黑金龟子(朝鲜金龟子) 成虫体长 16~21mm,宽 8.2~11mm,长椭圆形,黑色或黑褐色,有强光泽。每一翅鞘上尚有 3 条纵隆起线,前足胫节的外侧生有 3 齿,内侧有一刺与第二齿相对。卵椭圆形,长约 3.5mm,乳白色,略具光泽。幼虫体长约3.5mm。头部赤褐色有光泽,胸部乳白色。肛三裂,其着生一群扁形尖端钩状的刚毛。蛹椭圆形,长 20mm,初为黄白色,后变橙黄色,腹末尾节有一对突起。

C. 褐纹金针虫 成虫体长 8~9mm,前胸背板呈球状隆起,腹部可见腹板 5 节,黑褐色有光泽及黄褐色细毛。幼虫体细长圆筒形。身体从第二节开始,每节前缘两侧各有一个半月形棕色斑,背面有 4 条细纹。

D. 非洲蝼蛄 成虫体长 29~35mm,体浅茶褐色,全体密生细毛。后足胫节背面内侧有 3~4 个能动的距。腹部纺锤形。卵椭圆形,长约 2mm,宽约 12mm,初产时乳白色,后渐变为黄褐色,孵化前为暗紫色。若虫初孵化时体乳白色,其后,头胸部及足逐渐变暗褐色,腹部灰黄色,成虫若虫体长约 25mm。

综合防治办法:一是秋季翻地前每亩用辛硫磷 150g 拌菜籽饼 10kg,迅速翻入地内,杀虫效果好。二是毒饵诱杀。将 1kg 晶体敌百虫用热水化开,加水 10kg,喷在炒香的 10kg,喷在炒香的 1 000kg 油渣(米糠或麦麸)上搅拌均匀,傍晚撒施,每亩 8~10kg,对三龄以上的地老虎幼虫防治效果达 95% 以上。并可兼治其他地下害虫。下部叶片出现小穿孔,幼虫在三龄盛期,每亩用菊脂酯类农药 35mL 对水 75kg 喷在幼苗下部。三是利用黑光灯诱杀各类地下害虫的成虫。四是人工捕捉。于清晨在新鲜害状的周围表土内寻找地老虎幼虫,捕杀。

(3)杂草防除 安康地区为害马铃薯的主要杂草种类为禾本科杂草狗尾草、虎尾草和无芒稗,阔叶杂草反枝苋、藜、田旋花等。

防除措施:①墒足喷施除草剂覆盖地膜。在保持足墒的前提下,每亩喷施 48% 甲草胺乳油 300g 或 60% 乙草胺乳油 100~134mL,施药后覆盖地膜;②除草。当杂草多时可在降雨后的阴天或晴天早晚揭膜拔除杂草,随即盖好地膜压实。

具体病虫草害防除详见第七章。

5. 应对环境胁迫

(1)水分胁迫 马铃薯在苗期需要水分少,随着地上茎叶的增长,对水分的要求日益增加。从开花到快要停止生长期间,即块茎形成和生长的盛期,植株消耗水分量最大,需要水分最多,此时水分充足,块茎则迅速膨大,否则光合作用便急剧下降,茎叶和块茎的增长受阻。

①水灾的发生时期、规律和应对:陕南秦巴山区年最大流量在汛期 5—9 月均有出现,7 月频次最多,其次是 9 月和 8 月。水灾类型有暴雨、洪水、泥石流(特殊山洪)及其暴雨洪水造成的严重水土流失,洪水灾害都是因暴雨形成的,具有突发性。

马铃薯成株期发生水灾,水分过多则土壤氧气不足,根系发育不良,茎叶徒长。块茎成熟期雨水过多容易造成田间和贮藏期发生生理和病理的腐烂。一般早熟品种结薯生长早,表现更为显著。中晚熟品种结薯生长晚,一般未到成熟时就收获了,生长势强,抗性强，块茎腐烂率低。马铃薯最适宜生长的土壤湿度为田间最大持水量的 60% ～ 80%。土壤水分超过 80%，茎叶生长快但块茎生长慢。灾害过后要及时进行排涝、补苗等救灾工作。

②旱灾的发生时期、规律和应对：陕南秦巴山区是水资源丰富地区。但是，由于供水工程严重滞后，因工程型缺水造成供需矛盾突出，同时由于地区分布不均，年内、年际变化大，开发利用条件差，水旱灾害频繁，洪涝灾害严重。旱灾具有渐发性，它是在气候、地理环境影响下逐渐形成的，使农作物缺水，渐渐发展成减产或绝收，具有东西南北区域之分，阶段频次高低之分，持续时间长短之分，季节变化不一致的特征。

马铃薯苗期缺水影响茎叶生长，成株期缺水影响茎叶生长，甚至叶面因叶脱水而萎蔫，严重影响茎的形成与膨大。

（2）霜冻　地膜马铃薯在有降霜或降雪来临前，易发生霜冻，对马铃薯产量造成严重影响。可在膜上幼苗之间放上少量的稀疏稻草、麦草或玉米秆，然后再加上一层地膜，等晚霜过后或化雪后撤出。

（七）适时收获

1. 收获期

马铃薯当植株生长停止，茎叶枯黄达 70% 时，块茎很容易与匍匐茎分离，周皮变硬，比重增加，干物质含量达最高限度，到生理成熟即可收获，即为食用块茎的最佳收获期。

生理成熟的块茎产量最高。但在雨水较多的地区茎叶枯黄以后块茎易染病腐烂。茎叶开始变黄后要快速收获。

商品薯为了抢市场可以早收。

套种和回茬地，为了及时给套种作物进行松土锄草追肥或为回茬作物早播（栽）可以适当提前收获。

还有因霜冻或晚疫病为害也需提前早收。二季作留种必须在蚜虫大量迁飞之前收获，或提前割去地上茎叶防蚜虫传毒以保证种薯质量。

地膜马铃薯宜在茎叶开始变黄时抓紧天气收获，如延迟收获需撤去地膜，使其降温通气。

收获期可根据需要而定。但收获时要选择晴天上午、下午或阴天，切忌雨天收获，避免块茎沾水带泥病菌传染造成腐烂。实践证明雨天收获的块茎，通过雨水传播，加之温湿度适宜病菌繁殖烂薯严重。

2. 收获方法

先收种薯，后收商品薯，防种薯感病。品种不同应分别收获，防止混杂。收获的块茎要防日晒雨淋造成烂薯。收获时有受伤破损的块茎要及时清除，以防病菌入侵造成腐烂并传染至健康块茎。

刚收获的薯块应及时在阴凉处晾干，选择通风透气干燥的房间薄摊，可做短期储藏。长期储藏多采用窖藏、冷库，保存前地窖、冷库杀菌。薯块喷保鲜剂，注意保温、排湿、防冻。

四、机械化水平和发展

马铃薯全程机械化主要有播前整地、播种、中耕、施肥和收获 5 个环节。其中收获一般可以分为杀秧和挖掘两个部分。目前中国马铃薯种植机械化收获程度不足 20%，而马铃薯收获过程占整个生长期总用工量的 50% 左右。人工收获马铃薯效率低、劳动强度大、生产成本高、且损伤丢薯率高。陕南秦巴山区的马铃薯种植以高山区为一作区，丘陵川道区为两作区。由于地貌限制，长期以来陕南地区马铃薯收获主要以人工为主，2014 年以来，各地逐渐实现了马铃薯机收 "零" 突破，主要机型为国内引进的青岛洪珠 4U-83 型马铃薯收获机，配套动力为 18.4~25.7kW 四轮拖拉机，可实现挖掘、清土、铺放等功能；山东华源 4UP-600 型马铃薯收获机，配套动力为 7.4~11kW 手扶拖拉机，特别适宜于套种模式和大棚种植马铃薯收获，作业幅宽仅为 600mm，两种机型虽然生产率小，但与过去相比也大大降低了马铃薯收获成本和时间。

全面实现陕南秦巴山区马铃薯收获机械化，主要是解决高山、丘陵、川道地区马铃薯收获的机械化问题，要根据各地区的种植模式研发相应机型，同时在研发上应综合考虑农技农业结合、配套动力、机具可靠性和一机多用等多种因素。

第二节　汉中盆地马铃薯栽培

一、自然条件和生产布局

（一）自然条件

1. 地理条件

汉中市位于陕西省西南部，北界秦岭主脊，与宝鸡市、西安市为邻，南界大巴山主脊，与四川省广元市、巴中市毗连，东与安康市相接，西与甘肃省陇南市接壤。北有秦岭屏障，最高峰海拔 3 071m，一般山体海拔为 1 000~2 000m。南部米仓山（又称巴山）最高峰海拔 2 534m，一般山体海拔在 1 000~1 500m。汉江及汉江支流牧马河横穿于秦岭、巴山之间，在汉中中部形成冲积平原。秦岭、巴山山系与环抱其中的平原构成了汉中典型的盆地地形。盆地中部平原区海拔在 500m 左右，秦巴山体海拔高出 500~2 500m。汉中地貌类型多样，但以山地为主，占总土地面积的 75.2%（其中低山占 18.2%，高中山占 57.0%），丘陵占 14.6%，平坝占 10.2%。

汉中市的河流均属长江流域，在水系组成上，主要是东西横贯的汉江水系和南北纵穿的嘉陵江水系。汉江，又名汉水，古称沔水，是长江最大的支流。汉中市位于汉江上游。汉江干流自西向东流经宁强、勉县、南郑、汉台、城固、洋县、西乡等县（区）境，横贯汉中盆地，是本区域内水系网络的骨架。市境内汉江干流长 277.8 km，占汉江全长 1 532km 的 18.1%，流域面积 19 692km²，占汉江全流域 17.43 万 km² 的 11.3%，占全市总土地面积 27 246km² 的 72.3%。

嘉陵江水系分布在汉中市的西部和南部。嘉陵江干流由北向南，纵穿略阳、宁强两县的西部山地，为过境大河。境内流程 141.7 km，流域狭长，西宽东窄。市境内属嘉陵江水系的大小河流共 192 条，流域面积 7 554km²，占全市总土地面积的 27.7%。

2. 气候

汉中市地处亚热带气候带，属于北亚热带季风性气候区。汉中盆地北依秦岭，南屏巴山，全年气候温和湿润，年均温 14～15℃，≥10℃积温 4 500～4 800℃，无霜期 240～250d，年降水量 800～1 000mm。夏无酷暑，冬无严寒，雨量充沛，气候湿润。区内气温的地理分布，主要受制于地形，西部略低于东部，南北山区低于平坝和丘陵。海拔600m 以下的平坝地区年均气温在 14.2～14.6℃；一般海拔 1 000m 以上的地区年均气温低于 12℃；西嘉陵江河谷年均气温高于 13℃。汉中市降水主要集中在夏秋两季，空气相对湿度地理分布态势呈南大北小，汉江平坝、巴山山地 70%～80%，秦岭山地 73%；一年空气湿度季节分布呈冬春两季较小，夏秋较大，9 月、10 月为全年之冠，均在80%～86%，冬季（12 月、1 月、2 月）三个月汉江平坝、巴山山地为 75%～80%，秦岭山地 58%～66%。

3. 土壤

汉中盆地是典型的河谷断陷盆地，为一狭长槽形山间陷落盆地，由汉江冲积而成，上覆第四纪黏土、黄土状砂质黏土及砾石。汉江自西向东穿流而过，河道两边依次为河漫滩地、阶地和低山丘陵。汉中盆地河流平均海拔 500m 左右，盆地有四级阶地：一级阶地高出汉江 3～5m，沙细土肥，地下水位高；二级阶地高出汉江 10～15m，由黄灰色沙及黏土组成，是盆地主体，地面平整，面积广阔，为粮、油主产区；三级阶地高出汉江 36～50m，地面破碎，多为瘠薄旱地；四级阶地高出汉江 70～80m，已逐渐变为丘陵地，沟壑发育，土壤更为贫瘠。

成土母质对该区土壤形成和性质的影响较大。汉中盆地低山丘陵和河谷阶地区，按照系统分类，发育在黏黄土母质上的土壤为淋溶土纲的铁质湿润淋溶土；发育在基岩母质上的土壤为富铁土纲的黏化湿润富铁土。按照地理发生分类，发育在黏黄土母质上的土壤为黄褐土；发育在基岩母质上的土壤为黄棕壤。中山区土壤按系统分类为淋溶土纲的简育湿润淋溶土，按照地理发生分类则为棕壤。经过多年测土配方数据汇总分析，汉中盆地耕地土壤养分平均值为 pH 值 6.57、有机质 22.14g/kg、全 N 1.33g/kg、速效 P 17.47mg/kg、速效 K 106.81mg/kg。土壤有机质、pH 值、海拔和常年降水量是影响耕层土壤微量元素含量的主要因素，坡度较小、海拔较低、地形起伏较小的耕层土壤微量元素含量相对较高。姜悦等（2013）研究表明，整体上秦巴山区耕层土壤中微量元素含量表现出随土壤质地由轻壤到黏壤而增加的趋势，60% 的耕层土壤中有效态 Fe 含量在 10～20mg/kg，属 "丰富水平"；40% 耕层土壤有效态 Cu 含量在 1.0～1.8mg/kg，属 "丰富水平"；80% 的耕层土壤有效态 Zn 含量在 0.5～2.0mg/kg，属 "中等水平"；耕层土壤有效态 Mn 含量在 15～20mg/kg。

（二）马铃薯生产概况

1. 生产概况

马铃薯以其耐瘠抗灾、高产稳产、营养丰富、粮菜饲兼用、产业链条长的优势，被汉中市确定为农业结构调整的主要发展途径，促使其生产面积稳步增加，加工工艺不断改进，销售网络逐步拓展，形成了多渠道、多层面的产业格局，在生产面积、总产量、商品率、经济收入等方面成为当地一个重要的支柱产业。同时，随着省、市政府对马铃薯产业的重视，先后制定"压麦扩薯"和"良种补贴"等政策，扩大马铃薯种植面积，提高马铃薯产量和质量，扶持贮藏设施建设，逐步使马铃薯生产朝着科学化、产业化的方向发展。

根据《汉中市统计年鉴》，1954—1965年，马铃薯年种植面积27.5万亩，年平均亩产161.1kg（折粮产量，每5kg马铃薯折合1kg粮食，下同），总产4.43万t，占同期粮食总产的18.5%。1975—1984年，马铃薯年种植面积29.5万亩，年平均亩产186.1kg，总产5.49万t，占同期粮食总产的19.7%。1985—1994年，马铃薯年种植面积38.9万亩，年平均亩产228.7kg，总产8.90万t，占同期粮食总产的21.6%。1995—2004年，马铃薯年种植面积45.9万亩，年平均亩产248.3kg，总产11.40万t，占同期粮食总产的24.7%。2005—2013年，是马铃薯快速生产阶段，马铃薯年均种植面积57.3万亩，平均亩产254.8kg，总产13.14万t，占同期粮食总产的25.1%。其中2012年汉中马铃薯平均亩产达268.2kg，创历史最高水平。2013年以后，汉中马铃薯种植面积稳定在55万~57万亩，平均亩产在190.0~250.0kg，2015年，汉中市马铃薯种植面积56.77万亩，总产11.33万t。

2. 栽培季节与栽培制度

汉中盆地在中国马铃薯栽培生态区划中属西南单双季混作区。秦巴山区为春播马铃薯单季作区，丘陵和平川区不但可以种植春马铃薯也可在秋季种植；秋种马铃薯属马铃薯二季作区。汉中市马铃薯栽培以春季单作栽培为主，平川区马铃薯以保护地早熟品种栽培为主，以商品薯成熟期提前收获，提高效益为主，一般出苗后50~70d收获；丘陵山区以中熟品种栽培为主，生育期80~100d。平川区有少量秋播马铃薯，用早熟品种播种，生育期80d左右。汉中盆地马铃薯栽培方式有大田露地栽培、地膜覆盖栽培、大棚设施栽培三种。地膜覆盖栽培和大棚设施栽培是20世纪80年代末陆续示范推广的两种主要栽培方式，栽培面积逐年增加，其中地膜覆盖栽培面积比例已经达到50%左右，以大棚为主的各类设施栽培面积在10%左右。

（1）栽培季节　汉中盆地地理生态条件和耕作系统复杂，气候条件随海拔高度立体变化明显，马铃薯种植依地势垂直分布，生产季节长，生产茬口多样。马铃薯栽培季节因不同地区气候条件不同而异。一般将结薯期安排在温度最适宜范围，即地温16~18℃，气温白天24~28℃和夜间16~18℃。春季栽培以地温稳定在5~7℃，或以当地终霜期为准向前推40d左右作为播种适期。秋播马铃薯栽培季节确定原则是以当地初霜期向前推50~70d，为临界出苗期，再根据出苗所需天数，确定播种期。该区马铃薯除露地栽培外，保护地栽培面积也较大，主要有地膜覆盖栽培、小拱棚覆盖栽培、地膜加大棚双膜覆盖栽培等形式。汉中马铃薯播种、收获时期随小气候和栽培方式灵活多变。汉中地区马铃薯栽培季节见表6-3。

表6-3　陕西汉中地区马铃薯栽培季节表（刘勇，2013）

生态区域	栽培方式	播种期（旬）	收获期（旬）
高山区（海拔1 200m以上）	露　地	3/上~3/中	7/下~8/上
半高山区（海拔800~1 200m）	露　地	2/上~2/中	7/上~7/中
	地　膜	1/上~1/下	6/中~6/下
丘陵平川区（海拔800m以下）	露　地	12/下~1/下	5/下
	地　膜	12/上~1/下	5/上~5/中
	大　棚	12/上~12/中	4/中~4/下
	秋　播	8/中~8/下	11/下~12/上

（2）栽培制度　马铃薯喜轮作，种植地块旱地应间隔两年以上，水旱轮作可间隔一年。马铃薯属茄科作物，忌与其他茄科作物轮作。马铃薯植株矮小，早熟，喜冷凉，因此可以和各种高秆、生长期长的喜温作物如玉米、棉花、幼年果树等间套作。汉中马铃薯主要栽培模式有：

①马铃薯、水稻轮作：冬季12月至翌年元月上旬播种马铃薯，翌年5月收获后种植水稻。实现水旱轮作，可减轻马铃薯病害，同时马铃薯茎叶还田可为水稻提供良好的肥料，提高土壤有机质，有助于增加水稻产量。

②马铃薯、玉米间套作：是丘陵山区马铃薯主要模式。一般采用单垄双行马铃薯间套两行玉米带型，以损失一部分马铃薯产量来换取一季玉米产量，但经济效益比单种马铃薯或玉米都要高。

③地膜马铃薯、西瓜（花生）、蔬菜多熟种植：早熟菜用地膜栽培马铃薯5月上旬收获后种植西瓜或花生，秋季种植甘蓝、萝卜、大头菜等蔬菜。复种系数高，经济效益显著。

④大棚马铃薯—苦瓜（丝瓜）轮作：大棚马铃薯4月中下旬收获后移栽苦瓜或丝瓜等耐热蔬菜，充分利用夏秋光热资源。栽培管理技术相对简单，病虫害少，省事省工，经济效益高。此模式在设施蔬菜集约化生产基地采用较多。

（三）马铃薯生产布局

马铃薯是汉中市主要粮食作物之一，栽培历史久，种植面积大，经济效益高。根据自然条件，耕作制度、品种类型差异，以及马铃薯品种特性，在长期生产实践中，形成三个栽培区。

1. 平坝川道冬播马铃薯栽培区

分布在汉中市境内海拔400~700m左右的汉中盆地。以汉江干流及支流川道为主。主要产地在汉江沿岸的汉台、南郑、城固、洋县等县区，多与水稻轮作。一年二熟或二年三熟，复种指数高。区内年平均温度14.2~14.6℃，马铃薯生育期降水量665~867mm。本区种植马铃薯约20万亩，占全市马铃薯种植面积的33%，平均亩产276.5kg（折粮），高于全市马铃薯平均亩产7.4%，是汉中市马铃薯的主产区之一。该地区水稻后复种马铃薯面积年均达到5万亩左右。

2. 浅山丘陵坡地冬、春播马铃薯栽培区

分布在秦岭南坡和巴山北坡的丘陵坡地海拔 700～900m 的低山区。多数土壤瘠薄，耕作较粗放，肥水条件较差。多实行与玉米、豆类轮作或与玉米间作套种。区内平均温度 13.7～13.9℃，年降水量 935～1123mm。马铃薯种植面积约 30 万亩，占全市马铃薯种植面积的 50%，平均亩产 263.3kg（折粮），高于全市马铃薯平均亩产 2.3%，是汉中市马铃薯主栽区。

3. 高山春播马铃薯栽培区

系指秦巴高山区秦岭、巴山海拔 900m 以上的地区。主要包括留坝县、略阳、宁强、南郑、西乡、镇巴等县区高山区马铃薯种植区。本区年平均温度 7～9℃，年平均降水量 769～853mm。气候冷凉，土层薄，肥力低，耕作粗放，冰雹、霜冻、雨涝灾害严重。尤其是巴山高山区马铃薯成熟偏晚，多一年一熟或实行间作套种。这一区域马铃薯播种面积约 10 万亩，占全市马铃薯种植面积的 17%，平均亩产 232.4kg（折粮），低于全市马铃薯平均亩产 9.7%。

二、马铃薯种质资源

（一）汉中市马铃薯种质资源

汉中马铃薯品种资源主要可以分为两类：首先为地方品种，如米花洋芋、汉山洋芋等，均为中早熟品种，抗病性强、商品性差、食味优良，因其种植时期过长，日渐退化，已极少种植；其次为外引的国内、外品种，其中包括国外的费乌瑞它、米拉、丰收白、德国白等早熟型或加工型品种，种植面积占 10% 左右；国内的早大白、青薯 9 号、台湾红皮及中薯、克新、东农、秦芋、鄂马铃薯等系列品种，种植面积占 90% 左右。

（二）汉中市马铃薯品种更新换代

在 20 世纪 60 年代先后引进国外的米拉（又名德友 1 号、和平）、丰收白、德国白等抗晚疫病、高抗癌肿病的马铃薯品种。

20 世纪 70—80 年代，随着马铃薯育种技术的发展，一批新品种在汉中地区得到大面积推广。如陕西省安康市农业科学研究所育成的安农 1～5 号、175 号（文胜 4 号），从黑龙江省农业科学院克山分院引进的克新 1～4 号，其中克新 1 号至今仍是汉中市马铃薯主栽品种。

20 世纪 90 年代至今，先后引进推广国外品种费乌瑞它、大西洋、夏波蒂、荷兰 14 号等；国内品种有东北农业大学育成的东农 303，辽宁省本溪市马铃薯研究所育成的早大白、尤金，中国农业科学院蔬菜花卉研究所育成的中薯 3 号、中薯 5 号，安康市农业科学研究所育成的秦芋 30 号（安薯 58 号）、秦芋 31 号、秦芋 32 号，中国南方马铃薯研究中心育成的鄂马铃薯 5 号，河北省高寒作物研究所育成的冀张薯 8 号、青海省农林科学院育成的青薯 9 号等，这些品种构成汉中地区现阶段的主要栽培品种。这些品种都具有生育期较短（早熟或中早熟）、较抗晚疫病、丰产性佳、商品性状好等优点。

三、栽培技术

（一）选用优良品种

1. 早大白

（1）品种来源 辽宁省本溪市马铃薯研究所以自育品种五里白为母本、品系74-128为父本杂交选育而成。1992年、1997年依次通过辽宁省、黑龙江省农作物品种审定委员会审定，1998年通过全国农作物品种审定委员会审定。

（2）特征特性 普通马铃薯早熟品种。生育期60~65d。株型直立，株高50cm左右，繁茂性中等，分枝少。茎基部浅紫色，茎节和节间绿色，叶缘平展，复叶较大，顶小叶卵形，天然结实性少。块茎扁圆形，薯皮光滑，白皮白肉，芽眼浅且少。结薯集中，单株结薯3~5个，商品薯率85%以上。休眠期31~39d，耐贮藏。块茎干物质含量21.90%，淀粉含量11%~13%，维生素C含量12.90mg/100g鲜薯，粗蛋白含量2.13%，还原糖含量1.2%。

（3）产量水平 一般每亩鲜薯产量2 000kg，高产可达4 000kg以上。

（4）抗性表现 对病毒病耐性较强，较抗环腐病和疮痂病，植株较抗晚疫病，块茎易感晚疫病。

（5）适宜区域 适宜于马铃薯二季作及一季作早熟栽培。目前在黑龙江、内蒙古、辽宁、山东、河北、安徽、陕西和江苏等地均有种植，也是汉中设施栽培首选品种之一。

2. 克新1号

（1）品种来源 黑龙江省农业科学院马铃薯研究所以374-128为母本、波兰的波友1号（Epoka）为父本杂交选育而成。1967年通过黑龙江省农作物品种审定委员会审定命名推广。1984年通过全国农作物品种审定委员会认定为国家级品种。1987年获国家发明二等奖。别名为东北白、克山白、紫花白。

（2）特征特性 普通马铃薯中熟品种。生育期95d左右。株型扩散，株高70cm左右，分枝数中等。茎绿色，叶绿色，复叶肥大。花冠淡紫色，雌蕊和雄蕊败育，无天然结实。块茎椭圆形，薯皮光滑，薯皮白色，薯肉白色，芽眼深度中等，薯块大而整齐。块茎休眠期长，耐贮藏。块茎干物质含量18.1%，淀粉含量13%~14%，维生素C含量14.40mg/100g鲜薯，粗蛋白含量0.65%，还原糖含量0.52%。

（3）产量水平 丰产性好，一般亩产鲜薯1 500~2 000kg左右，水肥条件较好的地区种植亩产可达3 000~4 000kg。

（4）抗性表现 植株较抗晚疫病，块茎感晚疫病，高抗环腐病，抗花叶病毒病（PVY），高抗卷叶病毒病（PLRV），较耐纺锤块茎病毒病（PSTVd）。

（5）适宜区域 适应性较广，主要分布在黑龙江、吉林、辽宁、内蒙古、山西、陕西等省（区），中原二作区也有栽培。同时，是汉中市山区马铃薯主栽品种。

3. 秦芋32号

（1）品种来源 陕西省安康市农业科学研究所以青海省农林科学院的高原3号为母本、自育品种文胜4号为父本杂交选育而成。2011年通过全国农作物品种审定委员会审定。

（2）特征特性　普通马铃薯中早熟品种。生育期85d左右。植株直立，株高60cm左右，生长势中等，分枝少。茎叶绿色。花冠白色，开花繁茂，天然结实性少。匍匐茎中等长，块茎扁圆形，薯皮光滑，皮色淡黄色，肉色黄色，芽眼较浅。结薯集中，薯块大且整齐，单株主茎数3.7个，结薯6.6个，平均单薯重72.3g，商品薯率78.4%。经农业部蔬菜品质监督检验测试中心（北京）进行测定，块茎干物质含量18.5%，淀粉含量11.8%，维生素C含量14.20mg/100g鲜薯，粗蛋白含量2.10%，还原糖含量0.29%。

（3）产量水平　2008—2009年参加中晚熟西南组品种区域试验，两年平均鲜薯亩产量1 599.0kg，比对照平均增产5.8%。2010年生产试验，鲜薯平均亩产1 443.0kg，比对照米拉增产12.5%。

（4）抗性表现　经中国农业科学院蔬菜花卉研究所植保室接种鉴定，该品种植株中抗马铃薯轻花叶病毒病（PVX）和重花叶病毒病（PVY）；河北农业大学植物保护学院接种鉴定，该品种抗晚疫病。

（5）适宜区域　适宜在湖北省宜昌市，陕西省南部，云南省大理州、昭通市，贵州省毕节市，四川省中南部种植。

4. 费乌瑞它

（1）品种来源　1980年由农业部种子局从荷兰引进，荷兰HZPC公司用"ZPC-35"作母本，"ZPC55-37"作父本杂交育成。又名荷兰薯、鲁引1号、津引8号等。

（2）特征特性　株型直立，分枝少，株高65cm左右，茎紫褐色，生长势强，叶绿色，复叶大、下垂，叶缘有轻微波状。花冠蓝紫色、大，有浆果。块茎长椭圆形，皮黄色肉鲜黄色，表皮光滑，块茎大而整齐，芽眼少而浅，结薯集中。块茎休眠期短，贮藏期间易烂薯。蒸煮品质较优，鲜薯干物质含量17.7%，淀粉含量12.4%~14%，还原糖含量0.3%，粗蛋白含量1.55%，维生素C含量13.6mg/100g鲜薯。费乌瑞它结薯层浅，块茎对光敏感，生长期间应加强田间管理，注意及早中耕、高培土，以免块茎变绿影响品质。

（3）产量水平　一般每亩鲜薯产量1 750kg，高产可达3 500kg以上。

（4）抗性表现　易感晚疫病，感环腐病和青枯病。抗Y病毒和卷叶病毒，植株对A病毒和癌肿病免疫。

（5）适宜区域　主要适合二季作区早春菜用栽培，因薯型好、芽眼浅、食味品质好，是鲜薯出口的主要品种。山东、福建、浙江等地栽培较多，是陕西省汉中市大棚、地膜马铃薯主要栽培品种。

5. 秦芋30号

（1）品种来源　陕西省安康市农业科学研究所育成，亲本来源：EPOKA（波友1号）×4081无性系（米拉×卡塔丁杂交后代）。2003年2月8日通过国家农作物品种审定委员会审定，审定编号：国审薯2003002。

（2）特征特性　中熟，生育期95d左右。株型较扩散，生长势强，株高55cm左右。花冠白色，天然结实少，块茎大中薯为长扁形，小薯为近圆形，表面光滑，浅黄色，薯肉淡黄色，芽眼少而浅。结薯较集中，商品薯率 76.5%~89.5%，田间烂薯率低（1.8%左右），耐贮藏，休眠期 150d 左右。淀粉含量 15.4%，还原糖含量 0.19%，维生素 C 含量 15.67mg/100g 鲜薯，食用品质好，适合油炸、淀粉加工和鲜食。

（3）产量水平　1999—2000 年参加国家马铃薯品种西南片区试，平均亩产鲜薯 1 726kg，比对照品种米拉增产 35.1%；2001 年生产试验，平均亩产鲜薯 1 807kg，比米拉增产 29.7%。

（4）抗性表现　抗逆性强，适应性广，耐雨涝、干旱、冰雹、霜冻等灾害性气候。

（5）适宜区域　适宜在西南马铃薯产区海拔 2 200m 以下地区种植。

6. 安薯 56

（1）品种来源　陕西省安康地区农业科学研究所用文胜 4 号×克新 2 号育成。1990 年通过陕西省农作物品种审定委员会审定，1991 年获陕西省人民政府科技进步二等奖，1994 年通过全国农作物品种审定委员会审定，审定编号：GS05002-1993。

（2）特征特性　中早熟品种，从出苗至成熟 85d 左右。本品种株型半直立，株高 42~65.5cm，主茎 2~4 个，分枝较少，茎淡紫褐色，坚硬不倒伏。叶色深绿，复叶较大。花冠紫红色。块茎扁圆形或圆形，皮黄色，肉白色，芽眼较浅，大而整齐，结薯集中。块茎休眠期 80d 左右，耐贮藏，商品薯率高，食用品质好，蒸食干面，口感好。淀粉含量 17.66%，粗蛋白质含量 2.54%，属于高蛋白类品种，维生素 C 含量 21.36mg/100g 鲜薯。

（3）产量水平　一般每亩鲜薯产量 2 500kg，高产可达 3 500kg 以上。

（4）抗性表现　植株高抗晚疫病，轻感黑胫病，抗花叶病病毒。

（5）适宜区域　在陕南、皖北高山区多与玉米间套作。耐涝、耐旱，抗逆性强，适应性广，增产潜力大。

7. 中薯 5 号

（1）品种来源　中国农业科学院蔬菜花卉研究所从中薯 3 号天然结实后代中选育而成。2004 年通过国家农作物品种审定委员会审定。

（2）特征特性　早熟品种，出苗后 75d 即可收获。株型直立，株高 50cm 左右，生长势较强，分枝较少，茎绿色。复叶大小中等，叶缘平展；叶色深绿，花白色，天然结实性中等，有种子。块茎圆形、长圆形，淡黄皮，淡黄肉，表皮光滑，大而整齐，芽眼极浅，结薯集中。炒食口感和风味好。鲜薯干物质含量 19%，淀粉含量 13%，粗蛋白质含量 2%，维生素 C 含量 20mg/100g 鲜薯。

（3）产量水平　一般每亩鲜薯产量 1 500kg，高产可达 3 000kg 以上，春季栽培大中薯率可达 97.6%。

（4）抗性表现　植株田间较抗晚疫病、PLRV 和 PVY 病毒病，不抗疮痂病，耐薄。

（5）适宜区域　适宜平原二季区做春秋两季种植；陕西省汉中市马铃薯玉米套种栽培时使用较多。

8. 鄂马铃薯 5 号

（1）品种来源　中国南方马铃薯研究中心用 CIP-392143-12×Ns51-5 育成，2005 年 3 月经湖北省品种审定委员会审定命名。

（2）特征特性　属中熟品种，从出苗至成熟 90d 左右。株型较扩散，生长势强，株高 60cm 左右。茎叶绿色（叶小），花冠白色，开花繁茂，天然结实较少。块茎大薯为长扁形，中薯及小薯为扁圆形，表皮光滑，黄皮白肉，芽眼浅，芽眼数中等，结薯集中，单株结薯 10 个左右，大中薯率 80% 以上。淀粉含量 18.9%，还原糖含量 0.16%，维生素 C 含量 18.4mg/100g 鲜薯，蛋白质含量 2.35%。适宜油炸食品、淀粉、全粉等加工和鲜食。

（3）产量水平　一般每亩鲜薯产量 1 500kg，高产可达 2 500kg 以上。

（4）抗性表现　植株田间高抗晚疫病，烂薯率在 1% 以下，抗花叶病和卷叶病。

（5）适宜区域　是陕南、鄂北、豫南山区单作，间、套作的高产品种。

9. 青薯 9 号

（1）品种来源　青海省农林科学院从国际马铃薯中心引进杂交组合（387521.3APHROD I TE）材料 C92.140-05 中选出优良单株 ZT，后经系统选育而成。2006 年通过青海省农作物品种审定委员会审定；2011 年通过国家农作物品种审定委员会审定。

（2）特征特性　普通马铃薯中晚熟品种。生育期 115d。株型直立，株高 89.3cm 左右，分枝多，生长势强。茎绿色带褐色，叶深绿色，复叶大。花冠紫色，开花繁茂性中等，天然结实少。薯块椭圆形，薯皮红色，有网纹，薯肉黄色，芽眼少且浅。结薯集中，单株主茎数 2.9 个，结薯数 5.2 个，单株产量 944.39g，平均单薯重 95.9g。耐贮性好，休眠期 40~50d。经农业部蔬菜品质监督检验测试中心（北京）分析，块茎干物质含量 23.6%，淀粉含量 11.5%，维生素 C 含量 18.6mg/100g 鲜薯，还原糖含量 0.19%。

（3）产量水平　2005—2006 年参加青海省马铃薯品种区域试验，两年 4 点次鲜薯平均亩产 3 530.7kg，较对照下寨 65 平均增产 34.2%，较对照青薯 2 号增产 24.8%，增产极显著。2009—2010 年参加中晚熟西北组品种区域试验，两年鲜薯平均亩产 1 764.0kg，比对照平均增产 40.7%。2010 年生产试验，鲜薯平均亩产 1 921.0kg，较对照陇薯 3 号增产 17.3%。

（4）抗性表现　经室内人工接种鉴定，植株中抗马铃薯 X 病毒，抗马铃薯 Y 病毒，抗晚疫病。区试田间有晚疫病发生。

（5）适宜区域　适宜在青海东南部、宁夏南部、甘肃中部一季作区作为晚熟鲜食品种种植。陕西汉中地区 2011 开始年引种种植，表现抗晚疫病，品种优，产量高，近年种植面积逐年增加。

10. 米拉

（1）品种来源　德国品种，又名"德友 1 号""和平"。20 世纪 60 年代引入汉中市推广种植。

（2）特征特性　中熟，生育期从出苗到成熟 90d 左右。株型开展，株高 60cm，茎绿色。花冠白色。块茎长圆形，黄皮黄肉，表皮稍粗，块茎大小中等，芽眼较多，深度中等，结薯较分散。块茎休眠期长，耐贮藏。食用品质优良，鲜薯干物质含量 25.6%，淀粉含量 17.5%~19%，还原糖含量 0.25%，粗蛋白含量 1.9%~2.28%，维生素 C 含量

14.4~15.4mg/100g。

（3）产量水平　一般每亩鲜薯产量1 500kg，高产可达2 500kg以上。

（4）抗性表现　植株田间抗晚疫病，高抗癌肿病，不抗疮痂病，感青枯病，轻感花叶病毒病和卷叶病毒病。

（5）适宜区域　米拉曾经是无霜期较长、雨水多、湿度大、晚疫病易流行的陕南、鄂北、豫南山区的主栽品种，汉中山区现仍有栽培。

（二）选好前茬和地块

1. 选地

根据马铃薯根系喜"氧"怕"涝"的特点，在选择地块方面着重考虑以下几方面因素。一是土壤质地。选择土质疏松、耕作层深厚、土壤肥沃的沙壤地。二是排灌方便。干旱时能灌水，多雨时能排水，排灌便利的地块。马铃薯是需水较多的作物，结薯期缺水，就会严重影响块茎膨大，这时遇到雨季或突然补水，块茎就会出现二次生长现象，容易形成畸形薯，产量和商品品质就会受到严重影响。三是前茬安排。马铃薯属茄科作物，不耐连作，要避免前茬已种过茄科作物的地块种植马铃薯，防止由于同科作物对同一养分的过分消耗而产生缺素症；连作会加重马铃薯病虫发生基数；前茬马铃薯产生的根系残留物也会对重茬马铃薯高效栽培产生一定影响。四是交通便利。便捷的交通运输也是必须考虑的重要因素。

2. 整地

前茬作物收获完，将地块中余留的残枝（叶）、杂草等杂物清理干净后，将碳酸氢铵50kg/亩和过磷酸钙50kg/亩混匀后，连同腐熟的有机肥按3 000~4 000kg/亩均匀撒在地表上再一同耕翻，耕翻深度30cm左右，最终达到地表平整均匀。通过冬季雨雪天气的冻融交替，冻死越冬病害虫的同时，使土壤自然熟化，待播种前1~2d再进行旋耕处理，进一步使土壤细碎平整、疏松有度。

（三）适期播种

1. 脱毒种薯的播前处理

（1）切块　选择有资质的脱毒种薯企业调种，优先选高代种薯，有条件的可以在种薯生长期内到田间进行甄别，选择对花叶病、卷叶病、黑胫病、环腐病、疮痂病等病株发生率控制较好的种薯企业调种。种薯以100~250g大小为宜。马铃薯块茎上可萌发的芽主要是薯顶部和中部的芽。受顶端优势的影响，往往处于顶部的芽最容易萌发，为了保证马铃薯出苗整齐一致，常常采用带顶芽切块。切芽块的场地和装芽块的工具，要用2%的硫酸铜溶液或1 500倍高锰酸钾溶液喷雾。切块时期一般在播种前1月进行，也可随切随播。将种薯以薯块顶芽为中心纵劈一刀，切成两半后再分切。如果顶部芽眼不够，可带薯块中部芽眼进行分切。切块大小以45~60g为宜，大一些的种薯要合理分切以控制用种成本。切块时要注意工具消毒，用2~3把刀浸泡于1 000倍高锰酸钾溶液中轮换使用，防止病菌通过刀口传播，切块时筛捡病虫薯，切完后将切好的薯块在室内及时拌种，同时注意防冻保存。

（2）拌种　汉中市高海拔区常采用自留种或串换留种，浅山丘陵区、平川区用的种薯多为外地调运的脱毒种薯。黑痣病、黑胫病等病害近些年来传播比较快，影响马铃薯质量和产量。为了减轻病害，可将切好的薯块进行防病虫处理，常见的是将切好的薯块用草木灰拌种，这样简单方便，效果很好。也可以进行药剂拌种，通常用滑石粉与甲基托布津（比例95∶5）混匀后拌种，或用多菌灵100g与50%扑海因悬浮剂50mL（或25%的阿米西达）对水50kg喷淋到种薯上消毒，阴干后准备催芽。

（3）催芽　将切好的种薯于冬季播种前15~20d，拣除病薯、烂薯、伤薯、畸形薯后，一层薯一层沙置于温度20℃左右，湿度60%的沙中暖种。同时，也可以在薯表喷5μmol/mol的赤霉素打破休眠，激活薯块内各种酶促反应，促使种薯淀粉分解，加快芽体萌动。待多数种薯芽长度为0.5~1cm时，按发芽长度将种薯分成2级分别催芽。同时捡拾烂薯、皱薯等质量较差的薯块，并将种薯放在散射光下摊晒，促使白色的嫩芽变为绿色的硬芽。通过催芽摊晒后的种薯，出苗可提前1周左右，为壮苗、全苗奠定基础。

2. 适期播种与合理密植

（1）冬春季播种　汉中盆地地形起伏较大，垂直差异明显，气候、土壤均具有南北过渡性特点，海拔从500~1 300m都有马铃薯种植，所以播种时期跨度较长。高海拔山区、浅山丘陵区主要以露地栽培为主，少量采用单膜栽培，平川区多以单膜和双膜栽培为主。

播种日期随不同海拔高度而异，播种期确定原则是以当地马铃薯出苗后幼苗不受冻为标准。随着海拔升高气温逐渐降低，播种日期相应推迟。单膜和露地栽培是浅山丘陵区和高海拔山区最常见的栽培方式，单膜播种时期主要集中在12月下旬至次年1月上中旬。露地栽培的播种时期在春节前后，局部高海拔地区3月上旬还在顶凌播种。平川地区多采用单膜（地膜）或双膜（大棚）栽培，为抢占4月中旬销售的早熟鲜食马铃薯市场，常采用双膜栽培方法，播种从11月底便开始，到12月中旬就结束，由于效益相对较高，生产上栽种面积有逐年增加的趋势。

双膜栽培全部采用单垄双行播种，单膜栽培常采用单垄单行、单垄双行或一膜多垄等方式栽培，马铃薯单膜栽培常与玉米、蔬菜等间作套种，以提高单位土地面积的收益。

（2）秋季播种　汉中盆地秋季降温早、降温快，栽培时间短。10月上、中旬气温就明显回落，11月上中旬一些地方就迎来了入冬后的第一次早霜。所以，受温度影响，秋季栽培多集中在浅山丘陵区和平川区，一般8月上中旬播种。由于这个时期正值高温期，烂种缺苗现象较普遍，生产上常采用切口消毒、整薯播种等方法降低烂种率。种薯从夏季收获至秋季播种，部分种薯还未完全通过休眠期，播种前要重视催芽工作，种薯切块后用赤霉素5ppm加500倍多菌灵浸种10min或喷雾淋洒，晾干后置于含水60%的湿沙中催芽，温度不要超过25℃。待10~15d后幼芽长到0.5~1.0cm时即可播种。要根据种薯发芽势进行分级，一般长度分>1cm，0.5~1cm，<0.5cm三个等级，通过分级播种保证出苗整齐一致。播种前要根据土壤墒情来适当决定播种时期，当土壤含水量<30%的要造墒播种。

3. 播种方法

（1）露地种植　汉中盆地马铃薯播种面积常年稳定在60万亩左右。平川和浅山丘陵区多采用露地种植，总面积稳定在 40 万亩以上，播种时期因当地气候和土壤墒情而定，最好做到足墒播种。生产上常采取与玉米进行套种，即每行玉米套种两行马铃薯。种植规格：马铃薯播种行距 30cm，株距 30cm，播种深度 15cm，垄高 10~15cm。玉米多为一穴双苗，行距 95cm，株距 40~60cm。马铃薯 2 月中下旬播种，4 月上旬在行间套种玉米，因海拔不同，收获期从 5 月下旬持续到 7 月中下旬。

（2）单膜种植 单膜种植也即地膜种植，根据地膜规格不同分为单膜单行和单膜多行种植。单膜单行种植法即单垄种植一行马铃薯的方法。单膜多行种植法可以种植 2 行、4 行、5 行、6 行马铃薯，垄高 10~15cm，这种方法可节约用工，但灌水较费工。浅山丘陵区多采用单膜单行种植法，即当土地、种薯准备好后，按垄距 50~55cm 顺行开沟，沟深 5~8cm，沟内按株距 24cm 播种。为防治地下害虫，可在沟内撒辛硫磷或毒死蜱颗粒剂 1~2kg/亩，亩播种量 5 000 株/亩左右，按照每 1 000kg 马铃薯亩施用纯 N 5kg、纯 P 2kg、纯 K 11kg 的标准，将复合肥、尿素、磷酸二铵、硫酸钾混合均匀后每穴施 30g，将肥料按穴施法施在 2 株之间。或者在种植沟开好后，在沟底浇适量水或腐熟淡粪水，待晾干后再播种，株距 24cm，在 2 株间施入有机肥或化肥后覆土，每株使用量 30g，覆土深度 10~15cm，平整垄面后使用封闭除草剂乙草胺均匀喷于垄面上，以表层土喷湿为度，铺上地膜，将地膜用沟土压实后浇水。生产上单膜种植常与玉米进行间作套种，以提高单位面积经济效益。目前，平川区生产上普遍采用单膜双行种植法，与单膜单行种植方法基本一致。规格为垄距 80cm，每垄种植两行马铃薯，垄内小行距为 24cm，株距 30cm，其余同单膜单行种植法。

（3）大棚双膜种植

①播种方法：土地、种薯准备好后，要视天气情况足墒播种。按垄距 75~80cm，垄内小行距 20~24cm，株距 24cm，沟深 8cm，播种时垄内 2 行种薯按"品"字形交叉摆放，株距 24cm 左右，亩播种 6 500 株以上。按照每 1 000kg 马铃薯亩施用纯 N 5kg、纯 P 2kg、纯 K 11kg 的标准，每亩计划生产 3 000kg 计算肥料用量，混匀后按每穴 30g 穴施于 2 株之间，为防止肥料"烧种"现象的发生，要控制种薯与化肥的间距大于 5cm 以上。也可以在化肥上面再撒施腐熟有机肥，之后覆土起垄，起垄高度 20~25cm，起垄时将垄间土覆盖在播种沟和小行上，形成深沟高畦状。平整垄面后使用乙草胺或施田普封闭除草剂均匀喷于垄面上，不要漏喷或反复喷洒，以表层土喷湿为度，喷施后不要翻动垄土，铺好地膜后将膜用沟土压实，盖好大棚薄膜促进大棚保温升温，随后要根据播种时土壤墒情决定是否补水。本次浇水快灌快退的方法，不宜过多，以免影响土温回升引起低温烂种。浇水应快速浸湿垄土，避免"水漫垄顶"的大水灌溉方式。双膜栽培法的优点是将地表肥沃土壤集中在马铃薯根系周围，既有利于汲取土壤养分，又可以使垄土温度快速回升，达到早萌芽、早出苗的目的。同时，利用田间地头空闲处预播一部分种薯，以便缺株补苗。

②田间管理：根据马铃薯不同生长阶段对环境要求，马铃薯田间管理重点围绕"旱""气""肥""水"四个关键环节进行管理。

发芽期管理：12 月 15 日至翌年 2 月 1 日。播种后 10d 后即可长出新根，15d 后芽开始伸长生长，45d 左右时即元月中旬部分幼苗就会破土而出。当种薯出苗后，要及时破膜放苗，避免晴天中午地膜内高温烧伤茎尖和幼叶，放苗时间最好选择在 10 时前或 15 时后进行。放苗口要小，放苗后用土将放苗孔盖严压实，以利于保温。也可以在幼苗出土时，用土覆盖顶膜位置，幼苗可破膜出土，此期田间管理的核心是闭棚升温以提高地温。

幼苗期管理：2 月 2—20 日。从出苗到主茎完成一个叶序称团棵，也即马铃薯幼苗期，历时 15~20d，此时匍匐茎、匍匐根快速生长，同时，匍匐茎顶端开始膨大。根据马铃薯幼苗期短和生长速度快这一特点，管理上以促快长苗为主，要求早施速效氮肥。2 月上旬有近 70%的幼苗出土，此时应视土壤墒情进行第二次浇水。浇水前要及时调查苗情，将缺苗穴用预播在地块空闲处的健壮苗进行补栽，确保出苗率达 95%以上，为丰产高效栽培提供全苗保证。此次浇水目的是促进枝叶快速生长，浇水时可随水撒施 10kg/亩的尿素加快植株生长。发芽期重点注意要掌握好浇水量，使水分通过土壤以浸润吸水的方式将水分传导到垄内和垄顶，不宜采用大水漫灌方式浇水，进而保持土壤疏松透气，避免垄畦表土形成土壳而不利于透气。有条件的地方通过膜下预埋微灌带进行补水。如出现双苗、多苗的情况，应视周围苗情长势进行剪留处理，生产上一般单穴只留 1 株苗子，有缺苗处可留 2 株苗。此期管理要点是确保全苗、垄土疏松不板结。大棚管理白天闭棚以提高棚温，晚上温度较高的应适当通风，以保持较低的夜温，防止幼苗茎叶徒长。

发棵期管理：2 月 20 日至 3 月 15 日。从团棵到主茎顶叶展平（或花蕾期），历时 20~25d，此期茎叶快速生长，块茎膨大至 3cm 大小。此时，管理的核心是协调地上部分秧苗生长和地下部分根系生长，要防止秧苗徒长，土壤不旱不浇水，发棵期需要补肥的可放在发棵早期或结薯初期，发棵中后期追肥会引起秧苗徒长而延迟结薯。追肥要看苗情进行，以速效 P、K 肥为主，可喷施 0.3%磷酸二氢钾和杀菌剂，预防早、晚疫病菌孳生。此期应及时做好棚内通风排湿、降低夜温、控制徒长等工作，避免推迟结薯。如果秧苗生长势太过旺盛，可以在开花期喷施万分之一矮壮素抑制生长。此期，大棚管理上应注重通风，白天棚内温度应低于 25℃，超过 25℃应掀开大棚宽方向两头薄膜，逐渐加大通风量，掀膜应在早、晚进行。随着气温明显回升，可将大棚长方向薄膜逐渐掀起，掀薄膜要切忌中午一次性大幅度掀膜而出现"闪苗"。

结薯期管理：3 月 16 日至 4 月 20 日。从开花期到茎叶变黄，汉中平川区在 3 月上中旬，此期是产量形成关键时期，历时 35d 以上。马铃薯开花后进入块茎迅猛生长时期，土壤持水量要始终保持在 60%左右，结薯初期土壤含水量对幼薯生长最为敏感，避免因含水量急剧变化而形成畸形薯。土壤干旱时要及时补水，结薯期土壤水分管理要采取"前促后控"法。适合结薯的最佳气温为 20℃左右，要根据天气情况做好通风换气工作，生产上根据各地气候特点，尽量将结薯期安排在这个温度范围内且尽可能持续较长时间段的季节是获得高产的关键技术。此期对于易感染早、晚疫病的品种，要加大防治力度，避免茎叶由于病害侵染而早衰。汉中平川区气候易变，尤其是 3 月上中旬常出现突然降温（或降雪）、夜间大风等灾害性天气，要密切关注天气预报情况及时采取防范措施。3 月下旬温度明显回升，根据气候择日尽早掀开棚膜，让秧苗接受更充分的光照，是获得高产的重要措施。

（四）种植方式

1. 单作

（1）平作　汉中高海拔山区主要采用平作套种，这些地方坡度较陡，常年干旱少雨，无灌水条件，平作后可以减少地面径流，土壤会吸收更多的雨水而利于秧苗生长。平作地块土层较浅，土层瘠薄，播种和收获较晚，常与玉米进行间作套种，以提高复种指数。

（2）垄作　浅山丘陵区和平川区常采用垄作种植。垄作区多数地块没有灌水条件，但耕作层较山区厚，土壤相对肥沃，垄作有利于排水和提高地温，促使早出苗、出壮苗。垄作分为露地垄作和覆膜垄作，通过覆盖地膜进一步提高地温，促进提前成熟。

（3）双膜大棚高效栽培　汉中市平川县区常采用大棚马铃薯双膜栽培模式。为了提早成熟期，在地膜栽培的基础上，再加一层大棚，即成为双膜栽培。通过双膜栽培，明显提高了大棚温度，满足了马铃薯对温度的需求，促进了马铃薯早熟。与单膜栽培比较，提前约半个月上市，这种栽培方式经济效益较好，目前已经成为平川区最重要的早熟蔬菜栽培方式。

2. 间套作

间作是指同一块田地里在同一生长期内，马铃薯与其他作物分行相间的种植方法。套种是指在前季作物生长的一段时期，在其行间种植后季作物的种植方法。间作和套种的两种作物都有共生期，所不同的是，间作共生期较长，套种共生期短。在汉中盆地，与马铃薯进行套种的作物主要是玉米和蔬菜（主要是辣椒，种植规格同玉米）。高海拔山区常采用马铃薯露地栽培与玉米进行套种，种植规格：马铃薯2月下旬露地播种（平作或垄作），株行距30cm×30cm。玉米于4月中旬采用单穴双苗播于马铃薯行间，株行距60cm×95cm。低海拔平川区采用马铃薯单膜栽培与玉米套种较多。种植规格：马铃薯12月中旬播种，采用单膜单垄双行，垄内株行距30cm×24cm，垄间距80～90cm，垄高20cm。4月上中旬在行间套种玉米，玉米株行距60cm×95cm。5月中、下旬收获。浅山丘陵区常以马铃薯单作为主，套种面积较少。

3. 轮作

轮作是指在同一块田地上，有顺序地在季节间或年间轮换种植不同作物的种植方式。通过轮作倒茬，具有恢复和提高土壤肥力，均衡利用土壤养分，减少病虫草害等诸多优点。汉中盆地平川区马铃薯5月10日就采收结束，之后可以与玉米、豇豆、西瓜、芹菜、苦瓜、花生、青菜、萝卜等作物进行年内轮作。有灌溉条件的地方在马铃薯采挖结束后，种植水稻进行年际间的水旱轮作。浅山丘陵区和高海拔山区，由于马铃薯收获期在5月下旬至7月下旬，收获后种植夏玉米或蔬菜作为主要轮作倒茬方式。

（五）科学施肥

1. 氮肥的施用

N在植物生命活动中具有特殊作用，它是蛋白质、核酸、磷脂的主要成分，N素的多寡会直接影响细胞生长，当N肥供应充足时，植株色泽浓绿，高大，长势旺盛，产量较高。反之，植株瘦小、生长势弱、枝叶发黄，产量降低。N素过多，叶片大而深绿，枝叶柔软披散，木质素含量低，易徒长、倒伏和被病虫害侵害。缺N症状首先在下部老叶出现，以后逐渐向上发展。按施肥时期划分，N 肥施用分基肥和追肥，基施 N 肥量占全生育期 N 肥总量的 60%～70%，在翻地和播种时分别施入，追肥占 30%～40%，在出苗后根据苗情长势于浇水前撒施。常用的 N 肥主要有：碳酸氢铵（含 N 量 17%）、尿素（含 N 量 46%）、磷酸二铵（含 N 量 18%）、三元素复合肥（含 N 量 15%～17%）。N 肥当年有效利用率 60% 左右。生产上将尿素常用于追肥，碳酸氢铵和磷酸二铵常用作基肥。N 肥当年有效利用率 60% 左右，按 3 000kg 马铃薯块茎需要纯 N 15kg，除去土壤和农家肥可提供 5kg/亩 N 肥外，还需要补充纯 N 10kg 以上。

2. 磷肥的施用

P 对植物整个生长发育具有很大的作用，是仅次于氮的第二大重要元素，是核酸、蛋白质和磷脂的主要成分，与蛋白质合成、细胞分裂、细胞生长有密切关系。P 还参与碳水化合物的代谢和运输，与糖的合成、转化、降解息息相关。P 在体内易移动，缺 P 症状首先在下部老叶出现，以后逐渐向上发展。P 肥过少时，分蘖分枝少，花果脱落，成熟延迟。缺 P 时，叶片呈现不正常的暗绿色以致紫红色。水溶性磷酸盐易与土壤中的锌结合，降低锌的有效性，所以过多使用 P 肥易引起缺锌症状。按施肥时期划分，P 肥的施用也分基肥和追肥，基施 P 肥量占全生育期 P 肥总量的 80%～90%，在耙地或播种时一并施入。追肥占 10%～20%，出苗后常与杀菌剂一起叶面喷施。常用的 P 肥（含 P 量用 P_2O_5 表示）主要有：过磷酸钙（含 P 量 14%～20%）、磷酸二铵（含 P 量 46%）、三元素复合肥（含 P 量 15%～17%）、磷酸二氢钾（含 P 量 99%）。P 肥当年有效利用率 20% 左右。P 肥当年有效利用率 20% 左右，按 3 000kg 马铃薯块茎需要纯 P 4kg 计算，除去土壤和农家肥可提供约 2.6kg/亩 P 肥外，还需要补充纯 P 1.4kg 以上。

3. 钾肥的施用

马铃薯是喜 K 作物，K 对马铃薯整个生长发育具有很重要的作用，尤其是产量形成期，K 参与碳水化合物的代谢、呼吸作用及蛋白质合成。K 能促进蛋白质的合成，K 充足时，形成蛋白质较多；K 与糖类的合成有关，K 肥充足时，蔗糖、淀粉、纤维素和木质素含量较高，葡萄糖积累较少；K 可促进糖类运输到贮藏器官；K 可使原生质胶体膨胀，施 K 肥能提高作物的抗旱性和抗寒性；秧苗缺 K 时，茎秆柔弱，易倒伏；抗寒和抗旱能力降低；叶片失水，叶绿素分解，叶色变黄逐渐焦枯；K 是易移动的而被重复利用的大量元素，缺素症首先表现在下部老叶。按施肥时期划分，K 肥的施用也分基肥和追肥，基施 K 肥量占全生育期 K 肥总量的 90%，在播种时施入，追肥占 10%，在出苗后常与杀菌剂一起叶面喷施。常用的 K 肥（含 K 量常用 K_2O 表示）主要有：硫酸钾（含 K 量 45%）、氯化钾（含 K 量 52%）、三元素复合肥（含 K 量 15%～17%）、磷酸二氢钾（含 K 量 99%）。K 肥当年有效利用率 50% 左右，据测算 3 000kg 马铃薯块茎需要纯 K22kg，除去土壤和农家肥可提供约 9kg/亩 K 肥外，还需要补充纯 K 13kg 以上。

4. 氮磷钾配施

汉中盆地种植马铃薯普遍存在重视 N、P 肥轻视 K 肥，重视大量元素忽视微量元素的情形。肥料按施肥时期可分为基肥和追肥，基肥主要以腐熟的粪肥（主要猪粪、牛粪、羊粪等）为主，平川区、浅山丘陵区、山区施用量顺次减少。平川区以双膜栽培、单膜栽培为主，基施使用量最大，根据产量和肥源情况推算，亩平均施用量可达 2 000~5 000kg。每年夏季将有机肥贮藏在地边，秋冬季将其均匀散开平铺在地块表面上，再将碳酸氢铵、过磷酸钙各 50~100kg 混匀后撒施在土表进行耕耙，成为马铃薯全生育期的 N、P、K 和微量肥源的主要来源。在播种时，根据每 3 000kg 马铃薯需再补充纯 N10kg、纯 P 1.4kg、纯 K 13kg 的标准进行补施。N、P、K 肥主要用尿素、磷酸二氢钾、磷酸二铵、复合肥混匀后进行穴施。P 肥、K 肥常以磷酸二氢钾为主在马铃薯出苗后与杀菌剂一起叶面喷施，作为 P、K 肥的有效补充。

5. 微量元素肥料的施用

（1）钙 胞壁间层果胶酸钙的重要成分，因此，缺 Ca 时细胞分裂无法完成；还具有稳定磷脂膜结构的作用；Ca 有助于愈伤组织的形成，对抗病性有一定作用。缺 Ca 会产生很多生理性病害；Ca 离子与可溶性蛋白结合形成钙调蛋白，参与植物细胞信号转导；缺 Ca 时，顶芽、幼叶初期呈现淡绿色，之后出现典型的钩状，随后坏死；Ca 是难移动、不易被重复利用的元素，故缺素症状首先表现在幼叶上。生产上主要通过叶面喷施 Ca 肥进行补充。

（2）硒 Se 属于有益元素。Se 的价态较多，在土壤中常以 Se^{6+}、Se^{4+}、Se^0、Se^{2-} 等原子价存在，形成硒盐、亚硒酸盐、有机态硒等。植物生长的环境以及植物种类都影响植物对 Se 的吸收。据报道，Se 肥被植物吸收后，体内过氧化物酶活性升高，增强了植株体内抗氧化能力，从而提高了秧苗的抗衰老能力，保证了植株正常生长。同时，对农作物产量和品质具有明显的促进作用。植物对 Se 的吸收主要是通过根系和叶片进行，根系吸收的 Se 主要是硒酸盐和亚硒酸盐。叶片能够吸收利用 Se^{4+}、Se^{6+}。低浓度的 Se 对一些植物生长有利，但植物体内 Se 过量就会对植物产生毒害作用，Se 害主要表现为植物发育受阻、黄化。原因是硒酸盐干扰了硫的代谢。生产上常采用土壤和叶面喷施 Se 肥的方法补充。

（3）镁 Mg 是叶绿素的重要组成成分；Mg 是植物体内酶的重要活化剂，对植株体内多种代谢活动有促进作用；Mg 是易移动的元素，可以被重复利用；缺 Mg 症状最先表现在衰老的叶片上，叶片呈现青铜色或红色，但叶脉仍为绿色，进一步发展为整片叶全部发黄后变褐，最终坏死干枯。生产上常用含 Mg 元素的肥料进行叶面喷施补充。

（4）硫 S 主要以 SO_4^{2-} 形式被植物吸收，是胱氨酸、半胱氨酸和蛋氨酸的重要组成成分，在植物体内约有 90% 的 S 存在于含硫氨基酸中；S 参与叶绿素的形成；对植物体内一些酶的形成和活化有关；S 与植物的抗寒性、抗旱性的蛋白质结构有关；S 元素不易移动，缺乏时在幼叶表现缺绿症状；缺 S 情况很少遇到，因为土壤中有足够的 S。

6. 微生物菌肥的施用

微生物菌肥也称生物肥、生物肥料、细菌肥，对农业生产起着重要的作用，不仅表现在改善土壤养分供应状况，而且体现在促进作物生长、提高作物抗病抗逆性等方面。例如，微生物肥料通过各种菌剂促进土壤中难溶性养分的溶解和释放，使土壤中的无效肥转化成有效肥；打破土壤板结状态，促使土壤改善养分供应、通气及疏松度；刺激作物生长素、赤霉素等激素的产生，促进作物生长发育；提高产量和改善品质，提高农产品 Vc、氨基酸和糖分的有效含量，降低硝酸盐含量。生物菌肥用量少，一般不单独使用，常与化肥、有机肥混合使用，才能充分发挥肥料的增产效能。

（六）合理灌溉

1. 需水时期和作用

马铃薯是需水作物，在幼苗期需水相对较少，随着秧苗长大，需水量也逐渐增多。到了现蕾、开花期块茎开始膨大，成为马铃薯需水量最敏感、最关键的时期，土壤含水量应达到最大持水量的 70% 左右。如遇此期降雨少，应及时灌水，防止土壤忽干忽湿，产生畸形薯或诱发产生疮痂病。马铃薯具有喜"氧""湿""肥"、不耐涝的特点，只要做到足墒播种后，土壤持水量一直保持在 50%~60% 时就不需要浇水，完全能满足整个生育周期对水分的需求。

2. 节水灌溉方式

汉中盆地水源充足，天然降水充沛。丘陵、山区露地栽培一般没有条件灌溉，整个生育期除自然降水外再无水源补充。但在平川区有灌水条件的地方，春旱时段根据土壤情况进行补水灌溉，主要通过膜下灌溉和喷灌补水两种方式补充。膜下滴灌是将地膜覆盖和滴灌技术结合起来的一种灌溉方式，既降低了蒸发失水又提高了水分利用率，与普通沟灌相比可节水 70% 以上，水分利用效率提高 50% 以上。由于膜下滴灌节水效果明显，可实现水肥一体化等诸多优点，在生产上常被采用。

（七）防病、治虫、除草与应对环境胁迫（详见第七章）

（八）适期收获

马铃薯生理成熟的标志是大部分茎叶由正常绿色逐渐转为黄绿色，秧苗根系吸收功能衰退，很容易与块茎脱落，周皮变硬，块茎大小、色泽表现出品种固有色泽时即为成熟期，可以择时收获。在收获方面，马铃薯与其他粮食作物所不同的是，马铃薯不需要等到完全生理成熟再收获。因此，收获时期可以根据市场价格进行适当调节。采收前衡量早收产值是否高于晚收 10d 的产值，确定最高效益进而决定是否采收。汉中种植的马铃薯主要以早中熟为主，出苗后 75~80d 即可收获。

四、贮藏

（一）贮藏方式

中国是世界马铃薯第一生产大国，年产马铃薯 9 000 余万 t，而储藏保管却一直是短版，每年因储藏而损失的马铃薯 1 350 万~1 800 万 t，占总产量的 15%~20%，因此，在马铃薯生产过程中，不但要高产，更要重视保管储藏。

在中国，马铃薯种植遍及全国每一个省、自治区、直辖市，从 1 月到 12 月，全年每个月都有马铃薯在播种，每个月也都有马铃薯在收获，当马铃薯茎叶枯黄，地下块茎即已充分成熟，应及时收获，否则会因块茎呼吸消耗造成损失或低温受冻影响品质和耐贮性。收获前应控制土壤水分，促进块茎表皮细胞木栓化，形成栓皮层。因中国南北气候差异较大，收获期不同，民间储藏马铃薯的方式也有所不同，马铃薯贮藏方式主要有窖藏、沟藏、堆藏、常温库贮藏、气调库贮藏、化学及药物处理贮藏等。东北地区多以棚窖堆藏和沟藏为主；西北地区则习惯用窖藏，窖藏又分为井窖和平窖两种；近年来，随着马铃薯产业的发展和价格的提高，在东北、西北和马铃薯主产区，大型人为可控的现代先进的马铃薯贮藏库在许多地区迅速应用，主要是常温库贮藏、低温低湿气调库和减压气调库。汉中农户贮藏马铃薯以堆藏、框藏和棚架袋藏、小型 Y 形窑窖方式为主，平川地区主要在第一层楼房内自然堆藏和竹木框贮藏，丘陵山区主要以框藏、阁楼自然堆藏和小型窑窖窖藏为主。不论哪种贮藏方式，发芽、失水都特别严重。控制马铃薯贮藏保管中发芽，减少水分流失和病害损失是汉中马铃薯生产中亟待要解决的问题。以下重点介绍汉中民间几种实用、造价低、易管理的储藏方法：

1. 堆藏法

选择通风良好、场地干燥的空房，清扫干净，消毒待用，消毒时，每立方米用40%浓度的甲醛溶液 20mL 直接密闭熏蒸 8h；也可用每立方米用 40mL 福尔马林加 35g 高锰酸钾对水配成混合溶液，用喷雾器和洒水壶均匀喷洒在房间的地面、墙顶及墙壁，然后，关门窗密闭 12～24h，消完毒的房间就可以堆藏马铃薯。堆藏时要注意高度，休眠期短、容易发芽的品种薯堆高度不宜超过 1m；休眠期长、耐贮藏的品种薯堆高度1.5～2m 为宜。总体原则是贮藏量不超过房间容积的 2/3。每间隔 2m 插 1～2 根芦苇或竹条通气筒，以利通风。薯堆上边用遮阳网或草帘盖好进行暗光贮藏。

2. 阁楼堆藏法

陕南中高山和高寒山区马铃薯种植户常利用阁楼来贮藏马铃薯。农户将 7—8 月收获的马铃薯，先去掉泥土和烂薯，按大小分选，晾干以后直接堆放在阁楼房间内，薯堆高度 0.5～0.8m，马铃薯贮藏前用高锰酸钾溶液消毒。汉中 12 月下旬至翌年 1 月温度较低，可用稻草、树叶覆盖薯堆表面保温，这种储藏方式薯块容易失去水分，表皮变皱，贮藏时应注意防止失水。

3. 筐藏或袋藏法

汉中丘陵地区农户喜欢用竹筐贮藏马铃薯。先用高锰酸钾溶液浸泡或喷洒竹筐表面进行消毒处理，将收获的马铃薯去掉烂薯和泥土，晾干后，按用途和大小分级，然后装入竹筐，单层或多层直接堆放在房间，贮藏马铃薯的房间应提前消毒。种植面积小、收获量不多的农户也常采用编织袋贮藏马铃薯，方法与框藏相同。

4. 窖藏法

过去，汉中海拔 700～900m 山区部分种植户喜欢用窑窖来贮藏马铃薯和红薯，在靠近土丘或山坡地，选择通风好，不积水的地方开挖成 I 字平窖或 Y 字平窖。窑窖开挖时以水平方向向土崖挖成窑洞，洞高 1.6～2.5m、宽 1.5～2m、长 7～10m，窖顶呈拱圆形，底部倾斜，入窖前先用高锰酸钾、甲醛溶液或石灰水对窖内四周消毒，将收获待贮藏的马铃薯泥土清理干净，严格选去烂薯、病薯和伤薯，堆放于避光通风处 10～15d；然后将挑选、分级和经过后熟处理过的马铃薯堆放进去；入窖时应该轻拿轻放，防止碰伤。窑窖主要是利用窖口通风并调节温湿度，窖内贮藏不宜过满，薯堆高 1.0～1.5m 为宜，每窖可储藏 3 000～5 000kg 马铃薯。马铃薯入窖后，窖内相对湿度保持在 80%～85%，并用高锰酸钾和甲醛溶液熏蒸消毒杀菌（用 5g/m² 高锰酸钾加 6g 甲醛溶液），每月熏蒸一次，防止块茎腐烂和病害的蔓延。并且每周用甲酚皂溶液将过道消毒一次，以防止交叉感染。1月气温低时，窖口需覆盖棉被或草帘防寒，贮藏期间要尽量保持窖温和湿度的相对稳定，以降低储存期间的自然损耗。建窖时窖址应选择地势高燥，排水良好，地下水位低，背风向阳的地方建窖，以利安全贮藏。

5. 化学贮藏法

当温度保持在6℃条件下，马铃薯度过休眠期以后就开始萌芽。较低的温度可以长时期使马铃薯被动休眠不发芽，但作为加工和食用的商品马铃薯，温度过低会使淀粉含量迅速降低，加工品质下降；保持库温在7℃以上是储藏加工用薯最理想的贮存温度，但又会使大量薯块发芽，尤其是在秦岭以南地区，马铃薯收获后正是6—7月高温季节，大型低温库少，马铃薯贮藏中发芽失水严重。因此，为了解决温度过高贮藏马铃薯发芽的问题，种植户们在当地马铃薯技术人员指导下，开始使用抑芽剂等化学辅助方法贮藏马铃薯，效果很好。

目前，生产上应用的抑芽剂主要有两大类：一是收获前茎叶杀青抑芽，如青鲜素（MH）；二是贮藏期薯堆拌药抑芽，如氯苯胺灵、萘乙酸、乙烯利等。

使用方法和药量：一是粉剂拌土撒在薯堆里，以含量2.5%的氯苯胺灵为例，要储藏1 000kg马铃薯，称量0.4~0.8kg的氯苯胺灵粉剂，拌细土25kg，分层均匀撒在薯堆中即可，一般药薯比为（0.4~0.8）∶1 000，薯块每堆放30~40cm厚度就需要撒一层药土。二是杀青抑芽，即在适宜收获前20~28d用30~40kg/mL浓度的青鲜素（MH），均匀喷洒在马铃薯茎叶上面，可抑制马铃薯块茎发芽。三是气雾剂施药储藏法，多用于大型库且有通风道的储藏库或窖内。具体做法是：按药薯比例先配制好抑芽剂药液，装入热力气雾发生器中，然后启动机器，产生气雾，随通风管道吹入薯堆。

无论哪种方式，用药结束以后都必须封闭窖门和通风口1~2d，经过抑芽剂处理过的薯块，抑芽效果可以达到90%~95%，因此抑芽剂切忌在种薯中使用，以免影响种薯的出苗率和整齐度，给马铃薯生产造成损失。

6. 自然风冷常温库贮藏

利用自然冷风或鼓风机吹入冷风储藏马铃薯的自然风冷常温库，建设费用不高，管理简单，运行成本低，近年在西北地区推广较快。一般做法是，先用40%浓度的甲醛溶液对贮藏库密闭熏蒸1~2d；或用高锰酸钾加甲醛对水稀释混合后，用喷雾器和洒水壶均匀喷洒在库房内的地面、墙顶及墙壁，关门窗密闭24h，浓度和配比与上面相同。再将经过挑选处理过需要储藏的马铃薯散堆或装筐装袋放在库内，散堆堆高1.5~1.8m，袋装每袋50kg，6~8层为宜；筐装每筐25~30kg，垛高以4~6筐为宜；薯堆中每隔2~3m垂直放一个直径30cm苇箔或竹片制成的通风筒，薯堆底部要设通风道，与通风筒连接，通风筒上端要伸出薯堆，以便通风。薯堆与房顶之间和薯堆周围都要预留一定的空间，以利通风散热，刚入库的马铃薯、初冬时节或库内温度超标时，夜间打开通风系统，开启鼓风机交换冷热风。另外，马铃薯入库以后在整个贮藏期间要记录温湿度，勤检查，随时调整，保持温湿度的相对稳定。这种方法在汉中应用效果不是很好，原因是马铃薯收获入库前3个月，正值汉中一年中最高温度季节，库内库外温度均在20℃以上，根本达不到北方自然风冷5℃以下的条件，度过休眠期的薯块很快就会发芽。

7. 低温低湿气调库贮藏

目前，汉中市民间还没有一家可调节温湿度的马铃薯贮藏库，只有汉中市农业科学研究所和镇巴、宁强 2 个种薯生产企业建有马铃薯低温低湿气调贮藏库，但贮藏能力都非常有限。

气调贮藏指的是在适宜低温条件下，改变贮藏环境气体成分，达到长期贮藏马铃薯或果蔬的一种贮藏方式。它包括人为可控气调贮藏和自发气调贮藏两种方式。这里介绍的是根据马铃薯用途不同，人为可以设定和控制的低温低湿气调库，它由库容体、制冷设备、湿度调节系统、气体净化和循环系统、氧气和二氧化碳及其他指标记录监测仪器五大部分组成，虽建设费用大，运行成本高，但储藏效果好，在中国北方马铃薯种植发达地区和大型薯业加工企业，多采用这类方法贮藏商品马铃薯和种薯。具体做法是：在马铃薯入库前，首先要将库内打扫干净，然后用 40% 甲醛溶液熏蒸，或高锰酸钾、或 50% 多菌灵可湿性粉剂 600~800 倍溶液喷洒墙壁和地面，施药后密闭冷库 2d，打开库门通风，通风 36h 后，将去掉泥土和带病、畸形、虫蛀、机械损伤等病烂薯块，先用 50% 多菌灵溶液均匀喷洒在薯块上做消毒处理，待晾干后，按用途和大小进行分级，用网袋或透气性好的编织袋装成一定数量的标准包袋，就可以入库了，袋装马铃薯入库堆放时，一定要轻拿轻放，防止碰伤，错开码放，摆放整齐，堆高在 1.6~2.3m，薯堆宽度 2.5~3.0m，每隔 3m 左右留 20~30cm 通风道。2 排薯堆与 2 排薯堆间留 50cm 人行道，薯堆不要紧靠墙壁码放。刚入库的马铃薯，温度不宜下降太快，让其在 13~15℃ 条件下，先进行后熟和预冷处理，10~14d 后，将温湿度调至马铃薯贮藏需要的环境条件就可以了。

（二）贮藏期间的管理

1. 贮藏期间的管理

最令汉中和秦巴地区马铃薯种植户头疼的一是生长阶段的晚疫病，再就是贮藏时发芽、失水皱缩、感病腐烂了。要解决好马铃薯贮藏期间的瓶颈问题，首先必须搞清楚马铃薯贮藏期间的生理变化和薯块贮藏需要的环境条件，选取力所能及的贮藏方式，控制发芽，减少水分流失和病害侵染，降低贮藏中的损失，促进汉中马铃薯产业健康发展。

2. 马铃薯在储藏期间的生理生化反应与管理要点

（1）马铃薯后熟阶段生理特点与管理　收获后的马铃薯有 7~15d 的后熟过程，这一时期是马铃薯愈伤组织形成、恢复收获时因物理损伤薯块被破坏，形成木栓保护结构层的时间，薯块木栓化尚未形成，呼吸旺盛，含水量高，放热量多，湿度大，受损薯块伤口未愈合，易感染病菌。这一阶段也叫作预储藏期或储藏早期。把收获后的薯块运回家中在凉棚或房间堆放，薯堆不要超过 1m，通风好，太阳不直晒、不雨淋，阴干，去净泥土，去掉有病、有虫蛀、畸形和有伤薯块；保持温度 12~15℃，湿度 90% 以上，堆放处理 10~15d 即可。经过后熟处理的马铃薯，其表皮充分木栓化，伤口得以愈合，降温散湿后、块茎呼吸渐趋减弱，生理生化活性逐渐下降，可明显地降低贮藏中的腐烂和自然损耗。后熟处理前配加 50% 多菌灵可湿性粉剂 600 倍溶液对薯块进行消毒，效果更好。

（2）马铃薯休眠阶段生理特点及管理　与其他作物不同的是，刚收获的马铃薯必须经过一段时间后才能发芽，这种生理现象称为休眠，把经历的这段时间称为马铃薯休眠期。马铃薯休眠期的生理特点：薯块呼吸进一步增强，生理生化活性下降并渐趋至最低点，块茎物质损耗最少，淀粉开始向糖分转化，薯块中淀粉含量由多逐渐减少，糖分含量由少逐渐增多，低温可增强淀粉水解酶的活性，促进淀粉的水解，加速淀粉向糖分的转化速度；温度升高，糖化作用减弱，薯块中的糖又会向淀粉转化，促使其萌动发芽，所以温度是影响同一品种马铃薯休眠期长短的重要因素。可利用休眠这一特性进行储藏和长途运输。

马铃薯块茎的休眠期长短因品种不同而大有差异，一般为 60~90d，即使同一品种，薯块大小、块茎有无机械损伤和收获时成熟度差异也有所不同；试验中发现：若湿度相同，温度越高休眠期相对缩短，反之温度偏低休眠期相对延长；同一品种薯块大的休眠期相对较长，薯块小的相对较短，有机械损伤的薯块相对于完整的薯块休眠期变短，提前采收、成熟度不够的薯块相对于成熟度好的薯块休眠期较长。在湿度达到 85%、温度 2~4℃的条件下马铃薯最多可以保持 7~9 个月不发芽。合理利用这一特点、巧妙贮藏、淡季增值上市是保证马铃薯周年供应，调节市场盈缺的重要手段，也是增加农民收入的有效途径。

（三）影响马铃薯储藏期间的环境因素

1. 温度

温度调节和最佳温度控制是马铃薯贮藏期间管理的关键。温度过高会使薯堆发热，休眠期缩短，薯块内心变黑、烂薯；温度过低（0℃以下）又会导致薯块受冻、变黑变硬进而很快腐烂。例如在 -3~-1℃环境下，持续 9h 马铃薯块茎就已经受冻，-5℃环境下只需 2h 薯块就已冻坏。根据薯块用途不同和薯块贮藏期生理变化特点，后熟阶段最适宜温度为 10~15℃；休眠期最适宜温度为：做种薯用 2~5℃；做鲜食用 4~7℃；做淀粉加工用 7~9℃，并在出库前 7~14d 温度恢复到 14~20℃。经过低温 1~3℃处理的种薯，休眠期过后在 15~20℃条件下 10~15d 便可发芽。温度的高低变化可促使淀粉和还原糖相互逆转。贮藏期间，温度一直保持在 1~4℃状态下，马铃薯皮孔关闭，呼吸代谢微弱，薯块重量损失最小，不利发芽，而且，不利各种病原菌萌生，贮藏效果最好。因此，贮藏期的窖温既要保持适宜的低温，又要尽可能保持适宜温度的稳定性，防止忽高忽低。

2. 湿度

贮藏马铃薯还要保持相对湿度的稳定，如果湿度过高，块茎上会出现小水滴，从而促使薯块长出白须根或发芽，过于潮湿还有利于病原菌和腐生菌的繁衍生长使块茎腐烂；湿度过大还会缩短马铃薯的休眠期。反之，如果湿度过低，虽然可以减少病害和发芽，但又会使块茎中的水分大量蒸发而皱缩，降低块茎的商品性和外观性。一般来说，马铃薯商品薯和种薯最适宜的贮藏湿度为 85%~90%。

3. 光照

一般来说，收获后贮藏商品马铃薯应避免太阳光直射。光可以促使薯块萌芽，同时还会使马铃薯内的龙葵素即茄碱苷含量增加，薯块表皮变绿。正常成熟的马铃薯块茎每 100g 龙葵素含量 10~15mg，对人畜无害。在阳光照射下变绿或萌芽的马铃薯，每 100g

薯块中龙葵素的含量可高达 500mg，人畜大量食用这种马铃薯后便会引起急性中毒。不过，有临床研究，患有十二指肠和肠道疾病的病人，在食用龙葵素含量 20~40mg 的马铃薯后，病情可以大大缓解。相关研究表明：龙葵素含量 20mg 为人体食用后有无不适反应的临界值。当然，如果是做种用的薯块，经过光照变绿后，产生的茄碱苷可以杀死马铃薯表皮病菌，保护种薯。表皮变绿的马铃薯经过暗光处理一段时间后，绿色会淡化或褪去。

4. 空气

马铃薯块茎在贮藏期间由于不断地进行呼吸和蒸发，所含的淀粉逐渐转化为糖，再分解为 CO_2 和水，并放出大量的热，使空气过分潮湿，温度升高。因此，在马铃薯贮藏期间，在保持合适的温度和湿度的前提下，必须经常注意贮藏窖的通风换气，及时排出 CO_2、水分和热气，通风次数可以多一些，但每次时间不宜过长。

总的来说，较低的温度对马铃薯贮藏是有利的，贮藏马铃薯还要保持相对湿度的稳定和经常通风。此外，薯块贮藏前的药剂消毒处理也是必不能少，有资料报道，贮藏前将马铃薯放入浓度为 1% 的稀盐酸溶液中浸泡 15min 左右，这样，可使马铃薯贮藏一年后，相对减少一半左右的损耗，且这样不影响食用及繁殖。当然，在实际操作中，安全贮藏马铃薯还必须做到以下几点：根据贮藏期间生理变化和气候变化，应两头防热，中间防寒，控制贮藏窖的温湿度。准备贮藏的马铃薯收获前 10d 必须停止浇水，以减少含水量，促使薯皮老化，以利于及早进入休眠和减少病害。在运输和贮藏过程中，要尽量减少转运次数，避免机械损伤，以减少块茎损耗和腐烂。入窖前要严格挑选薯块，凡是损伤、受冻、虫蛀、感病的薯块不能入窖，以免感染病菌（干腐和湿腐病）导致烂薯。入选的薯块应先放在阴凉通风的地方摊晾几天，然后再入窖贮藏。贮藏窖要具备防水、防冻、通风等条件，以利安全贮藏。窖址应选择地势高燥，排水良好，地下水位低，向阳背风的地方。鲜食的薯块必须在无光条件下贮藏。

本章参考文献

毕金峰，魏益民 . 2008. 马铃薯片变温压差膨化干燥影响因素研究 [J]. 核农学报，22（5）：661-664.

车文利，庞国新，阚玉文，等 . 2014. 春播马铃薯与夏播青贮玉米两种两收高产栽培技术 [J]. 现代农业科技（22）：12-13.

陈潇 . 2004. 高产抗病多用途加工型马铃薯新品种秦芋 30 号 [J]. 中国种业（2）：58-58.

陈彦云 . 2006. 马铃薯贮藏期间干物质、还原糖、淀粉含量的变化 [J]. 中国农学通报，22（4）：84-87.

邓根生，宋建荣 . 2015. 秦岭西段南北麓主要作物种植 [M]. 北京：中国农业科学技术出版社 .

丁映，张敏，雷尊国，等 . 2009. 化学试剂处理对贮藏后马铃薯品质变化的影响

[J]．安徽农业科学，37（1）：359-360，367．

丁玉川，焦晓燕，聂督，等．2012．不同氮源与镁配施对马铃薯产量、品质及养分吸收的影响 [J]．农学学报，2（6）：49-53．

段志龙．2009．马铃薯高产高效施肥技术 [J]．作物杂志（4）：100-102．

范士杰，王蒂，张俊莲，等．2012．不同栽培方式对马铃薯土壤水分状况和产量的影响 [J]．草业学报，21（2）：271-279．

冯琰，蒙美莲，马恢，等．2008．不同马铃薯品种硫素吸收分配规律的研究 [J]．作物杂志（5）：62-66．

巩慧玲，赵萍，杨俊峰．2004．马铃薯块茎贮藏期间蛋白质和维生素 C 含量的变化 [J]．西北农业学报，13（1）：49-51．

谷浏涟，孙磊，石瑛，等．2013．氮肥施用时期对马铃薯干物质积累转运及产量的影响 [J]．土壤，45（4）：610-615．

郭志平．2007．马铃薯不同生育期追施钾肥增产提质效果 [J]．长江蔬菜（11）：44-45．

黄承建，赵思毅，王季春，等．2013．马铃薯/玉米不同行比套作对马铃薯品种产量和土地当量比的影响 [J]．作物杂志（2）：115-120．

黄承建，赵思毅，王龙昌，等．2013．马铃薯/玉米套作不同行比对马铃薯不同品种商品性状和经济效益的影响 [J]．中国蔬菜（4）：52-59．

江俊燕，汪有科．2008．不同灌水量和灌水周期对滴灌马铃薯生长及产量的影响 [J]．干旱地区农业研究，26（2）：121-125．

姜悦，常庆瑞，赵业婷，等．2013．秦巴山区耕层土壤微量元素空间特征及影响因子——以镇巴县为例 [J]．中国水土保持科学，11（6）：50-57．

康跃虎，王凤新，刘士平，等．2004．滴灌调控土壤水分对马铃薯生长的影响 [J]．农业工程学报，20（2）：66-72．

孔祥荣，王荣芳，赵庆洪，等．2015．马铃薯与玉米不同套作模式种植效果研究 [J]．现代农业科技（9）：78．

李彩虹，吴伯志．2005．玉米间套作种植方式研究综述 [J]．玉米科学，13（2）：85-89．

李伦成，廖川康，李志远．2017．安康市汉滨区冬播马铃薯高产栽培技术 [J]．现代农业科技（5）：82-82．

李云平．2007．马铃薯施肥效应与施肥技术研究 [J]．陕西农业科学（5）：150-151．

卢肖平．2015．马铃薯主粮化战略的意义、瓶颈与政策建议 [J]．华中农大大学学报（社会科学版）（3）：1-7．

卢修富．2009．安康市水文特性 [J]．水资源与水工程学报，20（4）：154-157．

吕慧峰，王小晶，陈怡，等．2010．氮磷钾分期施用对马铃薯产量和品质的影响 [J]．中国农学通报，26（24）：197-200．

庞昭进．2015．发展中国马铃薯主粮化的建议 [J]．河北农业科学（3）：

106-108.

裴旭 . 2010. 早秋马铃薯高产栽培经验 [J]. 农村实用技术 (8)：52-53.

司怀军，戴朝曦，田振东，等 . 2001. 贮藏温度对马铃薯块茎还原糖含量的影响 [J]. 西北农业学报，10 (1)：22-24.

腾宗藩，张畅，王永智 . 1982. 中国马铃薯栽培区划的研究 [J]. 马铃薯科学 (1)：3-8.

腾宗藩，张畅 . 1994. 中国马铃薯栽培学 [M]. 北京：中国农业出版社 .

滕宗瑶，张畅，王永智 . 1989. 中国马铃薯适宜种植地区的分析 [J]. 中国农业科学，22 (2)：35-44.

王雯，张雄 . 2015. 不同灌溉方式对马铃薯光合特性的影响 [J]. 安康学院学报，27 (4)：1-6.

王长科，张百忍，蒲正斌，等 . 2010. 秦巴山区脱毒马铃薯冬播高产配套栽培技术 [J]. 陕西农业科学，56 (4)：218-219.

王长科，张百忍，周长武，等 . 2011. 安康市马铃薯产业现状、问题及对策 [J]. 陕西农业科学，57 (1)：111-112.

王佩，王维，苏光远，等 . 2015. 陕西省马铃薯的种植及机械化收获现状 [J]. 农业技术与装备 (8)：62-63.

王永久，伊清宏 . 2015. 陕南山区青薯 9 号栽培技术 [J]. 西北园艺 (蔬菜) (6)：35-38.

魏玲，胡江波，杨云霞，等 . 2010. 汉中地区马铃薯栽培的适宜性分析 [J]. 现代农业科技 (15)：180.

熊汉琴 . 2014. 秦巴地区马铃薯高产高效生产技术 [J]. 陕西农业科学，60 (7)：113-114.

徐军 . 2013. 4 种植物生长调节剂对马铃薯的影响 [J]. 甘肃农业科技 (4)：26-27.

张百忍，解松峰 . 2011. 陕西秦巴山区不同农田农作物硒含量变化规律分析 [J]. 东北农业大学学报，42 (10)：128-134.

张茂南，李建国，杨孝辑，等 . 2003. 秦巴山区马铃薯优质高产推广技术 [J]. 中国马铃薯，17 (2)：108-110.

张庆柱，张彩霞 . 2015. 实施中国马铃薯主粮化的战略 [J]. 农业科技与装备 (7)：74-75.

赵欣，朱新鹏 . 2013. 安康市发展马铃薯加工分析 [J]. 陕西农业科学，59 (3)：171-173.

郑顺林，程红，李世林，等 . 2013. 施肥水平对马铃薯块茎发育过程中 PA_S、GA_3 和 JA_S 含量的影响 [J]. 园艺学报，40 (8)：1 487-1 493.

朱琳 . 1994. 秦巴山区农业气候资源垂直分层及农业合理化布局 [J]. 自然资源学报，9 (4) 350-358.

朱惠琴，马辉，马国良 . 1999. 不同生育期追施磷肥对马铃薯产量的影响 [J]. 中国蔬菜（1）：38.

Bansal S K, Trehan S P. 2011. Effect of potassium on yield and processing quality attribu-ter of potato［J］. Karnataka Journal Agricultural Science, 24（1）：48-54.

Esther G, Solomon I, Jackson N, et al. 2008. Effects of light intensity on quality of potato seed tubers［J］. African Journal of Agricultural Research, 3（10）：732-739.

第七章　环境胁迫及其应对

第一节　生物胁迫及应对

一、病害与防治

为害马铃薯的病害有近百种，但并不是所有的病害都会造成马铃薯严重减产。在中国，影响马铃薯产量和品质的重要病害约 15 种，一般减产 10%～30%，严重者可达70%以上。马铃薯病害主要包括真菌性病害、卵菌性病害、细菌性病害和病毒性病害，其中由卵菌引起的马铃薯晚疫病是世界上最主要的马铃薯病害，几乎能在所有的马铃薯种植区发生；通常说的种薯退化即为不同病毒引起的多种病毒病所造成。

中国马铃薯的重要病害主要有晚疫病、病毒病、疮痂病、早疫病、黑胫病、青枯病、软腐病、纤块茎病等。

中国马铃薯适宜种植地区分为四类，各种植区病害的种类和分布有所不同。按照区划，陕北马铃薯产区属一季作区，主要病害有早疫病、晚疫病、病毒病、黑胫病及环腐病等；陕南马铃薯产区属一、二季混作区，主要病害有晚疫病、疮痂病、病毒病及黑胫病等。

（一）病毒性病害

马铃薯病毒病是由病毒侵染引致马铃薯植株矮化、卷叶和花叶等症状的一类系统性侵染病害，是造成种薯退化、产量降低的主要因素。马铃薯一旦感染病毒后，能扩展到除茎尖以外的整个植株，其症状轻微或隐潜。国际上已报道有 20 种以上的病毒能侵染马铃薯，国内主要流行病毒经鉴定与国际上一致，在主要栽培品种上均有相当高的发病率，并普遍存在着多种病毒复合侵染现象。根据症状表现分为：卷叶型和花叶型两大类。一般块茎带毒而无症状表现，可减产 10%左右，但有些株系在某些品种上可引起顶端坏死，减产可达 50%。由于马铃薯为无性繁殖作物，各种病毒均能通过块茎传给下一代。

陕西省马铃薯病毒病主要有卷叶病毒病、花叶病毒病及由类病毒引起的纤块茎病等。

1. 卷叶病毒病

是引起马铃薯种薯退化的主要病害，也是最早发现的马铃薯病毒病。

（1）发生时期　病原物为马铃薯卷叶病毒（Potato leaf roll virus，PLRV），属大麦黄矮病毒组（Luteoviruses）成员。病毒粒子球形，直径 23～25nm，致死温度为 70～

80℃。汁液摩擦不能传毒，10种以上蚜虫可以传播病毒，以桃蚜为最有效的介体，是唯一以持久性方式传播的马铃薯病毒。饲毒期和接毒期均为1~3d，可终身带毒但不传给子代。寄主范围窄，主要为茄科植物。

（2）感病症状　世界性分布，在中国广泛发生，尤其是东北及西北5省等北方地区，产量损失一般为30%~40%，严重时可达80%~90%。初次症状（植株当年在田间受侵染产生的症状）轻微，主要表现为幼叶直立向上，轻微卷叶和褪色，某些品种叶片边缘发红，生长后期受侵染可无症状但病毒能进入薯块；二次症状（由病薯长成植株产生的症状）严重，植株明显矮化、僵直，下部叶片纵向上卷，上部叶片褪色发黄，由于碳水化合物积累，加厚干硬成革质、易破碎，有的叶片边缘发红或严重坏死；维管束变色，薯块变小，病薯切面可见网状坏死。

（3）传播途径　种薯是主要的侵染源，田间自生苗也是毒源，在马铃薯上定居的蚜虫可有效传播，有翅蚜可进行长距离传播，无翅蚜作植株间传播，凉爽和干燥气候有利于病毒的传播。

（4）防治措施　以培育和应用脱毒种薯，并结合治蚜为主的防治方法。可选用种植早大白、克新系列、费乌瑞它、鄂马铃薯5号等抗病品种。和其他病毒相比，PLRV最易从病薯中脱毒，在37~38℃下热处理20d或31℃和35℃下各4h变温处理，经一个月即可脱毒。留种地可采用药剂治蚜防止病毒传播，后期可应用药剂催枯以防止晚期侵染和病毒进入种薯。

2. 花叶病毒病

由多种病毒单独或复合侵染引起的一类病害。

（1）发生时期　普遍发生在世界马铃薯种植区，在中国也广为分布。但由于高温降低植株对花叶病毒的抵抗力，因此南方比北方严重。

（2）感病症状　引起花叶病的病毒种类，常见的有马铃薯X病毒（Potato virus X，PVX）、马铃薯Y病毒（Potato virus Y，PVY）、马铃薯S病毒（Potato virus S，PVS）、马铃薯M病毒（Potato virus M，PVM）、马铃薯A病毒（Potato virus A，PVA）和烟草脆裂病毒（Tobacco ratile virus，TPV）等，前三种为普遍，其中以PVY最重要。不同病毒单独或复合侵染在不同品种上可引起不同症状和产量损失，轻花叶由PVX、PVS、PVA或PVM单独侵染时植株生长较正常，仅出现轻微花叶、斑驳或症状潜隐，除个别情况外，产量损失在15%以下；重花叶由PVY侵染产生，初次症状为叶片斑驳、坏死或黄化，叶脉、叶柄或茎上可产生褐色条斑而被称为条斑花叶，后期植株可因叶片坏死脱落或干枯下垂而提前死亡，二次症状中坏死现象略轻而矮化、叶片皱缩和花叶严重，减产可达50%以上；皱缩花叶，常有两种以上病毒复合侵染形成，植株明显矮化，叶片皱缩、花叶并有坏死斑，重者不能开花而提前枯死，减产50%~80%；黄斑花叶，常由TPV侵染引起，除产生斑驳、黄斑外，病薯切面可见弧线形和环形坏死。

病毒仅凭症状不能辨认，须经鉴定才能区分。PVX为马铃薯X病毒组成员，病毒粒子线头，大小为5.5nm×13nm。致死温度68~76℃，病毒浓度高，稳定性强，易通过接触传播，不经介体昆虫传毒。寄主范围广，主要为茄科及少数藜科、苋科植物，在千日红上产生灰白色带红圈的局部枯斑可用于鉴定和检测，在普通烟叶上产生斑驳症状，可用作繁殖寄主。PVY 为马铃薯 Y 病毒组成员，病毒粒子线状，大小为 730nm×11nm，寄主组织超薄切片在电镜下可见到风轮状含体，致死温度为 52~62℃，病毒可以汁液摩擦传播，15 种蚜虫以非持久性方式传播，桃蚜是最有效的介体，寄主范围广，至少 60 种植物可被侵染，主要为茄科、藜科和豆科植物。PVS 为香石竹潜隐病毒组成员，病毒粒子线状，大小为 650nm×12nm。致死温度为 55~60℃，病毒易于汁液摩擦接种，自然条件下多为接触传播，个别株系由桃蚜作非持久性传播，寄主范围窄，不能侵染普通烟草和番茄。PVM 和 PVS 同组，粒子类似，经常同时存在并有血清学相关性，但不如 PVS 分布广泛，致死温度为 65~70℃，病毒可以汁液摩擦接种，自然条件下有桃蚜、马铃薯蚜等 4 种蚜虫以非持久性方式传播，桃蚜为最有效的介体。寄主范围窄，主要为茄科植物。PVA 与 PVY 为同组成员，病毒粒子相似并有血清学相关性。PVA 稳定性低，致死温度为 44~52℃，病毒可以汁液摩擦接种，桃蚜、马铃薯蚜等 7 种蚜虫以非持久性方式传播病毒，主要介体是鼠李蚜和桃蚜，寄主范围限于茄科植物，在许多植物上产生的症状类似 PVY。TPV 为烟草脆裂病毒组成员，双分体病毒，粒体杆状，长粒体为 180nm×25nm，短粒体为 75nm×25nm，致死温度为 75~80℃，汁液摩擦接种较困难，自然条件下由多种短根线虫传播，寄主范围很广，但许多不表现症状。

其他能侵染马铃薯的病毒还有烟草坏死病毒（TNV）、苜蓿花叶病毒（AMV）、烟草花叶病毒（TMV）和黄瓜花叶病毒（cmV）。

（3）传播途径 种薯是最主要的初侵染源，其他茄科等寄主也提供病毒源。多数病毒由介体传播扩散蔓延，蚜传病毒则受蚜虫种类、数量和发生的影响。一般早春播、夏播和秋播发病较轻。TRV 易发生于轻沙质土壤和多雨季节。

（4）防治措施 选用抗病品种，如鄂马铃薯 5 号、中薯 5 号、安薯 56、费乌瑞它、秦芋 32 号、克新系列品种等。建立无病种薯基地，应用脱毒种薯和采取各种栽培措施避开蚜虫迁飞高峰，生产健康种薯供大田应用。无病种薯生产包括脱毒原原种和不同级别的原种生产。花叶病毒比卷叶病毒难脱毒，应采取热处理，结合茎尖培养技术进行，茎尖培养以带一个叶原基的顶芽脱毒效果最好。脱毒难易顺序为 PVA、PVY、PVM、PWX 和 PVS，以 PVS 为最困难。复合侵染会影响消除病毒，如 PVX 和 PVY 同时侵染时，浓度大为增加，难于脱去。由于田间再侵染和组培苗抗病力差，对原原种要多次严格检测，拔除病株和保护性栽培，对各级种薯生产要选择合适的冷凉生态环境和隔离措施，采用早熟栽培结合治蚜并定期检测病毒，将植株带毒率控制在标准以内，以保证种薯质量。

3. 马铃薯纤块茎病

（1）发生时期 由类病毒引起，为害马铃薯块茎的一种病害。从 20 世纪 60 年代起，国内马铃薯开始发病，重者可减产 60% 以上。

（2）感病症状 病原物为类病毒，能自主复制。马铃薯纤块茎类病毒寄主范围很广，能侵染 11 科 150 多种植物，其中多数为茄科植物。番茄是最常用的鉴别和繁殖寄主，马铃薯受侵后，产生的症状为矮化、植株节间缩短，枝叶向上（与主茎的角度变小），小叶扭曲，在长光照下，叶片可产生白化，后期叶脉坏死。患病的块茎细长，形状不规则，产生龟裂，芽眼深陷，失去商品价值，本病可经摩擦和针刺等传播，还可经初生种子和花粉以及甲虫等传播。

大量种植感病的种薯或初生种子和感病品种，是造成病害大面积流行的主要因素。环境条件中以温度、光照的影响为重要。高温和强光照有利于病原物的繁殖，加重症状的表现。

（3）传播途径　马铃薯纤块茎病的来源是带病块茎和初生种子，可通过种薯和初生种子传给下一代。当种植感病的种薯或初生种子后，在田间经病健薯的接触、农事活动等形成大面积感染。感染后，有时并不表现症状，或症状轻微，常为人们忽视，经一二年后，又可严重感染，造成流行。

（4）防治措施　选用无毒种苗，建立无类病毒的良种繁育体系，大力推广繁殖无类病毒的良种，拔除病株，在一定程度上也可减轻病害的传播；调运种薯要实行严格的检疫制度，以防病害的远距离传播；农事操作是田间传播的重要途径，应尽量减少人为的机械接触。

（二）细菌性病害

陕西省马铃薯常见的细菌性病害主要有环腐病、软腐病、黑胫病、青枯病等。

1. 环腐病

由密执安棒形杆菌环腐亚种引起，为害马铃薯维管束的一种系统性侵染细菌病害。

（1）发生时期　环腐棒杆菌在种薯中越冬，成为翌年初侵染源。一部分芽眼腐烂不发芽，另一部分出土的病芽，病菌沿维管束上升至茎中部，或沿茎进入新结块茎而发病。病株率一般在20%，重病地块减产达60%以上。本病在贮藏期可继续为害块茎，严重时引起烂窖。

（2）感病症状　地上部染病分枯斑和萎蔫两种类型。枯斑型多在植株基部复叶的顶上先发病，叶尖和叶缘及叶脉呈绿色，叶肉为黄绿色或灰绿色，具明显斑驳，且叶尖干枯或向内纵卷，病情向上扩展，致全株枯死；萎蔫型初期则从顶端复叶开始萎蔫，叶缘稍内卷，似缺水状，病情向下扩展，全株叶片开始褪绿，内卷下垂，终致植株倒伏枯死。块茎发病切开可见维管束变为乳黄色至黑褐色，皮层内现环形或弧形坏死部。经贮藏，块茎芽眼变黑干枯或外表爆裂，播种后不出芽或出芽后枯死或形成病株。病株的根、茎部维管束常变褐色，病蔓有时溢出白色菌脓。

病原物为密执安棒形杆菌环腐亚种 [*Clavibacter michiganens* subsp. *Sepedonicum* (Spieckermann et Kotthoff) Divis, Gillaspie, Vidaver and Harris.]。菌体杆状，有的近圆形，有的棒状，平均长度为0.8~1.2um，直径为0.4~0.6um。此菌繁殖较快，若以新鲜培养物制片，在显微镜下可观察到相连的呈V形、L形和Y形菌体，不产生芽孢，无荚膜，无鞭毛，革兰氏染色为阳性。

病菌在自然条件下只侵染马铃薯，人工接种可侵染30余种茄科植物。适宜生长温度为20~23℃，最高31~33℃，最低1~2℃，最适pH值6.8~8.4。致死温度为干燥情况下50℃10min。田间土壤温度在18~22℃时病情发展快，而在高温（31℃以上）和干燥气候条件下则发展停滞，症状推迟出现。

（3）传播途径　带病种薯是主要的侵染源。病菌播种后，病菌在块茎组织内繁殖到一定数量后，沿维管束进入植株茎部，引起地上部发病，马铃薯生长后期病菌可沿茎部维管束经由匍匐茎入侵新生的块茎，受病块茎作种薯时又成为下一季或次年的传染源。环腐病菌在土壤中存活时间很短，但在土壤中残留的病菌或病残体内可存活很长时间。收获期是此病的重要扩大传染期，病块茎和健块茎可接触传染，在分级、运输和入窖中都可造成传染机会，如种薯切块播种，病菌通过切刀带菌传染也是一种主要的传播途径。

（4）防治措施 ①选用抗病品种：如早大白、克新系列等。②种薯消毒：用50mg硫酸铜浸种薯10min。③切刀消毒：切过病薯的切刀可用5%来苏水、75%酒精、0.1%高锰酸钾、0.1%度米芬、链霉素、0.2%升汞等药液消毒，或在开水+2%盐水（煮沸）中消毒5~10s。④利用有益内生细菌防治：用荧光假单胞生物型V或草生欧文氏菌防治，定殖能力强，促生作用明显而且稳定，并能使环腐病菌的种群数量显著降低。

2. 软腐病

由几种欧文氏菌单独或混合侵染，为害贮藏期马铃薯块茎的一种细菌性病害。遍布全世界马铃薯产区，每年不同程度的发生，一般年份减产3%~5%，常与干腐病复合感染，引起较大损失。

（1）发生时期 病菌在病残体或土内越冬，翌年地面的小叶由病菌侵染发病。病菌还可借雨水飞溅或昆虫传播蔓延。根部土内病菌污染新块茎，在高温高湿条件下，由皮孔或伤口侵入，导致块茎腐烂。

（2）感病症状 软腐病是细菌性病害，一般发生在生长后期收获之前的块茎上及贮藏的块茎上。薯块受侵染后，气孔轻微凹陷，棕色或褐色，周围呈水浸状。在干燥条件下，病斑变硬、变干，坏死组织凹陷。初期皮孔略凸起，组织呈水渍状，病斑圆形或近圆形，1~3mm，表皮下组织软腐，以后扩展成大病斑直至整个薯块腐烂，软腐组织呈湿的奶油色或棕褐色，其上有软的颗粒状物。被侵染组织和健康组织界限明显，病斑边缘有褐色或黑色的色素。腐烂早期无气味，在30℃以上时有恶臭气味，往往溢出多泡状黏稠液。腐烂过程中，若温湿度不适宜则病斑干燥，扩展缓慢或停止。有些品种上的病斑外围常有一变褐环带。

病原物为胡萝卜软腐欧文氏菌胡萝卜软腐亚种 [*Erwinia carotovora* subsp. *carotovora*（Jones）Borgey et al.]、胡萝卜软腐欧文氏菌马铃薯黑胫亚种 [*E. carotovora* subsp. *atroseptica*（Van Hall）Dye] 和菊欧氏菌（*E. chrysanthemi* Burkholder，McFaden et Dimock）3种。菌体直杆状，0.5um~1.0×1.0~3.0um，单生，有时对生，革兰氏染色反应阴性，以周生鞭毛运动，兼厌气性。

（3）传播途径 病原细菌潜伏在薯块的皮孔及表皮上，遇高温、高湿、缺氧，尤其是薯块表面有薄膜水，薯块伤口愈合受阻，病原细菌即大量繁殖，在薯块薄壁细胞间隙中扩展，同时分泌果胶酶降解细胞中胶层，引起软腐。腐烂组织在冷凝水传播下侵染其他薯块，导致成堆腐烂。在土壤、病残体及其他寄主上越冬的软腐细菌在种薯发芽及植株生长过程中可经伤口、幼根等处侵入薯块或植株。带菌种薯是该菌季节间传播的重要来源，在田间还借风雨、灌溉水及昆虫等传播。

软腐病病菌易在水中传播。一般从其他病斑进入，形成二次侵染、复合侵染。早前被感染的母株，可通过匍匐茎侵染子代块茎。温暖和高湿及缺氧有利于块茎软腐病发生。地温在 20~25℃或在 25℃以上，块茎会高度感病。通气不良、田里积水、水洗后块茎上有水膜造成的厌气环境，利于病害发生发展。

（4）防治措施　选用无病种薯，建立无病留种田。加强田间管理，减少薯块带菌量。控制 N 肥施用量，增施 P、K 肥。注意通风透光和降低田间湿度。生长后期注意排水，收获时避免造成机械操作。及时拔除病株，并用石灰消毒减少田间初侵染源和再侵染源，避免大水漫灌。

发病初期及时喷洒 50%百菌通可湿性粉剂 500 倍液，或 12%绿乳铜乳油 600 倍液；或用 47%加瑞农可湿性粉剂 500 倍液；或用 14%络氨铜水剂 300 倍液。

入窖前铲除窖面 1cm 厚旧土层，喷洒杀菌剂，并撒干石灰粉或干沙土。入窖时严格剔除病、伤和虫咬的块茎，并在阴凉通风处堆放 3d 左右，使块茎表面水分充分蒸发，部分伤口愈合，以防止病原菌侵入。入窖时轻倒轻放，尽量避免薯皮受损伤。贮量以容积的 1/3~1/2 为宜，便于空气流通、散热、降温、降湿。贮藏窖内加强管理，注意好温湿度及通风等状况。

3. 黑胫病

（1）发生时期　窖内通风不好或湿度大、温度高，利于病情扩展。带菌率高或多雨、低洼地块发病重。

（2）感病症状　马铃薯黑胫病主要侵染茎或薯块，从苗期到生育后期均可发病。病原菌为胡萝卜软腐欧文氏菌马铃薯黑胫亚种。种薯染病腐烂成黏团状，不发芽，或则发芽即上卷，褪绿黄化，或胫部变黑，萎蔫而死。横切茎可见 3 条主要维管束变为褐色。薯块染病始于脐部，呈放射状向髓部扩展，病部黑褐色或黑色，横切检查维管束呈黑褐色点状或短线状，用手挤压皮肉不分离。发病轻时，脐部呈黑点状，干燥时变硬、紧缩；但在长时间高温环境中，薯块变为黑褐色，腐烂发臭，严重时薯块中间烂成空腔。

（3）传播途径　种薯带菌，土壤一般不带菌。病菌先通过切薯块扩大传染，引起更多种薯发病，再经维管束或髓部进入植株，引起地上部发病。田间病菌还可通过灌溉水、雨水或昆虫传播，经伤口侵入致病。后期病株上的病菌又从地上茎，通过匍匐茎传到新长出的块茎上。贮藏期病菌通过病健薯接触经伤口或皮孔侵入，使健薯染病。

（4）防治措施　一是选用无病种薯：建立无病留种田，采用单株选优，芽栽或整薯播种。二是农艺防治：催芽晒种，淘汰病薯。切块用草木灰拌种后立即播种。适时早播，注意排水，降低土壤温度，提高地温，促进早出苗。发现病株及时挖除，清除田间病残体，合理轮作换茬，避免连作。种薯入窖前挑选，入窖后加强管理，窖温控制在 1~4℃，防止窖温过高，湿度大。三是药剂防治：播种时用 20%噻菌铜悬浮剂 600 倍液，或 30%琥胶酸铜悬浮剂 400 倍液浸种 30min 后催芽播种可有效防治黑胫病；发病初期叶面喷洒 0.1%硫酸铜溶液能明显减轻黑胫病。

4. 青枯病

马铃薯青枯病是由青枯病假单胞菌引起为害马铃薯基部维管束的一种系统性侵染的重要细菌病害。发病后引起严重损失，病株率达 30%~40%，全田枯死地块可达2.2%~

2.3%，此病对马铃薯有潜伏浸染，贮存期可继续为害，引起块茎大量腐烂。

（1）发生时期　该病是维管束病害，幼苗和成株期都可发生。

（2）感病症状　典型症状为叶片或植株呈急性萎蔫，有时只一个分枝枯萎或一丛植株茎基部维管束变为黄色或黄褐色，受病块茎的芽眼浅褐色，溢出菌脓，切开病块茎，维管束呈黄色或褐色，重者呈环状腐烂。

病原物为青枯病假单胞菌［*Pseudomonas solanacearum*（Smith）Smith］，菌体杆状，长 1.5~2.5μm，直径 0.5~0.7μm，无芽孢，无荚膜，有端生鞭毛 1~4 根或无鞭毛，革兰氏阴性，好气，不能使葡萄糖产酸。青枯病菌有明显的变异或分化。按菌落特征可分为野生型和变异型，前者菌落质地稀乳液状，不规则形或近圆形，较大（2~5mm），具致病力；后者菌落质地粘稠，乳脂状，圆形，很小（1mm 左右），致病力弱或无致病力。青枯病菌的寄主范围很广，不同地区和不同寄主来源的细菌分离物（或菌株）对不同的植物的侵染力有明显差异。

高温、高湿和多雨是引起青枯病发生和为害的主要环境条件，其他如土壤质地、酸碱度、土壤线虫以及其他感病寄主或桥梁寄主等的存在也是重要因素。青枯病菌不耐干燥，最适宜的生长温度为 27~37℃，但不同小种或菌系之间有明显差异。

（3）传播途径　田间一般是在植株上端个别小叶或复叶最先出现萎蔫，以后逐渐加多，高温高湿条件下几天内全株萎蔫、枯死。带病种苗是主要侵染菌源以及引起远距离传播，其次为土壤、其他感病植物和肥料等。病薯种植到田间，随地温的上升，幼苗萌发、出土，病菌便随之增殖扩展引起发病，造成块茎腐烂，幼芽枯死以及植株萎蔫。病菌随雨水、灌溉水、农具、昆虫等传播到健康株上，扩大传播。病株根系和健株根系相互接触引起传染。新生块茎染病后成为下一季或次年的传染源。病菌在土壤及土壤中病残体内存活，进行越冬和越夏。

（4）防治措施　由于青枯病侵染来源和传播途径多，影响为害的环境因素亦较复杂，因此在防治策略上应采取综合措施。①采用无病种薯，建立种薯繁育生产体系。带病种苗是最主要的传染源，切断这一关键性传染环节，就可基本控制其为害。②实行轮作。采用马铃薯与非寄主植物如水稻、小麦、玉米、高粱、甘蔗、大豆、棉花等轮作。③合理间套作。④采用小整薯播种，不用切块播种。⑤选用抗病或耐病品种。⑥栽培防治措施。如不用带病肥料、防止灌溉水污染和避免农机具传染等，都可在一定程度上减轻为害。

（三）卵菌性病害

马铃薯晚疫病是一种毁灭性的卵菌性病害，是陕西省马铃薯产区为害性最大的病害之一。能侵染除花以外的所有部位，使叶片产生坏死斑，短期内导致整田植株死亡与块茎腐烂。

1. 病原

病原物为致病疫霉（*Phytophthora infestans*），属卵菌，霜霉目。病菌孢囊梗分枝明显，每隔一段着生孢子囊处有膨大的节。孢子囊柠檬形，大小为（21~38）μm×（12~23）μm，一端有乳突，另端有小柄，易脱落，在水中释放出 5~9 个有 2 根鞭毛流动孢子，失去鞭毛后，形成球形休止孢子，萌发出芽管，再长出空透钉侵入寄主内。菌丝生长的最适温度为20~23℃，孢子囊形成的最适温度为19~22℃，10~13℃下形成流动孢子，在温度24℃时孢子囊多直接萌发成芽管。

2. 发生时期

病菌主要以菌丝体潜伏在薯块内越冬，成为病害的主要来源。播种病薯后，重者不能发芽或幼芽未出土即死亡；轻者出土后发病，成为中心病株。土中病菌喜昼暖夜凉和高湿环境，相对湿度95%以上，18~22℃条件下，有利于孢子囊的形成。多雨年份，早晚多雾多露，天气潮湿等，有利于病害的发生和蔓延。有研究发现，晚疫病还能产生有性孢子，有一部分孢子囊落在地上，随水渗入土中，可以在土壤中残体里存活，侵染薯块，形成病薯，作为翌年的侵染源。这样循环往复，不断传播。长势旺盛，枝繁叶茂，田间郁闭，越利于晚疫病的发生和流行。有时虽然发生了中心病株，由于天气干旱，空气干燥，湿度低于75%或不能连续超过75%，便不能形成流行条件，被侵染的叶片枯干后病菌死亡，就不会大面积流行。

3. 感病症状

马铃薯晚疫病又称疫病、马铃薯瘟。由病原真菌（致病疫霉）引起的一种毁灭性的卵菌病害。主要为害马铃薯叶片、茎和薯块。发病后叶部病斑面积和数量增长迅速，使植株以致全田马铃薯成片早期死亡，并引起块茎腐烂，严重影响产量。叶上病斑灰褐色，边缘不整齐，周围有一褪绿圈。在潮湿条件下病部与健康组织的交界处有一圈白霉层，是病菌的孢囊梗和孢子囊。块茎上的病斑褐色，形状不规则，微下陷不变软，切开后可见深浅不等的锈褐色坏死斑，与健康薯肉没有整齐的界限。

田间识别主要看叶片，一般先在叶尖或叶缘呈水浸状绿褐色斑点，病斑周围有浅绿色晕圈，病斑的切面可见皮下组织呈红褐色，湿度大时病斑迅速向外扩展，叶面如开水烫过一样，呈黑绿色或褐色，并在叶背面产生白霉（分生孢子梗和孢子囊）。干燥时，病斑变褐干枯，质脆易裂，不见白霉，且扩展速度减慢。叶柄、茎部，呈褐色条斑。发生严重时，叶片萎蔫、卷缩，全株黑腐，散发出腐败的气味。当温度较高、湿度较大时，病变可蔓延到块茎内的大部分组织，呈大小不等、形状不一的暗褐色病斑凹陷，病部皮下薯肉呈褐色，随着其他杂菌的腐生，逐步向四周扩大或烂掉。

孢子囊形成要有97%的相对温度，萌发与侵染都要有水滴，所以晚疫病多在阴雨潮湿气温偏低的地区与年份发生。致病疫霉寄主范围窄，除马铃薯外只侵染番茄。

4. 传播途径

晚疫病是一种靠气流传播，导致马铃薯茎叶死亡和块茎腐烂的一种流行性、毁灭性的卵菌病害。病菌以休止孢子萌发的芽管从气孔或表皮侵入，在寄主细胞间隙中发展成菌丝，以吸器伸进细胞内吸取养分。当遇到空气湿度连续在75%以上，气温在10℃以上的条件时，叶子上就出现症状，形成中心病株，病叶上产生的白霉（孢子梗和孢子囊）随风、雨、雾、露和气流向周围植株上扩展。

致病疫霉除卵孢子外不能在土壤或病残组织中长期存活和耐严冬的低温，但有形成厚垣孢子存活3个月的报道。陕北地区冬季漫长，晚疫病的初侵染源为发病而不严重的薯块，收藏入窖而越冬。来年和健康薯一起播种到地里，病菌随温度转暖而活动，沿着幼苗的茎秆长到地面。气候温暖潮湿在地上或地下的病斑上长出孢子囊侵染叶片与邻近的健康苗，经过几次再侵染形成一定数量的病株叶后成为发病中心才被发现。此时若气候继续潮湿，短期内全田发病。陕南地区冬季较温暖有马铃薯植株存在，且多雨潮湿，加上有垂直分布的多种种植制度，晚疫病能在早期发生，侵染源不限于本田的病薯。晚疫病的流行主要由温湿度是否适宜与持续时间的长短及品种的抗病性而定。病菌传播距离主要在初侵染源附近，但不排除少数能传到几千米以外。

5. 防治措施

（1）选用抗病品种　根据当地特点选用适合种植的抗病高产良种，如米拉、鄂马铃薯5号、安薯56、中薯5号、秦芋32、早大白及克新系列品种等。

（2）精选种薯　入窖贮藏、出窖、切块、催芽等环节都要精选种薯，淘汰病薯，以切断病菌来源。

（3）药剂拌种　每100kg种薯用春雷霉素20g+甲基硫菌灵100g进行拌种。在一定程度上能预防马铃薯早疫病和晚疫病的发生。

（4）农业措施　调整播种期避开晚疫病发生时期；调整株行距，改小行距为大行距，密度不变，改善田间微环境的通风；种植隔离作物，减轻病菌传播，通过和玉米等作物套作，减轻病菌传播；加厚培土层，即使发生了晚疫病，通过加厚培土层，也能减轻病菌对薯块的为害。

（5）轮作倒茬　通过与非茄科作物3年以上轮作可减轻土壤内病菌富集造成的为害。

（6）加强健身栽培　适时早播，选择较好的（土质疏松、灌排水良好）地块种植马铃薯，合理施肥，增强植株抗病性，发现中心病株及时拔除销毁。

（7）药剂防治　在发现中心病株前后立即喷药。发病前可用保护剂，发病后应用内吸治疗剂或内吸治疗剂与保护剂的复配制剂，最好多种药剂交替使用，以减少抗药性的产生。选用药剂为52.5%抑快净（霜脲氰+共唑菌酮）水分散粒剂、68.75%银法利（氟菌·霜霉威）悬浮剂、72%克露（霜脲氰+代森锰锌）可湿性粉剂、80%大生可湿性粉剂、50%安克（烯酰吗啉）可湿性粉剂、64%杀毒矾（恶霜灵+代森锰锌）可湿性粉剂、75%代森锰锌可湿性粉剂等。在病害发生前喷第一次药，以后每隔7~10d喷药1次。

（8）生物源农药防治　紫茎泽兰、漏芦、板蓝根、紫苏、苦参、诃子、五倍子、知母、大蒜等几十种植物的有机溶剂提取物或水提取物中含有抑制晚疫病菌生长、延缓病害发展进程的活性成份。郭梅等（2007）研究表明，YX拟青霉菌、*P. fluorescens*、假单孢菌、嗜线虫致病杆菌及生防菌B9601等菌株或其代谢物具有杀菌活性，可进行更深入的试验研究，技术成熟后可在生产中加以利用。

（四）真菌性病害

陕西省马铃薯常见的真菌性病害主要有早疫病、疮痂病、黑痣病、干腐病等。

1. 早疫病

（1）发生时期　分生孢子或菌丝在病残体或带病薯块上越冬，翌年种薯发芽时即开始浸染。病原菌易侵染老叶片，遇有连阴雨，土壤缺肥，植株生长势差，植株营养不足或衰老或受伤害，偏施N肥和P肥、瘠薄地块及肥力不足，干燥天气和湿润天气交替出现期间，该病易发生和流行。高温多湿、阴雨多雾、生长衰弱有利于早疫病的蔓延和侵染，发病较重。早疫病分生孢子萌发适温26~28℃，当叶上有结露或水滴，温度适宜，分生孢子经40min左右即萌发，从叶面气孔或穿透表皮侵入，潜育期2~3d。一般早疫病多发生在块茎开始膨大时。

（2）感病症状　早疫病主要发生在叶片上，也可侵染叶柄、茎秆及块茎。叶片染病，病斑黑褐色，圆形或近圆形，具同心轮纹，大小3~4mm。湿度大时，病斑上长出黑色霉层，即病原菌的分生孢子梗及分生孢子。叶片发病严重时干枯脱落，田间一片枯黄色。叶柄和茎秆受害，多发生在分枝处，病斑长圆形，黑褐色，有轮纹。块茎染病，产生暗褐色稍凹陷圆形或近圆形斑，边缘分明，皮下呈浅褐色海绵状干腐。

马铃薯早疫病主要由链格孢属茄链格孢引起，菌丝丝状，有膈膜。分生孢子梗自气孔伸出，束生，每束1~5根，梗圆筒形或短秆状，暗褐色，具膈膜1~4个，大小（30.6~104）μm×（4.3~9.19）μm，直或较直，梗顶端着生分生孢子。分生孢子长卵形或倒棒形，淡黄色，大小（85.6~146.5）μm×（11.7~22）μm纵膈1~9个，横膈7~13个，顶端长有较长的喙，无色，多数具1~3个横膈，大小（6.3~74）μm×（3~7.4）μm。

（3）传播途径　早疫病菌在植株残体和被侵染的块茎上或其他茄科植物残体上越冬，病菌可活1年以上。越冬的病菌形成新分生孢子，借风雨、气流和昆虫携带，向四周传播，侵染新的马铃薯植株。

（4）防治措施　一是实行轮作倒茬，清理田园。将残株败叶移出地外掩埋，以减少侵染菌源，延缓发病时间。二是加强健身栽培。施足底肥，增施有机肥，进行配方施肥。适量增施K肥，适时喷施叶面肥；合理用水，雨后及时清沟排渍降湿；促进植株生长健壮旺盛，增强植株抗病性。三是选用丰产抗病品种，适当提早收获，可减轻病害的发生。四是药剂防治。在发病初期，及时用75%拿敌稳（肟菌-戊唑醇）水分散粒剂，根据马铃薯植株大小，每亩用药10~15g，加水45~60L喷雾；25%嘧菌酯（阿米西达）悬浮剂800倍液喷雾；或者用43%好力克（戊唑醇）悬浮剂，每亩次用药13~17mL，加水45~65L喷雾；或用75%百菌清（达清宁）可湿性粉剂600倍液喷雾。

2. 疮痂病

（1）发生时期　温度25~30℃适合该病发生。中性或微碱性沙壤土发病重。品种间抗病性有差异，白色薄皮品种感病，褐色厚皮品种较抗病。

（2）感病症状　马铃薯疮痂病病原为疮痂链霉菌属菌，包括多个种。菌体丝状，有分枝，极细，尖端常呈螺旋状。病菌主要为害块茎，从皮孔侵入，发病初期在块茎表皮产生褐色斑点，以后逐渐扩大后形成褐色圆形或不规则形大斑块，侵染点周围的组织坏死，块茎表面变粗糙，质地木栓化。成熟薯块症状常表现为凸起或凹陷的表面疮痂状硬病斑，严重时病斑连片。薯块表皮组织被破坏后，易被其他病原菌侵染，造成块茎腐烂。

（3）传播途径　病菌在土壤中腐生或在病薯上越冬。块茎表皮木栓化之前，病菌从皮孔或伤口侵入后染病，块茎表皮完全木栓化侵入较难。病薯出苗易发病，健薯播入带菌土壤中也能发病。

（4）防治措施

①农艺防治：选用抗疮痂病的马铃薯品种是从根本上降低病害发生的有效途径，如早大白等。随着土壤 pH 值降低，病害严重度也在降低，且在 pH 值 5.0 以下疮痂病就不再发生，因此，栽培马铃薯应选择偏酸性土壤。在其他条件相同的情况下，浇灌时间间隔越长，病害发生越严重。

②化学防治：种薯可用 0.1% 对苯二酚浸种 30min；或 0.2% 甲醛溶液浸种 10~15min；或 0.1% 对苯酚溶液浸种 15min，或 0.2% 福尔马林溶液浸种 15min 防治疮痂病。在微型薯生产上，可用必速来（棉隆）颗粒剂处理育苗土，用量为 30g/m²。在大田生产中，可用五氯硝基苯进行防治，也可喷 2% 农用链霉素可湿性粉剂 5 000 倍液；可用 45% 代森铵水剂 900 倍液，或用 DT 可湿性粉剂 500 倍液；或用 DTM 可湿性粉剂 1 000 倍液；或用 50% 加瑞农可湿性粉剂 600 倍液等。每隔 7~10d 一次，连续喷 2~3 次。马铃薯贮存期采用百菌清烟剂进行熏蒸也可以较好地防治疮痂病。

3. 黑痣病

（1）发生时期　该病发生与春寒及潮湿条件有关，播种早或播种后地温低发病重。

（2）感病症状　马铃薯黑痣病在茎上发病，首先在近地面处产生红褐色长形病斑，后逐渐扩大，茎基部周围变黑而表皮腐烂。因输导组织被破坏，叶片逐渐枯黄卷曲，植株易倾斜全株死亡。地下块茎发病多以芽眼为中心，生成褐色病斑，其后干腐或疮痂状龟裂。薯块小而不光滑，形状各异，散生或聚生的尘埃状菌核，重病株可形成立枯，顶部萎蔫或叶卷曲。温度低湿度大时，病斑上或茎基部表面常覆有紫色或白色霉层，造成部分死亡。

（3）传播途径　以病薯上或留在土壤中的菌核越冬。带病种薯是翌年的初侵染源，又是远距离传播的主要途径。

（4）防治措施　一是选用抗病品种，建立无病留种田，采用无病种薯播种。二是增施有机肥，调节好温湿度，加强管理，提高土壤通透性，加强健身栽培，以提高植株抗性。三是重病区，尤其是高海拔冷凉山区，要特别注意适期播种，避免早播。四是发现中心病株及时拔除，用生石灰消毒。五是播种前，用 50% 多灵可湿性粉剂 500 倍液；或用 50% 福美双可湿性粉剂 1 000 倍液浸种 10min；或喷施甲基托布津可湿性粉剂 600 倍液。

4. 干腐病

（1）发生时期　病菌在 5~30℃ 条件下均能生长。贮藏条件差，通风不良利于发病。

（2）感病症状　马铃薯干腐病病原菌为茄病镰孢、串珠镰孢、真菌硫色镰刀菌。均属半知菌亚门束梗孢目镰刀菌属，其中真菌硫色镰刀菌为优势种群。症状为在块茎上形成浅褐色斑，发病初期仅局部变褐稍凹陷，之后扩展形成较大的暗褐色凹陷或穴状斑。病部逐渐疏软、干缩，出现很多皱褶，呈同心轮纹状，表面长出灰白色或玫瑰色菌丝和分生孢子座，严重时整个块茎被侵染。剖开病薯可见空心，空腔内长满菌丝，薯内则变为深褐色或灰褐色，僵缩、干腐、变轻、变硬、不堪食用。在干燥条件下贮藏，病薯干腐，表面皱缩。在高温条件下，感病组织变得更加疏松，内部形成空洞并充满菌丝体，易造成其他细菌、真菌和昆虫伴随侵入，加快块茎腐烂。

（3）传播途径　病菌以菌丝体或分生孢子在病残组织或土壤中越冬。多系弱寄生菌，病菌从伤口或芽眼侵入。

（4）防治措施　在发病前或发病初期，将奥力—克霉止按 300~500 倍液稀释喷雾，每 5~7d 喷药 1 次，喷药次数视病情而定。病情严重时，奥力—克霉止按 300 倍液稀释，每 3d 喷施一次。施药避开高温时间段，最佳施药温度为 20~30℃，重要防治时期为开花期和果实膨大期。

二、虫害与防治

为害中国马铃薯的虫害种类有 10 余种，主要有二十八星瓢虫、蚜虫、芫菁、粉虱、蓟马、螨、斑潜蝇、马铃薯块茎蛾等地上害虫和地老虎、蛴螬、蝼蛄、金针虫等地下害虫。其中马铃薯地下害虫的分布呈全国性，且北方栽培区虫害表现出重于南方栽培区的趋势。

陕西省马铃薯栽培区横跨中国地理区划的南北交界带，虫害类型较多，为害本省马铃薯生产的主要地下害虫有地老虎，蛴螬、金针虫、蝼蛄和马铃薯块茎蛾等 5 种；地上害虫则以二十八星瓢虫、蚜虫、粉虱、茶黄螨等为主。

（一）地下害虫

1. 小地老虎

（1）种类和分类地位　昆虫纲鳞翅目夜蛾科，多食性作物害虫。种类丰富，其中小地老虎、黄地老虎、大地老虎、白边地老虎等尤为重要，而主要为害马铃薯的是小地老虎［*Rgrotis ypsilon*（Rottemberg）］，又称土地蚕、地蚕、黑土蚕等，是一种迁飞性、杂食性的地下害虫。

（2）形态特征

①成虫：体长 16~23mm，翅展 42~54mm，体深褐色，前翅有内横线、外横线将全翅分为 3 段，具有显著的肾形斑、环形纹、棒状纹和 2 个黑色剑状纹，后翅灰色无斑纹。

②幼虫：体长 37~47mm，灰黑色，体表布满大小不等的颗粒，臀板黄褐色，具 2 条深褐色纵带。

③卵：长约 0.5mm，半球形，初产时乳白色，后出现红斑纹，后变为灰黑色。

④蛹：长 18~23mm，赤褐色，有光泽，第 5~7 腹节背面的刻点比侧面的刻点大，臀刺为短刺 1 对。

（3）生活史　小地老虎一年发生 3~4 代，老熟幼虫或蛹在土内越冬。越冬场所为麦田、绿肥、草地、菜地、休闲地、田埂以及沟渠堤坡附近。早春 3 月上旬成虫开始出现，一般在 3 月中下旬和 4 月上中旬会出现两个发蛾盛期。

3—4 月间气温回升，越冬幼虫开始活动，陆续在土表 3cm 左右深处化蛹，蛹直立于土室中，头部向上，蛹期 20~30d。4—5 月为各地化蛾盛期。幼虫共 6 龄。

1~6 龄幼虫历期分别为 4d、4d、3.5d、4.5d、5d、9d，幼虫期共 30d。卵期平均温度 18.5℃，幼虫期平均温度 19.5℃。产卵前期 3~6d。产卵期 5~11d。每雌虫产卵量为

300~600粒。卵期长短，因温度变化而异，一般5~9d，如温度在17~18℃时为10d左右，28℃时只需4d。

（4）发生时期　地老虎在陕西一年发生3代。陕西（关中、陕南）第一代幼虫出现于5月中旬至6月上旬，第二代幼虫出现于7月中旬至8月中旬，越冬代幼虫出现于8月下旬至翌年4月下旬。1~2龄幼虫在植物幼苗顶心嫩叶处昼夜为害，3龄以后从接近地面的茎部蛀孔食害，造成枯心苗。3龄以后幼虫开始扩散，白天潜伏在被害作物或杂草根部附近的土层中，夜晚出来为害。

（5）为害　小地老虎以幼虫为害作物，1~2龄幼虫为害幼苗嫩叶，3龄后转入地下为害根、茎，5~6龄为害最重，可将幼苗近地面的茎部咬断，使整株死亡，造成缺窝断垄行，幼虫也可咬食嫩叶和块茎，叶片受害后出现缺刻或孔洞，块茎受害后造成孔洞。

（6）防治措施

①农业防治：除草灭虫。清除杂草可消灭成虫部分产卵场所，减少幼虫早期食料来源。除草在春播作物出苗前或1~2龄幼虫盛发时进行。灌水灭虫：有条件地区，在地老虎发生后，根据马铃薯长势，及时灌水，可收到一定效果。调整作物播种时期：适当调节播种期，可避过地老虎为害。应根据当地实际情况酌情采用。

②物理防治：使用黑光灯或频振式杀虫灯诱杀成虫。配制糖醋液诱杀成虫。配制方法为：糖6份、醋3份、白酒1份、水10份、90%敌百虫1份。堆草诱杀幼虫，选择小老虎喜食的灰菜、刺儿菜、苜蓿等杂草制成草堆，诱集其幼虫，人工捕捉或拌入药剂毒杀。

③化学防治：喷雾。每亩可选用50%辛硫磷乳油50mL，或2.5%溴氰菊酯乳油，或40%氯氰菊酯乳油20~30mL，90%晶体敌百虫50g，对水50L喷雾。喷药适期应在幼虫3龄盛发前。毒土或毒砂。可选用2.5%溴氰菊酯乳油90~100mL，或50%辛硫磷乳油，或40%甲基异柳磷乳油500mL加水适量，喷拌细土50kg配成毒土，每亩20~25kg顺垄撒施于幼苗根标附近。毒饵或毒草。一般虫龄较大可采用毒饵诱杀。可选用90%晶体敌百虫0.5kg，或50%辛硫磷乳油500mL，加水2.5~5L，喷在50kg碾碎炒香的棉籽饼、豆饼或麦麸上，于傍晚在受害作物田间每隔一定距离撒一小堆，或在作物根际附近围施，每亩用5kg。毒草可用90%晶体敌百虫0.5kg，拌砸碎的鲜草75~100kg，每亩用量15~20kg。

2. 蛴螬

（1）种类和分类地位　蛴螬又名白土蚕，地狗子，是金龟甲科［Scarabaeidae］幼虫的统称，主要包括大黑腮金龟、暗黑腮金龟、铜绿丽金龟等。是马铃薯生产上重要的地下害虫，国内马铃薯主产区均有分布。

（2）形态特征　蛴螬身体肥大弯曲呈C形，体色多白色，有的黄白色，体壁较柔软，多皱，体表有疏生细毛，头部较大且呈圆形，黄褐色至红褐色，左右生有对称的刚毛，有3对胸足，后足较长，腹部10节，第10节称为臀节，上面着生有刺毛。

（3）生活史　蛴螬年生代数因种、因地而异。一般1年1代，或2~3年1代，长者5~6年1代。幼虫和成虫在土中越冬，白天藏在土中，20—21时进行取食等活动。

蛴螬有假死和负趋光性，并对未腐熟的粪肥有趋性。幼虫蛴螬始终在地下活动，与土壤温湿度关系密切。当10cm地温达5℃时开始上升土表，13~18℃时活动最盛，23℃以上则往深土中移动，至秋季地温下降到其活动适宜范围时，再移向土壤上层。

（4）发生时期　蛴螬的栖息地为土壤中，其活动与土壤温度关系密切，当地表下10cm土地温度达5℃时开始上升至表土层，在13~18℃时活动最盛，23℃以上则往深土中移动，至秋季地温下降到其适宜温度范围时再向上层土壤移动，土壤湿润则活动性强。以幼虫和成虫在土壤中越冬，幼虫具有假死性，成虫有夜出性和日出性之分，夜出性种类夜晚取食为害，并多具有不同程度的趋光性，而日出性种类则白天在植物上活动取食。

（5）为害　该虫主为害期为幼虫期，幼虫主要咬食为害地下嫩根、地下茎和块茎，造成幼苗枯死，田间缺苗断垄，块茎受害后，咬食成缺刻或孔洞，引起腐烂。成虫具有飞行能力，可咬食叶片。

（6）防治措施

①农业防治：秋季深翻地，湿耙地，破坏蛴螬越冬环境，冻死准备越冬的大量幼虫、蛹和成虫，减少越冬数量，减轻下年为害。避免施用未腐熟的厩肥，减少成虫产卵量。清洁田园，清除田间、田埂、地头、地边和水沟边等处的杂草和杂物，并带出地外处理，以减少幼虫和虫卵数量。

②物理防治：利用糖蜜诱杀器和黑光灯、鲜马粪堆、草把等，分别对有趋光性、趋糖蜜性的成虫进行诱杀，可以减少成虫产卵，降低幼虫数量。

③化学防治：施用毒土和颗粒剂：播种时每亩用1%敌百虫粉剂3~4kg，加细土10kg掺匀，顺垄撒于沟内，毒杀苗畦为害的蛴螬等地下害虫；或在中耕时把上述农药撒于苗根部，毒杀害虫。灌根：用40%的辛硫磷1 500~2 000倍液，在苗期灌根，每株50~100mL。使用毒饵：小面积防治还可以用上述农药，掺在炒熟的麦麸、玉米或糠中，做成毒饵，在晚上撒于田间。

3. 金针虫

（1）种类和分类地位　金针虫是叩头虫的幼虫，主要有沟金针虫、细胸金针虫，属鞘翅目叩甲科，而为害马铃薯生产的主要为细胸金针虫 [Agriotes fuscicollis Miwa]。

（2）形态特征　①成虫：体长8~9mm或14~18mm，依种类而异。体黑或黑褐色，头部生有1对触角，胸部着生3对细长的足，前胸腹板具1个突起，可纳入中胸腹板的沟穴中。头部能上下活动似叩头状。②幼虫：体细长，25~30mm，金黄或茶褐色，并有光泽。身体生有同色细毛，3对胸足大小相同。

（3）生活史　生活史较长，需3~6年完成1代，以幼虫期最长。幼虫老熟后在土内化蛹，金针虫在8—9月间化蛹，蛹期20d左右，9月羽化为成虫，即在土中越冬，次年3—4月出土活动，交尾后产卵于土中。幼虫孵化后一直在土内活动取食。

（4）发生时期　幼虫或成虫在60~100cm的土层内越冬，翌年3月下旬至4月上旬幼虫开始活动；4月中旬至下旬上升到土壤耕层；4月下旬至5月上旬幼虫咬食刚播下的种薯；5月下旬至6月中旬金针虫钻蛀到主茎髓部取食；6月下旬地温升高，幼虫向15~20cm的土层中移动，地温升高到20℃左右时停止为害；9月上旬至10月上旬幼虫又上升到土壤耕层活动。以春季为害最重，秋季较轻。

（5）为害　主要以幼虫为害，幼虫在土中钻蛀种薯块茎，取食种薯、萌发的幼芽及植物根部，植株受害后逐渐萎蔫至枯萎致死。也有幼虫钻蛀块茎，在块茎内形成蛀道，使块茎失去商品价值。

（6）防治措施

①农业防治：可以水旱轮作，或者在金针虫活动盛期常灌水，可抑制为害。种植前要深耕多耙，收获后及时深翻；夏季翻耕暴晒。

②化学防治：定植前土壤处理，可用48%地蛆灵乳油200mL/亩，拌细土10kg撒在种植沟内，也可将农药与农家肥拌匀施入。生长期发生沟金针虫，可在苗间挖小穴，将颗粒剂或毒土点入穴中立即覆盖，土壤干时也可将48%地蛆灵乳油2 000倍，开沟或挖穴点浇。药剂拌种：用50%辛硫磷、48%乐斯本或48%天达毒死蜱、48%地蛆灵拌种，比例为药剂∶水∶种子＝1∶30~40∶400~500。施用毒土。用48%地蛆灵乳油每亩200~250g，50%辛硫磷乳油每亩200~250g，加水10倍，喷于25~30kg细土上拌匀成毒土，顺垄条施，随即浅锄；用5%甲基毒死蜱颗粒剂每亩2~3kg拌细土25~30kg成毒土，或用5%甲基毒死蜱颗粒剂、5%辛硫磷颗粒剂每亩2.5~3kg处理土壤。

4. 蝼蛄

（1）种类和分类地位　属直翅目蝼蛄科，主要类型有东方蝼蛄［*Gryllotalpa orientails Burmeister*］和华北蝼蛄［*Gryllotalpa unispina*］，华北蝼蛄主要分布在北方各地，东方蝼蛄在中国均有分布，南方为害较重。陕西地区马铃薯生产以华北蝼蛄为主。

（2）形态特征

①成虫：雌成虫体长45~50mm，雄成虫体长39~45mm。形似非洲蝼蛄和华北蝼蛄，但体黄褐至暗褐色，前胸背板中央有1心脏形红色斑点。后足胫节背侧内缘有刺1个或消失。腹部近圆筒形，背面黑褐色，腹面黄褐色。

②卵：椭圆形。初产时长1.6~1.8mm，宽1.1~1.3mm，孵化前长2.4~2.8mm，宽1.5~1.7mm。初产时黄白色，后变黄褐色，孵化前呈深灰色。

③若虫：形似成虫，体较小，初孵时体乳白色，二龄以后变为黄褐色，五、六龄后基本与成虫同色。

（3）生活史　蝼蛄的生活史较长，3年左右完成1代，以成虫和若虫在土内筑洞越冬，深达1~16m。每洞1虫，头向下。次年气温上升即开始活动，在地表营成长10cm的隧道。6—7月是产卵盛期，卵数十粒或以上，成堆产于15~30cm深处的卵室内。每虫一生共产卵80~809粒，平均417粒。卵期10~26d化为若虫，在10—11月以8~9龄若虫期越冬，第二年以12~13龄若虫越冬，第三年以成虫越冬，第四年6月产卵。

（4）发生时期　成虫或若虫在地下越冬，第二年4月温度上升后到地面活动，5—6月处于活跃期，也是第一次为害高峰期，6—8月天气炎热后，该虫转入地下，到9月后气温下降，该虫再次上升到地表，开始第二次为害高峰。10月中旬后钻入土层中越冬。

该虫具趋光性，白天多潜伏于土壤深处，晚上到地面为害，喜食幼嫩部位，为害盛期多在播种期和幼苗期。

（5）为害　成虫、若虫均在地下活动，取食马铃薯地下块茎、根部及幼苗，幼苗常被咬断，根部受害后呈乱麻状，害虫在地下活动将表土层窜成许多隧道，使苗根脱离土壤，使之失水而枯死，造成缺苗断垄。

（6）防治措施

①农业防治：施用充分腐熟的有机肥料，可减少蝼蛄产卵。

②物理防治：一般在闷热天气，20—22时用黑光灯诱杀。

③化学防治：做苗床前，每亩以50%辛硫磷颗粒剂25kg用细土拌匀，搅于土表再翻入土内。或用50%辛硫磷乳油0.3kg拌种100kg。毒饵诱杀：用90%敌百虫原药1kg加饵料100kg，充分拌匀后撒于苗床上，可兼治蝼蛄、蛴螬及地老虎。

5. 马铃薯块茎蛾

（1）种类与分类地位　马铃薯块茎蛾［*Phthorimaea operculella*（Zeller）］属鳞翅目麦蛾科，别名马铃薯麦蛾、烟潜叶蛾。

（2）形态特征

①成虫：体黄褐色至灰褐色，长5~6mm，翅展13~15mm，前翅狭长，中央有4~5个褐斑，后缘有明显的黑褐色斑纹，后翅烟灰色，缘毛长，翅尖突出。

②卵：约0.5mm。椭圆形，黄白色至黑褐色，带紫色光泽。

③幼虫：体长10~15mm，灰白色，成熟时呈粉红色或棕黄色。

④蛹：长5~7mm，圆锥形，初始淡绿色，后渐变为棕色至黑褐色，第10节腹节腹面中央凹入，背面中央有一角刺，末端向上弯曲。

（3）生活史　成虫昼伏夜出，有趋光性，但飞行能力弱，卵多产于叶脉、茎基部、薯块芽眼及裂缝处，幼虫孵化后在孵化处吐丝结网，蛀入叶片、茎或薯块中，卵期4~20d，幼虫期7~11d，蛹期6~20d。

（4）发生时期　以幼虫或蛹在枯叶或储藏块茎内越冬。马铃薯块茎蛾发生期及年发生代数因地区、海拔高度及气候条件不同而存在明显差异。在田间，为害期在5—11月，在储藏过程中，为害期在7—9月。

（5）为害　主要以幼虫为害，初孵幼虫潜入叶内蛀食叶肉，仅留下叶片表皮，形成不规则线形蛀道，也可钻蛀茎部为害，为害严重时嫩茎、叶片枯死，幼苗可全株死亡。幼虫也可在田间或储藏期间钻蛀到马铃薯块茎为害，块茎受害后形成弯曲蛀道，严重时可蛀空整个薯块，并引起皱缩和腐烂。

（6）防治措施

①农业防治：严格植物检疫，从疫区调入的种薯，必须经过熏蒸处理，以杀死各种虫态的块茎蛾。实施与非寄主作物轮作，并及时清洁田园。

②物理防治：在疫区利用成虫趋光性安装杀虫灯，诱杀成虫。

③化学防治：在低龄幼虫期喷施苏云金菌制剂600倍液进行防治。在成虫盛发期用2.5%溴氰菊酯乳油2 000倍液喷雾防治。

（二）地上害虫

1. 二十八星瓢虫

（1）种类和分类地位　马铃薯二十八星瓢虫［*Henosepila chnabigintioctomaculata*

（Mots-chulsky）］，别名酸浆瓢虫，马铃薯瓢虫，属鞘翅目瓢虫科。

（2）形态特征

①成虫：体均呈半球形，红褐色，全体密生黄褐色细毛，每一鞘翅上有 14 个黑斑。

②卵：炮弹形，初产淡黄色，后变黄褐色。

③幼虫：老熟幼虫淡黄色，纺锤形，背面隆起，体背各节生有整齐的枝刺，前胸及腹部第 8~9 节各有枝刺 4 根，其余各节为 6 根。

④蛹：淡黄色，椭圆形，尾端包着末龄幼虫的蜕皮，背面有淡黑色斑纹。

（3）生活史　二十八星瓢虫成虫为红褐色带 28 个黑点的甲虫。每年可繁殖 2~3 代。以成虫在草丛、石缝、土块下越冬。每年 3—4 月天气转暖时即飞出活动。

（4）发生时期　6—7 月马铃薯生长旺季在植株上产卵，幼虫孵化后即严重为害马铃薯，幼虫为黄褐色，身有黑色刺毛，躯体扁椭圆形，行动迅速，专食用叶肉。被食后的小叶只留有网状叶脉，叶子很快枯黄。成虫一般在马铃薯勾起的叶背面产卵，每次产卵 10~20 粒。产卵期可延续 1~2 个月，1 个雌虫可产卵 300~400 粒。孵化的幼虫 4 龄后食量增大，为害最重。后期幼虫在茎叶上化蛹，1 周后便成为成虫。

（5）为害　成、幼虫在叶背剥食叶肉，仅留表皮，形成许多不规则半透明的细凹纹，状如筝底。也能将叶吃成孔状或仅存叶脉，严重时，受害叶片干枯、变褐，全株死亡。症状为只留下叶表皮，严重的叶片可呈透明，呈褐色枯萎，叶背只剩下叶脉。茎和果上也有细波状食痕。

（6）防治措施

①农业防治：人工捕杀 适时查寻田边、地头，破坏其越冬场所，消灭虫源。

②药剂防治：用 5% 的敌敌畏乳油 500 倍液喷杀，对成虫、幼虫杀伤力都很强；或用 60% 的敌百虫 500~800 倍液喷杀，或用 1 000 倍液乐果溶液喷杀，效果都较好。发现成虫即开始喷药，每 10d 喷药 1 次，在植株生长期连续喷药 3 次，即可完全控制其为害。喷药时喷嘴应向上喷雾，从下部叶背上部都要喷到，以便把孵化的幼虫全部杀死。

2. 蚜虫

（1）种类和分类地位　为害马铃薯的蚜虫有多种，桃蚜、萝卜蚜、甘蓝蚜、菜豆根蚜、棉蚜等。其中以桃蚜［*Myzus persicae*（Sulzer）］为主要蚜虫。桃蚜属于半翅目科。体小而软，大小如针头。

（2）形态特征

①成虫：主要为有翅孤雌蚜，体长约 2mm，腹部有黑褐色纹，翅无色透明，翅痣灰黄或青黄色。

②若蚜：体小，体色呈淡红色，与无翅胎生雌虫相似。

③卵：呈椭圆形，初始为淡绿色，后逐渐变黑褐色。

（3）生活史　桃蚜一般营全周期生活，早春，越冬卵孵化为干母，在冬寄主上营孤雌胎生，繁殖数代皆为干雌。当断霜以后，产生有翅胎生雌蚜，迁飞到十字花科、茄科作物等侨居寄主上为害，并不断营孤雌胎生繁殖出无翅胎生雌蚜，继续进行为害。直至晚秋当夏寄主衰老，不利于桃蚜生活时，才产生有翅性母蚜，迁飞到冬寄主上，生出无翅卵生雌蚜和有翅雄蚜，雌雄交配后，在冬寄主植物上产卵越冬。桃蚜也可以一直营孤雌生殖的不全周期生活。

（4）发生时期 1年发生10~30代，在南方以孤雌胎生，无明显的越冬滞育现象，世代重叠明显。在寄主环境良好的条件下以无翅蚜为主，在寄主环境渐趋恶劣的情况下，如植株水分不够、植株衰老或种群密度过大等情况下，就会产生有翅蚜。桃蚜对黄色、橙色有强烈的趋性，对银灰色有负趋性。

（5）为害 在马铃薯生长期蚜虫常群集在嫩叶的背面吸取液汁，造成叶片变形、皱缩，使顶部幼芽和分枝生长受到严重影响。

幼嫩的叶片和花蕾都是蚜虫密集为害的部位。用针状刺吸口器吸食植株的汁液，使细胞受到破坏，生长失去平衡，叶片向背面卷曲皱缩，心叶生长受阻，严重时植株停止生长，甚至全株萎蔫枯死。蚜虫为害时排出大量水分和蜜露，滴落在下部叶片上，引起霉菌病发生，使叶片生理机能受到障碍，减少干物质的积累。

桃蚜还是传播病毒的主要害虫，对种植生产造成威胁。有翅芽一般在4—5月向马铃薯飞迁，温度25℃左右时发育最快，温度高于30℃或低于6℃时，蚜虫数量都会减少。一般在秋末时，有翅桃蚜又飞回第一寄主桃树上产卵，并以卵越冬。春季卵孵化后再以有翅飞迁至第二寄主为害。

（6）防治措施

①农业防治：在高海拔冷凉地区生产种薯，或在风大蚜虫不易降落的地点种植马铃薯，以防蚜虫传播，或根据有翅蚜飞迁规律，采取种薯早收，躲过蚜虫发生高峰期，以保种薯质量。

②物理防治：用银灰色膜覆盖，可趋避有翅蚜的迁来；挂置黄色粘虫板等诱杀有翅蚜，降低虫口基数。

③药剂防治：药剂拌种，用60%吡虫啉悬浮剂进行拌种，剂量为20~30mL对水1~2L后处理100kg种薯，充分晾干后播种。在蚜虫发生期，可以喷施10%吡虫啉可湿性粉剂、25%噻虫嗪水分散粒剂、5%啶虫脒乳油、2.5%高效氯氟氢菊酯水乳剂、1.5%苦参碱可溶性液剂、50%吡蚜酮·异丙威可湿性粉剂等药剂杀虫。

3. 螨

（1）种类和分类地位 茶黄螨［*Polyphago tarsonemus* latus］，又称多食跗线螨、白蜘蛛等，是世界性的主要害螨之一。全国均有分布，属杂食性。

（2）形态特征

①成螨：雄螨体长约0.9mm，近六角形，腹部末端圆锥形，前足体3~4对刚毛，腹部后足体有4对刚毛，足较长而粗壮，第3、4对足的基节相连，第4对足胫、跗节细长，向内侧弯曲，远端1/3处有1根特别长的鞭毛，爪退化为纽扣状。雌螨体长约0.2mm，宽椭圆形，腹部末端平端，淡黄色至橙黄色，表皮薄而透明，体背有一条纵向白带，足短，第4对足纤细，其中跗节末端有端毛和亚端毛。腹部后足体部有4对刚毛。

②幼螨：体背有一条白色纵带，足4对，腹末有1对刚毛。

③若螨：长椭圆形，为静止的生长发育阶段，外面罩着幼螨的表皮。

（3）生活史 螨的生活史包括卵、幼螨、若满和成螨4个时期。茶黄螨喜温好湿，气温在20~30℃时，4~5d繁殖1代；18~20℃时，7~10d 1代。

卵、幼螨和若螨在相对湿度为 90% 以上时存活率最高。高温低湿利于螨虫发生,晚春至初夏以后暴发的螨虫主要属于这一类。温度达 30℃ 以上、相对湿度 70% 以上时不利于其繁殖。高湿是限制叶螨发生的重要因子,湿度较高时,叶螨取食活动频率降低,雌螨产卵缓慢,大多数螨类寿命缩短,过高的湿度还能引起脱皮阶段的叶螨死亡。

(4)发生时期 一年多代,有世代重叠现象。以成螨在土缝、杂草根际处等隐蔽场所越冬,翌年把卵产于芽尖或嫩叶背面,雌虫产卵数量不一,多的可产 100 余粒,多产于嫩叶背面及嫩茎处,卵期 2~3d。该虫靠爬行、风力及人的农事操作传带扩散蔓延。开始发生时有明显点片阶段,4—5 月数量较少,6 月后大量发生,5 月底至 6 月初可出现严重受害田块。

(5)为害 成螨与幼螨、若螨集中在植株幼嫩部位刺吸汁液,叶片受害后背面呈灰褐色或黄褐色,叶片增厚僵直,变小变窄,具油质光泽或油浸状,叶片边缘向下卷曲,嫩茎变害后,变为黄褐色,扭曲畸形,严重时植株顶端枯死,花蕾受害后不能正常开放,影响产量。

(6)防治措施

①农业防治:消灭越冬虫源,铲除田边杂草,清除田中残株败叶,降低田间湿度。

②生物防治:保护、释放巴氏钝绥螨防治茶黄螨;选用 0.5% 藜芦碱可溶液剂 300 倍液进行喷雾防治。

③化学防治:发生严重时,喷施 24% 螺螨酯悬浮剂 3 000 倍液、99%SK 矿物油乳油 150 倍液。

4. 粉虱

(1)种类和分类地位 粉虱,昆虫纲同翅目粉虱科的通称。温室粉虱(*Trialeurodes vaporariorum*)是本科中数量最大、为害最烈的一种,它使植物活力减退,引起萎缩、变黄和枯萎,陕南大棚马铃薯常有发生。

(2)形态特征

①成虫:体长 1~1.5mm,淡黄色。翅面覆盖白蜡粉,停息时双翅在体上合成屋脊状如蛾类,翅端半圆状遮住整个腹部,翅脉简单,沿翅外缘有一排小颗粒。

②卵:长约 0.2mm,侧面观长椭圆形,基部有卵柄,柄长 0.02mm,从叶背的气孔插入植物组织中。初产淡绿色,覆有蜡粉,而后渐变褐色,孵化前呈黑色。

③若虫:1 龄若虫体长约 0.29mm,长椭圆形,2 龄 0.37mm,3 龄约 0.51mm,淡绿色或黄绿色,足和触角退化,紧贴在叶片上营固着生活;4 龄若虫又称伪蛹,体长 0.7~0.8mm,椭圆形,初期体扁平,逐渐加厚呈蛋糕状(侧面观),中央略高,黄褐色,体背有长短不齐的蜡丝,体侧有刺。

(3)生活史 成虫羽化后 1~3d 可交配产卵,平均每个产卵 142.5 粒。也可进行孤雌生殖,其后代为雄性。成虫有趋嫩性,在寄主植物打顶以前,成虫总是随着植株的生长不断追逐顶部嫩叶产卵,因此白粉虱在作物上自上而下的分布为:新产的绿卵、变黑的卵、初龄若虫、老龄若虫、伪蛹、新羽化成虫。

白粉虱卵以卵柄从气孔插入叶片组织中,与寄主植物保持水分平衡,极不易脱落。若虫孵化后 3d 内在叶背可做短距离游走,当口器插入叶组织后就失去了爬行的机能,开始营固着生活。

粉虱发育历期：18℃ 31.5d，24℃ 24.7d，27℃ 22.8d。各虫态发育历期，在 24℃时，卵期 7d，1 龄 5d，2 龄 2d，3 龄 3d，伪蛹 8d。粉虱繁殖的适温为 18～21℃，在温室条件下，约 1 个月完成一代。

（4）发生时期　在北方，温室一年可发生 10 余代，冬季在室外不能存活，以各虫态在温室越冬并继续为害。冬季大棚作物上的白粉虱，是露地春播马铃薯上的虫源，通过温室开窗通风或菜苗向露地移植而使粉虱迁入露地。白粉虱的种群数量，由春至秋持续发展，夏季的高温多雨抑制作用不明显，到秋季数量达高峰，集中为害瓜类、豆类和茄果类蔬菜。由于大棚蔬菜和露地马铃薯生产紧密衔接和相互交替，可使白粉虱周年发生。

（5）为害　成虫和若虫吸食植物汁液，被害叶片褪绿、变黄、萎蔫，甚至全株枯死。此外，由于其繁殖力强，繁殖速度快，种群数量庞大，群聚为害，并分泌大量蜜液，严重污染叶片和果实，往往引起煤污病等病害的大发生。

（6）防治措施

①物理防治：白粉虱对黄色敏感，有强烈趋性，可在田块或温室内设置黄板诱杀成虫。

②化学药剂防治：10%扑虱灵乳油 1 000 倍液，对粉虱特效。25%灭螨猛乳油 1 000 倍液对粉虱成虫、卵和若虫皆有效。20%康福多浓可溶剂 4 000 倍液或 10%大功臣可湿性粉剂亩用有效成分 2g，持效期 30d。天王星 2.5%乳油 3 000 倍液可杀成虫、若虫、假蛹，对卵的效果不明显。

三、马铃薯田间杂草与防除

（一）陕西省杂草区系归属

陕西秦岭横贯中部，全省南北狭长，由北向南分为陕北黄土高原、关中盆地和陕南秦巴山地，环境复杂，草种繁多，草害严重。贺学礼（1995）调查表明，陕西省农田杂草共有 54 科，203 属，332 种，其中以禾本科（36 属 54 种）、菊科（27 属 44 种）、豆科（13 属 24 种）、十字花科（11 属 14 种）、莎草科（8 属 21 种）、唇形科（9 属 9 种）、石竹科（8 属 8 种）、藜科（7 属 18 种）、紫草科（7 属 9 种）等居多；含 2～5 属的科有毛茛科、罂粟科、苋科、蓼科、锦葵科、旋花科等；仅含 1 属的科有 25 个，如车前科、马齿苋科、百合科、灯心草科等。

据吴征镒的中国种子植物分布区系属名录分析，陕西省农田杂草区系成分以温带分布为主，世界分布和热带分布占相当数量，在属级水平上有地中海、中亚及东亚成分的渗入，具体分布类型为：世界分布 49 属 112 种，占总属数 24.1%，总种数 33.7%，如扁蓄、车前等；热带分布 47 属 66 种，占总属数 23.1%，总种数 19.9%，如菟丝子、苦荬等；温带分布 78 属 115 种，占总属数 38.4%，总种数 34.9%，如播娘蒿、荠菜、蒿属等。地中海、西亚至中亚分布 10 属 10 种，占总属数 4.9%，总种数 3.0%，如离蕊芥、离子草等；中亚分布 5 属 6 种，占总属数 2.5%，总种数 1.8%，如猪毛菜等；东亚和北美洲际间断分布 4 属 5 种，占总属数 2.0%，总种数 1.5%，如达乌里胡枝子等；东亚分布 10 属 12 种，占总属数 4.9%，总种数 5.2%，如斑种、鸡眼草等。

（二）杂草

1. 禾本科杂草

（1）马唐

植物学特征：马唐［*Digitaria sanguinalis*（L.）*scop.*］禾本科，一年生草本。秆直立或下部倾斜，膝曲上升，无毛或节生柔毛。叶鞘大都短于节间，无毛或散生疣基柔毛；叶片线状披针形，基部圆形，边缘较厚，微粗糙，具柔毛或无毛。穗轴直伸或开展，两侧具宽翼，边缘粗糙；小穗椭圆状披针形，脉间及边缘大多具柔毛；第一外稃等长于小穗，具 7 脉，中脉平滑，两侧的脉间距离较宽，无毛，边脉上具小刺状粗糙，脉间及边缘生柔毛；第二外稃近革质，灰绿色，顶端渐尖，等长于第一外稃花果期 6—9 月。

生物学特征：马唐在低于 20℃ 时，发芽慢，25~35℃ 发芽最快，种子萌发最适相对湿度 63%~92%，最适深度 0.5~4.0cm。喜湿喜光，潮湿多肥的地块生长茂盛，4 月下旬至 6 月下旬发生量大，8—10 月结籽，种子边成熟边脱落，生活力强。姜德锋、陈洁敏（2000）研究，马唐成熟种子具有 3 个月的休眠期，在休眠期内其出苗率低于 10%，随着时间的推移，种子的发芽率逐渐提高，经过 8~9 个月后发芽率达到高峰。

为害特点：秋熟作物旱地恶性杂草。发生数量、分布范围在旱地杂草中均具首位，以作物生长的前中期为害为主。常与毛马唐混生为害。分布全国各地，以秦岭、淮河一线以北地区发生面积最大，长江流域和西南、华南也都有大量发生。

（2）牛筋草

植物学特征：牛筋草（*Eleusine indica*（L.）Gaertn.），根系极发达。秆丛生，基部倾斜向四周开展，高 15~90cm。叶鞘两侧压扁而具脊，松弛，无毛或疏生疣毛；叶舌长约 1mm；叶片平展，线形，无毛或上面被疣基柔毛。穗状花序 2~7 个指状着生于秆顶，很少单生；小穗长 4~7mm，宽 2~3mm，含 3~6 小花；颖披针形，具脊，脊粗糙。囊果卵形，基部下凹，具明显的波状皱纹。鳞被 2，折叠，具 5 脉。花果期 6—10 月。

生物学特征：一年生草本。以种子繁育为主，通过种子到处散布传播。苗期 4—5 月，花果期 6—10 月。

为害特点：与农作物争夺水分、养分和光能。杂草根系发达，吸收土壤水分和养分的能力很强，而且生长优势强，耗水、耗肥常超过作物生长的消耗。杂草的生长优势强，株高常高出农作物，影响农作物对光能利用和光合作，干扰并限制农作物的生长。

（3）狗尾草

植物学特征：狗尾草（*Setaria viridis*（L.）Beauv.），一年生。根为须状，高大植株具支持根。秆直立或基部膝曲。叶鞘松弛，无毛或疏具柔毛或疣毛；叶舌极短；叶片扁平，长三角状狭披针形或线状披针形。圆锥花序紧密呈圆柱状或基部稍疏离；小穗 2~5 个簇生于主轴上或更多的小穗着生在短小枝上，椭圆形，先端钝；第二颖几与小穗等长，椭圆形；第一外稃与小穗等长，先端钝，其内稃短小狭窄；第二外稃椭圆形，顶端钝，具细点状皱纹，边缘内卷，狭窄；鳞被楔形，顶端微凹；花柱基分离；叶上下表皮脉间均为微波纹或无波纹的、壁较薄的长细胞。颖果近卵形，腹面扁平。

生物学特征：狗尾草为一年生晚春性杂草，种子繁殖，一般 4 月中旬至 5 月种子发芽出苗，发芽适温为 15～30℃，5 月上、中旬大发生高峰期，花果期 5—10 月，8—10 月为结实期。种子可借风、流水与粪肥传播，经越冬休眠后萌发。

为害特点：狗尾草为秋熟旱作作物地主要杂草之一，耕作粗放地尤为严重。对玉米、大豆、马铃薯等作物为害较为严重。

（4）狗牙根

植物学特征：狗牙根（*Cynodon dactylon*（L.）*Pers.*）是禾本科、狗牙根属低矮草本植物。秆细而坚韧，下部匍匐地面蔓延甚长，节上常生不定根，株高 10～30cm，秆壁厚，光滑无毛，有时略两侧压扁，种子长 1.5mm，卵圆形，成熟易脱落。

生物学特征：狗牙根是适于世界各温暖潮湿和温暖半干旱地区长寿命的多年生草，极耐热和抗旱，但不抗寒也不耐阴。最适生长温度为 20～32℃，在 6～9℃ 几乎停止生长，喜排水良好的肥沃土壤。

为害特点：广泛分布于中国的华北、西北、西南及长江中下游等地。

（5）野燕麦

植物学特征：野燕麦（*Avena fatua* L.），别名乌麦、燕麦草，禾本科、燕麦属一年生植物，中国各省均有分布。须根较坚韧。秆直立，光滑无毛，叶鞘松弛，光滑或基部者被微毛；叶舌透明膜质，叶片扁平，微粗糙，或上面和边缘疏生柔毛。圆锥花序开展，金字塔形，分枝具棱角，粗糙；其柄弯曲下垂，顶端膨胀；小穗轴密生淡棕色或白色硬毛，其节脆硬易断落，颖草质，几相等，外稃质地坚硬，背面中部以下具淡棕色或白色硬毛，芒自稃体中部稍下处伸出，膝曲，芒柱棕色，扭转。颖果被淡棕色柔毛，腹面具纵沟，花果期 4—9 月。

生物学特征：一年生中生禾草，生长于荒芜田野或为田间杂草，根系发达，分蘖力强。花果期 4—9 月。

为害特点：适应性较强、发生较普遍、繁殖量大、很容易蔓延成灾。种子在土壤中持续 4～5 年均能发芽，有的经过火烧和牲畜胃、肠后仍能发芽。现已成为一种常见杂草，为害麦类、玉米、高粱、马铃薯、油菜、大豆、胡麻等作物；同时种子大量混杂于作物内，降低作物的产品质量。

（6）稗

植物学特征：稗（*Echinochloa crusgalli*（L.）*Beauv.*），是一种一年生草本植物，稗子和水稻外形极为相似。一年生。秆高 50～150cm，光滑无毛，基部倾斜或膝曲。叶鞘疏松裹秆，平滑无毛，下部者长于而上部者短于节间；叶舌缺；叶片扁平，线形，长 10～40cm，宽 5～20mm，无毛，边缘粗糙。圆锥花序直立，近尖塔形，长 6～20cm；主轴具棱，粗糙或具疣基长刺毛；分枝斜上举或贴向主轴，有时再分小枝；穗轴粗糙或生疣基长刺毛；小穗卵形，长 3～4mm。

生物学特征：一年生草本植物。春季气温 10～11℃ 以上开始出苗，6 月中旬抽穗开花，6 月下旬开始成熟。

为害特点：分布在全国，以及全世界温暖地区。潮湿环境发生较重，为害多种秋熟旱地作物。

2. 阔叶杂草

（1）藜

植物学特征：藜（*Chenopodium album* L.）是藜科藜属一年生草本，高 30~150cm。茎直立，粗壮，具条棱及绿色或紫红色色条，多分枝；枝条斜升或开展。叶片菱状卵形至宽披针形，长 3~6cm，宽 2.5~5cm，先端急尖或微钝，基部楔形至宽楔形，上面通常无粉，有时嫩叶的上面有紫红色粉，下面多少有粉，边缘具不整齐锯齿；叶柄与叶片近等长，或为叶片长度的 1/2。花两性，花簇于枝上部排列成或大或小的穗状圆锥状或圆锥状花序；花被裂片 5 枚，宽卵形至椭圆形，背面具纵隆脊，有粉，先端或微凹，边缘膜质；雄蕊 5 枚，花药伸出花被，柱头 2 裂。果皮与种子贴生。种子横生，双凸镜状，直径 1.2~1.5mm，边缘钝，黑色，有光泽，表面具浅沟纹；胚环形。花果期 5—10 月。

生物学特征：一年生草本，种子繁殖。种子发芽的最低温度 10℃，最适宜温度 20~30℃，种子落地或借助外力传播。

为害特点：分布遍及全国各地，适应性较强、繁殖量大，由于争夺肥、水、光照，造成覆盖荫蔽，常引起马铃薯早期生长不良。

（2）马齿苋

植物学特征：马齿苋（*Portulaca oleracea* L.）是马齿苋科马齿苋属一年生草本，全株无毛。茎平卧，伏地铺散，枝淡绿色或带暗红色。叶互生，叶片扁平，肥厚，似马齿状，上面暗绿色，下面淡绿色或带暗红色；叶柄粗短。花无梗，午时盛开；苞片叶状；萼片绿色，盔形；花瓣黄色，倒卵形；雄蕊花药黄色；子房无毛。蒴果卵球形；种子细小，偏斜球形，黑褐色，有光泽。花期 5—8 月，果期 6—9 月。

生物学特征：马齿苋性喜高湿，耐旱、耐涝，具向阳性，适宜在各种田地和坡地栽培，以中性和弱酸性土壤较好。其发芽温度为 18℃，最适宜生长温度为 20~30℃，果实边成熟边开裂，种子散落土壤中。

为害特点：中国南北各地均有分布。性喜肥沃土壤，耐旱亦耐涝，生活力强，生于菜园、农田、路旁，为田间常见杂草。

（3）苦荬菜

植物学特征：苦荬菜 *Ixeris sonchifolia*（Bge）Hance 是菊科苦荬菜属多年生草本，高 30~80cm，含乳汁，全株光滑无毛。茎直立，多分枝，圆柱形，有纵棱，紫红色。基生叶丛生，花期枯萎，卵形，矩圆形或披针形，长 4~10cm，宽 2~4cm，顶端急尖，基部渐狭成柄，边缘羽状分裂，有时为波状齿裂或琴状羽裂，裂片边缘具不细齿；茎生叶互生，舌状卵形，无柄，长 4~8cm，宽 1~4cm，顶端尖，基部微抱茎，耳状，边缘具不规则锯齿。

生物学特征：多年生草本，以地下芽和种子繁殖。花期 4—6 月，果期 7—10 月。

为害特点：遍布全国各地，为小麦、豆类、玉米、谷子、马铃薯田常见杂草。

（4）田旋花

植物学特征：田旋花（*Convolvulus arvensis* L.）是旋花科旋花属植物。茎蔓状，缠绕或匍匐生长缠绕。叶柄长 1~2cm；叶片戟形或箭形，长 2.5~6cm，宽 1~3.5cm，全缘或 3 裂，先端近圆或微尖，有小突尖头；中裂片卵状椭圆形、狭三角形、披针状椭圆形或线性；侧裂片开展或呈耳形。根状茎横走。茎平卧或缠绕，有棱。蒴果球形或圆锥状；种子椭圆形。田旋花花期 5—8 月，果期 7—9 月。

生物学特征：多年生草本，以根芽和种子繁育。生于耕地及荒坡草地、村边路旁。多年生根蘖杂草，喜潮湿肥沃的黑色土壤，常生长于农田内外、荒地、草地、路旁沟边，枝多叶茂，相互缠绕，根平伸或斜行在 50~60cm 的土壤中，于夏、秋间在近地面的根上产生新的越冬芽，5—8 月开花，8—9 月成熟。

为害特点：分布于西北、东北、华北、四川、西藏等地。为旱地作物常见杂草。

（5）打碗花

植物学特征：打碗花（*Calystegia hederacea* Wall.）是旋花科打碗花属植物。全体不被毛，植株通常矮小，高 8~30cm，常自基部分枝，具细长白色的根。茎细，平卧，有细棱。基部叶片长圆形，长 2~3cm，宽 1~2.5cm，顶端圆，基部戟形，上部叶片 3 裂，中裂片长圆形或长圆状披针形，侧裂片近三角形，全缘或 2~3 裂，叶片基部心形或戟形；叶柄长 1~5cm。花腋生，1 朵，花梗长于叶柄，有细棱；苞片宽卵形，长 0.8~1.6cm，顶端钝或锐尖至渐尖；萼片长圆形，长 0.6~1cm，顶端钝，具小短尖头，内萼片稍短；花冠淡紫色或淡红色，钟状，长 2~4cm，冠檐近截形或微裂；雄蕊近等长，花丝基部扩大，贴生花冠管基部，被小鳞毛；子房无毛，柱头 2 裂，裂片长圆形，扁平。蒴果卵球形，长约 1cm，宿存萼片与之近等长或稍短。种子黑褐色，长 4~5mm，表面有小疣。

生物学特征：多年生草本植物，打碗花喜欢温和湿润气候，也耐恶劣环境，适应沙质土壤，以根芽和种子繁育，田间多以无性繁育为主，地下茎质脆易断，每个带节的断体都能长出新的植株。

为害特点：分布全国各地，耐瘠薄、干旱。由于地下茎蔓延迅速，常形成单优势群体，对农田为害较为严重。

（6）反枝苋

植物学特征：反枝苋（*Amaranthus retroflexus* L.）是苋科苋属植物。茎直立，高 20~80cm，粗壮，有分枝，稍显钝棱，密生短柔毛。叶互生，具长柄；叶片菱状卵形或椭圆状卵形，先端微凸或微凹，具小芒尖，边缘略显波状，叶脉突出，两面和边缘有柔毛，叶背灰绿色；花序圆锥状顶生或腋生，花簇多刺毛；苞片和小苞片干膜质；花被片 5 枚，白色，有 1 条淡绿色中脉。胞果扁球形，淡绿色，盖裂，包裹在宿存花被内；种子倒圆卵形，黑色，有光泽。

生物学特征：一年生草本植物，以种子繁殖。北方地区早春萌发，4 月初出苗，4 月中旬至 5 月上旬出苗高峰期，花期 7—8 月，果期 8—9 月，种子渐次成熟落地，经越冬休眠后萌发。种子发芽的适宜土层深度 2cm 以内。

为害特点：在黑龙江、吉林、辽宁、内蒙古、河北、山东、山西、河南、陕西、甘肃、宁夏及新疆等省（区）广泛分布。反枝苋是一种全国性分布的恶性杂草，要中国暖温带为害面积达 36%，主要为害棉花、花生、豆类、瓜类、薯类、禾谷类作物等。

（7）蒲公英

植物学特征：蒲公英（*Taraxacum mongolicum* Hand.-Mazz.）是菊科蒲公英属植物。

叶互生，排列成莲座状，倒披针形或长圆形倒披针形。根圆锥状，表面棕褐色，皱缩，叶边缘有时具波状齿或羽状深裂，基部渐狭成叶柄，叶柄及主脉常带红紫色，花葶上部紫红色，密被蛛丝状白色长柔毛；头状花序，总苞钟状，瘦果暗褐色，长冠毛白色。

生物学特征：多年生草本植物，以种子及地下芽繁殖，花果期4—10月。

为害特点：分布于东北、华北、华中、西北及西南地区。

（8）荠菜

植物学特征：荠菜（*Capsella bursapastoris*（L.）Medic.）是十字花科荠菜属植物。高30~40cm，主根瘦长，白色，直下，分枝。茎直立，单一或基部分枝。基生叶丛生，莲座状，上部裂片三角形，不整齐，顶片特大，叶片有毛，叶耙有翼。茎生叶狭披针形或披针形，顶部几成线形，基部成耳状抱茎，边缘有缺刻或锯齿，或近于全缘，叶两面生有单一或分枝的细柔毛，边缘疏生白色长睫毛。

生物学特征：越年生或一年生草本，种子繁育。花果期3—6月。

为害特点：遍及全国，适于较湿润而肥沃的环境，亦耐干旱。

3. 莎草科杂草

（1）香附子

植物学特征：香附子（*Cyperus rotundus* L.）。有匍匐根状茎细长，部分肥厚成纺锤形，有时数个相连。茎直立，三棱形。叶丛生于茎基部，叶鞘闭合包于上，叶片窄线形，长20~60cm，宽2~5mm，先端尖，全缘，具平行脉，主脉于背面隆起，质硬；花序复穗状，3~6个在茎顶排成伞状，基部有叶片状的总苞2~4片，与花序几等长或长于花序；小穗宽线形，略扁平，长1~3cm，宽约1.5mm；颖2列，排列紧密，卵形至长圆卵形，长约3mm，膜质，两侧紫红色，有数脉；每颗着生1花，雄蕊3枚，药线形；柱头3裂，呈丝状。小坚果长圆倒卵形，三棱状。花期6—8月，果期7—11月。

生物学特征：多年生草本块茎及种子繁育，成熟种子脱落后，借流水传播，繁殖力强，生长茂盛。在生育期间割去地上部分，仍能从地下部分再长。

为害特点：主要分布在东北、华北、西北、西南各省，为秋熟旱作田杂草。

（2）荆三棱

植物学特征：荆三棱（*Scirpus yagara* Ohwi.）。具有长而粗壮的地下横走根茎，根茎顶端生球状块茎。秆高大，粗壮，高70~120cm，锐三棱形。平滑叶基生和秆生，条形，叶鞘长。苞片叶状，3~5枚。比花序长，花序长侧枝聚伞形，有3~8条辐射枝，每枝1~3个小穗，小穗椭圆形，长约7mm，有1条中脉，顶端具有1~2mm长的芒。下位刚毛6条，有倒刺，与小坚果近等长。小坚果三棱状倒卵形，基部楔形。

生物学特征：多年生草本植物，块茎及种子繁殖。种子与越冬块茎春季出苗，夏秋开花结果。成熟种子脱落后，借流水传播，繁殖力强，生长茂盛，在生育期间割去地上部，仍能从地下部再长。

为害特点：主要分布在东北、西北、华北、西南各省。

（三）综合防除措施

根据陕西省耕作栽培制度、管理水平以及杂草发生的特点，陕西省农作物田杂草防除应采取农业防治为基础，结合化学防治的综合治理策略，以达到安全、经济、有效的目的。

1. 严格植物检疫

严格植物检疫制度，有效防止异地检疫性杂草随种子、苗木传入。

2. 农业防除

（1）轮作灭草　合理轮作倒茬，改变杂草的生长环境，减少杂草为害。合理轮作是马铃薯高产稳产的重要措施，也是控制马铃薯田草害的有效途径。马铃薯田轮作应结合本地区作物结构调整计划的实施进行。陕北搞好马铃薯与玉米、食用豆类、谷类杂粮等作物的轮作。陕南搞好马铃薯与水稻、蔬菜等作物的轮作。

（2）施用腐熟的有机肥料　施用经过高温堆沤处理充分腐熟的有机肥，使其带有的杂草种子失去生命力，有效地减轻杂草的为害。

（3）深耕翻晒　春播前耕翻土地，消灭越冬杂草和早春出苗杂草，还可将土壤表层杂草种子埋入深层；收秋后深耕，消灭春、夏季出苗的残草、越冬杂草和多年生杂草。搞好土壤耕作，可直接或间接消灭杂草。大力提倡深耕、中耕除草。深耕把杂草种子埋入深土层，减少其萌发基数，即使萌发也会造成弱苗、迟苗，减轻为害程度。深耕并结合人工捡除草根等措施则除草效果更佳。

（4）清除田块周边杂草　在杂草种子未成熟之前，及时采取人工拔除、喷洒灭生性除草剂等方法，清除田块周边杂草，可以减少杂草蔓延为害。

（5）人工除草　手工拔除或使用简单农具除草，是在采用其他措施后，去除局部残存杂草的有效手段。

3. 化学防除

根据近年来试验研究结果表明，在陕西省农作物田除草剂使用应以播前或播后苗前施药为主，苗后茎叶施药为辅。适当运用增效剂、保护剂；合理轮换、混合药剂等科学措施，可达到安全、经济、有效的防除田间杂草效果。

（1）土壤处理　播后苗前，马铃薯田每亩用33%二甲戊乐灵乳油300mL、或50%扑草净可湿性粉剂50~100g，50%乙草胺乳油100~150mL，或48%氟乐灵乳油100~150mL对水40~50kg喷施土表，可有效防除一年生禾本科杂草和阔叶杂草。

（2）茎叶处理　杂草2~5叶期，马铃薯田每亩用12.5%吡氟氯禾灵乳油50~70mL，或12%烯草乳油70~100mL，或12.5%烯禾啶乳油70~100mL对水40~50kg茎叶喷施，可防除禾本科杂草；用56%二甲四氯钠盐可湿性粉剂100~150g对水50kg茎叶喷施，可防除阔叶杂草。

第二节　非生物胁迫及应对

植物正常生长需要适宜的环境条件，而自然环境并不总是适宜于植物生长。由于地理位置的不同、气候条件的恶劣变化以及人类活动等诸多因素，造成各种不利于植物生长发育的不良环境条件，导致植物受到伤害甚至死亡。因而，研究植物在各种逆境条件下的生长发育规律，提高植物对不良环境条件的抵御能力，对于农业生产具有重要意义。

一、水分胁迫

（一）干旱

1. 陕西省马铃薯田干旱发生地区和时期

干旱是全球最常见、最广泛的自然灾害，其发生频率高、持续时间长、影响范围广，对农业生产、生态环境和社会经济发展影响深远。世界气象组织的统计数据表明，气象灾害约占自然灾害的 70%，而干旱灾害又占气象灾害的 50% 左右。每年因干旱造成的全球经济损失平均高达 80 多亿美元，远远超过了其他气象灾害，尤其在气候变暖背景下，全球干旱灾害发生逐渐呈常态化趋势，特大干旱事件发生的频率和强度不断增加，干旱灾害的异常性更加突出，破坏性更加明显。

陕西省位于中国西北部，是全国水资源紧缺的省份之一，表现为总量不足，时空分布严重不均。全省分为陕北、关中和陕南三大主要区域，辖 10 个地级市。其中，关中包括西安市、铜川市、宝鸡市、咸阳市（杨凌区）和渭南市；陕北包括延安市和榆林市；陕南包括汉中市、安康市和商洛市。全省多年平均水资源总量为 442 亿 m^3，人均、地均水资源占有量仅为全国平均水平的 54% 和 42%，水资源量的 65% 集中在汛期且 71% 集中在陕南，这使得关中、陕北的水资源更加紧缺。

蔡新玲等（2016）采用陕西省 96 个国家级气象站 1961—2013 年逐日降水量和平均气温资料，通过分析表明：陕西区域性气象干旱事件的持续时间以 10~20d 为主，最长可达 218d。区域性干旱主要集中在 3—10 月，4—5 月干旱最多，夏季 7 月和秋季 9 月干旱也较多。5—10 月为陕西的雨季，而在这一时期出现干旱频次也较多，说明陕西省的干旱以阶段性干旱为主，夏秋季易出现旱涝并存。

任怡、王义民等（2017）选取陕西省时间序列较长、数据较为齐全且分布均匀的 19 个气象站点资料，通过整理全部站点 1960—2013 年逐年逐月实测基本气象资料得出：陕西省干旱发生频率很高，且干旱分布在空间上差异大，关中地区旱情最为严重，其次是陕北地区，陕南地区基本无旱。关中又以咸阳、渭南、西安干旱最为严重，陕北的榆林南部为气象干旱最为严重的地区。

榆林北部地处黄土高坡，降水分配不均且偏少，是主要的风沙区，土壤储持水能力差，蒸发量为陕西省最多的地区，旱情较为严重；榆林南部是黄土高原丘陵沟壑区，几乎无森林植被，土地贫瘠，较北部情况稍好，也是严重旱灾风险区。但是榆林北部地势平坦、地下水位高，地下水资源也较为丰富，近年来在大面积推广以节水灌溉为主的水肥一体化技术，种植的农作物大都可以灌溉。

陕西省马铃薯主要分布在陕北和陕南地区，关中地区种植面积很少。所以，陕西省马铃薯田干旱主要发生在陕北地区，且以榆林南部尤为严重。4—5 月正值马铃薯播种季，也是干旱发生最为频繁的时期，对马铃薯生产影响最为严重。

2. 干旱对马铃薯生长发育和生理活动及产量的影响

马铃薯的蒸腾系数为 400~600。若年总降水量 400~500mm，且均匀分布在生长季节，即可满足马铃薯对水分的需求。

整个生育期间，土壤湿度保持田间持水量的 60%～80% 为最适宜，萌芽和出苗，靠种薯自身水分，故有一定的抗旱能力。幼苗期需水量不大，占一生总需水量的 10%～15%，土壤保持田间持水量的 65% 左右为宜。块茎形成期需水量显著增加，约占全生育期总需水量的 30% 左右，保持田间持水量的 70%～75% 为宜。块茎膨大期，茎叶和块茎的生长都达到一生的高峰，需水量最大，亦是马铃薯需水临界期，保持田间持水量的 75%～80% 为宜。并要保证水分均匀供给。淀粉积累期需水量减少，占全生育期需水量的 10% 左右，保持田间最大持水量的 60%～65% 即可，后期水分过多，易造成烂薯和降低耐贮性，影响产量和品质。

（1）干旱对马铃薯农艺性状和生物量的影响　马铃薯是典型的温带气候作物，对水分亏缺非常敏感，播种在水分匮乏土壤里的植株，其根系生长和出苗会受到抑制，严重时会使种薯直接腐烂，幼茎顶端膨大、干死，进而导致缺苗，营养生长期也被缩短，茎的数量也受到限制。同时，播种时的严重干旱可以推迟块茎形成的时间，并且缩短块茎形成期。干旱还会抑制马铃薯的花芽分化，使植株不现蕾或不开花，减少块茎形成数目，阻碍块茎生长发育，花后干旱则会加速植株的衰老。块茎膨大期是马铃薯植株对土壤水分缺乏最敏感的时期，此时干旱缺水会影响块茎形态的正常建成，导致块茎畸形、串薯比例明显上升，随着胁迫时间的延长和胁迫强度的增大，单株产量、单位面积产量、收获指数及生物产量均大幅度下降。持续整个生长季的干旱则导致马铃薯的叶片、根系、匍匐茎等各器官的干物质积累量均呈下降趋势，并且随着胁迫时间的延长和程度的加剧，株高、茎粗、叶长、叶宽、功能叶间距等指标也相应的降低，根冠比则呈增加趋势。邓珍等（2014）用 PEG 模拟干旱胁迫对马铃薯组培苗的影响发现，在 15%PEG 诱导的干旱胁迫条件下，马铃薯根系及地上部分的生长发育均受抑制，根长、根鲜质量、根干质量、株高、茎鲜质量和茎干质量在干旱情况下明显降低，其中根鲜质量受干旱胁迫的影响最严重。

（2）干旱对马铃薯光合特性的影响　光合作用为植物生长发育提供了物质和能量，是植物生长发育的基础。叶绿素是光合作用过程中的重要组成部分，其含量的高低直接影响光合效率，宿飞飞等（2014）对马铃薯的研究结果表明干旱胁迫可使叶绿素含量下降，张丽莉等（2015）研究发现叶绿体对干旱胁迫反应最敏感，干旱胁迫下受损伤最重。叶绿素荧光反映光合作用过程中一些重要的调节过程，通过对其分析可了解有关光合作用过程光能利用途径的相关信息。贾立国等（2018）研究发现，干旱胁迫下马铃薯净光合速率、蒸腾速率和气孔导度均下降。尹智宇等（2018）通过分析转录组测定和差异基因表达认为，马铃薯受到水分胁迫后，KEEG 通路中光合作用天线蛋白通路显著富集，捕光复合体 Ⅰ 和 Ⅱ 叶绿素 a/b 结合蛋白相关基因表达显著上调，说明马铃薯通过加强天线蛋白系统向相连的反应中心有效输送能量，从而响应水分胁迫环境。在干旱胁迫下，马铃薯品种的净光合速率下降，一方面是水分亏缺引起，另一方面是水分不足导致部分气孔关闭，气孔导度降低，光合底物 CO_2 不足，瞬时水分利用效率增加，蒸腾速率下降的综合反应。

（3）干旱对马铃薯氧化伤害及活性氧清除酶活性的影响　丙二醛（MDA）是膜脂过氧化作用的产物之一，其含量多少是膜受损伤程度的标志。赵海超等（2013）通过盆栽试验研究发现，轻度和重度干旱胁迫下 MDA 含量增加，生产上抗旱性较强的马铃薯品种（坝薯 10 号、冀张薯 8 号）MDA 含量随着干旱胁迫强度的增加变幅较小，表现出综合抗旱性的特征。丁玉梅等（2013）研究表明 MDA 相对值与提拉抗性系数和产量系数呈显著正相关，可作为品种耐旱性的生理指标，耐旱性强的品种，丙二醛相对值也高，与前人研究结果不一致，推测一方面可能与作物种类不同有关，另一方面植株中的膜脂过氧化作用虽然加剧，可能在水分胁迫下该品种植株中与清除细胞膜脂过氧化作用产物的相关生理生化代谢也随之被激活。

当作物受到干旱胁迫时体内会产生大量的活性氧，需要启动整个防御系统抵御干旱胁迫造成的氧化伤害，而超氧化物歧化酶（SOD）、过氧化物酶（POD）、过氧化氢酶（CAT）等是清除活性氧的关键酶，其中 SOD 是抗氧化系统中第一个发挥作用的酶，负责将超氧阴离子自由基（O_2^-）催化为过氧化氢和氧气，之后过氧化氢被 CAT 和 POD等抗氧化酶催化为水，SOD、POD、CAT 等活性能较好的反映作物在逆境下的抵抗能力。研究表明轻度干旱胁迫下 SOD、POD 活性上升，而随着胁迫程度的加剧和时间的延长，中度、重度胁迫下这两种酶的活性有不同程度降低的趋势。说明在轻度和短期内中度、重度干旱胁迫下，马铃薯幼苗可以通过提高细胞抗氧化酶活性，有效清除活性氧对膜脂损伤，维持膜的稳定性，但随胁迫强度的加大和胁迫时间的延长，抗氧化酶活性明显降低，膜脂过氧化增强，透性增大，植株受到严重伤害。李建武等（2007）通过盆栽试验，在马铃薯盛花期进行水分胁迫，CAT、SOD、POD 活性在干旱胁迫下均发生变化，CAT 活性上升，POD 活性降低。

（4）干旱对马铃薯渗透调节物质含量的影响　渗透调节是抗旱性的一种重要机制。在干旱条件下叶片和根系渗透调节能力的生理效应主要是：一是增加水分吸收、保持膨压，改善细胞水分状况；二是改善水分胁迫植物的生理功能，维持一定的生长和光合能力，提高植物在低水势条件下的生存能力。研究较多的渗透调节物质是脯氨酸，脯氨酸在植物渗透调节中起重要作用，而且即使在含水量很低的细胞内，脯氨酸溶液仍能提供足够的自由水，以维持正常的生命活动。在正常情况下，植物体内脯氨酸含量并不高，但遭受水分、盐分等胁迫时体内的脯氨酸含量往往增加，它在一定程度上反映植物受环境水分和盐分胁迫的情况，以及植物对水分和盐分胁迫的忍耐和抵抗能力。在马铃薯抗旱研究中，叶片游离脯氨酸相对值可作为抗旱能力强弱的指标，马铃薯品种脯氨酸含量相对值越高，则提拉抗性系数越高，耐旱性越强。Menke 等（2000）研究发现，叶片和茎秆中保卫细胞与表皮细胞明显不同，它们可以感应植物体内和环境信号调节气孔大小，并在马铃薯保卫细胞中发现了一个新的基因，它编码 54KD 脯氨酸丰富蛋白，命名为 StGCPPRP，其 C 端含有 46% 的脯氨酸。StGCPPRP 基因受干旱等环境因子调控，在干旱条件下其表达量下降。

除脯氨酸外其他渗透调节物质在干旱胁迫下也起重要作用，Sonia 等（2000）发现，马铃薯悬浮细胞在受到干旱胁迫（PEG 处理）时细胞中腐胺和亚精胺含量增加，腺苷甲硫氨酸脱羧酶和二胺氧化酶活力增加 2~3 倍，细胞乙烯含量也增加。Anna 等（2004）调查了不同胁迫条件对儿茶酚胺途径的影响，酪氨酸脱羧酶（TD）、酪氨酸羟化酶（TH）、L-多巴脱羧酶（DD）在盐胁迫和干旱胁迫条件下的变化：在高盐条件下

TD 活力增加，在干旱条件下 TH、DD 活力增加。在所有胁迫条件下儿茶酚胺代谢明显减少，说明儿茶酚胺在逆境中起重要作用。Kopka 等（1997）研究了干旱条件下气孔开闭情况，干旱胁迫后蔗糖合成酶和蔗糖磷酸合成酶 mRNA 水平分别增加 5.5 倍和 1.4 倍，试验证明，它们的产物在调控保卫细胞渗透变化中起作用。

可溶性糖也是一种有效的渗透调节保护剂。随着干旱胁迫的加剧，可溶性糖含量在植株细胞内大量积累，降低细胞水势，助细胞从外界吸收水分及保持自己体内水分不渗漏，从而保持稳定的原生质体结构。李倩等（2013）通过试验发现块茎形成期马铃薯可溶性糖含量较高，可能因为块茎形成期天气较干旱，为了抵御一定的干旱胁迫，马铃薯植株积累渗透调节物质，保持一定的渗透势，降低干旱逆境对植株的伤害。

（5）干旱对马铃薯叶片相对含水量和相对电导率的影响　叶片相对含水量反应植物对逆境的适应能力，抗性越强，植物在逆境胁迫中的失水速度越慢，相对含水量就越大。马铃薯幼苗的叶片在干旱胁迫下含水量会明显降低，因为干旱环境下，马铃薯幼苗的生存空间含水量很低，所以马铃薯幼苗的相对含水量也会降低，且随着干旱胁迫时间的延长和胁迫强度的增加，叶片相对含水量持续下降，蒸腾强度减弱，伤流量减少。

水分胁迫下，叶片相对电导率主要反映的是在干旱条件下叶片受伤害的程度，即忍耐干旱的能力。孙业民等（2014）探究了氯化钾对干旱胁迫下马铃薯幼苗抗旱性的影响及其机制，表明马铃薯幼苗叶片相对电导率在干旱胁迫下增大，而增施氯化钾对干旱胁迫下相对电导率的增大有着显著抑制作用。

（6）干旱对马铃薯产量和品质的影响　水分在马铃薯生长发育过程中发挥着重要作用，同时也是决定马铃薯块茎产量和品质的关键因素。马铃薯生长发育过程中对水分的需求量较多，但必须供给适量才能满足其正常生长需要。缺水条件下，马铃薯块茎畸形薯比例明显增加，产量、商品薯比率或销售和加工品质显著下降。苗期干旱胁迫，后期补水充足可提高成薯率；发棵期干旱胁迫会减少单株结薯数和成薯率；块茎膨大期干旱胁迫可增加单株薯块数和大薯数量比例。在马铃薯块茎形成前干旱胁迫会减少结薯数，块茎形成初期干旱胁迫对单株薯块数及结薯能力无显著影响，但持续干旱会抑制并推迟块茎膨大，显著降低单株薯重。在马铃薯植株生长期间，随着干旱胁迫时间的延长或胁迫强度的增加，块茎单株产量、单位面积产量、收获指数及生物产量性状均大幅度下降，但块茎干物质含量有所提高，淀粉含量无显著差异。此外，干旱胁迫对马铃薯产量和品质的影响因品种而异，如晚熟品种块茎膨大期受影响最大，而早熟、中熟品种在开花期受影响最大，耐旱品种受干旱胁迫影响较小，而敏感型品种受干旱胁迫影响较大。可见，干旱协迫对马铃薯产量和品质的影响因不同发育阶段和品种而异，在某一阶段适当干旱协迫不但不会降低马铃薯块茎产量或品质，反而有利于提高产量和品质，这为马铃薯抗旱锻炼、水分调亏及节水灌溉提供了参考。

3. 应对措施

（1）选用抗（耐）旱品种　掌握马铃薯的抗旱机理，开展抗旱育种，因地制宜选用抗旱性强、丰产稳产性好、增产潜力大、熟期适宜的优良马铃薯品种。王燕等

（2016）对全国主栽的 40 份马铃薯栽培品种在旱棚内进行田间人工控水种植，通过测定各品种的抗旱系数、抗旱指数、株高胁迫系数和失水力 4 个指标，筛选出高抗旱性材料 4 份，分别是晋早 1 号、晋薯 8 号、冀张薯 8 号和延薯 6 号，中抗旱性品种有冀张薯 12 号、克新 19 号、东农 310、云薯 202、闽薯 1 号、延薯 8 号、丽薯 6 号、云薯 304、延薯 7 号 9 份材料，其余品种均为低抗旱或不抗旱品种。

（2）适时节水补充灌溉　①合理利用水资源：随着水资源短缺的加剧和全球人口的增长，农业水资源利用不仅要实现节水目标，更重要的是在节水的前提下实现产出的高效益。但是目前中国水资源短缺对农业发展的制约越来越严重，已经成为限制农业发展的重要因素，所以合理利用水资源对农业发展来说至关重要。尤其是在陕北干旱地区，通过蓄住天然降水、有效利用地面水、合理开采地下水等多种高效用水方式，可有效促进农业经济发展。生产上可通过修建小型水库，雨季蓄水旱季调用、固化沟渠等具体措施来提高水分利用率。地膜覆盖技术也可以有效提高马铃薯水分利用率，陈杨等（2013）研究表明，微垄覆膜沟播、平作覆膜与露地平作相比，马铃薯出苗后 35d 和 55d，土壤贮水量分别提高 25.68%、14.26% 和 28.92%、18.47%，可显著提高马铃薯降雨利用效率。新型的马铃薯专用深松、中耕机械发明，如马铃薯种植用振动深松装置，马铃薯中耕播种机，马铃薯多功能中耕机等通过减少地面径流、切断水分通道、削弱土壤水分蒸发等方式均可提高水分利用率。②节水灌溉：根据土壤田间持水量决定灌溉，土壤持水量低于各时期适宜最大持水量 5% 时，就应立即进行灌水。每次灌水量达到适宜持水量指标或地表干土层湿透与下部湿土层相接即可。灌水要匀、用水要省、进度要快。目前，灌溉效果较好的节水灌溉方法是喷灌和滴灌。喷灌灌水均匀，少占耕地，节省人力，但受风影响大，设备投资高。滴灌节水效果最好，主要使根系层湿润，可减少马铃薯冠层的湿度，降低马铃薯晚疫病发生的机会，节省人力。

灌水时，除根据需水规律和生育特点外，对土壤类型、降水量和雨量分配时期等应进行综合考虑，正确确定灌水时间和灌水量。

（二）渍涝

水分过多对植物的伤害称为涝害（flood injury）。水分过多造成植物缺氧，从而产生一系列危害。黄土高原降水的季节性十分明显，汛期（6—9 月）降水量占年降水量的 70% 左右，且以暴雨形式为主，每年夏秋季易发生大面积暴雨。研究表明，马铃薯在遭受渍涝胁迫后，将对其自身的营养吸收与积累造成影响，一方面，胁迫导致土壤中的氧气减少，严重阻碍植株细胞的呼吸作用和光合作用；另一方面，土壤中氧化还原电位降低，氮素形态改变，矿质养分的有效性也发生了改变。同时土壤厌氧微生物代谢活跃，产生多级次生胁迫，包括还原毒物积累、离子胁迫以及气体胁迫等，最终破坏了马铃薯的正常生长。李倩（2011）对马铃薯块茎进行同位素示踪分析发现，水涝胁迫处理的 ^{15}N 同位素含量在各种逆境处理中最低，同时水涝胁迫严重抑制马铃薯根系的生长，根系体积、活力、总吸收面积和活跃吸收面积均呈现明显下降的趋势。

生产中如果遇到洪涝灾害，要及时清沟沥水、排水防涝，清除沟渠内淤泥杂草，确保马铃薯田块不淹或过水后及时排除，提高田块的抗涝防涝能力，降低田间湿度和涝渍为害；同时结合中耕培土除草，改善土壤结构，提高根系活力。

二、温度胁迫

植物的生长发育需要一定的温度条件，当环境温度超出了它们的适应范围，就对植物形成胁迫。温度胁迫持续一段时间，就可能对植物造成不同程度的损害。马铃薯是一种喜凉作物，但不耐低温，当气温降到 $-2 \sim -1℃$ 时，地上部茎叶将受冻害，$-4℃$ 时植株死亡，块茎亦受冻害。高温也会抑制马铃薯的正常生长发育，土壤温度高于 $25℃$ 会延缓出芽，并且降低植株存活率和单株主茎数，高于 $29℃$ 时块茎停止生长，严重影响马铃薯产量；气温超过 $39℃$ 时茎叶停止生长。因此，温度是限制马铃薯生长发育的重要环境因子之一。

（一）高温胁迫

当环境温度达到植物生长的最高温度以上即对植物形成高温胁迫。高温胁迫可以引起一些植物开花和结实的异常。在陕北马铃薯产区，马铃薯生育期间有时气温高达 $35 \sim 40℃$，而且高温与干燥常常同时出现，造成叶片过度失水，造成小叶尖端和叶边缘褪绿、变褐，最后叶尖部变成黑褐色而枯死，枯死部分呈向上卷曲状，俗称"日烧"。

据研究显示，西北黄土高原气温每升高 $0.5 \sim 2.5℃$，马铃薯播种到出苗期间隔日数减少 $1 \sim 4d$。在出苗到现蕾期，气温每升高 $0.5 \sim 2.5℃$，出苗到现蕾间隔日数缩短 $1 \sim 2d$。而现蕾到开花期气温升高 $0.5 \sim 2.5℃$，则间隔日数延长 $1 \sim 2d$。研究表明马铃薯出叶率在日温 $20℃$ 的条件下出现峰值，并在一定范围内与夜间温度无关，然而在约 $30℃$ 时，每株植株叶子的最终数量可达到峰值，另外，单个叶片生长的速率和时长的最佳温度较低，高温通常导致总叶面积降低。随着高温胁迫时间的延长，马铃薯生理机制上也发生变化，叶片的叶绿素和内源抗氧化剂抗坏血酸含量减少，O_2^-、MDA 以及脯氨酸含量增加，保护酶活性发生改变，SOD 活性呈现出先升高后降低的变化趋势，而 PPO 活性则持续上升。细胞内清除活性氧的酶促和非酶促保护系统受到破坏，最终导致植物受到毒害，甚至死亡。

总的来说，高温胁迫对马铃薯生长发育的影响主要有以下 4 个方面的表现：一是影响马铃薯出苗及幼苗的生长势，延迟、阻碍甚至抑制块茎的形成；二是高温环境下容易发生蚜虫、斑潜蝇等虫害及晚疫病，病毒传播速度加快，从而引起马铃薯种薯退化；三是持续的高温将严重影响马铃薯的结薯和薯块膨大，导致植株结薯数量减少，并且容易形成各种畸形薯块和次生生长的薯块，最终产量和品质都降低；四是高温下储存的块茎较低温储存的块茎生理年老，影响结薯的数量和大中薯率。当马铃薯进入收获中、后期，高温和田间积水还易导致成熟的马铃薯腐烂，给生产造成重大损失。

为防止高温为害，在盛夏高温干燥天气出现前，进行田间灌溉是非常必要的。此外，增施有机肥料，增强土壤保水能力，注意分期培土，减少伤根，都可以减轻高温胁迫的为害。

（二）低温胁迫

当环境温度持续低于植物生长的最低温度时即对植物形成低温胁迫，主要是冷害和冻害。冷害（chilling injury）也称寒害，是指0℃以上的低温所致的伤害。一般当气温低于10℃时，就会出现冷害，其最常见的症状是变色、坏死和表面斑点等。冻害（Freeze injury）是0℃以下的低温所致的病害，症状主要是幼茎或幼叶出现水渍状、暗褐色的病斑，之后组织死亡，严重时整株植物变黑、干枯、死亡。早霜常使未木质化的植物器官受害，而晚霜常使嫩芽、新叶甚至新稍冻死。此外，土温过低往往导致幼苗根系生长不良，容易遭受根际病原物的侵染。水温过低也可以引起植物的异常，如会引起坏死斑症状。

低温胁迫会影响马铃薯生长和地理分布，霜冻会对马铃薯植株的生长造成巨大为害，严重时会导致减产或绝收，给马铃薯生产造成重大损失。陕南地区经常会受到低温为害，苗期易遭受倒春寒，成熟期会遭受寒潮或早霜。若土壤温度低于5℃，发芽的种薯即停止生长，低温时间稍长则容易造成烂薯或"梦生薯"、不出苗或出苗不齐，出苗后遇到寒流，幼苗即受冻害，部分茎叶受冻变黑而干枯。研究发现，马铃薯在低温胁迫下，叶绿素含量0~6h呈下降趋势，6~12h呈上升趋势，12~48h再下降，表明经历0~6h的低温胁迫，马铃薯自身防御体系建立，生理代谢过程逐步调整，但随着时间继续延长，低温伤害超越了自身保护能力，在第12~48h又出现了叶绿素含量下降。低温影响叶绿素含量可能是由于叶绿素的生物合成过程绝大部分都有酶的参与，低温影响酶的活性，从而影响叶绿素的合成，也会造成叶绿素降解加剧。低温胁迫下，马铃薯叶片SOD、POD酶活性以及MDA含量变化趋势同叶绿素相同，说明在低温胁迫早期，马铃薯可以通过自身代谢抵御短期冷害，但随着胁迫时间的推移，超出了马铃薯的防御系统，从而对植株造成伤害。

品种的选择对一个地区的马铃薯产业发展至关重要，马铃薯对霜冻的忍耐程度一般取决于马铃薯的种类及品种，马铃薯野生种被认为是最有价值的耐霜冻种质资源。李飞，金黎平（2007）研究鉴定，野生种中有35个种对低温霜冻有不同程度的抗性，如solanulnacaule属抗寒性最强的品种，能够适应低温霜冻条件。除了选用抗寒性品种外，冷驯化（Cold acclimation）也能提高马铃薯的抗寒性，即在低温到来之前，逐步降低温度，进行低温锻炼，提高植株对低温胁迫的抵抗能力。在冷驯化期间，马铃薯叶片脯氨酸和可溶性蛋白含量的增加与冷驯化能力的增强密切相关，蛋白的新陈代谢对于马铃薯耐冻性的提高具有重要作用。在低温胁迫下，植物能通过体内过氧化物酶同工酶的变化来调节膜透性和组织膜损伤，冷驯化能力强的马铃薯品种在低温胁迫下其过氧化物酶同工酶的活性升高。采取有效农艺措施，加强田间管理也可防止冷冻害发生，及时播种、培土、控肥、通气，促进幼苗健壮，防止徒长，增强秧苗素质，寒流霜冻来临之前实行冬灌、熏烟、盖草，以抵御强寒流袭击，实行合理施肥，适当增施钾肥等。此外，生长调节剂和天然激素也可以提高马铃薯对冷冻的抵抗能力，如外施脱落酸可显著提高马铃薯抗寒能力。

三、盐碱胁迫

土壤盐渍化是影响农业生产非常重要的一个环境因子。全世界盐碱地不断扩大，如何开发和利用盐碱地成为当前农业生产所面对的重要问题之一。在中国境内，盐碱地主要分布在干旱、半干旱和半湿润地区，而马铃薯种植区域大多分布在此范围内，因此探究盐碱胁迫对马铃薯生长发育的影响具有重要意义。

盐碱是影响植物生长发育最主要的非生物胁迫因子之一，几乎能够影响植物的整个生命历程。盐胁迫影响植物形态结构、蛋白质的合成、光合作用速率等生长过程及生理代谢过程。盐碱胁迫伤害作物的机理具体包括以下 4 个方面：一是离子平衡失调与单盐毒害。由于盐碱土中 Na^+、Cl^-、Mg^{2+} 等含量过高，会引起 K^+ 或 NO_3^- 等养分的缺乏。Na^+ 浓度过高时，植物对 K^+ 的吸收减少，同时也易发生 P 和 Ca^{2+} 的缺乏症。植物对离子的不平衡吸收，不仅使植物发生营养失调，抑制了生长，同时还可产生单盐毒害作用。二是对细胞膜的伤害。盐浓度增高，会造成植物细胞膜渗漏的增加。由于膜透性的改变，从而引发一系列伤害。三是生理代谢紊乱。盐分胁迫抑制植物的生长和发育，并引起一系列的代谢失调：光合作用受到抑制；呼吸作用改变；蛋白质合成降解，分解增加；有毒物质积累。四是渗透胁迫。由于高浓度的盐分降低了土壤水势，使植物不能吸水，甚至发生体内水分外渗。因而盐害的通常表现实际上是引起植物的生理干旱。盐胁迫下，马铃薯的株高、生长势、产量均呈明显降低的趋势，当土壤中盐分电导率为 2.0ds/m 时，植株生长受到抑制，块茎产量下降 50%。长时间高浓度盐胁迫处理，马铃薯叶片叶绿素含量极显著下降，气孔导度极显著下降，但细胞间隙 CO_2 浓度无变化，说明叶绿素含量的降低影响了色素蛋白复合体的功能，削弱叶绿体对光能的吸收，从而直接影响了叶绿体对光能的吸收即叶肉细胞光合活性下降。张景云等（2013）通过试验发现马铃薯叶片中脯氨酸含量随盐胁迫天数的延长呈先升高后降低的趋势，盐胁迫到 40d 时，脯氨酸含量达到最大值，说明脯氨酸的渗透调节作用是有一定范围的，超出范围渗透调节作用减弱。

植物耐盐能力随生育时期的不同而异，且对盐分的抵抗有一个适应锻炼过程，种子在一定浓度的盐溶液中吸水膨胀，然后再播种萌发，可提高作物生育期的抗盐能力，喷施 IAA 或 IAA 浸种，可促进作物生长和吸水，提高抗盐性。栽培措施方面，改良盐碱地的原则是要在排盐、隔盐、防盐的同时，积极培肥土壤。具体如下：对地势低洼的盐碱地块，通过挖排水沟，排出地面水可以带走部分土壤盐分；根据"盐随水来，盐随水去"的规律，把水灌到地里，在地面形成一定深度的水层，使土壤中的盐分充分溶解，通过下渗把表土层中的可溶性盐碱排到深土层中或淋洗出去，再从排水沟把溶解的盐分排走，从而降低土壤的含盐量；增施有机肥，合理施用化肥，有机肥经微生物分解、转化形成腐殖质，能提高土壤的缓冲能力，并可以和碳酸钠作用形成腐质酸钠，降低土壤碱性，化肥给土壤中增加 N、P、K，促进作物生长，提高了作物的耐盐力；平整土地可使水分均匀下渗，提高降水淋盐和灌溉洗盐的效果，防止土壤斑状盐渍化。目前，培育抗盐马铃薯品种，是应对盐碱胁迫最根本、最经济、最有效的方法，有研究表明在块茎形成初期，相对块茎产量、增长指数有助于马铃薯耐盐种质资源的快速筛选。马铃薯野生种和原始栽培种存在着丰富的遗传变异，而许多马铃薯野生种对盐有一定的耐受性，为开发选育耐盐新品种提供了物质基础。

本章参考文献

蔡新玲，李茜，方建刚．2016．陕西区域性气象干旱事件及变化特征［J］．干旱区地理，39（2）：294-300.

蔡旭冉，顾正彪，洪雁，等．2012．盐对马铃薯淀粉及马铃薯淀粉—黄原胶复配体系特性的影响［J］．食品科学，33（9）：1-5.

陈杨，樊明寿，高媛，等．2013．微垄覆膜沟播对阴山丘陵地区旱作马铃薯土壤水分及产量的影响［J］．中国土壤与肥料（5）：71-74.

陈庆华，周小刚，郑仕军，等．2011．几种除草剂防除马铃薯田杂草的效果［J］．杂草科学，29（1）：65-67.

程玉臣，张建平，曹丽霞，等．2011．几种土壤处理除草剂防除马铃薯田间杂草药效试验［J］．内蒙古农业科技（4）：58.

邓珍，徐建飞，段绍光，等．2014．PEG-8000模拟干旱胁迫对11个马铃薯品种的组培苗生长指标的影响［J］．华北农学报，29（5）：99-106.

丁玉梅，马龙海，周晓罡，等．2013．干旱胁迫下马铃薯叶片脯氨酸、丙二醛含量变化及与耐旱性的相关性分析［J］．西南农业学报，26（1）：106-110.

冯佰利，高玉丽，王阳．2015．糜子病虫草害［M］．杨凌：西北农林科技大学出版社．

高占旺，宋伯符．1995．水分胁迫对马铃薯的生理反应［J］．中国马铃薯（1）：1-6.

郭梅，闵凡祥，王晓丹等．2007．生物源农药防治马铃薯晚疫病研究进展［J］．中国马铃薯，21（4）：227-230.

韩瑞宏，田华，高桂娟，等．2008．干旱胁迫下紫花苜蓿叶片水分代谢与两种渗透调节物质的变化［J］．华北农学报，23（4）：140-144.

贺学礼．1995．陕西农田杂草植物区试研究［J］．杂草学报，9（1）：14-16.

贾景丽，周芳，赵娜，等．2009．硼对马铃薯生长发育及产量品质的影响［J］．湖北农业科学，48（5）：1 081-1 083.

贾立国，陈玉珍，樊明寿，等．2018．干旱对马铃薯光合特性及块茎形成的影响［J］．干旱区资源与环境（2）：188-193.

姜德锋，陈洁敏，林文彬，等．2000．玉米田杂草马唐的生长特性研究［J］．青岛农业大学学报（自然科学版），17（2）：113-115.

焦志丽，李勇，吕典秋，等．2011．不同程度干旱胁迫对马铃薯幼苗生长和生理特性的影响［J］．中国马铃薯，25（6）：329-333.

抗艳红，赵海超，龚学臣，等．2010．不同生育期干旱胁迫对马铃薯产量及品质的影响［J］．安徽农业科学，38（30）：16 820-16 822.

李飞，金黎平．2007．马铃薯耐霜冻研究进展［J］．贵州农业科学，35（4）：

140-142.

李倩，刘景辉，张磊，等.2013.适当保水剂施用和覆盖促进旱作马铃薯生长发育和产量提高［J］.农业工程学报，29（7）：83-90.

李建武，王蒂，雷武生.2007.干旱胁迫对马铃薯叶片膜保护酶系统的影响［J］.江苏农业科学（3）：100-103.

李宗红.2014.马铃薯晚疫病发病机理及防治措施［J］.农业科技与信息（23）：12-14.

刘琼光，陈洪，罗建军，等.2010.10种杀菌剂对马铃薯晚疫病的防治效果与经济效益评价［J］.中国蔬菜，（20）：62-67.

刘顺通，段爱菊，刘长营，等.2008.马铃薯田地下害虫为害及药剂防治试验［J］.安徽农业科学，36（28）：12 324-12 325.

刘志明.2015.马铃薯细菌性病害的发生与防治［J］.农民致富之友（8）：87.

柳永强，马廷蕊，王方，等.2011.马铃薯对盐碱土壤的反应和适应性研究［J］.土壤通报，42（6）：1 388-1 391.

龙光泉，马登慧，李建华，等.2013.6种杀菌剂对马铃薯晚疫病的防治效果［J］.植物医生（4）：39-42.

蒲育林，王蒂.2005.中国西部马铃薯产业发展重点领域展望［J］.作物杂志（5）：8-10.

秦大河，丁一汇，王绍武，等.2002.中国西部环境变化与对策建议［J］.地球科学进展，17（3）：314-319.

任彩虹，闫桂琴，邰刚，等.2007.高温胁迫对马铃薯幼苗叶片生理效应的影响［J］.中国马铃薯，21（1）：5-10.

任怡，王义民，畅建霞，等.2017.陕西省水资源供求指数和综合干旱指数及其时空分布［J］.自然资源学报，32（1）：137-151.

孙晓光，何青云，李长春，等.2009.混合盐胁迫下马铃薯渗透调节物质含量的变化［J］.中国马铃薯，23（3）：129-132.

孙业民，张俊莲，李真，等.2014.氯化钾对干旱胁迫下马铃薯幼苗抗旱性的影响及其机制研究［J］.干旱地区农业研究，32（3）：29-34.

田伟丽，王亚路，梅旭荣，等.2015.水分胁迫对设施马铃薯叶片脱落酸和水分利用效率的影响研究［J］.作物杂志（1）：103-108.

王丽，王文桥，孟润杰，等.2010.几种新杀菌剂对马铃薯晚疫病的控制作用［J］.农药，49（4）：300-302，305.

王燕，杨克俭，龚学臣，等.2016.全国主栽马铃薯品种的抗旱性评价［J］.种子，35（9）：82-85.

王翠颖，孙思.2015.7种杀菌剂对马铃薯晚疫病病菌菌丝的抑菌效果测定［J］.中国园艺文摘（2）：41.

王金凤，刘雪娇，冯宇亮.2015.北方马铃薯常见病害及综合防治措施［J］.现代农业科技（21）：152-152.

王连喜，金鑫，李剑萍，等.2011.短期高温胁迫对不同生育期马铃薯光合作用的影响 [J].安徽农业科学，39（17）：10 207-10 210，10 352.

王伟光，郑国光.2013.应对气候变化报告（2013）——聚焦低碳城镇化 [M].北京：社会科学文献出版社.

韦冬萍，韦剑锋，吴炫柯，等.2012.马铃薯水分需求特性研究进展 [J].贵州农业科学，40（4）：66-70.

吴征镒，王荷生.1983.中国自然地理《植物地理》（上册）[M].北京：科学出版社.

辛翠花，蔡禄，肖欢欢，等.2012.低温胁迫对马铃薯幼苗相关生化指标的影响 [J].广东农业科学（22）：19-21.

宿飞飞，陈伊里，徐会连，等.2014.分根交替干旱对马铃薯光合作用及抗氧化保护酶活性的影响 [J].作物杂志（4）：115-119.

徐萍，李进，吕海英，等.2016.干旱胁迫对银沙槐幼苗叶绿体和线粒体超微结构及膜脂过氧化的影响 [J].干旱区研究（1）：120-130.

徐建飞，刘杰，卞春松，等.2011.马铃薯资源抗旱性鉴定和筛选 [J].中国马铃薯，25（1）：1-6.

杨建勋，张恒瑜，蔺永平，等.2007.土壤温度波动与马铃薯块茎发育的关系探讨 [J].陕西农业科学（6）：131-133.

杨金辉，林萱，宋勇.2014.马铃薯抗低温胁迫研究进展 [J].中国园艺文摘（10）：67-68，188.

杨巨良.2010.马铃薯虫害及其防治方法 [J].农业科技与信息（23）：30-31.

杨少辉，季静，王罡，等.2006.盐胁迫对植物影响的研究进展 [J].分子植物育种，S1：139-142.

姚春馨，丁玉梅，周晓罡，等.2013.水分胁迫下马铃薯抗旱相关表型性状的分析 [J].西南农业学报，26（4）：1 416-1 419.

姚玉璧，王润元，邓振镛，等.2010.黄土高原半干旱区气候变化及其对马铃薯生长发育的影响 [J].应用生态学报，21（2）：287-295.

尹智宇，封永生，肖关丽.2018.干旱胁迫及复水对冬马铃薯苗期光合特性的影响 [J].中国马铃薯（2）：74-80.

张胜，白艳姝，崔艳，等.2010.马铃薯硼素吸收分配规律及施肥的影响 [J].华北农学报，25（1）：194-198.

张华普，张丽荣，郭成瑾，等.2013.马铃薯地下害虫研究现状 [J].安徽农业科学，41（2）：595-596，651.

张建朝，费永祥，邢会琴，等.2010.马铃薯地下害虫的发生规律与防治技术研究 [J].中国马铃薯，24（1）：28-31.

张景云，白雅梅，缪南生，等.2013.盐胁迫对不同耐盐性二倍体马铃薯叶片质膜透性、丙二醛和脯氨酸含量的影响 [J].作物杂志（4）：75-80.

张景云，白雅梅，于萌，等.2010.二倍体马铃薯对 $NaHCO_3$ 胁迫的反应 [J].园艺学报，37（12）：1 995-2 000.

张丽莉，石瑛，祁雪，等.2015. 干旱胁迫对马铃薯叶片超微结构及生理指标的影响［J］. 干旱地区农业研究，33（2）：75-80.

张颖慧.2014. 马铃薯常见虫害及其防治措施［J］. 吉林农业（14）：85.

赵海超，抗艳红，龚学臣，等.2013. 干旱胁迫对不同马铃薯品种苗期生理生化指标的影响［J］. 作物杂志（6）：63-69.

周峰.2015. 钾对干旱胁迫下马铃薯幼苗抗旱性的影响机制［J］. 农技服务（12）：27.

朱富春.2015. 马铃薯晚疫病偏重发生的原因与绿色防控对策［J］. 科学种养（11）：35-36.

Anna W V, Katarzyna L K, Aleksandra S, et al. 2004. The catecholamine biosynthesis route in potato is affected by stress［J］. Plant Physiology and Biochemistry, 42: 593-600.

Benoit G R, Stanley C D, Grant W J, et al. 1983. Potato top growth as influenced by temperatures［J］. American Potato Journal, 60（7）：489-501.

Firman D M, O´Brien P J, Allen E J. 1992. Predicting the emergence of potato sprouts［J］. Journal of Agricultural Science, 118（1）：55-61.

Kopka J, Nicholas J, Provart, et al. 1997. Potato guard cells respond to drying soil by a complex change in the expression of genes related to carbon metabolism and turgor regulation［J］. Plant Journal, 11（4）：871-82.

Menke U, Nathalie R, Bernd M R. 2000. St GCPRP, a potato gene strongly expressed in stomatal guard cells, defines a novel type of repetitive proline-rich proteins［J］. Plant Physiology, 122（3）：677-686.

Midmore D J. 1984. Potato in the hot tropics I. Soil temperature effects on emergence, plant development and yield［J］. Field Crops Research, 8（8）：255-271.

Panda A K, Das A B. 2005. Sail tolerance and salinity effects on plants［J］. Ecotoxicol Environ Safe, 60: 324-349.

Sonia S, Stefania B, Antonella L, et al. 2000. Acclimation to low water potential in potato cell suspension cultures leads to changes in putrescine metabolism［J］. Plant Physiol Biochem, 38（4）：345-351.

Vega S E, Bamberg J B. 1995. Screening the U. S. Potato collection for frost hardiness［J］. American Potato Journal（72）：13-21.

第八章　马铃薯利用与加工

第一节　马铃薯品质

一、马铃薯块茎营养品质

（一）块茎营养成分概述

马铃薯块茎鲜重的 24% 左右是干物质，以淀粉为主，另外，还包括蛋白质、糖类、脂肪、维生素类和 K、Ca、Na、Fe、Mn、Cu、Zn、Se、Mg 等矿质元素。

1. 淀粉

淀粉是人类膳食中主要的碳水化合物，根据最新营养学分类，将淀粉分为快速消化淀粉、缓慢消化淀粉和抗性淀粉。快速消化淀粉能迅速在小肠中消化吸收，缓慢消化淀粉则在小肠中缓慢消化，而抗性淀粉不能被小肠中的淀粉酶水解。马铃薯淀粉是衡量马铃薯品质的主要指标。马铃薯块茎鲜重的 18% 左右是淀粉，是食用马铃薯的主要能量来源。淀粉中支链淀粉含量高达 80%，直链淀粉约占 20%。马铃薯淀粉在糊化之前属于抗性淀粉，几乎不能被消化吸收，糊化后很容易被消化吸收。马铃薯淀粉结构松散、结合力弱，含有天然磷酸基团，这些特点使其具有糊化温度低、糊浆透明度高、黏性强的优点。因此，马铃薯中的淀粉能够降低糖尿病患者餐后的血糖值，有效控制糖尿病；可增加粪便体积，对于便秘、肛门直肠等疾病有良好预防作用；还可将肠道中有毒物质稀释从而预防癌症的发生等，在众多领域得到广泛应用。

2. 蛋白质

马铃薯块茎中，蛋白质含量占其鲜重的 2%~3%，其蛋白质可消化成分高，能很好地被人体吸收利用。马铃薯中组成蛋白质的氨基酸有丙氨酸、精氨酸、天门冬氨酸、缬氨酸、甘氨酸、谷氨酸、亮氨酸、赖氨酸、组氨酸、蛋氨酸、脯氨酸、丝氨酸、络氨酸、苏氨酸、色氨酸和苯丙氨酸等，而且含有全部人体必需氨基酸。马铃薯虽然不是生产蛋白质的主要原料，但目前块茎中所含的蛋白质含量已经成为衡量马铃薯品质的一项重要指标。据研究报道，马铃薯的蛋白质营养价值高，其品质相当于鸡蛋的蛋白质，容易消化、吸收，优于其他作物的蛋白质。马铃薯蛋白可分为 Patatin 蛋白、蛋白酶抑制剂和其他蛋白（高分子量蛋白）三大类。蛋白酶抑制剂的含量占马铃薯蛋白含量的 40%~50%，其淀粉加工分离汁水中回收马铃薯活性蛋白可能成为将来药用蛋白酶抑制剂的重要来源。目前关于 Patatin 蛋白和蛋白酶抑制剂的研究报道较多，而有关高分子量蛋白的研究报道较少。

（1）Patatin 蛋白　Patatin 蛋白是特异性存在于马铃薯块茎中的一组糖蛋白，其分子量在 40~45kDa，自然状态下常以二聚体形式存在。马铃薯的不同品种及品种内都存在着 Patatin 的异形体，但蛋白异形体之间的结构特性和热构象稳定性没有明显差异，且由于基因家族和免疫的高度同源性，Patatin 常被作为一类蛋白。Patatin 蛋白具有较好的凝胶性。相比于其他蛋白如 β-乳球蛋白、卵清蛋白和大豆蛋白，Patatin 蛋白形成凝胶时所需的离子强度较低，且它所形成的凝胶在外力作用时形变较小，因此可作为一种易于形成凝胶的蛋白应用于食品中。Patatin 蛋白的酯酰基水解活性也使其在工业生产中的应用受到广泛重视，如将 Patatin 蛋白应用于从乳脂中生产短链脂肪酸，并以此提高奶酪成熟过程中的风味物质含量。Patatin 蛋白对于单酰基甘油有很大的特异性，尤其是从甘油和脂肪酸的有机溶剂中生产高纯度的单酰基甘油（纯度>95%），而单酰基甘油是最重要的乳化剂之一。

（2）蛋白酶抑制剂　马铃薯蛋白酶抑制剂种类繁多，到目前为止，编码马铃薯蛋白酶抑制剂的核苷酸抑制剂已经公布了 100 多种，根据组成蛋白的不同，可分为羧肽抑制剂、丝氨酸蛋白酶抑制剂、半胱氨酸蛋白酶抑制剂与天门冬氨酸蛋白酶抑制剂等。

3. 维生素类物质

马铃薯是所有粮食作物中维生素含量最全面的，包括胡萝卜素、硫胺素（V_{B1}）、核黄素（V_{B2}）、泛酸（V_{B5}）、烟酸（V_{PP}）、吡哆醇（V_{B6}）、抗坏血酸（V_C）、生物素（V_H）、凝血素（V_K）及叶酸（V_{B11}）等，其含量相当胡萝卜的 2 倍、大白菜的 3 倍、番茄的 4 倍，B 族维生素是苹果的 4 倍。特别是马铃薯中含有禾谷类粮食所没有的胡萝卜素和维生素 C，其所含的维生素 C 是苹果的 10 倍，且耐加热，维生素 C 是很好的抗氧化剂，能有效去除自由基，对人体健康十分有益。因此，维生素类物质也成为衡量马铃薯块茎品质的一项重要指标。

（1）维生素 C　对众多的酶而言是一种辅助因子，用作电子提供体，在植物的活性氧解毒中起到重要作用。缺乏维生素 C 最典型的疾病是坏血病，在严重的情况下还会出现牙齿脱落、肝斑、出血等特征。马铃薯含有丰富的维生素 C，而且耐加热。生活在现代社会的上班族，最容易受到抑郁、焦躁、灰心丧气、不安等负面情绪的困扰，而马铃薯可帮助解决。食物可以影响人的情绪，因为食物中含有的维生素、矿物质和营养元素能作用于人体，从而改善精神状态。做事虎头蛇尾的人，大多就是由于体内缺乏 V_A 和维生素 C 或摄取酸性食物过多，而马铃薯可有效补充 V_A 和维生素 C，也可在提供营养的前提下，代替由于过多食用肉类而引起的食物酸碱度失衡。因此，多吃马铃薯可以使人宽心释怀，保持好心情，马铃薯被称为吃出好心情的"宽心金蛋"。但是，维生素 C 在超过 70℃ 以上温度时就开始受到破坏，在烹调加工马铃薯时不宜长时间高温加工处理。

（2）维生素 B6　V_{B6} 可参与更多的机体功能，也是许多酶的辅助因子，特别是在蛋白质代谢中发挥重要作用，也是叶酸代谢的辅助因子。V_{B6} 具有抗癌活性，也是很强的抗氧化剂，并在免疫系统和神经系统中参与血红蛋白的合成，以及脂质和糖代谢。缺乏 V_{B6} 可能导致的后果包括贫血、免疫功能受损、抑郁、精神错乱和皮炎等。马铃薯是膳食 V_{B6} 的重要来源。提起抗衰老的食物，人们很容易会想到人参、燕窝、蜂王浆等高档珍贵食品，很少想到像马铃薯这样的"大众货"，其实马铃薯是非常好的抗衰老食品。

马铃薯中含有丰富的 V_{B6} 和大量的优质纤维素，而这些成分在人体的抗老防病过程中有着重要的作用。

（3）叶酸　叶酸也叫维生素 B_{11}，是一种水溶性的维生素。叶酸缺乏与神经管缺陷（如脊柱裂，无脑畸形）、心脑血管疾病、巨幼细胞贫血和一些癌症的风险增加息息相关。不幸的是，叶酸摄入量在全世界大多数人口中仍然不足，甚至是在发达国家也一样。因此，迫切需要在主食中增加叶酸的含量并提高其生物利用度。众所周知，马铃薯在饮食中是一个很重要的叶酸来源。在芬兰，马铃薯是饮食中叶酸的最佳来源，提供总叶酸摄入量高于 10%。Hatzis 等在希腊人口中检测血清中的叶酸状况与食品消费之间的关联研究表明，增加马铃薯的消费量与降低血清叶酸风险相关。

4. 矿物质

水果和蔬菜中广泛存在着矿物质元素，这是主要的饮食来源。维持人类身体健康的最佳矿物质元素摄取的重要性已被广泛认可。兰皮特和戈尔登贝格（1940）总结出马铃薯的矿物质由磷（P）、钙（Ca）、镁（Mg）、钠（Na）、钾（K）、铁（Fe）、硫（S）、氯（Cl）、锌（Zn）、铜（Cu）、硅（Si）、锰（Mn）、铝（Al）溴（Br）、硼（B）、碘（I）、锂（Li）、硒（Se）、钴（Co）、钼（Mo）等元素组成。马铃薯的矿物质（灰分）含量平均为原料重量的 1%，矿物质包含在全部细胞及组织的结构元素成分中。占全矿物质一半以上的是氧化钾，其次是磷、钠、氯的化合物。其次，在块茎中还含有硫、镁、钙、铁及其他元素，占马铃薯总灰分 70% 以上的是可溶性物质，这些物质在淀粉生产过程中被多级的旋流器洗涤，并与马铃薯细胞液汁水及生产过程的废水一起排出。对于不溶解的灰分残留在渣滓中，少部分残留在淀粉中。此外，马铃薯是不同膳食矿物质的重要来源，已被证实提供钾的推荐的日摄取量的 18%，铁、磷、镁的6%，钙和锌的 2%。马铃薯带皮煮熟后，其大多数的矿物质含量依旧很高，这些矿物质均是人体所必需的，而且在贮藏期间变动不大。富钾是马铃薯的重要特征之一，钾元素对人体具有重要作用，适量的钾元素能维持体液平衡，并对维持心脏、肾脏、神经、肌肉和消化系统的功能也具有重要作用。经常食用马铃薯对低钾血症、高血压、中风、肾结石、哮喘等疾病具有良好的预防和治疗效果。

5. 植物营养素

除了含有维生素和矿物质外，马铃薯块茎中还含有一些小分子复合物，其中很多为植物营养素。这些植物营养素包括多酚类物质（包括黄酮类、花青素、酚酸等）、类胡萝卜素、聚胺、生物碱、生育酚和倍半萜烯等。

（1）酚类物质　酚类物质在饮食中是最丰富的抗氧化剂。植物酚类物质可能含有潜在的促进健康的化合物。相关的报道显示，绿茶、咖啡和红葡萄酒对健康的积极作用是由于其中含有的酚类物质，而酚类物质对健康的作用也一直是医学研究中的一个热门领域。酚类物质被消耗后通过消化道和肝脏中的酶代谢，但其范围较广的生物利用度尚未被详细说明。马铃薯中酚类物质含量丰富，其大部分酚类物质为绿原酸与咖啡酸。美国科学家通过 34 种水果和蔬菜对酚类物质的摄入量研究发现，马铃薯是继苹果和橘子之后的第三个酚类物质的重要来源。此外，彩色马铃薯还含有丰富的花青素，能够增强血管壁的弹性，改善循环系统功能，增强皮肤光滑度，抑制炎症和过敏反应，且对人体肿瘤细胞具有明显的抑制作用，还具有抗氧化性。

（2）类胡萝卜素 类胡萝卜素具有多种促进健康的功能，包括具有维生素 A 的活性，并可降低多种疾病的发生。马铃薯中类胡萝卜素含量最丰富的是叶黄素和玉米黄素。对眼部的健康特别重要，还可降低与年龄相关的黄斑变性风险。

6. 糖

马铃薯块茎糖分主要以还原糖（葡萄糖、果糖和麦芽糖）和蔗糖为主，其含量在低温储藏期间会增加。马铃薯食品加工业对油炸薯条（片）加工原料的还原糖（葡萄糖、果糖和麦芽糖）含量要求不高于鲜重的 0.4%。在马铃薯加工过程中，块茎中的还原糖会与含氮化合物的 α-氨基酸之间发生非酶促褐变的美拉德反应，致使薯条（片）表面颜色加深为不受消费者欢迎的棕褐色。因此，还原糖含量的高低成为影响炸条（片）颜色最重要的因素，也是衡量马铃薯能否作为薯条加工原料最为严格的指标。

7. 脂肪

在马铃薯的块茎中，大约含有 0.2% 的脂肪，主要分布在周皮中，维管束内很少，髓部的薄壁组织中更少。在马铃薯块茎的脂肪中，有棕榈酸、油酸、亚油酸和亚麻酸。后两种油酸对动物有重要意义，因为动物组织不能合成，必须从食物中获得。

另外，紫色马铃薯的营养成分基本同普通马铃薯一样，除了还有丰富的色素外，另外鲜味氨基酸、干物质、粗纤维、维生素 C 和 V_B 等含量均高于普通马铃薯。

阳淑等（2015）采用氮氨基酸评分标准模式、鸡蛋蛋白模式和模糊识别等方法对紫色马铃薯基本营养成分进行分析表明：紫色马铃薯的营养成分基本同普通马铃薯一样，且含有普通马铃薯所没有的色素，颜色呈紫色，更能吸引消费者的视觉和味蕾，并且淀粉颗粒系椭圆形，颗粒分布均匀，蒸煮后具有糯质性，"面"感强、滋香味好的优良品质。紫色马铃薯鲜味氨基酸含量、氨基酸比值系数、干物质含量、粗纤维、V_{B1}、V_{B2} 和维生素 C 以及矿质元素 Se 均高于普通马铃薯，这与前人研究结果一致。硒是人体必需的微量元素之一，具有抗氧化、调节甲状腺激素，维持人体正常的免疫功能和生育功能，预防克山病等重要作用；而马铃薯块茎的干物质含量高低直接关系到加工制品的质量、产量和经济效益。说明紫色马铃薯不仅具有重要的营养价值，还具有更适宜的加工性能。

（二）马铃薯淀粉的物理化学和胶体化学性质

1. 淀粉种类

淀粉占马铃薯块茎干重的 65%~80%。就热量而言，淀粉是马铃薯最重要的营养成分。淀粉的两种组分是直链淀粉和支链淀粉。马铃薯直链淀粉的含量占总淀粉的 15%~25% 支链淀粉含量较高。这两种淀粉属于均一性多糖其基本单位是葡萄糖，只是支链淀粉有两种链接方式-主链上的 α-（1→4）糖苷键和支链上的 α-（1→6）糖苷键。马铃薯淀粉的直链淀粉含量低，支链淀粉含量较高。马铃薯淀粉与其他淀粉在物理化学性质及应用上都存在较大的差异，马铃薯淀粉颗粒大，直链淀粉聚合度大，含有天然磷酸基团，具有糊化温度较低、糊黏度高、弹性好、蛋白质含量低、无刺激、口味温和、颜色较白、不易凝胶和不易退化等特性，在一些行业中具有其他淀粉不可替代的作用。因此，马铃薯淀粉、变性淀粉以其独特的价值成分和优越性在众多领域得到广泛应用。

2. 马铃薯淀粉的理化性质

马铃薯淀粉具有平均粒径大，分布范围广，糊化温度低，膨胀容易，吸水、保水力大，糊浆黏度、透明度高等特点。

（1）淀粉粒大小和形状 马铃薯淀粉的平均粒径比其他淀粉大，在 $30 \sim 40 \mu m$ 左右，粒径范围比其他淀粉广，为 $2 \sim 100 \mu m$ 左右，大部分粒径在 $20 \sim 70 \mu m$ 之间，粒径分布近乎正态分布。其他淀粉的粒径范围，玉米为 $2 \sim 30 \mu m$，甘薯为 $2 \sim 35 \mu m$，小麦为 $2 \sim 40 \mu m$。不同原料加工的淀粉其淀粉粒大小有差别；同一原料品种在生理上随生理发育、块茎增大，淀粉粒径也增大。在加工上，对其加工的淀粉进行大小粒分级，不同粒径的淀粉磷含量不同，大粒部分的淀粉磷含量低，小粒部分的淀粉磷含量高（图8-1）。

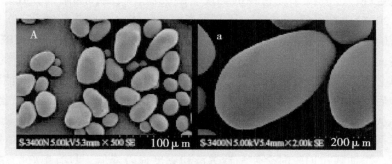

图8-1 马铃薯淀粉颗粒的扫描电镜照片（王绍清等，2011）

（2）糊化特性 马铃薯淀粉具有糊化温度低、膨胀容易，吸水、保水力大，糊浆黏度、透明度高等特点。

①糊化温度低、膨胀容易：马铃薯淀粉的微结晶结构具有弱的均一结合力，给予 $50 \sim 62 ℃$ 的温度，淀粉粒一起吸水膨胀，糊浆产生黏性，实现糊化。

②糊化时吸水、保水力大：马铃薯淀粉糊化时，水分充分保存，能吸收比自身的重量多 $400 \sim 600$ 倍的水分，比玉米淀粉吸水量多 25 倍。

③糊浆黏度高：在所有植物淀粉中，马铃薯淀粉的糊浆黏度峰值是最高的，平均达 3 000Bu，不同原料加工的马铃薯淀粉之间糊浆黏度也有差异，大小范围为 1 000 ~ 5 000 Bu，一般淀粉的 P 含量高，糊浆黏度大。

④糊浆透明度高：马铃薯淀粉颗粒大，结构松散，在热水中能完全膨胀、糊化，糊浆中几乎不存在能引起光线折射的未膨胀、糊化的颗粒状淀粉，并且磷酸基的存在能阻止淀粉分子间和分子内部通过氢键的缔合作用，减弱了光线的反射强度，所以马铃薯淀粉糊化的糊浆，有很好的透明度。

3. 马铃薯淀粉糊化及凝胶特性

淀粉糊化后形成具有一定弹性和强度的半透明凝胶，凝胶的黏弹性、强度等特性对凝胶体的加工、成型性能以及淀粉质食品的口感、速食性能等均有较大影响。

淀粉的糊化性质对淀粉的应用非常重要，其糊化的本质就是淀粉粒中有序及无序的淀粉分子间氢键断开，分散在水中形成胶体溶液。同一淀粉在不同条件下的黏度性质也有差别。许多食品成分对原淀粉的性能有影响，从而影响原淀粉在食品中的应用。吕振磊等（2010）采用快速黏度分析仪（Rapid viscosity analyzier，RVA）测定淀粉浓度、pH、蔗糖、柠檬酸、卡拉胶等对马铃薯淀粉糊化特性和凝胶特性的影响研究结果表明，随着淀粉乳浓度的增加，马铃薯淀粉糊的热稳定性和凝沉性变差，凝胶性增强，容易回生；在 pH 值=7 时，马铃薯淀粉的热稳定性、凝沉性和凝胶性较差，马铃薯淀粉不易回生。在酸性条件下，马铃薯淀粉的热稳定性、凝沉性较强，凝胶性较弱，不易回生。在碱性条件下，马铃薯淀粉的热稳定性、凝沉性和凝胶性增强，马铃薯淀粉易回生；添加蔗糖、卡拉胶、明矾、食盐、苯甲酸钠会加速马铃薯淀粉的回生；添加柠檬酸会减缓马铃薯淀粉的回生；添加瓜尔胶可提高淀粉糊的黏度和冻融稳定性，降低了淀粉糊的热稳定性、凝沉性、硬度、黏附性、胶黏性和咀嚼性；添加黄原胶增加了淀粉糊的热稳定性和冻融稳定性，但降低了淀粉糊的黏度、凝沉性、硬度、黏附性、胶黏性和咀嚼性（蔡旭冉等 2015）。徐贵静（2014）研究了亲水性胶体（黄原胶和魔芋胶）对马铃薯淀粉糊化的影响，通过扫描电子显微镜（SEM）观察结果显示，黄原胶和魔芋胶包裹在淀粉颗粒表面，抑制了淀粉颗粒的膨胀和可溶性组分的渗出，延缓了淀粉的糊化，并且亲水性胶体会与马铃薯淀粉形成了一定的网络结构。结合红外光谱分析结果显示：添加亲水性胶体后，马铃薯淀粉结合水的能力变强，且在一定程度上阻碍马铃薯淀粉氢键缔合结构破坏从而保护了马铃薯淀粉颗粒。在 55℃、75℃和 95℃下添加黄原胶和魔芋胶后，复配体系的冻融稳定性均好于马铃薯淀粉单独体系，表明亲水性胶体对马铃薯淀粉具有协效性。添加阿拉伯胶时会使马铃薯淀粉黏度显著降低，具有更好的热稳定性，但在冷却过程中，其淀粉黏度明显上升，回值略有增加（廖瑾等，2010）。在加工以马铃薯淀粉为原料的食品时，可以选择合适的添加物，以达到最终加工的目的。

4. 马铃薯改性淀粉

未改性的淀粉结构通常有两种：直链淀粉和支链淀粉，是聚合的多糖类物质。通常因为水溶性差，故往往是采用改性淀粉，即水溶性淀粉。可溶性淀粉是经不同方法处理得到的一类改性淀粉衍生物，不溶于冷水乙醇和乙醚，溶于或分散于沸水中，形成胶体溶液或乳状液体。

改性淀粉的品种、规格达 2 000 多种，淀粉的分类一般是根据处理方式来进行。

（三）马铃薯蛋白质

1. 马铃薯可溶性蛋白质种类

马铃薯的蛋白品质高且含量丰富，大部分为可溶性蛋白质，占总蛋白质含量的71.6%~74.5%。马铃薯可溶性蛋白质有水溶性蛋白、盐溶性蛋白和醇溶性蛋白三类。卢戟等（2014）采用考马斯亮蓝 G520 法对 12 个马铃薯新品（系）块茎可溶性蛋白含量进行测定，其水溶蛋白含量为 19.45~32.64mg/g，盐溶蛋白含量为 12.30~26.46mg/g，醇溶蛋白含量为 0.72~1.81mg/g，表明不同马铃薯品种的可溶性蛋白含量存在较大差异；同一品种内基本表现为以水溶蛋白为主，盐溶蛋白次之，醇溶蛋白含量比较低；通过对可溶性蛋白质进行电泳分析，马铃薯水溶蛋白、盐溶蛋白和醇溶蛋白经聚丙烯酰胺凝胶电泳均可获得清晰易辨的图谱，具有较好的多态性，呈现出品种特有的谱带组合。

2. 马铃薯蛋白的组成

马铃薯蛋白是纯净的蛋白浓缩物，氨基酸组成齐全，具有多种均衡的氨基酸组分，除其他多种氨基酸外，还含有人和动物自身不能合成、全部依靠食物供给的 8 种必需氨基酸，有极高的营养价值。马铃薯蛋白粉采用的原料是薯类加工厂排放的淀粉废液，将淀粉废水中的蛋白成分进行高度浓缩，并滤除蛋白废水中的农药、重金属及糖苷生物碱等有害成分，使蛋白成分达到食用等级。高度浓缩的蛋白经喷雾干燥设备，喷成蛋白粉，进而包装成成品。故原材料取材方便，成本低廉。并解决了马铃薯加工厂淀粉废液直接排放的污染问题，保护水资源环境，同时又回收了保健蛋白，促进企业的经济效益，是一种极具潜力的保健食品。

马铃薯贮藏蛋白包括球蛋白和糖蛋白。作为马铃薯主要贮藏蛋白之一的马铃薯球蛋白，主要分布在马铃薯块茎中，其含量占整个马铃薯贮藏蛋白的 25% 左右。Thomas 通过 Osborne 法进行优化提取工艺后制备得到的马铃薯球蛋白存在 3 个等电点，分别为 5.83、6.0 和 6.7。马铃薯球蛋白易溶于盐，亮氨酸、赖氨酸和缬氨酸等氨基酸含量较高，其必需氨基酸含量明显高于 FAO/WHO 的必需氨基酸含量推荐值。因此，马铃薯球蛋白作为一种优质的蛋白质原料来源，在食品加工业中具有很好的应用前景。马铃薯糖蛋白存在于马铃薯块茎中，具有相同的免疫特性，其含量占马铃薯块茎贮藏蛋白含量的 40% 左右，与一般的贮藏蛋白不同，马铃薯糖蛋白还具有酶活性。马铃薯糖蛋白的营养价值较高，便于分离纯化，易于进行分子水平上的研究。

（四）影响马铃薯营养品质的栽培因素

1. 品种的遗传特性

不同品种的马铃薯块茎中各成分的含量存在不同程度的差异。李超等（2013）对中国 16 省份的 30 个主栽品种中的干物质、淀粉、还原糖、粗蛋白、维生素 C、K、Mg、Fe、Zn 和 Ca 等块茎营养品质进行了分析。结果表明：马铃薯块茎营养品质受品种和环境的双重影响。30 个主栽品种淀粉平均含量为 17.28%，大于 18% 的品种有 9 个，高淀粉品种比例为 30.0%；还原糖平均含量为 0.18%，26 个品种的还原糖含量小于 0.3%，占供试品种的 86.67%；高淀粉和低还原糖品种所占比例较高，而蛋白质、维生素 C 等含量普遍偏低；樊世勇（2015）报道，对甘肃省种植的 15 个主栽品种营养成分分析，结果表明：其中干物质含量在 30% 以上的品种只有陇薯 8 号；25% 以上的品种为陇薯 5 号、庄薯 3 号、天薯 10 号、陇薯 7 号；介于 20%~25% 之间的为农天 1 号、陇薯 6 号、天薯 9 号、费乌瑞它、青薯 168、夏波蒂；20% 以下的品种有定薯 1 号、定薯 2 号、克新 1 号。早、中熟型的马铃薯，例如，费乌瑞它、定薯一号、克新 1 号等其淀粉含量均较低，而晚熟型品种如陇薯 8 号、临薯 15 号、庄薯 3 号、天薯 10 号等淀粉含量普遍较高，因此，可以看出较长的生长期有助于淀粉的积累。后来有学者采用氨基酸评价模式及化学评分等方法对中国 22 个主栽品种进行了蛋白质的营养评价，结果表明：22 个马铃薯品种全粉粗蛋白含量范围为 6.57~12.84g/100g DW，并且除色氨酸外，第一限制氨基酸为亮氨酸；平均必需氨基酸含量占总氨基酸含量的 41.92%，高于 WHO/FAO 推荐的必需氨基酸组成模式（36%），接近标准鸡蛋蛋白。从氨基酸评分、化学评分、必需氨基酸指数、生物价和营养指数可综合反映出大西洋蛋白的营养价值最高；夏波蒂、一点红次之；青薯 9 号、陇薯 3 号、中暑 9 号和中暑 10 号的蛋白营养价值较低；中暑 11 号最低（侯飞娜等 2015）。为了解马铃薯不同品种块茎矿质营养元素钾、铁和锌含量的差异，黄越等（2017）选取了 20 个四倍体马铃薯栽培品种作为试验材料，结果表明：块茎中钾、铁含量的变化较小，而锌含量变化较大。其中东农 310、克新 22 号、克新 27 号的钾元素含量较高，均在 300mg/100g FW 以上；东农 310、大西洋、定薯 3 号、中薯 5 号、费乌瑞它、克新 12 号、东农 308 的铁含量在 2.20mg/100g FW 以上；克新 12 号、东农 308 和克新 22 号的锌含量大于 0.80mg/100g FW。所有供试品种中东农 310 的钾、铁含量最高，克新 12 号的锌含量最高。

　　2. 种植地域差异

　　李超等（2013）对多地种植的费乌瑞它、克新 1 号的块茎营养品质分析，不同地区种植的费乌瑞它干物质含量为 14.06%~19.80%；淀粉含量为 11.22%~16.47%；还原糖含量在 0.048%~0.54% 之间；粗蛋白含量在 1.47%~2.44% 之间；维生素 C 含量为 4.26~13.60mg/100g；K 含量为 288.6~362.7mg/100g；Mg 含量为 18.5~30.1mg/100g；Fe 含量为 38.3~1773.8ug/100g；Zn 含量为 202.1~446.8ug/100g；Ca 含量为 571.0~1389.1ug/100g。不同地点种植的费乌瑞它的淀粉、还原糖、粗蛋白、维生素 C、K、Mg、Fe、Zn 含量均存在显著差异，只有 Ca 含量差异不显著，说明种植地环境对马铃薯营养品质有显著影响。不同地区种植的克新 1 号其淀粉、还原糖、粗蛋白、维生素 C 含量均存在显著差异；而 K、Mg、Fe、Zn、Ca 含量差异不显著，说明同一品种在不同地方种植其块茎营养品质也有显著差异。还有人研究了在不同海拔高度 2 500m、1 800m、800m 条件下紫色马铃薯营养物质的变化，随着海拔的升高，紫色马铃薯的粗蛋白、淀粉、花青素含量呈不断增加趋势，而可溶性糖含量呈不断降低趋势，并且不同海拔下粗蛋白、淀粉、可溶性糖含量差异表达显著（郑顺林等，2013）。有研究表明不同地区温度不同对营养物质的影响如下：当温度高于 0.5~2℃，马铃薯的干物质含量从 22.4% 增加到 24.5%，淀粉含量从 72.1%~74.4%，粗蛋白含量从 1.82% 减少到 1.52%，还原糖含量从 0.24% 减少到 0.22%，说明不同地区种植地的温度对马铃薯的营养物质有影响（孙小花，2017）。

　　3. 播期的影响

　　马铃薯的块茎品质会受到品种、栽培技术和环境因子等条件的影响外，播期不同对马铃薯的干物质、蛋白质、淀粉、还原糖、总糖、维生素 C 等产生一定影响。早播可延长生长时间，与晚播相比，收获时块茎的成熟度好，并且干物质含量会比较高。阮俊等（2009）在川西南地区进行马铃薯地理分期播种试验，研究马铃薯干物质、蛋白质、淀粉、还原糖、维生素 C 含量随海拔、播期的变化特征。结果发现，在优质高产的栽培措施中，选择最佳播期（根据地温、土壤情况、气候条件、品种等影响因素确定播期）对马铃薯优质高产至关重要。在最佳播期内播种，其干物质、蛋白质和淀粉含量高于非最佳播期的，还原糖、维生素 C 含量则低于非最佳播期的。

　　4. 施肥的影响

　　据中国有关资料统计分析，粮食作物单产的提高，50% 归功于合理施肥，39% 归功于品种改良，20% 归功于其他耕作方法的改良（孙慧等，2017；侯贤清等，2016）。例如：粉垄、深耕以及秋耕覆盖等措施。有关马铃薯养分吸收规律及施肥对养分吸收、产量和品质影响的研究历来受到国内外的普遍关注。有人研究，在一定范围内，随着施肥量的增加，植物体内的元素含量也在增加，但超过一定范围再增加施肥量，植物体内的元素含量反而减少，从而引起养分吸收的变化（胡文慧，2017；侯翔皓，2017）。而王玉红等（2007）针对 N、P、K 肥对马铃薯块茎产量的作用进行了系统研究，随施 N 肥量的增加可显著增加中薯和大薯的产量，P 肥的增加导致小薯和中薯产量增加，大薯产量减少；K 肥可增加中薯和大薯块茎数从而使块茎总产量增加。施肥量对马铃薯块茎品质也有显著影响，马铃薯块茎淀粉、维生素 C、还原糖和粗蛋白含量与质量分级均随着施肥量的增加而增加，但施肥量过多，品质和质量分级出现下降趋势（苏小娟等，2010；田国政等，2009；王秀康等，2017）。因此要合理施肥。亦有试验表明：施肥能增加经济产量，尤其是高 N 处理结合农家肥；淀粉产量随块茎产量的增加而增加，高 N 处理和有农家肥时，其淀粉产量高于低 N 处理；N 肥及农家肥的施用能增加 N、P、K 的吸收和转运，特别是 P、K 的转运率和吸收率（张仁陟等，1999；张勇等，2011；于小彬等，2016）。因此，生产上必须强调农家肥的施用，满足块茎生长发育对营养的需求，夺取高产优质。

二、马铃薯加工品质

加工品质是指马铃薯对制粉以及马铃薯粉对制作不同食品的适应性和满足程度。加工品质又可分为磨粉品质（或称一次加工品质）和食品加工品质（或称二次加工品质）。

磨粉品质是指制粉过程中，品种对制粉工艺所提出的要求的适应性和满足程度，换句话是加工所用机具、薯粉种类、加工工艺、流程以及效益对马铃薯特性和构成的要求。磨粉品质好的要求品种出粉率高，灰分少，薯粉色泽洁白，易于筛理，残留薯皮上的粉少，能源消耗低，制粉经济效益高。

食品加工品质是指将马铃薯粉进一步加工成食品时，各类食品在加工工艺上和成品质量上对马铃薯的品种和薯粉质量提出的不同要求，以及它们对这些要求的适应性和满足程度。西方制作面包、糕点等所需面粉品质不同，西方与中国蒸煮的食品面粉品质要求也不同。由此可见，加工品质是一个相对概念，不同用途可能有不同的要求，而衡量的标准取决于最终用途，否则谈论加工品质就无所适从。此外，马铃薯品质的优劣还受不同民族、地区的生活习惯，经济发展水平，人们的审美观点和偏爱等多种因素的影响，但就某一地区而言，应有相对稳定的评价标准，这对马铃薯市场价格和流通有很大影响。可见单纯把蛋白质含量的高低作为优质马铃薯的唯一标准是不全面或错误的，这样的看法将会把优质马铃薯的选育和生产引入歧途；同样，把优质马铃薯仅视为适合制作面包的小麦粉的代替品，也是片面的。

水分、淀粉、还原糖、干物质、维生素 C、蛋白质均可作为衡量加工品质的重要指标。水分作为食品的主要成分，其含量、分布、存在状态对食品的加工特性、品质稳定性及保藏性具有重要影响。水分的迁移、重新分布、状态变化及与蛋白质、淀粉等大分子物质的结合情况等是影响马铃薯粉及相应制品品质的关键因素。直链淀粉和支链淀粉的比例或直链淀粉的含量对马铃薯面条品质具有重要影响，直链淀粉含量适中或者偏低的面粉制成的面条具有较好的韧性和食用品质。研究表明，直链淀粉含量高，面条水结合能力下降、硬度上升、弹性下降；反之，能够改善面条的质地、增加黏弹性。另外，直链淀粉含量高的马铃薯粉制成的馒头和面包品质差、体积小；反之，制成的馒头韧性好，体积较大。

例如以新鲜马铃薯为原料加工油炸薯片，鲜薯中干物质、还原糖和蔗糖含量是决定油炸薯片色泽、质地和产量的主要因素。对大量试验获得的数据进行分析，糖含量与薯片颜色间有显著的正相关关系，糖含量高使薯片的颜色变黑，提高干物质的含量，可加工出理想颜色的马铃薯片。

蛋白质既是营养品质性状，也是加工品质性状。这里所讲的蛋白质品质指它对加工食品品质的适应程度，即加工品质。与品质有关的蛋白质品质性状包括蛋白质的数量和质量，蛋白质的数量指标有蛋白质含量，面筋含量等；马铃薯加工品质的好坏取决于蛋白质的数量和质量。

维生素 C 对面团的弱化度和最大拉伸阻力等流变学特性的改良作用因马铃薯品种而异，而且改良作用有限，不能改变马铃薯粉本身的加工属性。

第二节　马铃薯利用与加工

一、块茎的利用

（一）粮用

马铃薯是陕西省的主食之一。具有多种食用方法。马铃薯是一种营养价值很高的食物，所含的营养素有蛋白质、脂肪、糖类和维生素等。干制的马铃薯，其脂肪含量超过大米、面粉和荞面等；蛋白质高达 7.25%（大米 6.7%），其含量与小麦、荞麦、燕麦甚至猪肉中的蛋白质含量相同。马铃薯的蛋白质中含有多种氨基酸，其中含人体不可缺少的赖氨酸，含量为 6%，最多达 9.6%，大大超过大米、小麦、大豆、花生米等蛋白质的赖氨酸组成。做粮用主要通过蒸、煮、烧、烤、烙、摊、和等方式做成土豆包子、土豆馒头、土豆水晶蒸饺、土豆凉皮、土豆磨糊蒸包，红烧牛肉土豆面、土豆拉面、土豆饺子、土豆馄饨，土豆河粉、土豆米线、土豆米肠，马铃薯囷囷、地锅锅、马铃薯油合、马铃薯饼饼和酸饭等。

1. 蒸

将马铃薯水洗干净，在笼上蒸熟，大的可切开蒸，至熟即可，配以食盐、腌制咸菜或其他炒菜，剥皮即食。亦可放入碗内，用筷子搅拌做成泥状拌入作料食用。还有一种做法是将马铃薯洗净去皮，一般用擦子擦成丝，用适量面粉拌匀，放入蒸笼，约 20min 蒸熟，然后拌入调料即食。或者放入油锅中加入青椒、食盐等佐料，翻炒拌匀，即可食用。人们习惯叫"马铃薯囷囷"，是甘肃群众喜爱的一种小吃。这种做法与省外别的地方叫"马铃薯梭梭""马铃薯叉叉""马铃薯擦擦"的类似。其次，将马铃薯洗净、去皮、切细丝或小丁，拌以胡萝卜丝以及佐料，用面皮包住蒸熟，即为马铃薯包子。还可将马铃薯洗净上屉蒸熟，出屉去皮，制成土豆泥；取洗净的大盘，底下铺上一层土豆泥，抹平后铺上一层枣泥馅儿，抹平，上面再铺平一层豆沙泥；再将大盘放入屉中，用旺火蒸三分钟取出，上撒金糕条即可。如果选用其他果料，上屉蒸制前，在豆沙泥上摆出花色图案，再入屉稍蒸一会儿取出。

2. 煮

将马铃薯水洗干净，放入锅内，加少许水大火烧开，小火煮约40min，焖约20min即熟，大的也可切开煮。亦可将马铃薯洗净、去皮、切细丝或小丁，拌以胡萝卜丝以及佐料，用面皮包住煮熟，即为马铃薯饺子。

3. 烧

找一个避风的地方，如山窝或小土坡，用铲挖个小坑，状如锅台，上面依次叠加码放土疙瘩，点燃柴火将土疙瘩烧透烧红，把马铃薯放进去，捣塌炉灶，将马铃薯埋起来，上面再盖上一层干土，焖住热气，1h左右直至马铃薯焖熟，然后用铁锨或者棍子刨开灰土，马铃薯焦黄熟透，薯香宜人，趁热即食。定西老百姓把这种方法叫烧"锅锅灶"，天水地区叫烧"地锅锅"。这是农村常用的办法，一般在秋季收挖阶段较常见。

农村利用热炕或灶台的火源，也在炕洞或灶火塘里烧，用热灰埋住马铃薯，焖约1h即熟，吃起来同样薯香味浓，沁人心脾。

4. 烤

农村常用煤炉、烤箱烤制马铃薯，一般冬季较多。城市人一般用电烤箱烤，将马铃薯洗净，放入烤箱，烤熟后配佐料食用。

5. 烙

马铃薯去皮，用擦子擦成丝，再加入少许面粉，拌均匀，热锅加油，放入拌好的马铃薯丝，用锅铲压成约2cm厚，中火加热，亮黄时翻转烙另一面，继续加热，熟透即可，亦可切成一定大小的方块，撒上调料食用。一般用平底锅较好，便于压实分切。这种做法常见于市场摊贩现做现卖，居民家庭中也有。也可直接烙马铃薯片，将马铃薯洗净、去皮，切成薄片，热锅加少许油，放入马铃薯片，中火加热至亮黄，翻转烙另一面，熟透即可拌调料食用。也可将马铃薯洗净、去皮、切丝，拌以佐料，包在面皮内，热锅烙熟，两边涂油，即可食用。群众也叫"马铃薯油合"。

农村也有将马铃薯煮熟、去皮，压成薯泥，与面团一起揉好，烙马铃薯大饼的习惯。

6. 摊

摊马铃薯，群众常叫"马铃薯饼饼"。将马铃薯洗净、削皮，用专用擦子磨成细末，加入适量的水、面粉，调理成舀起能挂线的糊状，加入食盐、花椒粉等佐料，热锅上油，摊成薄饼，翻转摊熟。可以卷上菜直接食用，亦可将摊好的饼用刀切成菱形，锅内加油翻炒，加入佐料食用。

7. 和面

马铃薯面也叫一锅面，是一种人民常吃的面食。马铃薯洗净去皮，依喜好切成丁、条或块，锅里放油略炒，加水将马铃薯煮熟后，下入面条，放入葱、盐等调料即可食用。也有素马铃薯面，还可以放入不同的肉丁，成为羊肉马铃薯面、牛肉马铃薯面、鸡肉马铃薯面、猪肉马铃薯面等。甘肃河西群众有种马铃薯面叫"山药米拌面"，即马铃薯洗净、去皮、切块，放入锅内加水、加入小米，烧熟后下入菱形面条，食用爽口，风味独特。还有一种马铃薯和面的吃法俗称"徽饭"，马铃薯洗净、削皮、切块，锅内加水放入马铃薯切块，烧八成熟后将豆面、荞面、玉米面等杂面单独或者掺和些小麦面直接用擀面杖徽入锅内成黏稠糊状，熟后马铃薯块状成型，舀入碗内，调上佐料，食用风味俱佳。

将马铃薯洗净去皮，切细丁，和其他菜品、肉类做成臊子汤，在吃长面时浇在上面，成为马铃薯臊子面。

8. 酸饭

马铃薯酸饭是甘肃中部、南部群众常吃的食物，以浆水做汤汁的一种马铃薯面食。酸饭的做法是将水烧开后放入切好的马铃薯，待马铃薯熟后，将用小麦面手工擀出来的面条（片）下到锅里，面熟后不出锅，加入适量酸菜浆水烧开，配上葱花、香菜等，吃时以咸菜、油泼辣椒为佐料。

还有用豆面、荞面等杂面掺和小麦面做的群众叫"疙瘩子"（雀儿舌头）、懒疙瘩、拌汤等，做法类似。

（二）菜用

马铃薯中含有大量的糖类，其中淀粉占80%~85%，并含有多种维生素。马铃薯在欧美、亚洲人的食品中占有重要地位，几乎在每餐中是不可缺少的食品。菜用主要通过炒、炸、炖、踏等方式做成炒马铃薯丝、炒马铃薯片、炒马铃薯丁、薯条、风味马铃薯泥、马铃薯搅团、马铃薯沙拉、马铃薯糍粑、凉粉、粉条和土豆酱汤等。

1. 炒

炒马铃薯的方式也很多，有炒马铃薯丝、炒马铃薯片、炒马铃薯丁等。将马铃薯洗净削皮，用菜刀切丝、片或块，配以青椒、洋葱、大葱、蒜等，至熟即可。还可以和胡萝卜、莲花菜等一起炒。

2. 炸

油炸方式主要是马铃薯片、马铃薯条、马铃薯块。马铃薯洗净去皮，根据喜好切成片、条、块状，洗去表皮淀粉、淋干，锅内放油烧热炸熟，出锅撒入调味料即可食用。将马铃薯切片炸至金黄色捞出，与葱、姜、蒜一起翻炒，加入辣椒、盐、豆瓣酱等其他佐料，即为干锅马铃薯片。

也可将马铃薯洗净去皮，切成马铃薯丝，拌以佐料，包在面皮内，炸熟即可食用，称为马铃薯格子或马铃薯盒子。

3. 炖

家常炖马铃薯，将马铃薯洗净削皮切片或块，锅内放少许油，油热后放入马铃薯翻炒，加调味料、适量清水，烧开炖熟即可。

也可与牛肉、羊肉、猪肉、鸡肉等一起炖，肉切丁或剁块，焯水，再放入锅中将肉翻炒，加水炖八成熟时加入马铃薯块，同时加入洋葱、青椒等佐料，调料入味、炖熟即可。其次还可与排骨、红烧肉、茄子、豆角等一起炖熟，方法类似。

4. 踏

马铃薯搅团属于踏、砸类的一种做法，又叫踏搅团。将蒸熟或者煮熟的马铃薯凉温后剥皮，放到踏马铃薯的专用木槽或者石头做的凹窝里，用木槌用力去砸。先砸成薯泥，越踏越黏，再踏成为颇有黏度的一团马铃薯膏，这便是马铃薯搅团了。用木铲抄在碗内，然后依喜好加上酸菜、浆水或是醋水，调上油泼辣子即可食用，柔软爽口。这种吃法在甘肃各地均有，尤以陇南市、天水市为多。

5. 凉粉

马铃薯淀粉用凉水化开，不停地搅拌以防沉淀，然后在锅里烧开的水中，一手将淀粉溶液细细地向开水锅里倒，另一手用筷子在锅里不停地搅动，微火防焦煳锅上，微搅成黏稠糊状即可，然后抄入盘子，色泽为褐色。放上生抽、香油、蒜泥、油泼辣椒、醋，再撒上香菜，柔软劲道，富有弹性。也可以用1份水化开1份淀粉，不停地搅拌，将2份开水快速倒入，不搅动，上笼蒸熟，凉冷，色泽为白色，切开，拌入佐料，晶莹剔透，柔软亮泽。

凉粉价廉物美，原料易得，制作简单，乡镇和街道食品厂、家庭均可制作。

（1）方法一 称1kg马铃薯淀粉，10L水，同时下锅，一边搅拌一边加热，熬至成熟时，汁液已变黏稠，待搅动感到吃力时，将15g明矾及微量食用色素加入锅中，并搅拌均匀，继续熬煮片刻，此时再搅动已感到轻松时，说明已煮熟，即可出锅，倒入备好的容器中冷却即成。

（2）方法二 每10kg马铃薯淀粉加温水20L、明矾40g，调和均匀后，再冲入45L沸水，边冲边搅拌，使之均匀受热。冲热后，即分别倒入箱套中，拉平表面，待冷却后取出，按规格用刀分割成块，即为成品。

6. 粉条

马铃薯淀粉做的粉条。凉水先泡软，配上肉、葱等进行翻炒，即为炒粉条，或粉条炒肉。也可以与酸菜一起炒即为酸菜粉条；也可用粉条配以胡萝卜丝炒，即为胡萝卜粉条。配以什么菜就叫什么粉条，如白菜粉条、莲花菜粉条等。

以马铃薯淀粉为原料制作粉条，工艺简单，投资小，设备简单，适合乡镇企业、农村作坊和加工专业户生产。

（1）原料配方 马铃薯淀粉60%，明矾（化学名：十二水合硫酸铝钾）0.3%～0.6%，其余为水39.4%～39.7%。

（2）工艺流程

淀粉→冲芡→揉面→漏粉→冷却清洗→阴晾、冷冻→疏粉、晾晒→成品

（3）操作要点

①冲芡：选用含水量40%以下、质量较好、洁白、干净、呈粉末状的马铃薯淀粉作为原料，加温水搅拌。在容器（盆或钵即可）中搅拌成糨糊状，然后将沸水猛冲入糨糊中（否则会产生疙瘩），冲芡淀粉：温水：沸水=1:1:1.8，同时用木棒顺着一个方向迅速搅拌，以增加糊化度，使之凝固成团状并有很大黏性。芡的作用是在和面时把淀粉粘连起来，至于芡的多少，应根据淀粉的含量，外界温度的高低和水质的软硬程度来决定。

②和面：和面通常在搅拌机或简易和面机上进行。为增加淀粉的韧性，便于粉条清洗，可将明矾、芡和淀粉三者均匀混合，调至面团柔软发光。和好的面团中含水量为48%~50%，温度40℃左右，不得低于25℃。

③揉面：和好的面团中含有较多的气泡，通过人工揉面排除其中气泡，使面团黏性均匀，也可用抽气泵抽去面团中的气体。

④漏粉：将揉好的面团装入漏粉机的漏瓢内，机器安装在锅台上。锅中水温98℃，水面与出粉口平行，即可开机漏粉。粉条的粗细由漏粉机孔径的大小、漏瓢底部至水面之间的高度决定，可根据生产需要进行调整。

⑤冷却和清洗：粉条在锅中浮出水面后立即捞出投入到冷水中进行冷却、清洗，使粉条骤冷收缩，增加强度。冷浴水温不可超过15℃，冷却15min左右即可。

⑥阴晾和冷冻：捞出来的粉条先在3~10℃环境下阴晾1~2h，以增加粉条的韧性，然后在-5℃的冷藏室内冷冻一夜，目的是防止粉条之间相互粘连，降低断粉率，同时可用硫黄熏粉，增加粉条白度。

⑦疏粉、晾晒：将冻结成冰状的粉条放入20~25℃的水中，待冰融后轻轻揉搓，使粉条成单条散开后捞出，放在架上晾晒，气温以15~20℃为最佳，气温若低于15℃，则最好无风或微风。待粉条含水量降到20%以下便可收存，自然干燥至含水量16%以下即可作为成品进行包装。

（4）质量要求　粉条粗细均匀，有透明感、不白心、不黏条、长短均匀。

7. 马铃薯—番茄粉条

以马铃薯淀粉和番茄为主要原料生产的，所得的产品颜色呈淡红色、口感好、有番茄特有的香气。此产品制作工艺简单，生产难度不大，适合于乡镇企业、农村作坊以及加工专业户选用。

（1）原料配方

马铃薯淀粉60%，番茄浆3%，明矾0.3%~0.6%，食盐0.01%~0.02%，其余为水（36.38~36.69%）。

（2）工艺流程

马铃薯淀粉→冲芡→和面（加番茄→打浆→均质）→揉面→漏粉→冷却、清洗→阴晾和冷冻疏粉、晾晒→成品

（3）操作要点

①番茄选择：所选用的番茄一定要饱满、成熟度适中、香气浓厚、色泽鲜红。

②打浆：将利用清水清洗干净的番茄切成小块，放入打浆机中初步打碎。

③均质：将初步打碎的番茄浆倒入胶体磨中进行均质处理，得到番茄浆液备用。

④冲芡：选用优质的马铃薯淀粉，加温水搅拌，在容器中搅拌成糊糊状，然后将沸水向调好的稀粉糊中猛冲，快速搅拌，时间约10min，调至粉糊透明均匀即可。

⑤和面：通常在搅拌机或简单和面机上进行。将番茄浆、明矾、干淀粉按配方规定的比例倒入粉芡中，并且一起混合均匀，调至面团柔软发光。和好的面团中要求含水量48%左右，温度不得低于25℃。

⑥漏粉：将揉好的面团放入漏粉机的漏瓢内，机器安装在锅台上。待锅中水温度为

98℃、水面与出粉口平行即可开机漏粉。粉条下条过快并易出现断条，说明粉团过稀；若下条太慢或粗细不均匀，说明粉团过干，均可通过加粉或加水进行调整。粉条入水后应经常搅动，以免粘锅底，漏瓢距水面距离一般为 55~65cm。

⑦冷却、清洗：粉条在锅中浮出水面后立即捞出投入冷水缸中进行冷却、清洗，使粉条骤冷收缩，这样可以增加强度。冷水缸中温度不可超过 15℃，冷却 15min 左右即可。

⑧阴晾和冷冻：捞出来的粉条先在 3~10℃ 环境下阴晾 1~2h，以增加粉条的韧性，然后在-5℃的冷藏室内冷冻 12h，目的是防止粉条之间相互粘连，以降低断粉率。

⑨疏粉、晾粉：将冻结成冰状的粉条放入 20~25℃ 的水中，待冰融后轻轻揉搓，使粉条成单条散开后捞出，放在架上晾晒，气温以 15~20℃ 为最佳。自然干燥至粉条的含水量在 16% 以下时即可作为成品进行包装。

（4）质量要求　粉条粗细均匀，有淡红颜色，不黏条，长短均匀，口感好，有番茄香气。

（三）制作风味食品和糕点，丰富饮食文化

马铃薯作为全世界公认的营养食品，被称为"十全十美"的营养食品，在欧洲等国家被称为"第二面包"和"地下苹果"。制作多种风味食品和糕点，丰富饮食文化。风味食品主要通过焙烤制作成马铃薯面包、马铃薯发面饼、马铃薯馕、马铃薯磅蛋糕、马铃薯千层酥和马铃薯冰冻曲奇饼干等。

1. 马铃薯桃酥

将白砂糖、碳酸氢钠放入和面机中，加水搅拌均匀，再加入混合油（猪油+花生油）继续搅拌，最后加入预先混合均匀的马铃薯全粉和面粉，搅拌均匀，即成面团；将调好的面团切成若干长方形的条，再搓成长圆条，按定量切成面剂子，每剂约 45 g，然后撒上面粉；将切好的剂子放入模具按实，再将其表面削平，用力磕出，即为生坯。按照一定的间隔距离均匀地将生坯摆放入烤盘内；将烤盘送入烤箱或烤炉中。烘烤温度为 180~190℃，时间 10~12min。烘烤结束后，经过自然冷却或吹风冷却，进行包装，即为马铃薯桃酥。

2. 马铃薯栲栳

栲栳为食届一绝，其原料为莜面，经手艺高超的加工者手工推卷成面筒，整齐地排在笼屉上蒸熟。它薄如纸，柔如绸，食之筋道。在传统手工艺制作的基础上，揉合马铃薯粉，并采用加工机械制作成的马铃薯栲栳，不但口感更好，而且食用方便。

将马铃薯全粉和莜麦粉按 3:1 的比例混合，加入适量沸水，在和面机中迅速搅拌，调制成软硬适度的面团。精选的无脂羊肉清理干净后，切成小块，放入绞肉机中绞成肉泥，再加入适量的葱、姜、蒜、盐、五香粉等调料，在锅中微炒，制成馅料。趁热将面团送入滚压式压片机中压成薄片，再将压片切成长方形片块。在片块上均匀地涂上羊肉馅料，然后将一边折起卷成圆筒状。把卷成筒状的栲栳坯竖立在蒸笼中蒸 20min 左右，蒸熟后趁热装入保鲜盒内，封口要严。常温下保质期为 1 周，冷藏条件下保存时间可达 2 个月之久。

3. 马铃薯发糕将

马铃薯干粉、面粉、苏打、白砂糖加水混合均匀，然后将油炸后的花生米混匀于其中。将混合物料在30~40℃下进行发酵。发酵后的物料揉成面团，置于笼屉上铺平，用旺火蒸熟。将蒸熟后面团切成各式各样形状，在其一面涂一定量融化的红糖，滚黏一些芝麻，冷却，即成马铃薯发糕。

4. 马铃薯饼干

将疏松剂碳酸氢钠和碳酸氢铵放入和面机中，加入冷水溶解，然后依次将白糖、鸡蛋液和香精加入，充分搅匀后，将预先混合均匀的马铃薯全粉、马铃薯淀粉、面粉及植物油放入和面机内，充分混匀制成面团。面团调制时温度以24~27℃为宜，温度过低黏性增加，过高则增加面筋的弹性。将调制好的面团送入辊轧成形机中，经过辊轧成型后，即可进行烘烤。采用高温短时工艺，烘烤前期温度为230~250℃，能使饼干迅速膨胀和定型，后期温度为180~200℃，是脱水和着色阶段。因为酥性饼干脱水不多，且原料上色好，故采用较低的温度，烘烤时间为3~5min。烘烤结束后的饼干采用自然冷却方法冷却，时间为6~8min。冷却过程是饼干内水分再分配及水分继续向空气扩散的过程。不经冷却的酥性饼干易变形。经冷却的饼干待定型后即可进行包装，即得成品。

5. 马铃薯菜糕

将马铃薯洗净，上笼蒸熟，剥去皮，稍晾放入碗内，用手压成泥，加入面粉揉匀揉光，即成糕面团。将粉条用水泡软剁碎；鸡蛋磕入碗内，加入少许食盐打散，倒入炒锅中炒熟，并用刀剁碎；豆腐干切成碎丁；韭菜洗净切碎。将上述各原料放入盆内，加入姜末、酱油、食盐、味精、麻油、五香粉，拌匀，制成馅料。将揉好的糕面团揪成1/10的小糕团，按成扁圆皮，包入菜馅料，封口，再按成圆饼形，放入六成热的植物油中炸至呈金黄色，捞出即为成品。

6. 土豆煎饼

将0.25kg土豆煮熟，剥去皮，捣烂成土豆泥。葱头洗净切成末。剩余土豆削去皮切碎，包入干净布内，挤干水分，加入土豆泥中。将土豆泥放入盆内，磕入鸡蛋，用木勺搅匀，再加入面粉、食盐、胡椒粉、葱头末、牛奶，用木勺搅匀，制成土豆泥糊。将煎锅置于火上，放入黄油，把土豆泥糊煎成土豆泥饼，煎至边缘松脆呈金黄色即成。

7. 风味马铃薯膨化食品

利用马铃薯粉、片状脱水马铃薯泥、颗粒状脱水马铃薯等为原料，可以生产各种风味和形状的薯条、薯片、虾条、虾片等膨化食品。这些产品香酥松脆、味美可口，其原料配方、加工工艺大同小异。

生产工艺：原料→混合→蒸煮→冷藏→成型→干燥→膨化→调味→成品

操作要点：

（1）混合　按照配方比例称量各种物料，然后将各种物料充分混合均匀。

（2）蒸煮　采用蒸汽蒸煮，使混合物料完全熟透（淀粉质充分糊化）。先进的生产方法是将混合物料投入双螺杆挤压蒸煮成型机，一次完成蒸煮、成型工作。挤压成型工艺成型的产品不仅形状规则一致、质地均匀细腻，而且只要更换成型模具，就能加工出各种不同形状（片状、方条、圆条、中空条等）的产品。

（3）冷藏 于 5~8℃ 的温度下冷藏，放置 24~48h。

（4）干燥 将成型后的坯料干燥至水分含量为 25%~30%。

（5）膨化、调味 利用气流式膨化设备将干燥后的产品进行膨化处理，然后进行调味，包装即为成品。

8. 风味油炸马铃薯条

取无腐烂变质、无虫害、无机械损伤的新鲜马铃薯，洗净，去皮，去掉牙口，将去皮后的马铃薯沿轴向切条，马铃薯条的长为 1~2cm，宽为 10~15mm，厚为 3~8mm。将切好的马铃薯条放入清水中浸泡 5~10min。浸泡后的马铃薯条放入 90~100℃ 热水中烫漂 1~2min，沥干水分。将沥干的马铃薯条加入盐、调味料腌制 40~60min，调味料由花椒粉、小茴香粉、八角粉组成（将花椒、小茴香、八角分别放在 120~130℃、100~110℃ 和 100~110℃ 下炒制 6~10min，冷却至室温，过 80~100 目筛备用），花椒粉、小茴香粉、八角粉的质量比为 1:（1~1.5）:（0.8~1）。向面粉中加入冷水、蛋清调制面糊，面粉与水的质量比为 1:2~1:3，面粉与蛋清的质量比为 8:1~10:1。腌制好的马铃薯条裹上上步骤制得的面糊，裹均匀后放入开水中煮制 1~2min，沥干水分。将处理后的马铃薯条，放入温度 150~160℃ 油中进行油炸，10~15min 后捞出，晾凉，充氮气包装。

9. 马铃薯保健面包

（1）原料配方

高筋面粉 100kg，绵白糖 20kg，黄奶油 20kg，鸡蛋 20kg，马铃薯 15kg，酵母 1.5kg，面包添加剂 0.3kg，水 40L，精盐 2kg。

（2）工艺流程

原料选择→原辅料预处理→面团调制→发酵→压面→分割、搓圆→静置→成型→醒发→烘烤→出炉→冷却→包装→成品

（3）操作要点

①原料选择：注意选用优质、无杂、无虫，合乎等级要求的原辅料。

②马铃薯液的制备：将马铃薯清洗干净，煮熟去皮，研成马铃薯泥（煮马铃薯的水留下备用），取马铃薯泥、煮马铃薯水配制成一定浓度的马铃薯溶液，备用。

③原辅料预处理：面粉进行过筛备用；酵母、面包添加剂、白糖、精盐分别用温水溶化备用；鸡蛋打散备用。

④面团调制：先将面粉倒入食品搅拌机内，进行慢速搅拌，再加入马铃薯溶液、鸡蛋及酵母、面包添加剂、白糖、精盐的溶解液后，快速搅拌，待面筋初步形成后，加入黄奶油搅拌成细腻、有光泽且有弹性和延伸性即可。

⑤发酵：发酵的理想条件是温度 27℃，相对湿度 75%。温度过低则发酵慢，保气能力变差，组织粗糙，表皮厚，易起泡；温度过高则易生杂菌，发酸，风味不佳，颗粒大，表皮颜色深。

⑥压面：压面是利用机械压力使面团组织重排、面筋重组的过程，使面团结构均匀一致，气体排放彻底，弹性和延伸性达到最佳，更柔软，易于操作。制成后的成品组织细腻，颗粒小，气孔细，表皮光滑，颜色均匀。若压面不足，则面包表皮不光滑，有斑

点，组织粗糙，气孔大；若压面过度，则面筋损伤断裂，面团发薪，不易成型，面包体积小。

⑦分割、成型：分割、成型工序坚持一个"快"字，减少水分散失，并使温度适中。

⑧醒发：将成型好的面包坯放入烤盘中，一起送入提前调好的温度为38℃、相对湿度为85%的面包醒发箱中，醒发1h左右。若醒发温度过高则水分蒸发太快，造成表面结皮；温度过低则醒发时间长，内部颗粒大，入炉时面团下陷。湿度过高则表皮起泡，颜色深；湿度过低，则表皮厚，颜色浅，体积小。

⑨烘烤：将醒发好的面包坯放入提前预热好面火为190℃，底火为230℃的烤箱中烘烤，烤至表面焦黄色时出炉。若烘烤温度过高则面包表皮形成过早，限制了面团膨胀，体积小，表皮易起泡，烘烤不均匀，外熟内生；温度过低则表皮厚，颜色浅，内部组织粗糙、颗粒大。

⑩冷却：烘烤结束后将面包出炉，趁热在表面刷上一层植物油，然后冷却，包装即为成品。

（4）质量要求

①感官指标：滋味与气味口感柔软，具有面包的特殊风味；组织状态内部色泽洁白，组织膨松细腻，气孔均匀，弹性好；色泽金黄色或淡棕色，表面光滑有光泽。

②理化指标：比容≥3.4mL/g，水分含量35%~46%。

③微生物指标：细菌总数≤750个/g，大肠菌群≤40个/g，致病菌不得检出。

二、其他部位的利用

（一）马铃薯渣的综合利用

1. 马铃薯渣的成分

马铃薯渣含有大量的淀粉、纤维素、果胶及少量蛋白质等可利用成分，具有很高的开发利用价值。其中淀粉占干基含量的37%，纤维素、半纤维素占干基总量的31%，果胶占干基含量的17%，而蛋白质、氨基酸仅占干基含量的4%，由于马铃薯渣中含有较高质量分数的果胶，同时马铃薯渣量大，是一种很好的果胶来源。另外，其还含有大量的纤维素和半纤维素，可用来提取膳食纤维，国内也将其直接作为饲料，但由于其粗纤维含量高、蛋白质含量低、质量差，动物不易消化吸收。因此，对于薯渣的利用、国内外学者主要集中在提取果胶，膳食纤维等有效成分以及制备单细胞蛋白饲料。

2. 马铃薯渣是马铃薯淀粉生产中产生的副产物，马铃薯淀粉生产企业每年排放大量的废渣废液，如何有效利用马铃薯淀粉加工副产物已成为制约马铃薯淀粉工业发展的瓶颈问题。国内外研究表明，马铃薯蛋白是一种全价蛋白，氨基酸组成均衡，必需氨基酸含量较高，适合研究开发马铃薯蛋白产品。但国内的淀粉生产厂家直接排放废水，不仅造成资源浪费，亦污染环境。因此，淀粉废水中马铃薯蛋白的回收及开发利用研究对于增加产品附加值，提高环保性能，发展可循环经济具有十分重要的作用。酸热处理回收细胞液中马铃薯蛋白的技术是目前欧洲和中国大中型淀粉加工厂普遍采用的工艺，优化提取工艺，提高马铃薯蛋白质的提取率，减少水耗和废水排放，使回收蛋白的技术得到应用。

3. 马铃薯渣中膳食纤维的利用

膳食纤维（DF）是食物中不被人类胃肠道消化酶所消化的植物性成分的总称，它包括纤维素、半纤维素、木质素、甲壳素、果胶、海藻多糖等，主要存在于植物性食物中。马铃薯渣中不仅含有丰富的膳食纤维，约占干基重的 50%，而且还有淀粉、糖类及少量蛋白质，因此制取较高纯度的马铃薯膳食纤维，需降解淀粉蛋白质等物质。目前，制取马铃薯膳食纤维的方法主要有酸碱法和酶法，用来去除马铃薯渣中的淀粉、糖类及蛋白质物质，用马铃薯渣制成的膳食纤维产品外观白色、持水力、膨胀力高，有良好的生理活性。

4. 提取果胶

果胶属于多糖类物质，是植物细胞壁的主要成分之一，尽管可以从植物中大量获得，但是商品果胶的来源仍十分有限。中国每年果胶需求量在 1 500t 以上，且 80%依靠进口，据有关专家预计，果胶的需求量在很长时间内仍以每年 15%的速度增长。果胶的主要生产国是丹麦、英国、法国、以色列、美国等，亚洲国家产量极少。因此大力开发中国果胶资源，生产优质果胶，显得尤为重要。马铃薯渣是生产马铃薯淀粉后产生的废渣，利用程度低且极易造成环境污染，它含有丰富的果胶，是一种良好的果胶提取原料。将马铃薯渣作为生产果胶的原料，不仅增加马铃薯加工的附加值，也丰富了果胶生产的原料来源。目前果胶的提取方法主要有：沸水抽提法、酸法和酸法+微波提取等。果胶提取过程是水不溶性果胶转变成水溶性果胶和水溶性果胶向液相中转移的过程。工艺条件不同，果胶的得率及性质均有差异。

5. 生产马铃薯渣高蛋白饲料

马铃薯鲜渣或干渣均可直接作饲料，但是蛋白质含量低，粗纤维含量高，适口性差，饲料的品质低。研究表明，通过微生物发酵处理可大幅度提高薯渣的蛋白含量，从发酵前干重的 4.62%增加到 57.49%；另外，微生物发酵可以改善粗纤维的结构，增加适口性，有研究先用中温 Q 淀粉酶和 Nutrase 中性蛋白酶将马铃薯渣中的纤维素和蛋白质分解，再接种产生单细胞蛋白的菌株——产朊假丝酵母和热带假丝酵母，可将单细胞蛋白中的蛋白质含量增至 12.27%。

（二）膳食纤维的利用

膳食纤维通常是指由可食性植物细胞壁残余物及与之相缔合的物质构成的在人体的小肠中难以消化吸收的化合物，其主要包括植物性木质素、纤维素、半纤维素、果胶及动物性壳质、胶原等。继蛋白质、糖、脂肪、矿物质、水和维生素之后被列为人体必需的"第七营养素"。研究表明膳食纤维可以降低冠心病的发病率、降低血清胆固醇水平。膳食纤维包括不溶性膳食纤维和可溶性膳食纤维两大类，其中可溶性膳食纤维具有较强的生理功能，而大多数天然膳食纤维其可溶性膳食纤维所占比例较小。但也有报道称在对有害物质的清除能力和调节肠道功能方面，不溶性膳食纤维的作用优于可溶性膳食纤维。目前膳食纤维的分析方法包括酶—质量法、酶—化学法、红外光谱技术、尺寸排阻液相色谱法和高效阴离子交换色谱法等，其中红外光谱技术具有方便、快捷、准确、高效、不破坏样品、节约能源、无污染、低成本等优点，在国内外已得到广泛应用。

1. 马铃薯膳食纤维的基础成分

马铃薯膳食纤维中含有多种成分，其中总膳食纤维含量在 80g/100g 以上，可溶性膳食纤维含量为 4.98g/100g。有研究报导，木瓜渣的基本成分中总膳食纤维的含量为 69.58g/100g，可溶性膳食纤维含量为 6.97g/100g；甘薯渣中总膳食纤维 27.40g/100g，可溶性膳食纤维含量 2.66g/100g；大豆皮中总膳食纤维含量为 73.31g/100g；玉米皮中总膳食纤维含量为 60.00g/100g 左右，大豆皮中可溶性膳食纤维的含量为 0.79g/100g，玉米皮中可溶性膳食纤维含量为 3.97g/100g。可见马铃薯膳食纤维中总膳食纤维和可溶性膳食纤维的含量均较高，是一种较好的膳食纤维资源。

2. 马铃薯膳食纤维的组分

马铃薯膳食纤维中纤维素（33.07g/100g）和半纤维素（38.79g/100g）的含量均较高。半纤维素及果胶质（17.95g/100g）含量均高于文献报道的甘薯膳食纤维及大豆皮膳食纤维，而木质素（1.97g/100g）含量低于甘薯及大豆膳食纤维。因此马铃薯膳食纤维具有更好的柔性及较低的相对分子质量，是生产高品质膳食纤维的良好原料。纤维素及半纤维素具有预防便秘、调节血糖、降低胆固醇的作用；果胶质可赋予被加工物料稳定、良好的胶凝和乳化性能，还具有抗菌、消肿、解毒、降血脂、抗辐射等作用。因而马铃薯膳食纤维更多的调节人体异常代谢功能还需进一步研究。

3. 马铃薯膳食纤维的物性

魏春光（2013）研究了马铃薯膳食纤维和马铃薯高品质膳食纤维的物性。结果表明：马铃薯膳食纤维的持水力为 7.00g/g，持油力为 1.90g/g，膨胀力为 7.37mL/g；马铃薯高品质膳食纤维的持水力为 8.34g/g，持油力为 5.17g/g，膨胀力为 9.91mL/g。马铃薯膳食纤维具有较好的持水力和膨胀力，均高于玉米皮纤维、大豆皮纤维及脱脂米糠。膨胀力高于甘薯膳食纤维，但持水力及持油力略低于甘薯膳食纤维。马铃薯膳食纤维较好的持水力和膨胀力有利于其在抗便秘、改善肠道环境及预防肥胖等方面发挥作用。

4. 马铃薯膳食纤维的聚合度和平均相对分子质量

马铃薯膳食纤维聚合度和平均相对分子质量较小，与其具有较高含量的可溶性膳食纤维及较强的吸水膨胀能力相符。研究表明：豆渣水溶性膳食纤维的相对分子质量高达 546673，一般情况下，相对分子质量越小，分子聚合度越低，物质的溶解性越好，越容易功能化处理。因此马铃薯膳食纤维的功能化处理难度将低于玉米皮纤维及大豆皮纤维，其在高纤维食品生产中的应用前景也更加广阔。

5. 马铃薯膳食纤维的结构特性

魏春光（2013）对马铃薯膳食纤维和马铃薯高品质膳食纤维进行了超微结构观察分析。结果表明：马铃薯膳食纤维的结构较紧密、呈片状，颗粒表面较平整、光滑；而马铃薯高品质膳食纤维结构疏松、有褶皱，更利于水分渗入，提高其束缚水的能力。所以马铃薯高品质膳食纤维的持水力、膨胀力和持油力均有较显著的提高。对马铃薯膳食纤维与马铃薯高品质膳食纤维的表征研究表明：马铃薯膳食纤维与马铃薯高品质膳食纤维均具有 C=O 键、C-H 键、COOR 和游离的 O-H 等糖类的特征吸收峰，单糖中有吡喃环结构，可溶性膳食纤维中有糖醛酸和羧酸二聚体。分别对马铃薯膳食纤维和马铃薯高品质膳食纤维中可溶性与不溶性膳食纤维中单糖组成研究。发现马铃薯膳食纤维和马铃薯高品质膳食纤维中均有阿拉伯糖、木糖和葡萄糖，马铃薯膳食纤维和马铃薯高品质膳食纤维的不溶性膳食纤维中均有半乳糖。此外，马铃薯高品质膳食纤维的可溶性膳食纤维中亦含有鼠李糖和半乳糖。

6. 马铃薯膳食纤维的应用

以高筋面粉的添加量为基准，将马铃薯高品质膳食纤维作为辅料添加到面包中，考察其添加量对面包品质的影响。通过响应面设计确定马铃薯高品质膳食纤维面包的最佳配方为：马铃薯高品质膳食纤维添加量为 4.3%，水分添加量为 55%，奶油添加量为 6.15%，绵白糖添加量为 12%，酵母添加量为 2%，鸡蛋添加量为 6%，面包改良剂添加量为 1.97%，食盐添加量为 1%，此时，面包的比容为 6.01mL/g，硬度为 1 785g，弹性为 0.897，回复性为 0.281，咀嚼度为 1 149g，具有较好的弹性和回复性，面包的口感良好，带有焙烤食品特有的香味。

（三）马铃薯秧藤的饲用转化及综合利用

马铃薯秧藤是马铃薯植株的地上部分，是收获块茎后剩余的副产品。在传统的马铃薯种植业中，秧藤一般作为废弃物被处理。而在现代化的马铃薯种植业中，为了促进地下马铃薯块茎的成熟老化，便于机械收获马铃薯作业以及预防各类病原体的传播，一般在马铃薯收获前几天至十几天，采用化学杀秧、机械打秧等方式，将秧藤打碎还田或清除出田地。张雄杰等（2015）对秧藤青贮和提取物研究表明：采用"青贮饲料+混合粗提取物"的综合利用技术对秧藤进行青贮和提取物回收可实现一体化机械化作业，且生产效率高；所产青贮饲料产品质量良好、成本低廉。回收的粗提取物含有糖苷生物碱、茄尼醇、挥发油等 70 多种生物活性物质，这些物质均是医药、化工原料，具有良好的开发前景。该种秧藤处理技术，是近年来采用的新型技术，特别是在现代化程度较高的种植地区及种薯种植地区，该技术的应用为马铃薯秧藤新资源的开发利用提供了丰富的技术基础，可以作为还田绿肥和青贮饲料等应用于农牧业生产进行大量推广。

三、马铃薯加工

（一）食品加工

目前，中国栽培种植马铃薯的品种繁多，全国年种植面积超过 6 600hm² 的马铃薯品种有 82 个，超过 3.3 万 hm² 的品种有 30 个。但由于不同品种马铃薯加工特性不同，不是所有品种的马铃薯都适合加工马铃薯主食。有人对中国主栽马铃薯品种进行筛选研究，确定了部分马铃薯主食产品的专业品种。例如，在西北、华北地区的马铃薯主栽品种中，中薯 19 号马铃薯的面条加工适应性最佳，中薯 18 号、948A、大西洋与夏波蒂次之；适宜做油炸薯片的品种有大西洋、青薯 168（红）和夏波蒂等。

1. 油炸薯片

薯片食品因采用原料和加工工艺不同，又可分为油炸薯片和复合（膨化）薯片。油炸薯片以鲜薯为原料，生产过程对生产设备、技术控制、贮藏运输、原料品质等的要求与冷冻薯条基本相同。中国目前已有 40 余条油炸薯片生产线，总生产能力近 10 万 t。

油炸马铃薯片营养丰富、味美适口、卫生方便，在国外已有 40~50 年的生产历史，成为欧美人餐桌上不可缺的日常食品及休闲食品。下面介绍的生产方法适用于乡镇企业、中小型食品厂、郊区农场、大宾馆、饭店等加工油炸薯片。其特点是设备投资少，操作简单，生产过程安全可靠，产品质量稳定，经济效益明显。

（1）主要生产设备　清洗去皮切片机、离心脱水机、控温电炸锅、调味机、真空充气包装机等。

（2）原料辅料　马铃薯、植物油、精食盐、粉末味素、胡椒粉等。

（3）工艺流程　马铃薯→清洗、去皮、切片→漂洗→脱水→油炸→控油→调味→称量包装。

（4）操作要点

①原料准备：所用马铃薯要求淀粉含量高，还原糖含量少，块茎大小均匀，形状规则，芽眼浅、无霉变腐烂、发黑、发芽。并去除马铃薯表面粘附的泥沙等杂质。

②清洗、去皮、切片：这三道工序同时在一个去皮切片机中进行。该机利用砂轮磨盘高速转动带动马铃薯翻滚转动，马铃薯与砂轮间摩擦以及马铃薯之间相互磨擦去皮，然后利用侧壁的切刀及离心力切片。切片厚度可调。要求厚度为 1~2mm。

③漂洗：切片后的马铃薯片立即浸入水中漂洗。以免氧化变成褐色，同时去掉薯片表面的游离淀粉，减少油炸时的吸油量以及淀粉等对油的污染，防止薯片粘连。改善产品色泽与结构。

④脱水：漂洗完毕。将薯片送入甩干机。除去薯片表面水分。

⑤油炸：脱水后的薯片依次批量及时入电炸锅油炸。炸片用油为饱和度较高的精炼植物油或加氢植物油，如棕榈油、菜籽油等。根据薯片厚度、水分、油温、批量等因素控制炸制时间，油温以 160~180℃ 为宜。

⑥调味：将炸好的薯片控油后加入粉末调料或液体调料调味。

⑦称量包装：待薯片温度冷却到室温以下时，称量包装。以塑料复合膜或铝箔膜袋充氮包装，可延长商品货架期。防止产品运输、销售过程中挤压、破碎。质量要求：薯片外观呈卷曲状，具有油炸食品的自然浅黄色泽，口感酥脆，有马铃薯特有的清香风味。理化指标：水分≤1.7%，酸价≤1.4mgKOH/g，过氧化值≤0.04，不允许有杂质。

2. 马铃薯全粉虾片

虾片又称玉片，是一种以淀粉为主要原料的油炸膨化食品。由于其酥脆可口、味道鲜美、价格便宜，很受消费者喜爱，尤其是彩色虾片更受青睐。目前市面上的虾片大多是以木薯淀粉为主要原料，配以其他辅料制成，马铃薯全粉代替部分淀粉加工虾片未见报道。油炸马铃薯片和薯条加工中，因马铃薯大小不均匀、形状不规则，切片、切条时产生边角余料，通常这些边角余料被废弃导致环境污染，同时降低原料的利用率。用这些边角余料加工成全粉，或提取马铃薯淀粉后加工虾片，不仅可解决环保问题，提高马铃薯原料综合利用率，而且丰富虾片品种。另外，马铃薯全粉加工过程中基本保持马铃薯植物细胞的完整，马铃薯的风味物质和营养成分损失少。因此，马铃薯全粉加工虾片，产品具有马铃薯的特殊风味，并且营养价值高。

（1）生产材料　马铃薯淀粉、马铃薯全粉：市售；新鲜虾仁：市售，捣碎后备用；

棕榈油、白糖粉、味精、食盐均为食品级，市售。

（2）仪器设备　电热鼓风干燥箱（101A–3ET型）；电子天平（ALC–2100.2型，精度＝0.01g）；油炸锅（CFK120A型）；切片机（HB–2型）；搅拌机（B10型）。

（3）工艺流程

配料→煮糊→混合搅拌→成型→蒸煮→老化→切片→干燥→包装→半成品→油炸→成品。

（4）操作要点

①配料：虾片基本配方为马铃薯淀粉与马铃薯全粉质量之和为100g，虾仁15g，味精2g，蔗糖粉4g，食盐2g，加水按一定比例混合。

②煮糊：将总水量3/4倒入锅中煮沸，同时加入味精、蔗糖粉、食盐等基本调味料，另取20%左右的淀粉与剩余1/4的水调和成粉浆，缓缓倒入不断搅拌的料水中（温度>70℃），煮至糊呈透明状。

③混合搅拌：将剩余淀粉、马铃薯全粉、虾仁倒入搅拌机内，同时倒入刚刚糊化好的热淀粉浆，先慢速搅拌，接着快速搅拌，不断搅拌到使其成均匀的粉团，约需8~10min。

④成型：将粉团取出，根据实际要求制成相应规格的虾条。

⑤蒸煮：用高压锅（压力为1.2MPa）蒸煮，一般需要1~1.5h，使虾条没有白点，呈半透明状，条身软而富有弹性，取出自然冷却。

⑥老化：将冷却的虾条放入温度为2~4℃的冰箱中老化，使条身硬而有弹性。

⑦切片：用切片机将虾条切成厚度约1.5mm的薄片，厚度要均匀。

⑧干燥：将切好的薄片放入温度为50℃的电热鼓风干燥箱中干燥。

⑨油炸：用棕榈油炸。

（二）低糖马铃薯果脯加工

近年来，作为马铃薯深加工主要产品之一的油炸薯片在市场上备受人们喜爱，然而，将马铃薯制成传统的果脯产品却未得到大规模的推广。究其原因在于，传统工艺生产的果脯多为高糖制品，含糖量高达60%以上，已不适合现代人的健康和营养观念。因此，开发风味型、营养型、低糖型马铃薯果脯是充分利用马铃薯资源，创造农副产品经济效益的有效途径之一。马铃薯果脯加工工艺如下：

1. 生产材料

马铃薯：市售。优质白砂糖：市售一级。饴糖：浓度70%以上。$NaHSO_3$、无水$CaCl_2$：均为分析纯试剂。柠檬酸、维生素C、CMC–Na均为食品级试剂。

2. 仪器设备

电热恒温鼓风干燥箱、电子天平、手持测糖仪、不锈钢锅、搪瓷盆、刀具、烧杯等。

3. 工艺流程

选料→清洗→去皮→切片→护色→硬化→漂洗→预煮→糖煮→糖渍→控糖（沥干）→烘烤→成品。

4. 操作要点

（1）选料　要求选用新鲜饱满，外表面无失水起皱，无病虫害及机械损伤，无锈斑、霉烂、发青发芽，无严重畸形，直径 50mm 以上的马铃薯。

（2）清洗　用清水将马铃薯表面泥沙清洗干净。

（3）去皮　人工去皮可用小刀将马铃薯外皮削除，并将其表面修整光洁、规则。也可采用化学去皮法，即在 90℃ 以上 10% 左右的 NaOH 溶液中浸泡 2min 左右，取出后用一定压力的冷水冲洗去皮。

（4）切片　用刀将马铃薯切成厚度为 1~1.5mm 的薄片。

（5）护色和硬化　将切片后的马铃薯应立即放入 0.2% $NaHSO_3$、1.0% V_C、1.5% 柠檬酸和 0.1% $CaCl_2$ 的混合液中浸泡 30min。

（6）漂洗　用清水将护色硬化后的马铃薯片漂洗 0.5~1h，洗去表面的淀粉及残余硬化液。

（7）预煮　将漂洗后的马铃薯片在沸水中烫漂 5min 左右，直至薯片不再沉底时捞出，再用冷水漂洗至表面无淀粉残留为止。

（8）糖煮　按一定比例将白砂糖、饴糖、柠檬酸、CMC-Na 复配成糖液，加热煮沸 1~2min 后，放入预煮过的马铃薯片，直接煮至产品透明、终点糖度为 45% 左右时取出，并迅速冷却到室温。注意，在糖煮时应分次加糖，否则会造成吃糖不均匀，产品色泽发暗，产生"返砂"或"流糖"现象。

（9）糖渍　糖煮后不需捞出马铃薯片，在糖液中浸泡 12~24h。

（10）控糖（沥干）　将糖渍后的马铃薯片捞出，平铺在不锈钢网或竹筛上，使糖液沥干。

（11）烘烤　将盛装马铃薯片的不锈钢网或竹筛放入鼓风干燥箱中，在 70℃ 温度下烘制 5~8h，每隔 2h 翻动 1 次，烘至产品表面不粘手、呈半透明状、含水量不超过 18% 时取出。

5. 成品质量指标

（1）感官指标

①色泽：产品乳白至淡黄色，鲜艳透明发亮，色泽一致。

②组织形态：吃糖饱满，块形完整无硬心，在规定的存放时间内不返砂、不干瘪、不流糖。

③口感：甜酸可口，软硬适中，有韧性，有马铃薯特有风味，无异杂味。

（2）理化指标　总糖 40%~50%，还原糖 25%，含水量 18%~20%。无致病菌及因微生物作用引起的腐败特征，符合国家食品卫生相关标准。

（三）马铃薯饴糖加工

马铃薯含有丰富的淀粉及蛋白质、脂肪、维生素等成分。用马铃薯加工的饴糖，口味香甜、绵软适口、老少皆宜，具有广阔的市场前景。其加工方法如下。

1. 生产材料

六棱大麦、马铃薯渣和谷壳。

2. 仪器设备

培养器皿、研磨器、手持测糖仪、不锈钢锅、搪瓷盆、过滤容器、木桶、烧杯等。

3. 工艺流程

麦芽制作→马铃薯渣研磨→预处理→拌料→蒸料→降温→拌料→糖化→过滤→熬制→成品。

4. 操作要点

（1）麦芽制作　将六棱大麦在清水中浸泡1~2h（水温保持在0~25℃），当其含水量达45%左右时将水倒出继而将膨胀后的大麦置于22℃室内让其发芽，并用喷壶给大麦洒水，每天两次4d后当麦芽长到2cm以上时便可使用。

（2）马铃薯渣料制备　将马铃薯渣研磨器研磨过滤，加入20%谷壳，然后把80%左右的清水洒在配好的原料上，充分拌匀放置1h备用。

（3）蒸料　将制备好的马铃薯渣料分3次加入蒸锅中，一次上料40%，等上气后加料30%，再上气时加入最后的30%，待大气蒸出起计时2h，把料蒸透。

（4）糖化　将蒸好的料放入木桶，并加入适量浸泡过麦芽的水，充分搅拌。当温度降到60℃时，加入制好的麦芽（占10%为宜），然后上下搅拌均匀，再倒入些麦芽水，待温度下降到54℃时，保温4h。温度再下降后加入65℃的温水继续让其保温，使其充分糖化。

（5）过滤　经过充分糖化后，把糖液滤出。

（6）熬制　将糖液放置锅内加温，经过熬制，浓度达到40波美度时，即成为马铃薯怡糖。

（四）多种风味食品加工

风味马铃薯食品包括油炸薯条、橘香土豆条、膨化土豆酥、土豆发糕、仿马铃薯菠萝豆、马铃薯香脆片、马铃薯香辣片、马铃薯酱、风味土豆泥、马铃薯酸乳和马铃薯膨化食品等种类。

1. 油炸薯条

（1）原料配方　土豆100kg，大豆蛋白粉1kg，碳酸氢钠0.25kg，植物油2kg，偏重亚硫酸钠45kg，柠檬酸100g，食盐1kg，各种调味品适量。

（2）工艺流程　原料→切条护色→脱水烘炸→调味包装。

（3）操作要点

①切条护色：挑选大小适中，皮薄芽眼浅，表面光润的土豆清洗干净，按要求去皮切条，放入1%的食盐水溶液中浸渍3~5min，捞出后沥干。将偏亚硫酸钠和柠檬酸用水配成溶液，浸泡沥干的土豆条（以淹没薯条为宜），约30min后取出用清水冲洗，至薯条无咸味即可。

②脱水烘炸：将薯条用纱布包好后放到脱水桶内脱水1~2min。在一个较大的容器中，将备好的大豆蛋白粉、碳酸氢钠、植物油等充分混合均匀，然后涂抹在薯条表面，使其均匀，静置10min后，放入微波炉中烘炸10min至熟。

③调味包装：将烘制好的薯条直接撒拌上调味品即为成品。

椒盐味：花椒粉适量，用1%的食盐水拌匀。

奶油味：喷涂适量的奶油香精即可。

麻辣味：适量的花椒粉和辣椒粉与1%的食盐拌匀。

海鲜味：喷涂适量的海鲜香精即可。用铝塑复合袋，按每袋50g成品薯条装入，包装机中充氮密封包装上市。

2. 橘香土豆条

（1）原料配方　土豆100kg，面粉11kg，白砂糖5kg，柑橘皮4kg，奶粉1~2kg，发酵粉0.4~0.5kg，植物油适量。

（2）工艺流程　选料→土豆制泥→橘皮制粉→拌料炸制→风干→包装。

（3）操作要点

①制土豆泥：选无芽、无霉烂、无病虫害的新鲜土豆，浸泡1h左右，用清水洗净表面，然后置蒸锅内蒸熟，取出去皮，粉碎成泥状。

②橘皮制粉：洗净柑橘皮，用清水煮沸5min，倒入石灰水浸泡2~3h，再用清水反复冲洗干净，切成小粒，放入5%~10%的盐水中浸泡1~3h，并用清水漂去盐分，晾干，碾成粉状。

③拌料炸制：按配方将各种原料放入和面机中，充分搅拌均匀，静置5~8min。将适量植物油放入油锅中加热，待油温升至150℃左右时，将拌匀的土豆泥混合料通过压条机压入油中。当泡沫消失，土豆条呈金黄色即可捞出。

④风干包装：将捞出的土豆条放在网筛上，置干燥通风处自然冷却至室温，用食品塑料袋密封包装即为成品。

3. 膨化土豆酥

（1）原料配方　土豆干片10kg，玉米粉10kg，调料若干。

（2）工艺流程　原料→切片粉碎→过筛混料→膨化成型→调味涂衣→成品包装。

（3）操作要点

①切片粉碎：将选好的无伤、无病变、成熟度在90%以上的土豆清洗干净，切片机切成薄片，烘干机烘干，取烘干后的土豆片用粉碎机粉碎。

②过筛混料：取上述粉好的土豆粉，过筛以弃去少量粗糙的土豆干片后，再取质量等同的玉米粉混合均匀，再加3%~5%的洁净水润湿。

③膨化成型：将混合料置于成型膨化机中膨化，以形成条形、方形、卷状、饼状、球状等各种初成品。

④调味涂衣：膨化后，应及时加调料调成甜味、咸味、鲜味等多种风味，并进行了烘烤，即成膨化土豆酥。膨化后的新产品可涂上一定量融化的白砂糖，滚粘一些芝麻，则成为芝麻土豆酥。涂上一定量的可可粉、可可脂、白砂糖的混合融化物，则可得到巧克力土豆酥。

⑤成品包装：将调味涂衣后的新产品置于食品塑料袋中，密封后即为成品。

4. 土豆发糕

（1）原料配方　土豆干粉20kg，面粉3kg，苏打0.75kg，白砂糖3kg，红糖1kg，花生米2kg，芝麻1kg。

（2）工艺流程　原料→混合发酵→蒸料→涂衣→成品包装。

（3）操作要点

①混料发酵：将土豆干粉、面粉、苏达、白砂糖加水混合均匀，然后将油炸后的花生米混匀其中。在30~40℃下对混合料进行发酵。

②蒸料涂衣：将发酵好的面团揉制均匀，置于铺有白纱布笼屉上铺平，用旺火蒸熟。等蒸熟后（一般要在30min以上），取出趁热切成各式各样的形状，并在其一面上涂上一定量融化的红糖，滚粘上一些芝麻，冷却即成土豆发糕。

③成品包装：将新产品置于透明的食品塑料合中或塑料袋密封。

5. 仿马铃薯菠萝豆

（1）原料配方　土豆淀粉25kg，精面粉12.5kg，薄力粉2kg，葡萄糖粉1.25kg，脱脂粉0.5kg，鸡蛋4kg，蜂蜜1kg，碳酸氢钠25g。

（2）工艺流程　配料→制作成型→烘烤包装。

（3）操作要点

①制作成型：将上述原料充分混合均匀，加适量清水搅拌成面，然后做成菠萝豆形状。

②烧烤包装：将上述做好的成型菠萝豆置于烤箱烤熟，取出冷却，然后装入食品塑料袋中密封。

6. 马铃薯香脆片

（1）原料处理　选大小均匀、无病虫害的薯块，用清水洗净。沥干去皮，切成1~2mm厚的薄片，投入清水中浸泡。洗去薯片表面的淀粉，以免发霉。

（2）水烫　在沸水中将薯片烫至半透明状、熟而不软时捞出，放入凉水中冷却，沥干表面水分，备用。

（3）腌制　将八角、花椒、桂皮、小茴香等调料放入布包中水煮30~40min，置凉后加适量的食糖、食盐，把薯片投入其中浸泡2h，捞出，晒干。

（4）油炸　将食用植物油入锅煮沸，放入干薯片，边炸边翻动。当炸至薯片膨胀、色呈微黄时出锅，冷却后包装。

7. 马铃薯香辣片

（1）备料　马铃薯粉72%，过60目筛后，入锅炒至有香味时出锅备用，辣椒粉12%，过60目筛后备用，芝麻粉10%和胡椒粉2%，入锅炒出香味后备用，食盐3%，食糖1%。

（2）拌料　将以上各料加适量优质酱油调成香辣湿料，置于成型模中按需求压成各种形状的湿片坯，晾干表面水分。

（3）油炸　将香辣片坯入沸油锅炸制，待表面微黄时出锅，冷却后包装。

8. 马铃薯酱

（1）原料　马铃薯泥50kg，白砂糖40kg，水17kg，酸水0.2kg，粉末状柠檬酸0.16kg，食品色素、食用香精、营养剂适量。

（2）工艺流程　原料→清洗→擦筛→蒸煮→调pH值→成品包装。

（3）操作要点　将马铃薯洗净，除去腐烂、出芽部分，削皮，蒸熟，出笼摊晾，擦筛成均匀的马铃薯泥备用。

将白砂糖、水与酸水，即醋坊的酸水用少量稀米饭拌和麸皮放在缸中，倒缸1周，每天1次，滤下的酸水作为醋引，放入锅内熬至110℃时，将马铃薯泥倒入锅内，用铁铲不断翻动，直至马铃薯泥全部压散。

继续加热至115℃，将柠檬酸、色素加入，并控制其pH值为3~3.2。

用小火降温，当锅内物料温度降至90℃时，将水果食用香精和营养添加剂加入锅内，用铁铲搅匀后，即得马铃薯酱成品。

9. 风味土豆泥

（1）原料 土豆、肉末、甜玉米粒、香菇、火腿、柿子椒；调料：盐、黑胡椒、水淀粉、鸡精、老抽。

（2）工艺流程 原料→清洗、去皮→蒸熟→制作成型→调制。

（3）操作要点 一是土豆洗净去皮切丁，放入沸水中煮熟，捞出沥干水分。二是用勺子将煮好的土豆碾成土豆泥，加入盐和少许黑胡椒拌匀。三是用模具（如饼干模子）将土豆泥制成可爱的形状，备用。四是香菇、柿子椒洗净切丁，火腿切丁。五是锅中放油烧热，放入肉末炒香，再放入甜玉米粒、香菇丁、火腿丁和柿子椒丁炒熟，加入盐、鸡精和老抽调味，出锅前用水淀粉勾薄芡，淋在土豆泥上即可食用。

10. 马铃薯酸乳

马铃薯酸乳是用乳酸菌将牛乳中的乳糖、添加蔗糖及马铃薯中部分碳水化合物分解，产生大量有机酸、醇类及各种氨基酸的代谢物，以提高其消化率，降低血脂和胆固醇含量，从而预防心血管疾病的发生；马铃薯酸乳中还含有大量活力很强的乳酸菌，能改善肠道菌群的分布，刺激巨噬细胞的吞噬功能，有效防治肠道疾病。马铃薯酸乳还具有润肤、明目固齿、健发的功效。美国农业部研究中心的341号报告指出："作为食品，全脂牛乳和马铃薯两样便可提供人体所需的所有营养物质。"因此，马铃薯酸乳是一种值得开发的营养型保健饮料。

（1）原料配方 马铃薯10%，牛乳80%，蔗糖7%，菌种3%。

（2）工艺流程 马铃薯→清洗→熟化→去皮→混合、打浆→均质→加牛乳液→灭菌→冷却→接种→发酵→灌装→冷藏成熟→成品。

（3）操作要点

①马铃薯的处理：将新鲜成熟的马铃薯用清水洗净表面的泥沙及污物，用蒸汽或沸水煮熟后，迅速撕去外皮，用玻棒、木棒等捣成均匀的泥状。

②牛乳液的调制：按配方称取奶粉和砂糖，用50℃的温水冲调成液或直接将过滤后的鲜乳或脱脂乳中加入适量的砂糖调制成乳液。

③混合、打浆：按比例将薯泥与乳液混合，用胶体磨打成浆状，并用均质机在210~280kg/cm² 的压力下均质成稳定的匀浆。

④灭菌、冷却：将马铃薯匀浆放入电热式蒸煮锅中加热到85~90℃，保持20min完成杀菌作用后，用冷却缸迅速降温到40℃左右，再用定量灌装机分别注入预先灭菌的包装容器中。

⑤接种、发酵：冷却后的料液接入2%~5%的菌种后，装入发酵罐中，在42~44℃

的温度下发酵 3.5~4h，当 pH 值为 3.8 时取出。

⑥冷藏成熟：发酵后的酸乳在 2~4℃的环境中冷藏 6~8h，促进马铃薯酸乳的芳香物质双乙酰和 3-羟基丁酮的产生，增强制品的风味。

11. 马铃薯膨化食品

马铃薯膨化食品是以马铃薯全粉为主要原料，经挤压膨化等工艺加工而成的系列食品。膨化后的马铃薯食品除水溶性物质增加外，部分淀粉转化为糊精和糖，马铃薯中的淀粉彻底糖化，改善了产品的口感和风味，提高了人体对食物的消化吸收率，在其理化性质上有较高的稳定性。马铃薯膨化产品具有食用快捷方便，营养素损失少，消化吸收率高，安全卫生等特点，是粗粮细作的一种重要途径。根据加工过程的不同，可以生产出直接膨化食品（如马铃薯酥、旺仔小馒头等）和膨化再制食品（即将马铃薯全粉膨化粉碎，并配以各种辅料而得的各种羹类、糊类制品）马铃薯膨化食品是以马铃薯全粉为主要原料，采用双螺旋杆挤压膨化工艺，亦可采用山东济南生产的双螺旋杆挤压膨化休闲食品生产线来生产休闲食品如马铃薯圈、马铃薯酥、马铃薯脆片及粥糊类方便食品。

（1）工艺流程

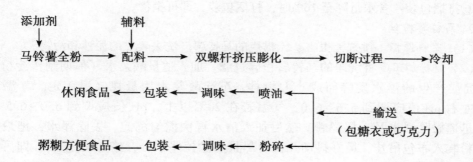

（2）操作要点　配料时辅料中面粉不超过 20%，大豆不超过 10%，芝麻、花生不超过 5%。若在膨化前加入砂糖，一般不超过 3%，食盐不超过 2%。使含水量控制在 15%~18%。

为确保制品具有较高的膨化度，应按最佳的参数配比，并按设定工艺条件进行膨化。一般开机前，清理机器，安装模具后，将膨化机预热升温，一区为 100℃，二区为 140℃，三区为 170℃；开机工作时，首先开启油泵电机，启动后调整转速为 400r/min，开始喂料，进料速度逐渐增加，待正常出料后，开启旋切机，调整旋切速度直至切出所需形状的产品。

马铃薯全粉膨化后，不仅改善了口感，食品的营养成分保存率和消化率均得到提高，食用方便，而且还具有加工自动化程度高，质量稳定，综合成本低等特点。

（五）马铃薯淀粉/全粉加工

1. 马铃薯粉条

（1）工艺流程

选料提粉→配料打芡→加矾和面→沸水漏条→冷浴晾条→打捆包装。

（2）制作要点

①选料提粉：选择淀粉含量高，收获后 30d 以内的马铃薯作原料。剔除冻烂、腐个体和杂质，用水反复冲洗干净。粉碎、打浆、过滤、沉淀，提取淀粉。

②配料打芡：按含水量 35% 以下的马铃薯淀粉 100kg，加水 50kg 配料。取 5kg 淀粉放入盆内，加入其重 70% 的温水调成稀浆。用开水从中间猛倒入盆内，迅速用木棒或打芡机按顺时针方向搅动，直到搅成有很大黏性的团状物即成芡。

③加矾和面：按 100kg 淀粉，0.2kg 明矾的比例，将明矾研成面放入和面盆中，把打好的芡倒入，搅匀，使和好的面含水量为 48%~50%，面温保持 40℃。

④沸水漏条：在锅内加水至九成满，煮沸，把和好的面装入孔径 10mm 的粉条机上试漏，当漏出的粉条直径达 0.6~0.8mm 时，为定距高度。然后往沸水锅里漏，边漏边往外捞，锅内水量始终保持在头次出条时的水位，锅水控制在微沸程度。

⑤冷浴晾条：将漏入沸水锅里的粉条，轻轻捞出放入冷水槽内，搭在棍上，放入 15℃ 水中 5~10min。取出后架在 3~10℃ 房内阴晾 1~2h，以增强其韧性。然后晾晒至含水量 20% 时，去掉条棍，使其干燥。

⑥打捆包装：含水量降至 16% 时，打捆包装，即可销售。

2. 马铃薯粉丝

（1）原料选择　挑选无虫害、无霉烂的马铃薯。洗去表皮的泥沙和污物。

（2）淀粉加工　将洗净的马铃薯粉碎过滤。加入适量酸浆水（前期制作淀粉时第 1 次沉淀产生的浮水发酵而成）并搅拌、沉淀酸浆水用量视气温而定。气温若在 10℃ 左右 pH 值应调到 5.6~6.0，气温若在 20℃ 以上，pH 值应调到 6.0~6.5 沉淀后，迅速撇除浮水及上层黑粉。然后加入清水再次搅匀沉淀、去除浮水，把最终产的淀粉装入布包吊挂，最好抖动几次，尽量多除掉些水分，经 24 h 左右，即可得到较合适的淀粉坨。

（3）打芡和面　将淀粉坨自然风干后，称少量放入夹层锅内，加少许温水调成淀粉乳，再加入稍多沸水使淀粉升温、糊化后，将其搅匀，形成无结块半透明的糊状体即为粉芡。将剩余风干淀粉坨分次加入粉芡中混匀，中途可加入少许白矾粉末，使和好的面团柔软、不粘手。

（4）漏粉成型　将和好的面团分次装入漏粉瓢内，经机械拍打，淀粉面团就从瓢孔连续成线状流出，进入直火加热沸水的糊化锅中。短时间粉丝上浮成型即可。

（5）冷却与晾晒　将成型的粉丝捞出经冷水漂洗、冷却，冷却水要勤换。冷却后，将粉丝捞出在竹竿上晾干即成。

3. 烘焙糕点

传统的饼干等烘焙点心的主要原料，均使用小麦粉。马铃薯淀粉经处理能够具备小麦粉的特征。可代替小麦粉制作烘焙点心的主料。

（1）工艺流程

马铃薯淀粉→混合→搅拌捏合→压延→成型→烘焙→冷却→成品。

（2）制作要点

①选料煮沸：取马铃薯淀粉 100kg，加水 40kg，煮 5min 使之沸腾，成透明糊状。

②加料：加白砂糖 15kg，油脂 10kg，食用盐 1.5kg，碳酸铵 3kg，白芝麻 5kg，搅拌均匀。将混合料放入搅拌机中充分混合，静置 20min。

③成型：用炸片机炸成约 2mm 厚，直接移到帆布传送带上。在输送过程中成型。

④烘烤：成型后装入烤盘，用烤炉在 120~150℃ 温度下烘焙 5min。冷却后即为成品。

（3）马铃薯淀粉烘焙点心的特点　以马铃薯淀粉为原料，不需其他任何复杂的加工工艺和机械设备，基本上沿袭了传统饼干的制作工艺；在调制面团时，添加小粒状固体物（芝麻）以防止制品出现空洞，这与传统工艺成型时预先按适当间隔扎上针眼以防空洞的方法不同。

（六）紫马铃薯全粉加工

将紫马铃薯加工成粉能有效保留新鲜紫马铃薯的营养和风味，延长保存期，同时紫马铃薯全粉既能作为最终产品，也可以作为马铃薯食品深加工的基本原料，从而提高紫马铃薯的经济效益。

1. 原料

紫马铃薯、抗坏血酸，氯化钠、柠檬酸。

2. 工艺流程

紫马铃薯（添加 0.1% 氯化钠溶液、0.2% 柠檬酸、0.15% 抗坏血酸）→分拣清洗→去皮切片→护色→蒸煮→热风干燥→过筛粉碎→包装→成品。

3. 操作要点

（1）原料的选择　选择无发芽、冻伤、发绿及病变腐烂，且成熟的紫马铃薯。

（2）去皮切片　将紫马铃薯去皮后切成厚度为 3~5mm 的片状。

（3）护色　将切片的紫马铃薯进行护色处理，使用护色剂，0.1% 氯化钠液、0.2% 柠檬酸、0.15% 抗坏血酸处理 20min。

（4）蒸煮　对紫马铃薯片进行蒸煮，蒸煮温度设定为 100℃，时间为 10~15min。

（5）热风干燥　将蒸煮熟化的紫马铃薯片送入热风干燥箱中进行干燥，干燥温度设定为 60℃，时间为 10h。

（6）过筛粉碎包装　将紫马铃薯干片用粉碎机过筛粉碎（60~80 目粒度）。将合格的紫马铃薯全粉经称重计量后，装入不透明自封铝箔袋封口，进行避光干燥保存。

（7）成品指标　将紫马铃薯进行分拣清洗、去皮、切片护色、蒸煮漂烫、60℃ 下干燥 10h，粉碎成 60~80 目的粒度，紫马铃薯全粉得率为 20.69%。产品为深紫色，颗粒组织均匀细腻，具有浓郁的鲜薯泥香味，有润滑的沙质口感，无其他杂质。水分含量 6.80%（<10%），蛋白质含量 7.30%，淀粉含量 54.50%，总糖含量 60.55%，还原糖含量 0.75%，总多酚含量 466.40mg/100g，花青素含量 348.03mg/100g，产品品质较优，营养价值高。

四、提取和制备

（一）提取淀粉

马铃薯块茎中含淀粉 15%~24%，作为生产量仅次于玉米淀粉的第二大植物淀粉，在纺织、制药、饲料和食品等领域用途广泛。因为马铃薯淀粉无色、高韧、高黏和高稳定性等有着其他淀粉无法比拟的独特特性，所以在有关植物淀粉的基础研究中应用广泛。

1. 工艺流程

目前，国内外商业化生产马铃薯淀粉多采用以下工艺流程：

马铃薯清洗→去杂→二氧化硫处理→粉碎→磨浆→水洗提取淀粉→离心分离→筛洗→精制→干燥脱水。

王大伟等（2013）采用超声波辅助提取工艺提取马铃薯淀粉，研究淀粉特性。结果表明：超声功率、处理时间、粒度、料水比均对马铃薯淀粉提取率有显著影响。在马铃薯处理量 300 g、超声功率 500W、超声时间 4min、破碎粒度 60 目、料水比 1 : 1（g/mL）时，淀粉提取率最高。相较于传统提取工艺，超声波提取平均粒径更小，且颗粒呈椭圆形和圆形，而传统工艺颗粒较大，多呈贝壳形。超声波提取的淀粉糊黏度下降，增稠性低，易于老化，因而在冷冻食品中应用优势低于传统工艺提取淀粉。且超声提取透明度降低，溶解度、膨润力以及凝沉性提高，适合生产粉丝（条）类产品。

超声提取工艺流程：马铃薯→清洗去皮→破碎→调整料水比→超声波辅助提取→离心分离除渣→沉淀→洗涤精制→脱水干燥→超声波淀粉。

王丽（2017）研究指出，利用三种不同的方法提取淀粉，直接烘干法、水提取法以及溶剂提取法（1.0%氯化钠溶液：0.2%亚硫酸钠溶液＝1:1）提取淀粉样品，通过与直接烘干样品进行分析比较，发现溶剂提取法得到的马铃薯淀粉样品水分含量低、颜色白、粉质细腻，测定的支链淀粉、直链淀粉含量高，是一种较好的提取马铃薯淀粉的方法。

2. 操作要点

包括以下 4 个方面。

在相同生产条件下，马铃薯淀粉含量越高，则淀粉提取率越高。

在设备选型上，采用鲜薯刨丝机可以得到更高的提取率，选择合理的筛分级数，可有效控制和提高淀粉提取率，使薯渣中所夹带的游离淀粉最少。

离心分离的工作参数确定以后，淀粉提取率与分离级数有关。选择合理的分离级数，可提高淀粉提取率，使薯渣或汁液混合物中所带走的游离淀粉最少。

淀粉提取率与工艺过程用水量有关，料水比控制在 3.5 左右为宜，最大不超过 4。试验用水对上述品质特性有明显的影响。蒸馏水和去离子水所制备的淀粉品质特性明显优于硬水制备的淀粉。

（二）马铃薯淀粉废水中提取蛋白质

传统提取蛋白质的方法主要有加热法、加酸法、絮凝沉淀法以及超滤法。加热提取蛋白的提取率达到了 75% 左右，但是加热使蛋白产生不可逆沉淀，对蛋白质品质影响很大；加酸提取蛋白的得率可达 40%；絮凝法对废水的 COD 去除率较高，但是对蛋白质的回收率却很低。

1. 工艺流程

吕建国（2008）采用超滤膜对马铃薯淀粉生产废水中蛋白质的回收率达到97.31%，COD去除率50%以上。但膜技术处理废水存在的缺点是一次性投资大，膜材料的性能、寿命、清洗等尚不能很好解决，其工艺流程为蛋白液→除泡沫一超滤、凝固→冷却→分离干燥→马铃薯蛋白质。

任琼琼（2012）通过碱提酸沉结合超滤对提取蛋白工艺进行优化：淀粉废水→碱液提取→离心→调酸沉淀→离心取上清液→碱液提取→离心→调酸沉淀→离心取上清液超滤→浓缩蛋白液，优化后的碱提酸沉工艺结合超滤技术提取马铃薯淀粉废水中的蛋白质，总得率可达93.42%。

2. 操作要点

提取蛋白时，使用硝酸或者磷酸调节的pH值，不但COD去除率大，也为后期生物处理提供氮、磷营养物质。因此，选择硝酸或者磷酸调节酸碱度。

马祥林（2010）经过前期的实验和正交实验，得出pH值为4.75为酸等电点、8.50为碱等电点。在正交实验中，以温度（T）、体系pH值、反应时间（t_1）以及离心时间（t_2）四个因素，确定蛋白液在50℃下，调节其pH=8.6，碱提3h，并离心10min，为提取蛋白质的最佳条件。

（三）制备氧化淀粉

氧化淀粉具有较高的透明度、较低的黏度及较低的糊化温度，而且引入了亲水性较强的羧基，有更好的水溶性，从而成膜性更好。

1. 工艺流程

淀粉→35%淀粉乳→pH调整→氧化反应（连续搅拌、控制反应温度，调整pH）→中止反应→清除氯离子→真空干燥24h→成品。

2. 操作要点

氯酸钠用量以及反应pH值均对氧化淀粉的羧基含量、淀粉糊透明度及力学性能产生一定的影响。

李平（2016）研究表明，次氯酸钠氧化马铃薯淀粉的最优工艺条件为反应时间2h、次氯酸钠用量7mL、反应pH值8.3、反应温度40℃。在此条件下制得的马铃薯氧化淀粉透氧系数和透水系数显著降低，表现出更强的阻隔性。而电镜结果表明，马铃薯淀粉经过氧化后，淀粉颗粒变小且更均匀，氧化淀粉膜具有更加均一致密的结构。

（四）马铃薯蛋白质酶解制备多肽

马铃薯蛋白的必需氨基酸平衡优于其他植物蛋白，与全鸡蛋和酪蛋白相当，其蛋白质的净消化利用率（PER）可达到2.3，维持人体氮平衡实验证明马铃薯蛋白质优于其他作物蛋白质。国外研究表明，3种蛋白酶水解马铃薯蛋白质，发现超滤后的水解产物对血管紧张素转化酶有抑制作用。这种血管紧张素转化酶抑制剂（ACEI）是一种小分子活性肽，能清除超氧阴离子自由基、羟自由基等，可预防并治疗癌症、动脉粥样硬化和糖尿病等疾病。

曹艳萍等（2010）以马铃薯蛋白质为原料，用蛋白酶催化水解制备多肽。最佳工艺条件为马铃薯蛋白质质量分数8%、中性蛋白酶（pH值7.0）加酶量5.0mg、温度45℃、水解时间 2 h，水解度可达 23.4%。所得产品总蛋白含量 70.26%、灰分 4.12%、水分 4.97%。

1. 工艺流程

原料→去皮→研磨→提取→过滤→沉淀→过滤→冷冻干燥→溶于缓冲液→加温→水解→过滤。

2. 操作要点

将马铃薯清洗去皮后，进行研磨打碎，加入 5 倍量水浸出，按料水比 1∶10 加入 NaOH 调 pH 值 8.5 提取过滤，滤液加 HCl 调节至 pH 值 4 沉淀，过滤后的滤饼冷冻干燥得马铃薯蛋白。

称取适量的马铃薯蛋白于 pH 值 7 的缓冲液中，混匀，将溶液迅速加温至 45℃，恒温 15min；加入 5.0U/g 蛋白酶进行水解，灭菌后过滤得多肽。

（五）马铃薯淀粉制备磷酸寡糖

磷酸寡糖具有对人体健康有益的特殊生理功能，它在弱碱性条件下能与钙离子结合成可溶性复合物，抑制不溶性钙盐的形成，从而提高小肠中有效钙离子的浓度，促进人体对钙质的吸收，且不被口腔微生物发酵利用。它还有加强牙齿釉质再化的作用，达到防止齿质损害的效果，同时还具有抗淀粉老化的功效。

1. 工艺流程

马铃薯淀粉→调浆→配料→调节 pH 值→加液化酶→低压蒸汽喷射液化→一次板框压滤→液化保温→快速冷却→加真菌酶糖化→二次板框压滤→活性碳脱色→检测

2. 操作要点

（1）浆液制备　向配料罐里注入水，而后在不断搅拌下，徐徐投入 1t 原料淀粉，直到浆料浓度为 10°Bé。

（2）pH 值调整　调好的浆液加入 0.6~0.7kg $CaCl_2$ 做为酶活促进剂，用 HCl 和 Na_2CO_3 将浆料调至 pH 值 5.4。

加入 100mL 新型耐高温 α-淀粉酶。低压蒸汽喷射液化料液搅拌均匀后，用泵将物料泵入喷射液化器，在喷射器中，粉浆和蒸汽直接充分相遇，喷射温度 110℃，并维持 4~8min，控制出料温度为 95~97℃。喷射液化后的料液进入层流罐，在 95℃ 条件下保温 30min，碘反应显碘本色时，通蒸汽灭酶。一次板框压滤开始压力应不低于 0.6MPa，待滤饼形成阻力增大时再增加压力，但以不超过 2MPa 为宜，料液应保持一定的温度，以增加其流动性，但不应高于 100℃。

糖化将料液冷却至 60℃，向糖化罐中加入 100mL 真菌淀粉酶和 50mL 普鲁兰酶，调节 pH 值为 5.2，反应 2~4h，然后通入高压蒸汽 100℃ 条件下灭酶 2~3h。糖化后糖液随着管道进入脱色罐。活性碳脱色罐中含有活性碳，保持罐温为 80℃ 左右，糖液通入后，在不断搅拌的情况下，活性碳吸附糖液所含的色素以及部分无机盐成品。活性碳随同糖液一并进入板框压滤机，经过压滤除去活性碳的产品。

五、酿造

（一）马铃薯生料酿醋

传统的醋酿造方法能源和劳动力消耗太大，而生料发酵法可节约 70%，淀粉利用率可达65%，比传统发酵法淀粉利用率高1倍以上。且生料发酵法采用的复合菌种性能稳定，可直接用于工业生产，减少菌种的污染机率。

1. 原料

马铃薯、大米、糘种、中科AS1.41醋酸菌。

2. 工艺流程

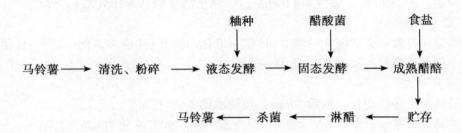

3. 操作要点

辅料添加量60%（m/m），料水比1:2，接种3%糘种，发酵温度30℃。调整酒精度为7%，拌入质量比为6:4的谷糠与麸皮，接种5%醋酸菌，发酵温度32℃。

（二）大米马铃薯混酿小曲白酒

马铃薯用途多，产业链条长，是农业生产中加工产品最丰富的原料作物。研究适宜的酿造工艺，采用大米马铃薯混酿小曲白酒，不仅能够丰富小曲白酒的品种，还能拓展马铃薯资源的利用和深加工，创造良好的经济效益和社会效益。

1. 原料和曲种

大米、马铃薯、酒饼粉（米香型）、糖化酶（粉剂型，活力50 000U/g）、水。

2. 工艺流程

3. 操作要点

（1）原料蒸煮 马铃薯洗净后通过蒸至完全软化透心；大米经浸泡、沥干，蒸煮至均匀熟透。

（2）配料 将大米饭与蒸熟的马铃薯按90:10比例捣烂、混匀，注意分散薯料不结块儿。

（3）拌曲 当饭薯料摊晾至28~30℃时撒入0.3%的酒饼粉拌匀、装入酒瓮。

（4）糖化发酵 当装料至瓮高4/5时于料中央挖一空洞，以利于足够的空气进入醅料进行培菌糖化。当糖化至酒瓮中下部出现3~5cm酒酿时即示糖化过程基本结束。之后按料水比1:2.0投水、添加糖化酶进行液态发酵。

当酒醪发酵至闻之有扑鼻的酒芳香、尝之甘苦不甜且微带酸味时，表明发酵基本结束,约 7d。

(5)蒸酒 发酵采用蒸馏甑、接入蒸汽蒸馏取酒。蒸酒期间控制流酒温度 38~40℃,出酒时掐去酒头约 5%,当流酒的酒精度降至 30%vol 以下时,即截去酒尾。

(三)马铃薯蒸馏酒

1. 原料及试剂

马铃薯、α-淀粉酶(酶活≥4 000U/g)、糖化酶(酶活≥105U/g)、酵母。

2. 工艺流程

马铃薯→打浆→蒸煮糊化→调节 pH 值→液化→调节 pH 值→糖化→调节 pH 值→调整糖度→加商业酵母→发酵 7d→蒸馏→陈酿

3. 操作要点

将马铃薯洗净、切片,蒸约 30min,按料水比 1:2 打浆。

调整马铃薯浆 pH 值为 6.5,添加 10U/g 淀粉酶,90℃液化 70min。

调整液化后马铃薯浆的 pH 值为 4.5~5.5,添加 164.43U/g 糖化酶,60℃糖化 7.17h。

酵母在添加前于 30℃下用水或马铃薯糖化液活化 30min。调整马铃薯浆 pH 值为 3.5,添加 5%酵母菌,发酵温度控制在 22~28℃,待糖度和重量近乎恒定时,即可判断为发酵结束。

发酵液在 90℃进行蒸馏,加入橡木片陈酿 15d 后制得马铃薯蒸馏酒。

(四)以马铃薯为辅料的黄酒发酵

黄酒在中国有着悠久的历史,也是世界最古老的饮料酒之一。传统黄酒生产所用原料以糯米为主,辅料主要为粮谷类原料。马铃薯鲜薯中约有 17%淀粉,可作为黄酒生产的新型辅料。

1. 原料及试剂

马铃薯、糯米、活性干酵母、麦曲、糖化酶(酶活 300U/mL)。

2. 工艺

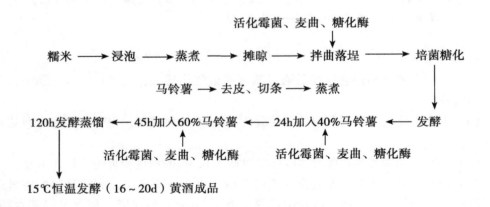

3. 发酵条件

每100g原料添加0.114g酵母、14g麦曲，425μL糖化酶，70mL水，发酵初始pH值为4.0，主发酵温度为28℃。酵母与麦曲添加量是影响和黄酒品质的主要因素。

4. 特点

采用新鲜马铃薯为辅料，省去了浸米环节，可节约大量生产用水和时间，而且马铃薯蒸煮时间较短，可节约能源消耗，降低黄酒生产成本。其次，利用马铃薯为辅料酿造黄酒可以提高黄酒的营养价值，其游离氨基酸含量是普通黄酒氨基的1.2~2.5倍。以马铃薯为辅料的成品黄酒呈橙黄色，清亮透明，无沉淀。有典型的黄酒风格，口味醇和，酒体协调，风味柔和，鲜味突出。

（五）开菲尔马铃薯乳酒

开菲尔（kefir）是在牛乳或羊乳中添加含有乳酸菌和酵母菌的发酵剂，经发酵酿制而成的传统乙醇发酵乳饮料。其主要成分是乳酸、乙酸和CO_2。益生菌的代谢作用水解了大部分乳糖，因此适宜乳糖不耐症者饮用。Kefir不仅营养丰富，还有增强心脏收缩力及调整血压、血脂的功能，能有效预防脑血栓等疾病。

1. 原料

开菲尔粒、酵母、马铃薯、牛奶、白砂糖和饮用水。

2. 工艺流程

（1）发酵剂的制作

调配牛奶、白砂糖→杀菌（115℃/20min）→冷却（23℃）→发酵（酵母菌、开菲尔粒）→培养（26℃/20h）→保存（4℃）

（2）马铃薯乳酒酿造工艺流程

马铃薯马铃薯泥（料液比＝1∶0.5）→调配（牛奶、白砂糖）→杀菌（115℃/20min）→冷却（23℃）→发酵（酵母菌、开菲尔粒）→培养（26℃/20h）→保存（4℃）

（3）发酵条件

发酵剂制作：开菲尔粒、酵母、白砂糖添加量分别为0.2g、1g、6g，26℃发酵20h。

马铃薯乳酒的酿造：于20g马铃薯泥中添加3g发酵剂、10g白砂糖，26℃发酵12h。

本章参考文献

蔡旭冉，顾正彪，洪雁，等.2012.盐对马铃薯淀粉及马铃薯淀粉-黄原胶复配体系特性的影响［J］.食品科学，33（9）：1-5.

蔡旭冉，徐祝萍，徐忠东，等.2015.瓜尔胶和黄原胶对马铃薯淀粉糊化特性影响的比较研究［J］.食品工业科技，36（21）：280-284.

曹艳萍，杨秀利，薛成虎，等.2010.马铃薯蛋白质酶解制备多肽工艺优化［J］.

食品科学，31（20）：246-250.

常坤朋，高丹丹，张嘉瑞，等.2015. 马铃薯蛋白抗氧化肽的研究［J］. 农产品加工（7）：1-4.

陈蔚辉，苏雪炫.2013. 不同热处理对马铃薯营养品质的影响［J］. 食品科技（8）：200-202.

迟燕平，姜媛媛，王景会，等.2013. 马铃薯渣中蛋白质提取工艺优化研究［J］. 食品工业（1）：41-43.

崔璐璐，林长彬，徐怀德，等.2014. 紫马铃薯全粉加工技术研究［J］. 食品工业科技（5）：221-224.

邓春凌.2010. 商品马铃薯的贮藏技术［J］. 中国马铃薯，24（2）：86-87.

丁丽萍.2003. 马铃薯加工饴糖［J］. 农业科技与信息（8）：41.

樊世勇.2015. 甘肃不同品种马铃薯营养成分分析与评价［J］. 甘肃科技（10）：27-28.

方国珊，谭属琼，陈厚荣，等.2013. 3 种马铃薯改性淀粉的理化性质及结构分析［J］. 食品科学，34（1）：109-113.

郭俊杰，康海岐，吴洪斌，等.2014. 马铃薯淀粉的分离、特性及回生研究进展［J］. 粮食加工，39（6）：45-47.

郝琴，王金刚.2011. 马铃薯深加工系列产品生产工艺综述［J］. 食与食品工业（5）：12-14.

郝智勇.2014. 马铃薯贮藏的影响因素及方法［J］. 黑龙江农业科学（10）：112-114.

贺萍，张喻.2015. 马铃薯全粉蛋糕制作工艺的优化［J］. 湖南农业科学（7）：60-62，66.

洪雁，顾正彪，顾娟.2008. 蜡质马铃薯淀粉性质的研究［J］. 中国粮油学报，23（6）：112-115.

侯飞娜，木泰华，孙红男，等.2015. 不同品种马铃薯全粉蛋白质营养品质评价［J］. 食品科技（3）：49-56.

侯贤清，汤京，余龙龙，等.2016. 秋耕覆盖对马铃薯生长及水分利用效率的影响［J］. 排灌机械工程学报（2）：1-8.

黄越，李帅兵，石瑛，等.2017. 马铃薯不同品种块茎矿质营养品质的差异［J］. 作物杂志（4）：33-37.

焦峰，彭东君，翟瑞常.2013. 不同氮肥水平对马铃薯蛋白质和淀粉合成的影响［J］. 吉林农业科学，38（4）：38-41.

李超，郭华春，蔡双元，等.2013. 中国马铃薯主栽品种块茎营养品质初步评价//. 马铃薯产业与农村区域发展［C］. 哈尔滨：哈尔滨地图出版社.

李芳蓉，韩黎明，王英，等.2015. 马铃薯渣综合利用研究现状及发展趋势［J］. 中国马铃薯，29（3）：175-181.

李利平.2015. 马铃薯安全贮藏技术［J］. 甘肃农业（1）：33.

李平，葛雪松，姜义军，等 . 2016. 马铃薯氧化淀粉的制备及其成膜性研究 [J].
　　粮食与油脂，29（8）：42-46.

李硕碧，高翔，单明珠，等 . 2001. 小麦高分子量谷蛋白亚基与加工品质 [M]. 北
　　京：中国农业出版社 .

廖瑾，张雅媛，洪雁，等 . 2010. 阿拉伯胶对马铃薯淀粉糊化及流变性质的影响
　　[J]. 食品与生物技术学报，29（4）：567-571.

刘凤霞 . 2015. 马铃薯食品加工技术 [M]. 武汉：武汉大学出版社 .

刘喜平，陈彦云，任晓月，等 . 2011. 不同生态条件下不同品种马铃薯还原糖、蛋
　　白质、干物质含量研究 [J]. 河南农业科学，40（11）：100-103.

卢戟，卢坚，王蓓，等 . 2014. 马铃薯可溶性蛋白质分析 [J]. 食品与发酵科技，
　　50（3）：82-85.

吕建国，安兴才 . 2008. 膜技术回收马铃薯淀粉废水中蛋白质的中试研究 [J]. 中
　　国食物与营养（4）：37-40.

吕振磊，李国强，陈海华 . 2010. 马铃薯淀粉糊化及凝胶特性研究 [J]. 食品与机
　　械，26（3）：22-27.

梅新，陈学玲，关健，等 . 2014. 马铃薯渣膳食纤维物化特性的研究 [J]. 湖北农
　　业科学，53（19）：4 666-4 669，4 674.

潘牧，陈超，雷尊国，等 . 2012. 马铃薯蛋白质酶解前后抗氧化性的研究 [J]. 食
　　品工业，（10）：102-104.

任琼琼，张宇昊 . 2011. 马铃薯渣的综合利用研究 [J]. 食品与发酵科技，47（4）：
　　10-12，15.

任琼琼，陈丽清，韩佳冬，等 . 2012. 马铃薯淀粉废水中蛋白质的提取研究 [J].
　　食品工业科技，33（14）：284-287.

阮俊，彭国照，等 . 2009. 不同海拔和播期对川西南马铃薯品质的影响 [J]. 安徽
　　农业科学，37（3）：1 950-1 951，1 953.

石林霞，吴茂江 . 2013. 风味马铃薯食品加工技术 [J]. 现代农业（8）：14-15.

史静，陈本建 . 2013. 马铃薯渣的综合利用与研究进展 [J]. 青海草业，22（1）：
　　42-45，50.

宋巧，王炳文，杨富民，等 . 2012. 马铃薯淀粉制高麦芽糖浆酶法液化工艺研究
　　[J]. 甘肃农业大学学报，47（4）：132-142.

苏小娟，王平，刘淑英，等 . 2010. 施肥对定西地区马铃薯养分吸收动态、产量和
　　品质的影响 [J]. 西北农业学报，19（1）：86-91.

孙慧，吴燕，马静，等 . 2017. 不同耕作方式对马铃薯土壤水分及产量的影响 [J].
　　新疆农业科技（6）：1-2.

田国政，艾训儒，易永梅，等 . 2009. 不同施肥水平对马铃薯品质的影响 [J]. 湖
　　北农业科学，48（7）：1 599-1 601.

王大为，刘鸿铖，宋春春，等 . 2013. 超声波辅助提取马铃薯淀粉及其特性的分析
　　[J]. 食品科学，34（16）：17-22.

王丽，罗红霞，李淑荣，等 . 2017. 马铃薯淀粉提取方法的优化研究 [J]. 安徽农业科学，45（32）：84-85.

王绍清，王琳琳，范文浩，等 . 2011. 扫描电镜法分析常见可食用淀粉颗粒的超微形貌 [J]. 食品科学，32（15）：74-79.

王秀康，杜常亮，刑金金，等 . 2017. 基于施肥量对马铃薯块茎品质影响的主成分分析 [J]. 分子植物育种，15（5）：2 003-2 008.

王雪娇，赵丽芹，陈育红，等 . 2012. 马铃薯生料酿醋中醋酸发酵的影响因素研究 [J]. 内蒙古农业科技（2）：54-56.

王玉红，高炳德，刘美英，等 . 2007. 覆膜和钾肥对马铃薯铁素吸收分配的影响 [J]. 北方园艺（11）：10-13.

吴娜，刘凌，周明，等 . 2015. 膜技术回收马铃薯蛋白的基本性能 [J]. 食品与发酵工业，41（8）：101-104.

吴巨智，染和，姜建初 . 2009. 马铃薯的营养成分及保健价值 [J]. 中国食物与营养（3）：51-52.

伍芳华，伍国明 . 2013. 大米马铃薯混酿小曲白酒研究 [J]. 中国酿造，32（10）：85-88.

薛效贤，李翌辰 . 2014. 薯类食品加工技术（农产品加工技术丛书）[M]. 北京：化学工业出版社 .

阳淑，郝艳玲，牟婷婷 . 2015. 紫色马铃薯营养成分分析与质量评价 [J]. 河南农业大学学报，49（3）：311-315.

杨文军，刘霞，杨丽，等 . 2010. 马铃薯淀粉制备磷酸寡糖的研究 [J]. 中国粮油学报，25（11）：52-56.

姚立华，何国庆，陈启和 . 2006. 以马铃薯为辅料的黄酒发酵条件优化 [J]. 农业工程学报，22（12）：228-233.

尤燕莉，孙震，薛丽萍，等 . 2013. 紫马铃薯淀粉的理化性质研究 [J]. 食品工业科技，34（9）：123-127.

于小彬，蒙美莲，刘素军 . 2016. 施肥对马铃薯农田土壤水分时空变化及产量的影响 [J]. 作物杂志（3）：1-7.

曾凡逮，许丹，刘刚 . 2015. 马铃薯营养综述 [J]. 中国马铃薯，29（4）：233-243.

曾洁，徐亚平 . 2012. 薯类食品生产工艺与配方 [M]. 北京：中国轻工业出版社 .

张凤军，张永成，田丰 . 2008. 马铃薯蛋白质含量的地域性差异分析 [J]. 西北农业学报，17（1）：263-265.

张高鹏，吴立根，屈凌波，等 . 2015. 马铃薯氧化淀粉制备及在食品中的应用进展 [J]. 粮食与油脂，28（8）：8-11.

张根生，孙静，岳晓霞，等 . 2010. 马铃薯淀粉的物化性质研究 [J]. 食品与机械，25（5）：22-25.

张立宏，冯丽平，史春辉，等 . 2015. 酵母发酵马铃薯淀粉废弃物产单细胞蛋白的

能力强化 [J]. 东北农业大学学报，46（7）：9-15.

张庆柱，李旭，迟宏伟，等.2010. 我国马铃薯深加工现状及其发展建议 [J]. 农机化研究（5）：240-242.

张仁陟，李小刚，胡恒觉.1999. 施肥对提高旱地农田水分利用效率的机理 [J]. 植物营养与肥料学报，5（3）：221-226.

张小燕，赵凤敏，兴丽，等.2013. 不同马铃薯品种用于加工油炸薯片的适宜性 [J]. 农业工程学报，29（8）：276-283.

张雄杰，卢鹏飞，盛晋华，等.2015. 马铃薯秧藤的饲用转化及综合利用研究进展 [J]. 畜牧与饲料科学，36（5）：50-54.

张艳荣，魏春光，崔海月，等.2013. 马铃薯膳食纤维的表征及物性分析 [J]. 食品科学，34（11）：19-23.

张勇，李华宪.2011. 氮磷钾化肥对马铃薯产量的影响研究 [J]. 宁夏农林科技，52（12）：15-17.

张喻，熊兴耀，谭兴和，等.2006. 马铃薯全粉虾片加工技术的研究 [J] 农业工程学报，22（8）：267-269.

张泽生，刘素稳，郭宝芹，等.2007. 马铃薯蛋白质的营养评价 [J]. 食品科技（11）：219-221.

赵萍，张宗舟，谢恩波.1991. 马铃薯淀粉深加工研究——氧化淀粉的制备与性质测定 [J]. 甘肃农业大学学报（1）：91-98.

赵欣，朱新鹏.2013. 安康市发展马铃薯加工分析 [J]. 陕西农业科学，59（3）：171-173.

郑顺林，张仪，李世林，等.2013. 不同海拔高度对紫色马铃薯产量、品质及花青素含量的影响 [J]. 西南农业学报，26（4）：1 420-1 423.

周颖，刘春芬，安莹，等.2009. 低糖马铃薯果脯的加工工艺研究 [J]. 科技创新导报（23）：101-102.

朱培蕾，汪名春，刘霞，等.2009. 马铃薯淀粉磷酸寡糖的全酶法制备及其分离 [J]. 食品与发酵工业，35（5）：74-78.

邹磊.2010. 马铃薯淀粉的研究进展 [J]. 粮油加工（10）：83-85.